21世纪高等院校教材

地图学原理

马耀峰　胡文亮
张安定　陈逢珍　编著

科学出版社
北京

内 容 简 介

本书完整、系统地介绍了地图的实质，地图制作和地图使用的理论、技术与方法。主要内容包括地图学发展简史及现代地图学理论，数学基础、符号系统、地图概括三大基本特征，普通地图、专题地图两大基本图种，现代制图新技术及地图应用等。地图作为RS、GPS、GIS和数字地球的基础和展示平台，本书强化了其原理性和技术性，为培养读者的地理空间思维和图形思维能力服务。

本书可作为高等院校地理、GIS、测绘、资源环境与城乡规划管理、地质、资源勘察工程、林业、城市规划、环境、建筑、旅游管理、园林、生态学等专业的教材，亦可作为上述行业科技工作者的参考书。

图书在版编目(CIP)数据

地图学原理/马耀峰等编著. —北京：科学出版社，2004

21世纪高等院校教材

ISBN 978-7-03-012855-3

Ⅰ. 地…　Ⅱ. 马…　Ⅲ. 地图学-高等学校-教材　Ⅳ. P28

中国版本图书馆CIP数据核字(2004)第006872号

责任编辑：杨　红/文案编辑：李久进/责任校对：刘小梅

责任印制：师艳茹/封面设计：陈　敬

科学出版社出版

北京东黄城根北街16号

邮政编码：100717

http://www.sciencep.com

三河市骏杰印刷有限公司印刷

科学出版社发行　各地新华书店经销

*

2004年6月第　一　版　开本：720×1000　1/16

2021年3月第二十二次印刷　印张：20 1/2　插页：6

字数：386 000

定价：49.00元

（如有印装质量问题，我社负责调换）

前　言

21世纪是一个信息科学的社会，地图则是信息可视化表达的有效形式之一，其正在我们的日常生活、生产建设、管理决策、工作学习、交流沟通、展示表达等环境中，越来越“随处可见”。出租车中的车载GPS电子地图，带电子地图的手机，旅游城市繁华街区中的触摸式导游图，饭店里的电子查询图，机场、车站中的导向图以及城市琳琅满目、种类繁多的城市交通图、媒体地图、网络地图等，无不揭示着一个地图大众化的时代正悄然走来。地图大众化一方面反映的是地图使用的大众化，信息世界出现了大量大众化地图；另一方面则表达的是地图制作的大众化。随着计算机软硬件技术和信息传输技术、计算数学技术、多媒体技术、网络技术、制版印刷技术、对地观测等技术的飞速发展，过去只能由专业技术人员完成的复杂、繁重的地图设计制作任务，现在则可借助越来越多的地理信息系统软件、数字制图软件，在并不要求高档的计算机、扫描仪和输出设备等简单硬件的支持下，可由非专业人员设计完成。一个“傻瓜型”的地图制作时代距我们并不遥远。但我们还必须清醒地看到，地图的学科应用领域和产品应用范畴的大力扩展，地图大众化和大众化地图的迅猛发展，带来了众多问题，缺少地图常识和制作规范的“垃圾地图”和“错误地图”（亦包括地图上的错误）也越来越随处可见。这一现象和大量的非专业人员从事地图制作的事实密切相关，说明地图学科的高速发展和扩展，必然会带来一些不足和缺憾。从学科的专业性和科学性来审视，从地图的市场需求来考虑，则迫切需要一本通识性的地图学原理教材或原理性的读物。本书正是出于以上目的而撰写的。

地图学是一门既古老又年轻的学科。说其古老，是因为地图的出现比文字还要早，发展历史悠久；说其年轻，是因为它是一门技术性的基础学科，随着科技的进步而发展，且具有“横断学科”的属性，在国际上已成为一门独立的学科，成立有不从属于其他学会的国际地图制图学会（ICA，International Cartographical Association）。从学科性质分析，它既是一门理论性极强的基础学科（理论体系已相对成熟），又是一门技术性很强的技术学科。随着现代科技如地理信息系统（GIS）、遥感（RS）、全球定位系统（GPS）等地球信息科学的发展而与时俱进、充满活力。地图制作已从古典的野外传统测量法制图发展为现代的航空、航天遥感制图、数字制图、GIS制图等。地图制作技术越来越科学、现代、方便。

随着GIS、RS、GPS，数字地球、地球信息科学以及计算机技术、网络传输技术、数据库技术等的飞速发展，地图似乎显得“落伍了”，似乎有可能被其他新技术所代替，其实正好相反，著名的陈述彭院士认为“地图是永生的”。视觉是人体从外界获取信息的主要途径，科学研究表明，至少有70%以上的外界信息是由视觉系统接收、处理和感知的。地图作为视觉化产品，作为传输信息的工具，从来没有像目前这样受到各行各业人们的关注和重视，地图不会消亡，将永远在人们的工作、学习、生活、交流以及经济社会发展中起到不可或缺的重要作用。

地图作为GIS、RS、GPS和数字地球的基础和可视化展示平台，本书强化了其原理性和技术性，为培养读者的地理空间思维和图形思维能力服务。学习本书，要求掌握地图学基础理论和基本知识，基本学会利用现代手段设计制作地图，并提高使用、应用地图的能力。

本书的特点和试图努力的方向是：

1）撰写按照“突出原理、厚新薄旧、重视基础、强调应用”的原则，竭力为推动地图学的现代化和我国国民经济建设各行业部门的地图化、数字化服务。

2）从地图学的学科特性出发，在基础性方面突出了地图学的基础理论、基本知识；在技术性方面强化了现代制图新技术，并力图凸现低起点高立意，易自学重实用，厚现代薄旧规，重启发善引导的特色。

3）框架体系从地图制作的先后时序切入，先阐述地图学的数学基础、符号系统和地图概括的基本特征，再到普通地理要素、专题要素的表示方法，最后到现代制图手段以及地图应用，使内容具有层次性、系统性和完整性。

4）在处理理论和实践的关系方面，既重视了基本理论；又强调了基本技能的培养，使理论和实践能有机结合。

5）在处理新与旧的关系方面，突出了现代制图新技术，简化了制图的旧技术，体现当代新技术水平和一些最新的科研成果。

6）在处理难和易，重点和一般的关系方面，从便于自学入手，精选内容，精炼语句，重视难点，突出重点。

7）本书的作者群由在国内高校第一线从事地图学教学科研数十年的教授组成，既有教学经验的沉淀，又有科研成果的积累，使教学经验、科研成果和学生的学习需求能紧密地结合起来。

本书的第一、三、五、六章由马耀峰教授撰写；第四、七章由胡文亮教授撰写；第二、八章由张安定教授撰写；第九章由陈逢珍教授撰写；全书由马耀峰教授统稿。本书从选题到完成得到了廖克研究员，祝国瑞教授，杨凯元教授，齐清文研究员和科学出版社领导的支持和帮助。

本书不足之处敬请读者不吝赐教。

作者

2004.3.27.

目　录

第一章 引 论

本章要点

1. 掌握地图的定义、地图的基本特性、地图的分类和地图学的概念。
2. 了解地图的构成要素,地图的用途和地图学的研究内容。
3. 一般了解地图学发展简史及现代地图学进展。

第一节 地 图

一、地图的定义和基本特性

1. 地图的定义

地图是人们认知客观世界的工具,是地理学的第二语言。在当今科技进步,地理信息系统(GIS, geographical information system)、全球定位系统(GPS, global positioning system)、遥感(RS, remote sensing)和数字地球(digital earth)迅猛发展的今天,地图日显重要并不可替代。著名学者陈述彭院士认为"地图是永生的"。

地图的定义随着时代的前进而不断发展变化。开始人们把地图说成是"地球表面在平面上的缩写"。该定义简单明了但不确切、全面。后有些学者提出:"地图是周围环境的图形表达","地图是空间信息的图形表达"。该定义强调了地图的符号图形抽象功能,但没有重视地图的传输信息等功能。有学者认为,"地图是反映自然和社会现象的形象符号模型",该定义重视了地图的符号模拟客观世界功能,但却忽略了地图的传输信息等功能。还有人提出,"地图是传输信息的通道"。该定义强调了地图的传播信息的功能,但未重视地图模拟客观世界等功能。国际地图制图协会(ICA)提出"地图是地理现实世界的表现或抽象,以视觉的、数字的或触觉的方式表现地理信息的工具。"该定义重视了地图的符号模拟、抽象功能和地图的多元表达形式,但从地图的基本特性和功能方面来审视,仍显不够全面、系统。

通过以上分析可以定义地图是按照一定的数学法则,将地球(或星体)表面上的空间信息,经概括综合,以可视化、数字或触摸的符号形式,缩小表达在一定载体上的图形模型,用以传输、模拟和认知客观世界的时空信息。

2. 地图的基本特性

地图和素描画、写景图、航空像片和卫星像片比较,有四大基本特性。

(1) 特殊的数学法则

地表(地球表面,下同)的素描画和写景图是透视投影,即随着观测者的位置不同,地物的形状和大小也不相同,近大远小。航空像片和卫星像片则是中心投影,物体的形状和大小随着在像片上位置的变化而变化。等大的同一物体在像片中心和边缘的形状、大小是不同的。这些投影和地图的投影相比有很多缺点。

地球椭球体表面是一个不可展平的曲面,而地图是一个平面,解决曲面和平面这一对矛盾的方法就是采用地图投影。首先将地球自然表面上的点沿铅垂线方向垂直投影到地球椭球体面上;然后将地球椭球体面上的点按地图投影的数学方法表示到平面上;最后按比例缩小到可见程度。地图投影方法、比例尺和控制定向构成了地图的数学法则,它是地图制图的基础。这一法则使地图具有足够的数学精度,具有可量测性和可比性。

地图投影的实质是建立了地球椭球体面上点的经纬度和其在平面上的直角坐标之间的对应数学关系,投影的结果使曲面上的点变成了平面上的点,虽不能做到制图区内的点无任何误差和处处比例尺严格一致,但可精确计算并控制投影后的误差大小。和其他表现形式相比,大大提高了地图的科学性。地图作为一种具有数学基础的实体缩小模型,不仅具有几何概念,而且具有拓扑比例的性质。同时,既可用具体的图形形式表达,又可以数字形式显示。

(2) 特定的符号系统

地表的事物现象复杂多样,如何在地图上再现客观世界?地图符号系统就是解决地表实际和表现形式这一对矛盾的。即采用线划符号、颜色注记反映地表。符号系统是地图的语言。运用符号系统表示地表内容,不仅可以表示地面上的可见事物,而且还可以表示没有外形的自然现象和人文现象;不仅能表示地理事物的外部轮廓,而且能表示事物的位置、范围、质量特征和数量差异;运用符号还能把地表的主要内容和次要内容区别开,达到主次分明的效果。符号系统这一特殊语言使地图具有直观性和易读性。

由于采用特定的符号系统,和航空像片、卫星像片相比地图符号具有许多优越性(图 1.1):①经过太大的缩小后航空像片一般已不能清楚显示地表的影像,但地图采用简化、抽象手段,仍可具有清晰的图像。②地面上形体较小但较重要的物体如三角点、水准点、泉水等,像片上不易发现,但地图上则可根据需要清楚表示。③事物的性质在像片上不易识别,如湖水的咸淡、土壤类型、路面性质、坡度陡缓等,在地图上则可通过加注使其一目了然。④地面上一些受遮挡的地物,在像片上无法显示,但在地图上则可达到通览无余的效果,如植被覆盖下的地形、道路隧道、地下建筑物等。⑤许多人文要素像片上根本无法显示,但在地图上则可清楚表达。如行政区划界线、居民地人口数、工厂性质、劳动生产率等。

图 1.1 航空像片和地形图的比较

(3) 特异的地图概括

地表的事物现象非常繁多,而地图的图面却极为有限,地图概括就是解决繁多的事物现象和有限的图面这一对矛盾而采用的手段。它是科学的综合选取和舍弃概括问题,反映地表重要的、基本的、本质性的事物,舍去次要的、个别的、非本质性的事物,表示制图区域的基本特征。所以地图是地表实际的缩小和概括。经过地图概括,使地图的内容和载负量达到统一,具有清晰性和一览性。

地图概括的过程,是制图者进行科学的图形思维、加工,抽象事物内在本质及其联系的过程。随着制图区比例尺的缩小,图面面积随之缩小,有效表达在地图上的内容也要相应减少,故应舍次保主,减缩数量、删繁就简、概括内容。航空像片随比例尺缩小也会机械去掉一些碎部细小的物体,但和制图者有目的的地图概括截然不同,地图概括能使用图者清楚地感知事物的空间分布、相互联系和其本质特征。

(4) 独特的传输信息的通道

地图是传输信息的通道或载体,地图所包容的来自客观世界的信息是地理信息,地理信息是空间信息,和一般意义上的信息的本质区别是,它不但具有属性概念,而且还具有空间概念。

航空像片、卫星像片和地图一样,都是传输空间信息的载体,但地图却有其独特性,即地图是经制图者符号化、进行地图概括、建立在严密数学基础之上的,利用图形语言来传输信息的工具;而航空像片、卫星像片是利用空间实体的影像来传输信息的载体。地图上渗透着制图者的图形思维能力,而像片上却没有。

地图作为传输信息的通道或载体,其类型有传统意义上的地图、实体模型,新技术地图有各种电子地图(屏幕地图或数字地图)、多媒体地图、声像地图、触觉地图、微缩地图等。

二、地图的分类

1. 按地图内容分类

按地图的内容可分为普通地图和专题地图。

普通地图是相对均等地表示地表的自然和社会经济要素一般特征的地图。按比例尺大小、内容概括程度和制图区大小又可分为地形图和普通地理图。

专题地图是突出地反映一种或几种主题要素的地图。不同专业或行业都可能制作出本专业的专题地图,故专题地图的种类非常繁多。地理学的专题地图按内容可分为自然地理图、人文社会经济图和其他地图(航海图、航空图等)。

2. 按地图比例尺分类

按地图比例尺分类可分为:大比例尺地图——比例尺大于、等于 1:10 万的地图;中比例尺地图——比例尺大于 1:100 万,小于 1:10 万的地图;小比例尺地图——比例尺等于、小于 1:100 万的地图。

3. 按制图区分类

制图区可按多种标志区分:按自然区可分为全球图(世界图)、半球图、大洲图、大洋图;按行政区划可分为国家图、省(自治区、直辖市)图、县(市)图、乡图;按宇宙空间可分为地球图、月球图、火星图等。

4. 按用途分类

按用途可分为通用图(供一般读者使用的参考图,如世界挂图、中国挂图等)和专用图(供某专业或行业专门使用,如航空图、航海图、旅游图、规划图、交通图等)。

5. 按承载介质分类

按承载介质可分为纸质图、磁介质图(光盘、磁盘)、纺织物图、化纤物图、聚酯薄膜图、塑料压膜图、屏幕图、化纤模型图、石膏模型图、荧光图等。

6. 按其他标志分类

按使用方式可分为桌面用图、挂图、易携图、广告牌图、车载电子图、手持 GPS 图(手持式全球定位系统接收机上的地图)等。

按制作方式可分为常规地图(非计算机设计制作出的地图)和数字地图(用计算机辅助设计制作出的电子地图)。

按显示形态可分为二维地图(平面图)和三维地图(立体图)。前者即常见地图,后者如光立体图(互补色图、光栅图)、立体模型图、计算机三维显示图、虚拟现实图(用虚拟现实技术制作的地图,通过头盔、数据手套等工具,形成有身临其境之感的地图)、晕渲立体图等。

按动静变化可分为静态地图(常见多用)和动态地图(如电视天气预报地图)。按感受方式可分为视觉地图(如油墨色彩图、电子光色彩图)、视听地图(多媒体图)和触觉地图(盲人图)。

三、地图的构成要素

凡空间信息都可用地图形式表示,故地图种类繁多、形式多样。普通地图和专题地图是地图最主要的图种,尽管它们内容各异、形式也不尽相同,但其构成要素却基本相似。地图由数学要素、地理要素和图边要素三个层面构成。

1. 数学要素

数学要素是保证地图数学精确性的基础。它包括地图投影、坐标网、比例尺、控制点等。

利用地图投影能够把地球曲面上的点,一一对应地表示到地图平面上来。地图投影在地图图面上表现为坐标网。坐标网有两种:一种是经线、纬线组成的地理坐标系(坐标值以经度 λ 和纬度 φ 表示);另一种是平面直角坐标系(纵轴为 x 轴,横轴为 y 轴)。根据地图要求的不同,有些图有两种坐标网,有些图仅有一种坐标网。

比例尺表示地图与实地缩小的比率。

控制点是利用精密的仪器和精确测量的方法,测得的对其他点的平面位置和高程位置有控制作用的坐标点,是直接测量地图的依据,在地面上有标志物。

2. 地理要素

地理要素是地图最主要的内容。普通地图的地理要素包括水系、地貌、土质植被、居民地、交通线、境界线等自然和社会经济内容。

专题地图的地理要素包括两部分:一为专题要素,依据主题内容的不同而不尽相同;二为底图要素,常选择普通地图上和主题相关的一部分地理要素,是衬托和反映主题内容的基础。

3. 图边要素

图边要素即辅助要素。包括图名、图号、图例、接图表、图廓、分度带、比例尺、附图、坡度尺、成图时间及单位、有关资料说明等。图边要素有助于读图和用图,是地图不可缺少的一部分。

图 1.2 表示地形图的构成要素。图 1.3 为局部 1:25000 比例尺地形图。

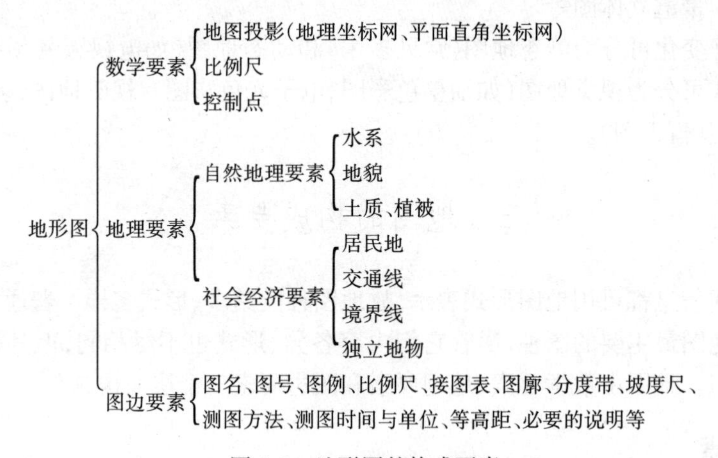

图 1.2　地形图的构成要素

四、地图的功能和用途

1. 地图的功能

(1) 获取认知信息功能

制图的目的在于使用,所以地图可以作为认识客观世界从而改造客观世界的

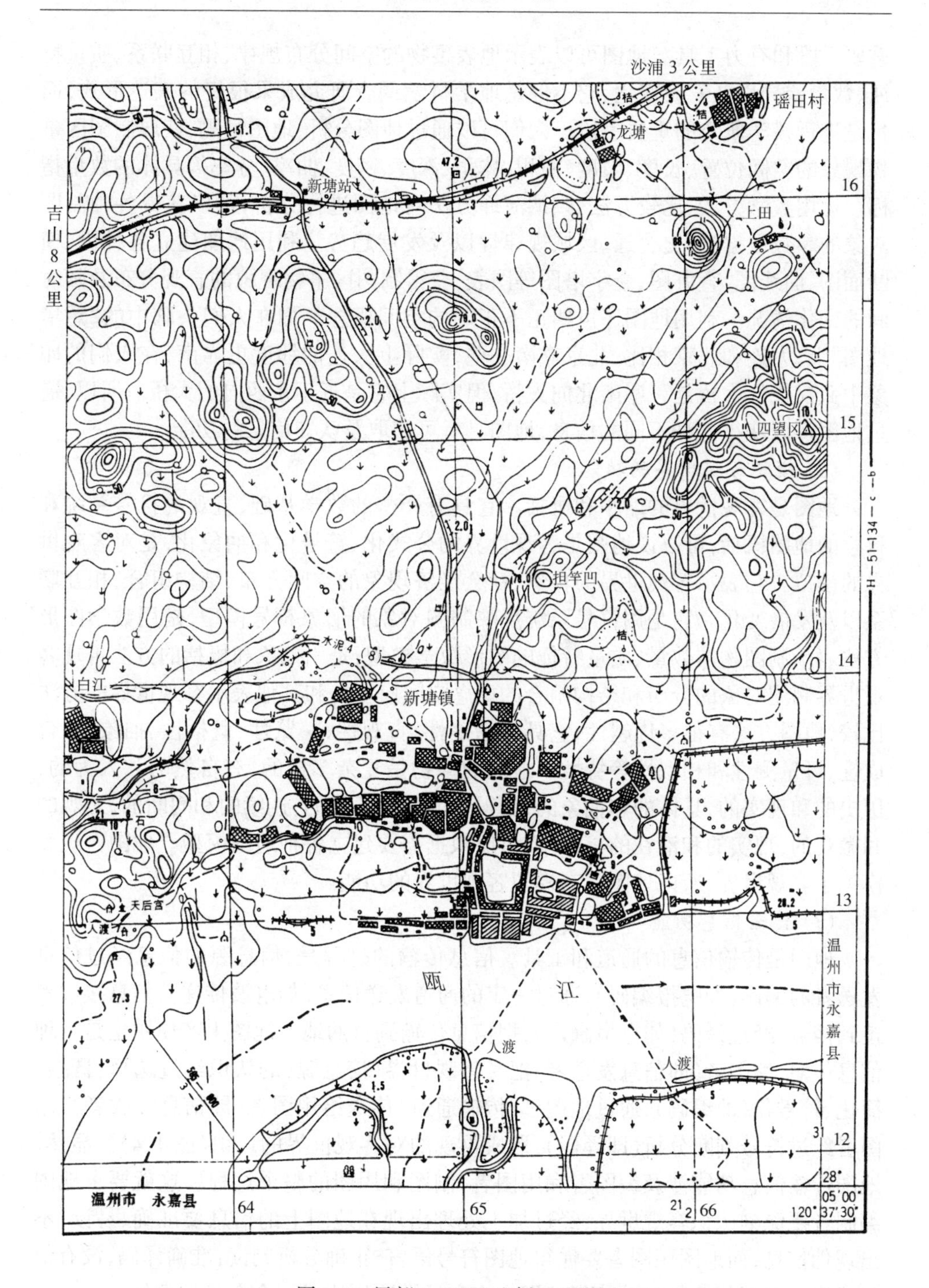

图 1.3　局部 1:25000 比例尺地形图

重要手段和有力工具。地图可以表示地表事物的空间分布规律、相互联系、质量特征、数量差异以及发展变化,它不但是地学科学调查研究成果很好的表达形式,而且是进行科学研究的重要手段。人们可以通过地图分析、地图量测,获取制图区事物现象的空间位置、长度、坡度、面积、体积、深度、密度、曲率、分率等具体的数量指标。运用数学方法、比较方法、归纳演绎方法对地图进行分析,可以获得各种制图对象的参数数据、历史变迁、区域规律性以及发展趋势。利用地图建立各种纵、横断面图、曲线图、直方图、金字塔图等图表,获得制图区事物现象的直观分布及随时间的变化情况。利用地图还可纠正不正确的空间概念。如在人们头脑中的"意境地图"上,大连和北京相比,北京靠南一些,实际上大连的纬度更靠南;在人们的印象中武汉长江大桥是一座南北向大桥,但实际上它是近于东西向的大桥。所以,通过地图可以获得各种不同的信息,地图具有可获取及认知信息的功能。

(2) 模拟客观世界的功能

地图是客观世界的缩小和概括。它具有严密的数学基础、直观的符号系统和科学的地图概括,可以说地图是客观世界的公式化、符号化和抽象化,是对客观世界的模拟。它表示客观世界的自然、社会经济现象的空间分布、结构组合、相互联系以及发展变化。它是用符号系统反映制图对象的形象符号模型,是用数学图形方法表示制图物体数量、质量特征的图形数学模型;是用抽象和概括的方法再现客观世界制图对象的分布和结构组合的概念空间模型。和其他表示客观世界的方法比较,地图方法有很多优越性,它具有精确性、直观性、一览性、概括性、抽象性、合成性、可量测性和相似性等特性。地表的事物是复杂多样的,有自然的和人为的,历史的和现实的,具体的和抽象的,看得见的和看不见的,连续的和间断的,宏观的和微观的,现实的和潜在的等,人们可以根据需要建立各种地图模型。地图再现和模拟了客观世界,所以地图具有模拟客观世界的功能。

(3) 传输信息功能

地图是传输信息的通道和工具。信息传输的过程是,信息源的信息经过信息发送者的编码(如电报编码),通过一定的通道发送信息(如电波传递),信息接收者接到信号,经过译码(如电报翻译),把信息传输到目的地。地图生产使用也是一种信息传输,编图者(即信息发送者)把对客观世界(信息源)的认识经过选择、概括、简化、符号化(即编码),通过地图(即传输通道)传送给用图者(即信息接收者),用图者经过符号判断分析(即译码),形成再现的对客观世界的认识(图 1.4)。显然,地图传输信息功能涉及编图者和用图者,制图和用图的整个过程。这就要求地图编制者要深刻认识客观世界,经过加工处理出现在地图上的信息要准确、易读,不出现伪信息,而地图用图者要懂得地图符号语言,正确分析判读,准确译码,没有信息错误。地图传输信息功能把地图生产和地图应用连成一个有机的整体。

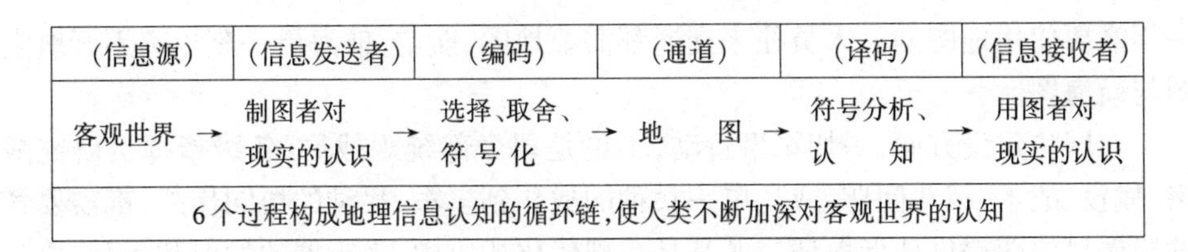

图 1.4 地图传输信息功能示意图

(4) 载负信息功能

地图是容纳和储存地表环境信息的载体,或者说是储存信息的工具或手段。地图存储着大量的信息,它们是依据图形线划符号来储存、表达和传递的。地图信息包括直观信息和潜在信息,直观信息即地图上的线划符号图形;而潜在信息只有通过分析、解译、判读才能获得。地图的直观信息是有限的,而潜在信息却是不可计量的。人们根据需要,可以从地图上提取各种所需信息。地图是一个信息集合体,它载负着不同种类、不同范畴的环境信息。地图具有载负信息的功能。

(5) 感受信息功能

地图是信息的载体。从某种意义上来说,地图也是一个信息源。任何人都会对地图产生一个感受过程,不管是深刻的、浮浅的、直接的、间接的、专业的、一般的。地图具有视觉感受信息功能。制图是为了在实践中应用。从制图者的角度考虑,要从用图者对地图的感受过程和特点出发,分析其心理特征、视觉效果,研究使用怎样的图形符号、整饰效果,能最大限度地发挥地图的各种作用,表达最多的地图信息。采用不同的符号图形和图面整饰制作的同一制图区、同一主题的地图,对用图者将会产生不同的感受效果。相反,同一地图,对不同年龄、不同文化层次、具有不同地图知识的用图者,也将会产生不同的感受效果。所以,制图者一方面要考虑什么样的地图设计、符号系统,读者容易接受;另一方面,也要考虑不同的地图设计、符号系统,针对不同种类的读者。要从符号同符号、符号同制图对象、符号同用图者三种关系入手研究,作为地图符号系统设计、地图整饰的理论基础,从而得到最佳的地图感受效果,最优化地发挥地图感受信息功能的作用。

2. 地图的用途

由于地图具有信息传输功能和直观、总览、明显、可量等特性,所以地图在国家经济建设、国防建设、科学研究、文化教育各领域,都得到极其广泛和普遍的应用。

在经济建设方面,地图是各项建设事业的“尖兵”。从地质勘探,矿藏开采,铁路与公路勘测选线,工矿企业的规划与设计,农业资源调查与区划,森林的普查与更新,草场的合理利用,到工业布局、城乡规划、建设与管理,大型工程设计与施工,还有荒地垦殖,水土保持,农田水利基本建设等各个国民经济建设部门,可以说无一不需要使用地图的。人员往来交通都需要地图,航空、航海更一刻也离不开航空图与航海图。

在国防建设方面,一切军事行动,不论是司令部统观战局,各级指挥员研究战略、战役、战术、战斗问题,或从单一兵种的战斗到多军、兵种的协同作战,都需要各种比例尺地图提供地形保证。尤其是在现代化战争中,飞行器的发射和运行,更需要高精度的地图提供地心坐标和轨道数据,以便迅速地自行选择和打击目标。所以古今征战地图被称做军队的"眼睛"。

在地学研究的各个领域,地图乃是重要和不可缺少的手段和工具。从科学发展史看,地图与地学的关系十分密切,并且源远流长。这是因为地图可以将广阔空间的事物现象,一览无余地呈现在人们面前,使其根据地图了解区域的自然面貌和社会经济特征,从而探讨它们的规律性。如自然资源和国土开发,区域和城市规划,水系的类型、结构和治理,环境质量评价,营造防护林带,防风固沙,水土保持,地貌和第四纪地质研究等,无一不需依据地图进行研究。此外,地学的研究成果往往又是以地图的形式表达出来,而这些成果又可以不断丰富和核实地图的内容,促进新图种的产生。

在国际交往方面,地图也是重要的依据。如在划定国界时,除了文字条约,还必须附有双方勘定境界的地图作为附件。涉及国家的领土主权发生争议时,不仅要用精确的现代地图,而且更需要有详细的历史地图。

在文化教育方面,地图是进行文化教育的有效工具。广泛运用地图,既有利于青少年认识祖国的辽阔广大,激发热爱祖国的情感,又有利于增进和提高全民族的文化素质。同时,地图还能表达世界各国的政治、地理概况,以及我国与世界各国的联系,有利于进行国际主义教育。在地理教学上,它是许多教学环节都需要使用的教具,运用地图是地理教学的突出特点,也是提高地理教学质量的有效措施。

日常生活中,地图是读书看报的"顾问",外出旅游,地图是可靠的"向导"。它还可以充实人们的知识,提高热爱生活的情趣。

近年来,基于电子地图的与卫星定位导航系统相关的产品和服务市场,已经发展成为国际公认的高新技术产业之一。我国已经自行研制出汽车导航配套系统;移动通信网络的升级和移动通信增值服务的开放,也使得基于手机的个人移动导航及地图信息服务成为可能。国外电子地图在生产和服务中的网络化程度越来越高,专用网络或互联网络可快速地把信息以不同形式发布给导航电子地图用户。电子地图将成为未来市场新宠,市场需求和潜力巨大。

第二节 地 图 学

一、地图学的概念

地图学(cartography,又称地图制图学)的研究对象是地图,任务是研究地图理论、地图制作和地图使用。

地图学是一门古老而年轻的学科。说它古老,是由于地图学的产生和发展历经了漫长的历史岁月,迄今最古老的地图可追溯到4500年前。古代原始地图的出现是地图学的萌芽。地图学和测量学、地理学相伴而生,经历了长时期的历史发展。17世纪以后,欧洲开始了大规模的三角测量和地形图测绘,促进了地图学科的建立。20世纪初航空摄影测量出现,加上平版胶印技术的应用,使大规模地图编制印刷成为可能,地图学体系逐步形成。20世纪50年代,数学制图学渐为成熟,促进了地图学科的发展。

说地图学年轻,是由于从20世纪70年代开始,信息论、控制论、系统论、计算数学和计算机技术、遥感技术、通信技术等现代理论及技术的发展,使传统的地图学概念发生了深刻变化,使现代地图学体系不断完善并向纵深发展。

20世纪50年代以前,人们认为地图学是编制地图的技术,强调地图学是制图技术。20世纪60年代,学者普遍认为地图学是研究地图及其制作理论、工艺技术和应用的科学,提出地图学包括地图、地图制作和地图应用。20世纪70年代,地图学新理论出现影响到地图学概念的变化。如原苏联学者认为,地图学是用特殊的形象符号模型来表示和研究自然和社会现象的空间分布,组合和相互联系及其在时间中变化的科学,强调了地图模型论。美国学者认为,地图学是空间信息图形传递的科学,强化了地图传输空间信息的特点。我国《中国大百科全书》(测绘卷)中,对地图学的概念是:"它研究用地图图形反映自然界和人类社会各种现象的空间分布,相互联系及其动态变化,具有区域性学科和技术性学科的两重性。"这个定义重视了地图学的技术性、区域性学科特点。

由于地图学涉及自然科学、人文科学、工艺科学、计算机科学、思维科学和人体科学等,可以认为,地图学是以空间信息图形表达、存储和传输为目的,综合研究地图实质、制作技术及其使用方法的一门技术性、区域性学科。

二、地图学的研究内容与分支学科

从地图学概念的讨论可以概括出地图学的研究内容:地图理论、地图制作与地图应用的技术和方法。

地图学由理论地图学、技术制图学和应用地图学三大分支学科构成。

1. 理论地图学

地图概论。又叫地图总论，包括地图一般知识、地图资料和地图学史等内容。

地图投影。又叫数学制图学，研究如何用数学模型将地球椭球面上的经纬线转绘在平面上的理论方法及变形问题。

地图概括。又叫制图综合，研究如何用概括、抽象的形式科学地表达制图对象基本特点、典型特征的理论和技术方法。

地图符号系统。研究怎样用图形思维方法表达地表要素的理论和方法。

地图新理论。主要包括地图信息论、地图模型论、地图传输论和地图感受论。

2. 技术制图学

地图编制。包括普通地图编制和专题地图编制，研究根据地图资料如何制作地图的理论、技术和方法。

地图整饰。关于地图内容的表现形式和手段的技术，是制图实践中的一种造型艺术和工序。

计算机地图制图。又称数字地图制图，研究利用计算机硬、软件和自动制图设备，进行制图信息的采集、识别、存储、处理、编辑、图形表示的技术和方法。

遥感制图。研究利用遥感图像数据，通过处理和分析来制作地图的技术和方法。

地图制印。是研究复制地图的技术和方法。

3. 应用地图学

地图分析。是研究利用地图进行各种科学分析的原理、技术和方法。

地图应用。是研究地图应用于不同专业的途径、技术和方法。

地图量测。是研究利用地图进行各种量测的技术和方法。

地图评价。主要研究地图制作质量和水平的评价原理及方法。

地图信息自动分析与处理。主要研究利用计算机技术对地图信息进行自动分析与处理的原理、技术和方法。

三、地图学与相邻学科的关系

地图学和许多相邻学科都有着相互联系、相互促进与发展的密切关系。

测量学是地图制图的基础，没有精密的测量就没有精确的地图。而地图测量又离不开地图理论及知识。

地理学是研究地表环境的结构分布及其发展变化的规律性以及人地关系的学科。地理学是制图者认识和表达地表环境的基础,没有良好的地理学知识就不可能制作出优良的地图。而地图一方面是地理研究成果最好的表达形式之一;另一方面又是地理研究不可缺少的工具和手段。数学使地图的制作精度产生了质的飞跃,数学是决定地图精确性的基础,而地图的制作及应用丰富了数学的应用范畴。

色彩学,美学是决定地图艺术性的关键,对地图设计的科学性影响至深。

遥感技术应用于地图制图,大大提高了地理信息获取的数量和质量,加快了成图周期,并使小比例尺地图直接测制成为现实。计算机技术使地图制作及应用产生了一次新的革命,计算机地图制图将逐步代替传统的手工制图,地图生产效率极大提高,智能化地图制图的发展将对地图学产生极为深远的影响。地理信息系统和地图学都是地理信息处理的科学,但前者突出地理空间数据的分析与处理,后者更重视地理空间信息的图形表达与信息传输。二者关系极为密切,GIS 是在数字地图制图的基础上发展起来的产物,地图输出是 GIS 重要的功能之一,也是衡量 GIS 质量与水平的标志之一;GIS 是地图学在信息时代的现代发展。

第三节　地图制作方法简介

地图的制作方法多种多样,从成图的工作流程来划分,主要分为实测成图法和编绘成图法。从制图所使用仪器设备与制作过程的先进性分为传统制图法和现代制图法。

大比例尺普通地图(主要为地形图)制作常采用实测成图法;中小比例尺普通地图制作常采用编绘成图法。专题地图制作一般采用编绘成图法。

一、传统实测成图法

传统实测成图法常分为图根控制测量、地形测量、内业制图和制版印刷几个过程。

实测成图法是在大地测量的基础上,利用国家大地控制网和国家高程控制网来完成测图的。

大地测量的任务之一就是精确测定地面点的几何位置。国家大地控制网为国家经济建设,国防建设和地球科学研究提供地面点的精确几何位置,是全国性地图测制的控制基础,也是远程武器发射和航天技术必不可少的测绘保障。国家高程控制网是在全国范围内,由一系列按国家统一规范精确测定高程的水准点所构成的网络。为便于应用,大地控制点如三角点、导线点、天文点和高程控制点等,在地面上都有固定标志。

图根控制测量是直接为测图区建立平面控制点和高程控制点所进行的测量。其原理是利用大地测量所得控制点的平面坐标、高程,通过测角、测边长、传递高程的方法,测定待定的图根控制点的空间位置。图根控制点是后续地形测量的基础。

地形测量是直接对地面上的地物、地貌在水平面上的投影位置和高程进行测定。地形测量分普通地形测量和航空摄影地形测量。

普通地形测量是利用平板仪或经纬仪、水准仪等,根据控制点来测定地物特征点和地貌特征点,即地物轮廓点、地貌坡度变换点的平面位置和高程,将有关地物、地貌按比例尺用规定符号绘制在图上,获得外业地形原图。此方法目前仅在小范围地图测量和工程测图中使用。

航空摄影地形测量是传统测绘地形图的基本方法。过程是:首先对测图区进行航空摄影,获得地面的航空像片;然后,进行像片调绘即通过像片判读和野外调查,把地物、地貌及地名标注在像片上;最后,进行航测内业,即进行控制点的加密工作,并利用各种光学机械仪器,在航片所建立的光学模型上测绘地形原图。

内业制图的任务是用清绘或刻绘方法,将地形原图绘制成出版原图。

制版印刷是将出版原图经过复照、制版、印刷等程序复制成大量印刷地图。

二、传统编绘成图法

中小比例尺地图由于制图区范围大,不易采用实测成图法测制地图,而是通过实测地图缩小概括,采用编绘的方法编制地图。作业过程如下。

1. 地图设计

目的是制定编图大纲或编辑设计书,作为实施作业的指导性文件。具体包括制图区地理特征研究,制图资料选用,地图内容及表示方法确定,数学基础确定,图式符号设计,地图概括指标确定和作业方案制定等工作。

2. 地图原图编绘

在编辑准备基础上进行原图编绘,是编制地图的中心环节,也是决定地图质量优劣的关键。工作内容包括编稿资料图复制晒蓝、数学基础展绘、地图内容转绘、地图内容概括综合等,最终得到编绘原图。

3. 地图出版准备

对编绘原图复制晒蓝,按编图大纲要求分色清绘或刻绘,分别制作出版原图、分色样图和试印样图,为地图制印工作提供原始图件和作业参考图。

4. 地图制印

利用出版原图在预制铬胶感光版上晒制印刷金属版,然后再到胶印机上套印,复制印刷出大量彩色地图。

三、遥感制图法

遥感制图法是利用遥感图像数据资料,通过图像处理和分析,用于制作或更新地图特别是专题地图的新技术方法。

遥感技术通过多时相、多波段、多平台的信息源,可快速地提供地表的海量地理信息,应用于制图则加快了地图成图周期;同时,也突破了地图只能是较大比例尺图缩编较小比例尺图的束缚。是当代地图制作技术的发展方向之一。

遥感制图法编制专题地图的流程如下:

1. 遥感图像资料获取

目前我国常用的遥感信息源主要为美、法等国的遥感卫星提供的图像资料。各种传感仪器将记录到的数字或图像信息,以胶片、图像(卫星像片)或数字磁带等介质形式存储,可提供给使用者。

2. 遥感图像处理

原始的遥感图像数据必须进行几何校正和辐射校正,以消除卫星飞行轨道,姿态和高度的变化以及传感器本身等因素的影响所带来的各种误差,提高图像的几何精度。

为增大不同地物影像的密度差异,还要采用假彩色合成等方法对图像进行光学图像增强。

利用计算机及其相关软件对图像进行数字图像增强处理,是增大图像密度差的最好方法,能达到提高图像分辨率的效果,较为常用。

3. 专题要素信息识别与提取

对增强处理后的遥感图像,采用目视解译法,即通过简单解译仪器,通过各种直接和间接判读标志,分析图像的各种影像特征,解译提取所需的专题要素。

目视解译方便可行但较为落后,且解译精度有限。计算机图像识别系统是较先进的方法。把处理过的遥感数据,利用计算机系统进行图像模式识别与分类,达到有效地提取专题信息的目的。

4. 地理底图编绘与专题要素转绘

地理底图可用传统方法编绘,亦可利用计算机编制。把专题要素转绘或叠加到地理底图上,即完成一幅专题地图的制作。需要复制印刷时,可按常规方法制版印刷。

四、计算机地图制图法

计算机地图制图,亦称机助制图,经数十年发展,到今天已较为成熟,得到了较广泛的使用,是目前地图制作最先进的方法。按流程可将其分为数字化地图测图与数字化地图制图,前者侧重于实测成图,后者侧重于编绘成图。

1. 数字地图测图

20世纪90年代,我国数字化测图技术无论在理论上还是在实用系统的开发上都得到了迅速的发展。尽管该技术存在费用较大,人员素质要求较高,系统可靠性需再提高等不足,但代表着目前实测成图的发展方向。

数字地图测图的工作过程分为数据采集,数据处理,图形编辑和图形输出四个阶段。

数据采集的目的是获取测图区制图所需的数据信息,包括地物、地形特征点的空间位置和数据链接方式以及所测要素的地理属性。外业数据采集利用全站仪、GPS(图1.5)和速测仪等测量仪器来完成,借助于电子手簿(可连接于测量仪器或计算机的数据通信工具)或全站仪存储器的帮助,将测量数据输入到计算机供进一步处理。

数据处理是指将所采集数据处理为成图所需数据的过程。包括数据格式或结构的转换、投影变换、图幅处理、误差检验等内容。

图形编辑是指利用计算机,对已处理的数据所生成的图形和地理属性进行编辑、修改,必须在图形界面下进行。

图形输出是将已编辑好的地图输出到用户所需介质上的工作,一般是在自动绘图仪或打印机上完成。

2. 数字地图制图

数字地图制图系统由硬件(数字化仪、计算机、自动绘图机等)和软件(控制硬件运作的各类程序)组成其设备系统,有关的制图数据是计算机处理的对象。

数字地图制图可分为编辑准备、数字获取、数据处理、图形输出和地图制印五个阶段。

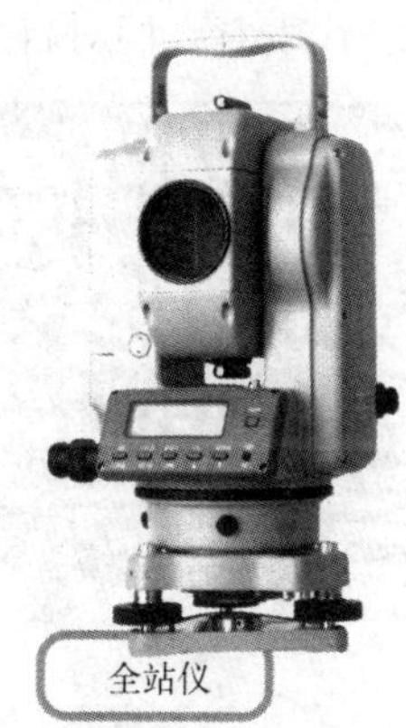

图 1.5 GPS、速测仪、电子经纬仪和全站仪

编辑准备。工作包括确定制图资料;选定地图投影、比例尺、地图内容、表示方法等,并按数字制图要求对原始资料进行处理;设计编码系统;确定数字化方法;研究程序设计方法及思路;决定制图工作流程计划等。

数字获取。即图数转换,将点、线、面组成的图形转化为计算机可接受的数字。数字化运作的一种方法是采用手扶跟踪数字化仪对图形的特征点进行数字化,以矢量格式记录;另一种方法是采用扫描数字化仪,对图形进行扫描并以栅格格式记录。对数字化所获数据要进行存储,以供计算机处理。

数据处理和编辑。数字地图制图的中心工作。此阶段一是要对数字化信息进行规范化处理,如数据检查、纠正、生成数字化新文件;统一坐标原点,比例尺变换等。二是为图形输出所作的计算机处理，如投影变换、数据概括等，将数据变为绘图机可识别的绘图指令。上述工作皆需制图人员调用系统程序来实现。

图形输出。计算机处理后的数据变换为图形。由绘图程序驱动绘图仪绘出地图或由打印机输出纸质图或印刷用 4 色胶片。

地图制印。利用计算机制作的 4 色胶片可晒制金属印刷版，然后在平版胶印机上印刷，可得大量复制地图。

第四节　地图学发展简史及地图学进展

一、原 始 地 图

地图的产生和发展是人类生产和生活的需要。今天保存下来的最古老地图是距今约 4700 年左右的苏美尔人绘制的地图(图 1.6)。距今约 4500 年左右的古代巴比伦地图(图 1.7)，是制作在黏土陶片上的，绘有山脉、四个城镇和流入海洋的河道。代表着人们对自然环境的认识。

图 1.6　苏美尔人绘制的地图

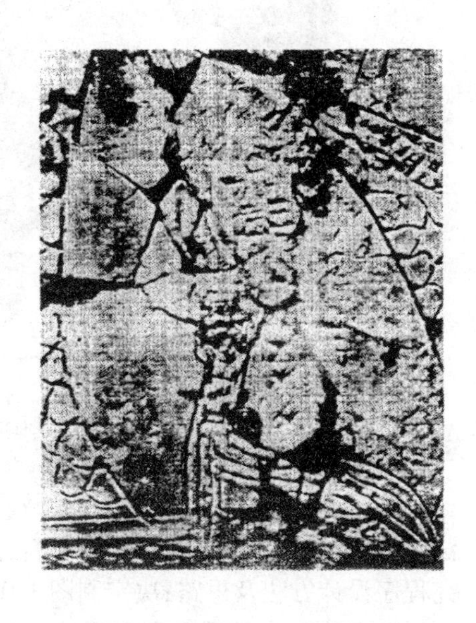

图 1.7　古代巴比伦人绘制的地图

从近代发现的太平洋海岛原始部落用木柱制作的海岛图，用柳条、贝壳编缀的海道图等，证明原始地图仅起确定位置，辨别方向的作用，可能都是些示意性的模型地图。

在中国,据《世本八种》记载,黄帝同蚩尤打仗,曾使用了表示"地形物象"的地图。有记载的最古老的地图是夏朝的九鼎。九鼎是当时统治权利的象征。在九鼎上除了铸有各种图画外,还有表示山川的原始地图。后来在《山海经》中,也有绘着山水、动植物及矿物的原始地图。在周代的《周礼》一书中,至少有15处提到有关的图籍,其中13处较明确地记述了地图。专题图中有全国交通图(司险掌九州之图,以周知其川林山泽之阻,而达其道路),这是世界上记述最早的交通图。1954年江苏出土西周初期青铜器上的铸刻铭文,记载周分封诸侯时使用到地图,谈及《成王、武王伐商图》与《东国图》。这是迄今所知最早明确记载地图的可靠文字史料。据史学家考证时间约在公元前1027年,河北平山和天水放马滩出土的文物,确凿的证明了我国记载古地图的历史事实。在平山县发掘出公元前299年左右的战国时期中山国墓葬铜版《兆域图》,图上标明宫垣、坟墓所在地点、建筑物各部名称、大小、位置和诏书。这是世界上现存发现最早的平面地图。放马滩古墓群出土的公元前239年7幅秦王政八年木板图,反映战国晚期秦国属地邦县(天水到宝鸡一带)的政区、地形和经济,是世界上最早的实测木板图。

这些地图已有了比例尺和抽象符号的概念,说明了这些时期我国地图发展已开始从模型地图向平面地图过渡。

二、古代地图

春秋战国时期战争频繁,地图成为军事活动不可缺少的工具。《管子·地图篇》指出"凡宾主者,要先审之地图",精辟阐述了地图的重要性。《战国策·赵策》中记有"臣窃以天下地图案之,诸侯之地,五倍于秦",表明当时的地图已具有按比例缩小的概念。《战国策·燕策》中关于荆轲刺秦王,献督亢地图,"图穷而匕首见"的记述,说明秦代地图在政治上象征着国家领土及主权。《史记》记载,萧何先入咸阳"收秦丞相御史律令图书藏之",反映汉代很重视地图。

我国发现最早以实测为基础的古地图,是1973年在湖南长沙马王堆汉墓中挖掘出的公元前168年的三幅帛地图:地形图、驻军图和城邑图。地形图内容包括自然要素(河流、山脉)和社会经济要素(居民地、道路),这和现代地图四大基本要素相似。山体范围、谷地、山脉走向用闭合曲线表示,并以俯视和侧视相结合的方法表示峰丛,近似于现在的等高线法(图1.8)。驻军图用黑、红、蓝三色彩绘,是目前我国发现最早的彩色地图。城邑图上标绘了城垣范围、城门堡、城墙上的楼阁、城区街道、宫殿建筑等。用蓝色绘画城墙上的亭阁,红色双线表示街坊庭院,院内红色普染。城区街道分出主要街道和次要街道两级,宽窄不同。宫殿、城堡等建筑物均绘以象形符号,同现代城市图比较,在形式上几乎是一样的。该图是迄今我国现存最早的以实测为基础的城市地图。马王堆汉墓地图充分反映了我国彩墨绘制地图的工艺水平,是世界史上罕见的一大发现。

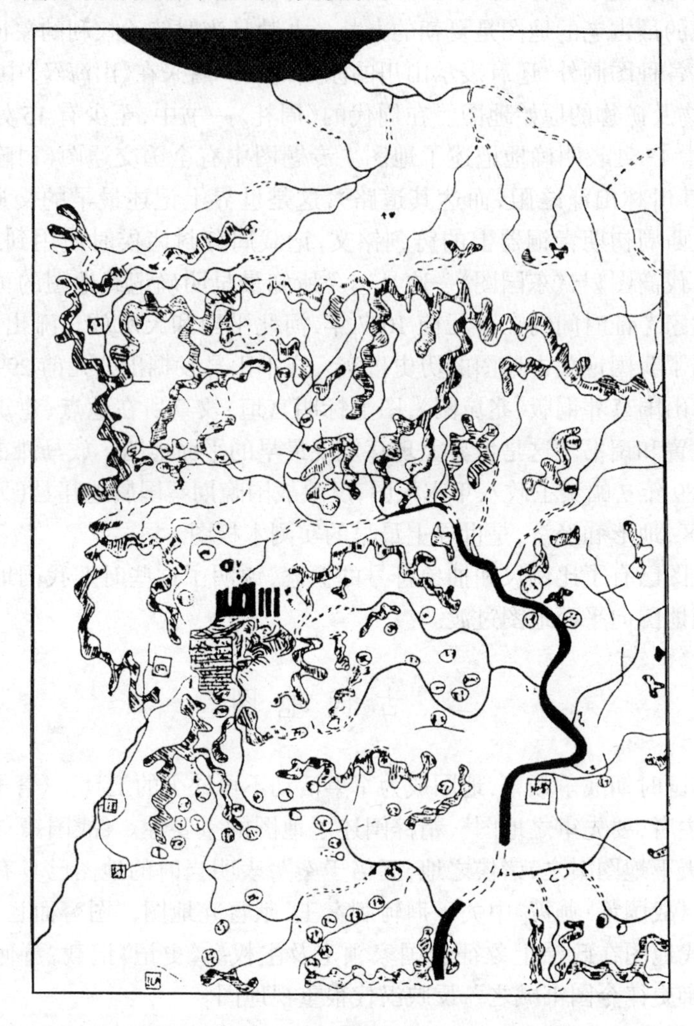

图 1.8　马王堆三号墓出土的地形图(复原图部分)

对古代地图产生重大影响的是希腊著名数学、天文、地图学家托勒密(87～150)和中国晋代杰出地图学家裴秀。他们的作品反映了西方、东方不同的发展特点和古代地图科学的重大成就,对后来的地图产生了长期深远的影响。托勒密写的《地理学指南》,实际上是一部地图学论著。附带的 27 幅地图,是世界上最早的地图集雏形。他提出了编制地图的方法,采用了新的经纬线网,创造了两种新的世界地图投影;并绘制了新世界地图。该图在西方古代地图史上具有划时代意义,一直被使用到 16 世纪。中国西晋(265～316)地图学家裴秀绘制了 18 幅《禹贡地域图》及《地形方丈图》;总结前人和自己的经验,提出了六项制图原则即"制图六体”：分率、准望、道里、高下、方邪、迂直。前三个即今天的比例尺、方位和距离，后三个即比较和校正不同地形引起的距离偏差。制图六体概况了古代地图制作的数学基础，其倡导的计里画方的方法，长期为中国古代编制地图所遵循，对我国古代地图的发展产生了极其深远的影响，当今的计算机栅格地图暗合了我国古代的计里画方的制图方法。

从4世纪到13世纪左右，在西方地图历史上是一个漫长的黑暗时期，神学代替了科学，地图成为宗教思想的俘虏，严重阻碍了地图学的发展。当时的地图是辗转抄袭、粗略荒谬的作品。

盛唐杰出地图学家、地理学家贾耽（730～805），用了17年时间编制了表示全国的《海内华夷图》。这是继裴秀之后我国又一伟大地图作品，在中国和世界地图史上具有重要意义。

唐代诗人王维，于天宝年间在帛、壁上绘制5幅《辋川图》，宋代刻石，明代郭漱六于公元1617年重摹刻制，表示蓝田辋川王维隐居处沿途风光20景，这是现存最长的早期导游图，现藏于陕西蓝田县文化馆。唐代曾组织人力绘制京都《长安图》。现存最大的古代城市图，是藏于西安碑林的《长安图》。宋元丰3年由吕大防题词主办，采用唐代《长安图》、《西京新记》资料。街区用平面图形表示，围墙等主要建筑用侧视象形符号表示，和现代城市图趋于一致。

宋代地理学家、地图学家沈括，查阅资料、去伪存真、实地考查，以亲身经历编制了《天下州县图》。宋代郑樵在《通志》一书中记有《诸路至京驿程图》，这是我国记述最早的交通图。

元代的朱思本经10年游历考证，汇编了大幅面的《舆地图》，成为明、清两代地图的范本。明代的罗洪先又对《舆地图》增补修改，编成《广舆图》。该图曾刊印8次，影响时间较长，范围较大。

公元16世纪，地图集的出现标志着地图学进入一个新的发展阶段。中国明代杰出地图学家罗洪先（1504～1564）和荷兰著名地图学家墨卡托（1512～1594），继裴秀、托勒密之后，用地图集的形式，分别总结了16世纪以前东、西方地图发展成就。罗洪先在总结前人地图的基础上，采用画方分幅法，以图集形式，编制了《广舆图》。墨卡托用等角圆柱投影编制世界图。在航海方面起到了巨大作用，一直沿用至今。他所编的地图集，是当时欧洲地图集发展的里程碑。

罗洪先和墨长托所编地图集，承前启后，对后代的地图发展产生巨大影响，延续数百年之久。

三、近 代 地 图

17世纪末，欧洲资本主义到了成年期，地图科学也在迅速发展，由于对内开发,对外掠夺的需要,测量学首先发展起来。18 世纪,欧洲开始大规模地实测地形图,出现了大量精度高,内容丰富的实测地图。19 世纪初,缩编地图、专题地图出现。20 世纪初利用飞机进行航空摄影测量成图得到发展。地图的精确性、内容的丰富性、地图的品种、成图手段都达到了一定的水平。

17 世纪以来,各国纷纷成立测绘机构,主管国家基本地形图的测绘。测绘地形图,以西欧为最早。1730 ~ 1780 年,法国的卡西尼父子测绘的法国地形图颇负盛誉。1891 年在瑞士伯尔尼召开的第五届国际地理会议上,讨论并通过了由彭克提议的,合作编制国际百万分之一地图的提案,并形成决议,这个决议对以后各国国际百万分之一地图的编制起到了积极的推动作用。

19 世纪以来,各种专题地图出现。其中,德国伯尔和斯编制出版的自然地图集等,对当时专题地图的发展起到了一定的推动作用。

虽然我国古代历史上出过一些著名的地图学家和一批有很高水平的地图作品,但是到了近代,由于外来的侵略,内部的腐败,国势日衰,我国地图制图水平比西方落后。尽管如此,我国地图制作也取得一定进步。

明末(16 世纪末至 17 世纪),正是欧洲各国进入资本主义原始积累时期。西方为开拓世界市场,掠夺财富,开辟了欧亚之间的海上交通并开展传教活动。明万历 10 年(公元 1582 年),意大利传教士利玛窦来华介绍的西方世界地图和地图制作技术得到中国统治者的重视,从此新制图方法开始在中国传播。利玛窦对中国科技文化影响最大的是绘制世界地图和测量经纬度。1684 ~ 1719 年,中国内地测算经纬度 630 个点,奠定了中国近代地图测绘的基础。我国还是亚洲最早进行地图测绘的国家。1708 ~ 1718 年,开展了全国大规模测量,《皇舆全览图》陆续测绘完成。该图是我国首次全国性的实测地图,开创了我国实测经纬度地图的先河,对近代中国地图的发展有重要的意义。该图在绘制的方法、精度、范围和内容上,在当时都体现了较高水平。

清末地理学家魏源(1794 ~ 1859)编制的《海国图志》,完全摆脱了传统的计里画方制图法,采用了经纬度控制等与现今世界地图集相类似的地图投影、比例尺选择等,是中国地图制图史上一部世界地图集编制的开创性工作。公元 1886 年即清光绪十二年,开始了全国规模的《大清会典舆图》分省图集编制工作,各省用了 3 ~ 5 年时间分别完成省域地图集的编纂。这次图集编绘在中国地图发展史上具有极为重要的意义,它是中国传统古老的计里画方制图法向现代的经纬网制图法转变的标志。

新中国建立后,地图学发生了很大变化。首先成立了国家测绘局;在 20 世纪 50 年代开始进行系统的大规模测绘工作,在完成全国大地控制测量基础上,于 70 年代完成了全国 1∶50000 或 1∶100000 地形图测绘任务;编制并不断更新全国各省区不同比例尺系列地图;出版了国家及各省区地图集;各种不同专业、不同用途的专题地图迅猛发展;各种新技术、新理论受到重视和研究。我国地图制图水平和世界发达国家的差距正在缩小。

四、现代地图学进展

1. 现代地图制图技术及现代地图

航空摄影测量制图技术的出现改变了古老的地面测图技术的传统方法,使得航空摄影测量地图能够代替普通测量制图。1903 年飞机问世,1910 年莱特从飞机上拍摄了第一张照片,此后,德国和法国都进行了航空摄影测量的试验和研究。不到半个世纪,航空摄影测量从根本上改变了 300 余年发展起来的地图测制过程,标志着人类从高空进行测绘的新历史阶段。世界上的主要国家都进行了航空摄影测量制图,我国 1934 年开始了水利工程、地籍和铁路选线的测量制图。新中国成立后,经 20 余年努力,已完成覆盖全国的航空摄影测量和地形图制图工作。20 世纪 70 年代末,进行了《山西太原农业自然条件系列图》和《航空遥感腾冲试验区地图集》的航空遥感及系列制图试验。

航天遥感制图技术开创了人类从地球外空间进行全球性遥感制图的新纪元,使得遥感地图成为一种新的地图品种。1957 年,苏联发射了第一颗人造地球卫星,20 世纪 70 年代以后,美国发射了 5 颗陆地卫星,提供地表陆、海的遥感图像和数据。遥感制图不仅开拓了动态制图的新领域;而且可超越自然障碍和国界限制,广泛用于直接编制或更新普通地图和专题地图,从而改变了从大比例尺地图逐级缩小编图的工艺程序。1984 年出版的《日本列岛地图帖》和《中国地学分析图集》,具体反映了这种发展趋势。20 世纪 80 年代以来,遥感技术又取得明显进展,遥感图像的地面分辨率进一步提高,具有立体图像,并朝着高分辨率、多波段、全天候和遥感信息国际共享以及商品化方向发展。遥感图像处理由光学处理向数字处理方向转变。我国 1987 年研究成功用于遥感图像制图的图像处理系统,把我国的遥感应用提高到一个新水平,广泛应用于国民经济建设的各个领域。

1967 年,美国编绘了月球影像地形图和地质图,标志着人类编制星球地图的开始。

电子计算机技术应用制图开创了手工制图向自动制图转变的新开端,使得数字地图成为最新、最现代化的地图品种。20 世纪 50 年代以后,计算机技术开始应用于地图测绘。经过英国、美国、瑞典、日本、瑞士等国家不断在原理、设备软件等方面的研发,到 70 年代已由实验阶段发展到比较广泛的应用。加拿大、法国、日本和澳大利亚均以地形图为基础,建成地理信息系统,使地形图、专题地图和遥感信息汇集、存储于统一的地理坐标之上,明显提高了地图更新、传输、编辑水平,大大扩展了应用领域。80 年代以来,随着计算机不断更新换代以及制图软件的不断发展,使数字制图展现出广阔和潜力巨大的发展前景。我国从60年代开始进行自动制图试验;70年代研制了数字化仪和自动绘图机;80年代在城市、人口、农业、石油、地质等领域进行应用;90年代自动制图应用领域进一步扩大。我国计算机地图制图开发应用取得了明显成效。目前出现了数字地图、激光地图、多媒体地图、网络地图、全息地图、声像地图、光盘地图等地图新品种,充分反映了数字地图制图发展的日新月异。

2. 现代地图学理论

由于地图学与自然科学、社会科学、系统科学、信息科学、思维科学、人体科学、行为科学、艺术科学等有着交叉及关联关系,它们的研究成果为地图学的发展提供了理论基础和技术支持,并促进了地图学理论研究的进展。

地图信息论。地图信息表现为图形几何特征、多种彩色的总和及其相互联系的差别,可以说地图信息是以图解形式表达制图客体和其性质构成的信息。地图信息论就是研究以地图图形表达、传递、储存、转换、处理和利用空间信息的理论。该理论有助于认识地图的实质,并深化对地图信息的计量方法研究。

地图传输论。是研究地图信息传输的原理、过程和方法的理论。该理论认为:客观环境——制图者——地图——用图者——再认识的客观环境构成了一个统一的整体。客观环境被制图者认知,形成知识概念,通过符号化变为地图,用图者通过符号识别,在头脑中形成对客观环境的认识。这个过程是一个地图信息流传输的过程,地图制作和使用都包括在这个传输过程中;地图符号能有效传输地理信息,但传输过程中会受到"噪声"干扰。该理论对于地图最佳制作和地图有效使用具有积极作用。

地图符号学。是研究地图符号系统的构图基础,感受方式及其设计使用的科学。提出的六种视觉变量:形状、亮度、色彩、尺寸、密度和方向,是地图符号系统的构图基础;四种感受方式:组合感受、选择感受、等级感受和数量感受,是制图过程中的视觉映射特点。该理论对于地图符号设计和地图生产有较大影响。

地图模型论。是研究如何建立冉现的客观环境的地图模型,并以地图数学模型来表达的理论。该理论认为地图是客观世界的模拟模型。此模型是制图者的概念模型,并可用数学方法表达,是经过抽象概括的制图对象的空间分布结构。该理论对于深入认识地图的实质,并对推动数字制图的发展有重要作用。

地图认知论。是研究人类认知地图获取信息的手段、原理和过程的理论。该研究有两项成果。一是"地图认知环"学说,认为用图者首先接受到图像地图客体,进而在头脑中进行信息处理、获取;然后据已有知识对所获信息进行加工,从而产生头脑信息图;再进一步通过对实地地理现象进行研究,最后得到所认知的地理实体,完成一轮认知环。二是"多模式感知和认知理论",是指在虚拟地图环境下,用多种认知手段(如视觉、听觉)分别获取知识,并将其加以比较和想像处理,进而形成各自的知识库(如视觉、听觉知识库),最后将各知识库融合,产生综合知识库。该理论对制图手段、多媒体技术、虚拟现实技术的结合使用有重要意义。

地图感受论。是研究地图视觉感受过程的物理学、生理学和心理学方法,探讨地图是如何被用图者有效感受的理论。研究内容有分级符号、网纹和等值灰度梯尺的视觉效果,色彩设计客观性、视觉感受与图形构成的规律、特点等。该理论对于地图设计有重要意义。

3. 21 世纪地图学发展趋势

智能化。包括地图信息源信息获取、地图制作过程和地理信息表达的智能化等。

虚拟化。地图学将来表达的制图对象不一定都是实体的客观存在,很多内容将是虚拟的、模拟的、多维仿真式的。

功能多极化。地图功能从表达地理客体规律特征,扩展到知识发现、空间分析、动态显示监测、综合评价、预警预报等。

主客体同一化。随着科技发展,促进地图制作技术的不断改进和创新,地图制作将越来越简单,故既是地图制作者又是地图使用者将渐趋普遍,使主客体同一化。

全球一体化。随着数字地球战略的实施和推进,将实现全球化的地图无缝拼接和万维网联通,使地图在表达地球和研究地球方面,都可以整体化,并以全球一体化形式出现。

地图、RS、GIS 和 GPS 一体化。数据库是链接数字地图、RS、GIS、GPS 技术的共有基础,随着这些科技手段的不断发展,将使其在信息科学的范畴内不断融合并趋向一体化,为地球信息科学、数字地球的建设发挥作用。

复习参考题

1. 如何理解反映地表的像片、素描画和地图的区别?
2. 浅述地图定义的变化。
3. 结合实际试谈地图的用途。
4. 试分析地图学的概念及其研究内容。
5. 地图制作有哪些方法?试分析其优缺点。
6. 我国古代对地图制图的贡献是什么?
7. 21 世纪地图学的发展趋势是什么?
8. 试述地图学与 RS、GIS、GPS 的区别?

主要参考文献

蔡孟裔,毛赞猷,田德森等.2000.新编地图学教程.北京:高等教育出版社
测绘学编辑委员会.1985.中国大百科全书(测绘学).北京:中国大百科全书出版社
陈述彭.1990.地图创作的新潮与反思.地图,(2)
高俊.1991.地图的空间认知与认知地图学.中国地图学年鉴.北京:中国地图出版社
廖克.1999.迈向21世纪的中国地图学.地球信息科学,(2)
廖克等.1995.地图概论.北京:科学出版社
卢良志.1984.中国地图学史.北京:测绘出版社
陆漱芬等.1987.地图学基础.北京:高等教育出版社
罗宾逊 A H 等.1989.地图学原理(第五版).李道义等译.北京:测绘出版社
马耀峰.1996.旅游地图制图.西安:西安地图出版社
齐清文.2000.现代地图学的前沿问题.地球信息科学,(1)
孙经义.2000.计算机地图制图.北京:科学出版社
田德森.1991.现代地图学理论.北京:测绘出版社
谢刚生等.2000.数字化成图原理与实践.西安:西安地图出版社
尹贡白,王家耀,田德森等.1991.地图概论.北京:测绘出版社
张力果等.1990.地图学.北京:高等教育出版社
张奠坤,杨凯元.1992.地图学教程.西安:西安地图出版社
TAYLOR F.1992.地图学的概念基础:信息时代的新方向.地图,25(1)

第二章　地图的数学基础

本 章 要 点

1. 掌握地球椭球体、大地水准面、GPS、比例尺、地图投影的概念。
2. 认识地图投影的方法、过程、地图投影变形和地图投影选择。
3. 了解主要的地图投影类型、变形分布规律及其用途。
4. 一般了解地图投影判别及利用 MGE 软件绘制经纬线的过程。

第一节　地球椭球体与大地控制

一、地球椭球体

测量工作是在地球的自然表面上进行的,然而地球的自然表面是一个起伏不平,十分不规则的表面。在地球表面上有 29%的陆地,71%的海洋;陆地上有山地、峡谷、平原、高原、盆地等,海底存在着高低悬殊的复杂地形,海陆比较,高差约 20 000m。这种客观存在的高低变化,是多种成分的内、外地貌营力在漫长的地质年代里综合作用的结果。对于地球测量而言,地表是一个无法用数学公式表达的曲面,这样的曲面不能作为测量和制图的基准面。

为了寻求一种规则的曲面来代替地球的自然表面,人们设想当海洋静止时,平均海水面穿过大陆和岛屿,形成一个闭合的曲面,该面上的各点与重力方向(铅垂线)成正交,这就是大地水准面。大地水准面所包围的球体,叫大地球体。对地表的测量和制图工作,必须寻找一个能用数学公式表达的规则的曲面。但是由于受地球内部物质密度分布不均等多种因素的影响而产生重力异常,致使铅垂线的方向发生不规则变化,故处处与铅垂线方向垂直的大地水准面仍然是一个不规则的、不能用数学公式表达的曲面。若把地球表面投影到这个不规则的曲面上,将无法进行测量计算工作。大地水准面形状非常复杂,但从整体上来看,起伏是微小的,而且其形状接近一个扁率极小的椭圆绕大地球体短轴旋转所形成的规则椭球体,这个椭球体称为地球椭球体。地球椭球体表面是一个规则的数学表面,可以用数学公式表达,所以在测量和制图中就用它替代地球的自然表面(图 2.1)。

地球椭球体有长半径和短半径之分。长半径(a)即赤道半径,短半径(b)即极半径。$f=(a-b)/a$ 为椭球体的扁率,表示椭球体的扁平程度。由此可见,地球椭球体的形状和大小取决于 a、b、f 。因此, a、b、f 被称为地球椭球体的三要素。

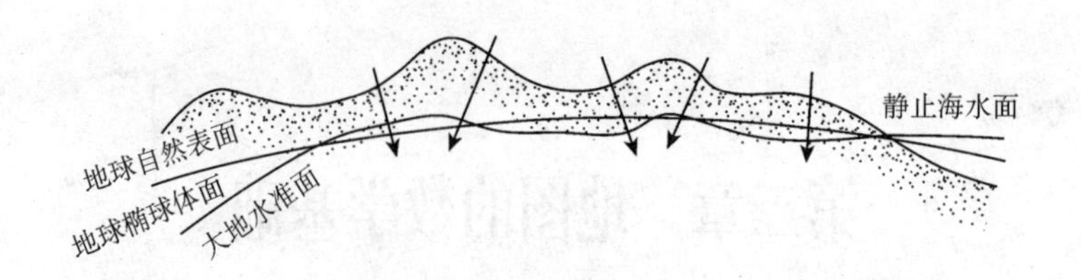

图 2.1　地球自然表面、大地水准面和地球椭球体的关系

由于推算的年代、使用的方法以及测定地区的不同，地球椭球体的数据并不一致，因此，近一个世纪来，世界上推出了几十种地球椭球体数据。美国环境系统研究所(ESRI)的 ARC/INFO 软件中提供了 30 种地球椭球体模型；Intergraph 公司的 MGE 软件提供了 24 种地球椭球体模型。常见的地球椭球体数据见表 2.1。

表 2.1　常用椭球体数据

椭球体名称	年代	长半径/m	短半径/m	扁率	使用的主要国家
白塞尔（德国，Bessel）	1841	6 377 397	6 356 079	1:299.15	波兰，罗马尼亚，捷克，斯洛伐克，瑞士，瑞典，智利，葡萄牙，日本
克拉克 I（英国，Clarke）	1866	6 378 206	6 356 534	1:295.0	埃及，加拿大，美国，墨西哥，法国
克拉克 Ⅱ（英国，Clarke）	1880	6 378 249	6 356 515	1:293.47	越南，罗马尼亚，法国，南非
海福特（美国，Hayford）	1910	6 378 388	6 356 912	1:297.0	意大利，比利时，葡萄牙，保加利亚，罗马尼亚，丹麦，土耳其，芬兰，阿根廷，埃及，中国(1952 年前)
克拉索夫斯基（原苏联，Красовский）	1940	6 378 245	6 356 863	1:298.3	原苏联(1946 年起)，保加利亚，波兰，罗马尼亚，匈牙利，捷克，斯洛伐克，原德意志民主共和国，中国
1975 年国际椭球	1975	6 378 140	6 356 755	1:298.257	1975 年国际第三个推荐值
1980 年国际椭球	1980	6 378 137		1:298.257	1979 年国际第四个推荐值

我国在 1952 年以前采用海福特椭球体，从 1953 年起改用克拉索夫斯基椭球体，1978 年决定采用 1975 年第十六届国际大地测量及地球物理联合会(IUGG/IAG)推荐的新的椭球体，称为 GRS(1975)，并结合我国大地控制测量成果建立了中国独立的大地坐标系。

地球的形状确定之后，还需确定大地水准面与椭球体面之间的相对关系，只有这样，才能将观测成果换算到椭球体面上。在地球表面适当位置选择一点 P，假设椭球体和大地球体相切于 P'，切点 P' 位于 P 点的铅垂线上，此时，过椭球体面上

P'的法线与该点对于大地水准面的铅垂线相重合，椭球体的形状和大小与大地球体很接近，从而也就确定了椭球体与大地球体的相互关系(图 2.2)。这种与局部地区的大地水准面符合得最好的一个地球椭球体，称为参考椭球体。确定参考椭球体，进而获得大地测量基准面和大地起算数据的工作，称为参考椭球体定位。各国在椭球体的选择上，总是寻求最佳的解决方案，就是因为存在着椭球体的定位问题。

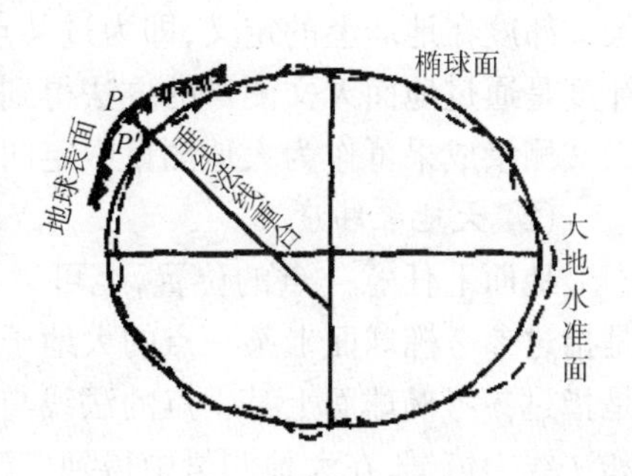

图 2.2　地球椭球体定位

二、大地控制

大地控制的主要任务是确定地面点在地球椭球体上的位置。这种位置包括两个方面：一是点在地球椭球面上的平面位置，即经度和纬度；二是确定点到大地水准面的高度，即高程。为此，必须首先了解确定点位的坐标系。

1. 地理坐标系

对地球椭球体而言，其围绕旋转的轴称地轴。地轴的北端称为地球的北极，南端称为南极；过地心与地轴垂直的平面与椭球面的交线是一个圆，这就是地球的赤道；过英国格林威治天文台旧址和地轴的平面与椭球面的交线称为本初子午线。以地球的北极、南极、赤道和本初子午线等作为基本要素，即可构成地球椭球面的地理坐标系统(图 2.3)。其以本初子午线为基准，向东，向西各分了 180°，之东为东经，之西为西经；以赤道为基准，向南、向北各分了 90°，之北为北纬，之南为南纬。

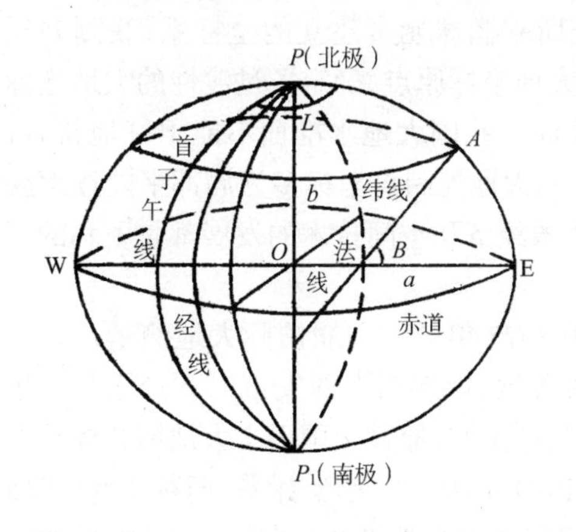

图 2.3　地理坐标系

地理坐标系是指用经纬度表示地面点位的球面坐标系。在大地测量学中，对于地理坐标系统中的经纬度有三种描述：即天文经纬度、大地经纬度和地心经纬度。

(1) 天文经纬度

天文经度在地球上的定义，即本初子午面与过观测点的子午面所夹的二面角；

天文纬度在地球上的定义,即为过某点的铅垂线与赤道平面之间的夹角。天文经纬度是通过地面天文测量的方法得到的,其以大地水准面和铅垂线为依据,精确的天文测量成果可作为大地测量中定向控制及校核数据之用。

(2) 大地经纬度

地面上任意一点的位置,也可以用大地经度 L、大地纬度 B 表示。大地经度是指过参考椭球面上某一点的大地子午面与本初子午面之间的二面角,大地纬度是指过参考椭球面上某一点的法线与赤道面的夹角。大地经纬度是以地球椭球面和法线为依据,在大地测量中得到广泛采用。

(3) 地心经纬度

地心,即地球椭球体的质量中心。地心经度等同于大地经度,地心纬度是指参考椭球体面上的任意一点和椭球体中心连线与赤道面之间的夹角。地理研究和小比例尺地图制图对精度要求不高,故常把椭球体当作正球体看待,地理坐标采用地球球面坐标,经纬度均用地心经纬度。地图学中常采用大地经纬度。

2. 我国的大地坐标系统

世界各国采用的坐标系不同。在一个国家或地区,不同时期也可能采用不同的坐标系。我国目前沿用了两种坐标系,即 1954 年北京坐标系和 1980 年国家大地坐标系。

(1) 1954 年北京坐标系

1954 年,我国将原苏联采用克拉索夫斯基椭球元素建立的坐标系,联测并经平差计算引申到了我国,以北京为全国的大地坐标原点,确定了过渡性的大地坐标系,称 1954 北京坐标系。其缺点是椭球体面与我国大地水准面不能很好地符合,产生的误差较大,加上 1954 年北京坐标系的大地控制点坐标多为局部平差逐次获得的,不能连成一个统一的整体,这对于我国经济和空间技术的发展都是不利的。

(2) 1980 年国家大地坐标系

我国在 30 年测绘资料的基础上,采用 1975 年第十六届国际大地测量及地球物理联合会(IUGG/IAG)推荐的新的椭球体参数,以陕西省西安市以北泾阳县永乐镇某点为国家大地坐标原点,进行定位和测量工作,通过全国天文大地网整体平差计算,建立了全国统一的大地坐标系,即 1980 年国家大地坐标系,简称 1980 年西安原点或西安 80 系。其主要优点在于:椭球体参数精度高;定位采用的椭球体面与我国大地水准面符合好;天文大地坐标网传算误差和天文重力水准路线传算误差都不太大,而且天文大地坐标网坐标经过了全国性整体平差,坐标统一,精度优良,可以满足 1:5000 甚至更大比例尺测图的要求等。

随着卫星定位导航技术在我国的广泛使用,我国目前提供的“西安 80 系”这一大地坐标系统成果与当前用户的需求和今后国家建设的进展、社会的发展存在矛盾:①坐标维的矛盾。目前提供的二维坐标不能满足需要三维坐标和大量使用卫星定位和导航技术的广大用户的需求,也不适应现代的三维定位技术。②精度的矛盾。利用卫星定位技术可以达到 $10^{-7} \sim 10^{-8}$的点位相对精度,而西安 80 系的精度只能保证 3×10^{-6}。这种坐标精度的不适配会产生诸多问题。③坐标系统(框架)的矛盾。由于空间技术、地球科学、资源、环境管理等事业的发展,用户需要提供与全球总体适配的地心坐标系统(如 ITRF),而不是如“西安 80 系”这样的局部定义的坐标系统。

改善和更新我国现有的大地坐标系统,必须消除上述各方面的矛盾。我国现有的 3 个 GPS 网,已为改善现行的二维坐标系,创建国家统一的三维地心坐标系统创造了条件。

3. 高程系

高程控制网的建立,必须规定一个统一的高程基准面。新中国成立前我国曾使用过坎门平均海水面、吴淞零点、废黄河零点和大沽零点等多个高程基准面。新中国成立以后,利用青岛验潮站 1950 ~ 1956 年的观测记录,确定黄海平均海水面为全国统一的高程基准面,并且在青岛观象山埋设了永久性的水准原点。以黄海平均海水面建立起来的高程控制系统,统称“1956 年黄海高程系”。统一高程基准面的确立,克服了新中国成立前我国高程基准面混乱以及不同省区的地图在高程系统上普遍不能拼合的弊端。

多年观测资料显示,黄海平均海平面发生了微小的变化。因此,1987 年国家决定启用新的高程基准面,即“1985 年国家高程基准”。高程基准面的变化,标志着水准原点高程的变化。在新的高程系统中,水准原点的高程由原来的 72.289m 变为 72.260m 。这种变化使高程控制点的高程也随之发生了微小的变化,但对已成地图上的等高线高程的影响则可忽略不计。

由于全球经济一体化进程的加快,每一个国家或地区的经济发展和政治生活都与周边国家和地区发生密切的关系,这种趋势必然要求建立全球统一的空间定位系统和地区性乃至全球性的基础地理信息系统。因此,除采用国际通用 ITRF 系统之外,各国的高程系统也应逐步统一起来,当然这并不排除各个国家和地区基于自己的国情建立和使用适合自身情况的坐标系统和高程系统,但应和全球的系统进行联系,以便相互转换。

4. 大地控制网

我国面积辽阔,在 960 万 km^2 的土地上进行测量工作,为了保证测量成果的精度符合国家的统一要求,必须在全国范围内选取若干典型的、具有控制意义的点,然后精确测定其平面位置和高程,构成统一的大地控制网(图 2.4),并作为测制地图的基础。大地控制网由平面控制网和高程控制网组成。

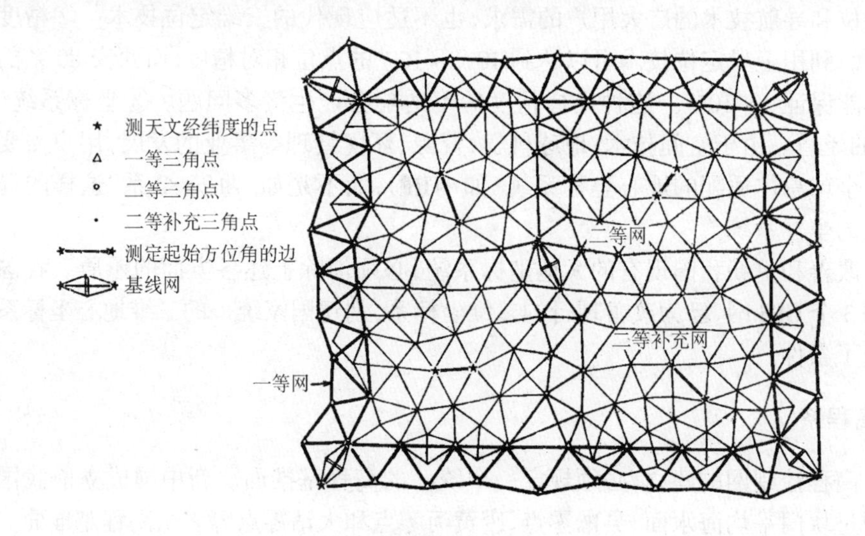

图 2.4　大地控制网(点)示意图

平面控制测量的主要目的就是确定控制点的平面位置,即大地经度(L)和大地纬度(B)。其主要方法是三角测量和导线测量。

三角测量。是在平面上选择一系列控制点,并建立起相互连接的三角形,组成三角锁或三角网,测量一段精确的距离作为起始边,在这个边的两端点,采用天文观测的方法确定其点位(经度、纬度和方位),精确测定各三角形的内角。根据以上已知条件,利用球面三角的原理,即可推算出各三角形边长和三角形顶点坐标(图 2.5)。

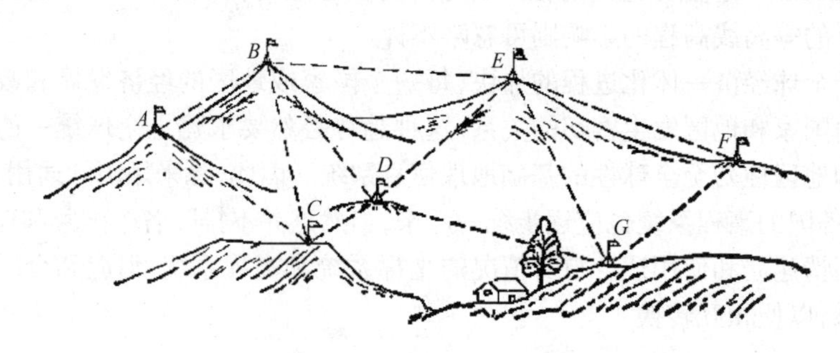

图 2.5　三角测量示意图

三角测量为了达到层层控制的目的,由国家测绘主管部门统一布设了一、二、三、四等三角网。一等三角网是全国平面控制的骨干,由近于等边的三角形构成,边长在 20 ~ 25km 左右，基本上沿经纬线方向布设；二等三角网是在一等三角网的基础上扩展的，三角形平均边长约为 13km，这样可以保证在测绘 1∶10 万、1∶5 万比例尺地形图时，每 150km^2 内有一个大地控制点，即每幅图中至少有 3 个控制点；三等三角网是空间密度最大的控制网，三角形平均边长约为 8km，以保证在 1∶2.5 万比例尺测图时，每 50km^2 内至少有一个大地控制点，即每幅图内有 2 ~ 3 个控制点；四等三角网通常由测量单位自行布设，边长约为 4km，保证在 1∶1 万比例尺测图时，每幅图内有 1 ~ 2 个控制点，每点控制约 20km^2。

导线测量。是把各个控制点连接成连续的折线，然后测定这些折线的边长和转角，最后根据起算点的坐标及方位角推算其他各点的坐标。导线测量有两种形式：一种是闭和导线，即从一个高等级控制点开始测量，最后再测回到这个控制点，形成一个闭和多边形。另一种是附合导线，即从一个高等级控制点开始测量，最后附合到另一个高等级控制点。作为国家控制网的导线测量，亦分为一、二、三、四等。通常把一等和二等三角测量称为精密导线测量。

在建立大地控制网时，通常要隔一定距离选测若干大地点的天文经纬度、天文方位角和起始边长，作为定向控制及校核数据等方面使用，故大地控制网又有天文大地控制网之称。当前利用卫星大地测量的方法来布设国家的、洲际的或全世界的卫星大地控制网，使大地坐标的获取更加方便、经济和自动化。

地面点的位置除了平面位置外，还包括高程位置。表明地面点高程位置的方法有两种：一种是绝对高程，即地面点到大地水准面的高度。另一种是相对高程，即地面点到任意水准面的高度。

高程控制网。是在全国范围内按照统一规范，由精确测定了高程的地面点所组成的控制网，是测定其他地面点高程的基础。建立高程控制网的目的是为了精确求算地面点到大地水准面的垂直高度，即高程。高程控制网分一、二、三、四等，各等精度不同，一等点最精确，其余逐级降低。

水准测量。是建立高程控制网的主要方法，它借助水准仪提供的水平视线来测定两点之间的高差（图 2.6）。由图 2.6 可知，两点之间的高差 $H = a - b$，设 H_A 为已知点的高程，则待求点的高程 $H_B = H_A + H$。采用水准测量测定的高程点称为水准点。

三、全球定位系统

为了满足军事部门和民用部门对连续实时和三维导航的迫切需要，1973 年美国国防部便开始组织海陆空三军，共同研究建立新一代卫星导航系统，即"授时与测距导航系统/全球定位系统"（navigation system timing and ranging /global positioning system，NAVSTAR/GPS），简称为全球定位系统（GPS）。和其他导航系统相比，GPS 是

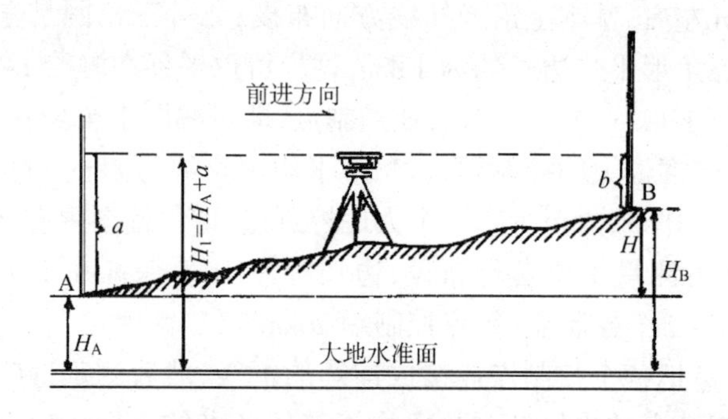

图 2.6　水准测量

一种能提供高精度、实时、全天候和全球性三维坐标、三维速度和时间信息的导航、定位系统。

GPS 由三大部分组成,即空间星座部分、地面监控部分和用户接收部分。

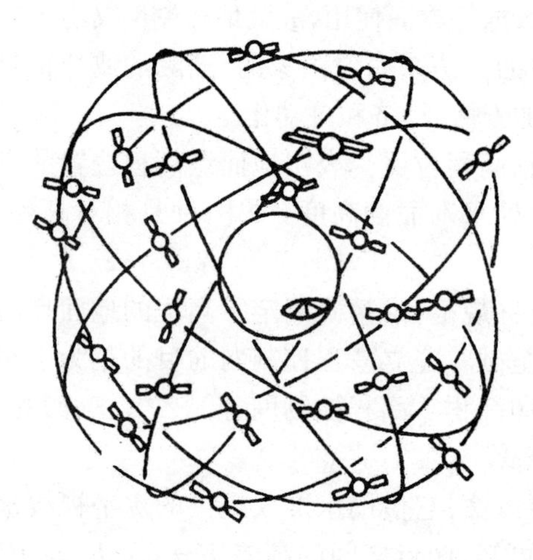

图 2.7　GPS 空间卫星星座

空间卫星星座(图 2.7),由均匀分布在 6 个等间距轨道上的 24 颗卫星组成。轨道之间的夹角为 60°,轨道平均高度为 20 183km,卫星运行周期为 11 小时 58 分钟。GPS 卫星在空间上的这种配置,使用户在地球上任何地点、任何时间至少可以同时接收到 4 颗卫星的定位数据,这是保证 GPS 定位精度的基本条件。

地面监控部分,由分布在全球的 5 个地面站组成,其中包括主控站、注入站和监测站。主控站的主要作用是收集各监测站测得的伪距、卫星时钟和工作状态等综合数据,计算各卫星的星历、时钟改正、卫星状态、大气传播改正等,然后将这些数据按一定的格式编写成导航电文,并传送到注入站。注入站的主要任务是接收地面监控系统注入的导航电文,并注入到卫星的存储系统。监测站负责为主控站编算导航电文提供观测数据。

用户接收部分的基本设备是 GPS 信号接收机,其作用是接收、跟踪、变换和测量 GPS 卫星所发射的 GPS 信号,以达到导航和定位的目的。

GPS 的定位方式分为静态定位和动态定位两种类型。如果在定位时,接收机的天线在跟踪 GPS 卫星的过程中,位置处于固定不动的静止状态,这种定位方式称为静态定位。这时接收机高精度地测量GPS信号和传播时间，根据GPS卫星的已知瞬间位置，算得固定不动的接收机天线的三维坐标。由于接收机的位置固定不动，就有可能进行大量的重复观测，所以静态定位可靠性强，定位精度高，在大地测量中得到了广泛应用，是精密定位中的基本模式。如果在定位过程中，接收机位于运动着的载体上，天线也处于运动状态，这种定位方式称为动态定位。动态定位是用GPS信号实时测定运动载体的位置。定位精度有高(0.5m左右)、中(5m左右)和低(20m左右)精度等几种。目前在飞机、轮船、车辆上广泛应用的导航，就是一种广义上的动态定位，它除了能测定动点的实时位置外，一般还能测定运动载体的状态参数，如速度、时间和方位等。

GPS定位技术可应用于测量工程，具有自动化、全天候、高精度的明显优势。和经典大地测量相比表现在：①观测站之间无需通视。保持良好的通视条件和测量控制网的良好结构，一直是经典测量技术在实践方面的困难问题之一。GPS测量不要求观测站之间相互通视，因而不再需要建造觇标。这一优点既可大大减少测量工作的经费和时间，同时也使点位的选择变得更为灵活。②定位精度高。随着观测技术和数据处理方法的改善，可望在大于1000km的距离上，相对定位精度达到或优于10^{-8}。③提供三维坐标。GPS测量在精确测量观测站平面位置的同时，可以精确测定其大地高程，从而为研究大地水准面的形状和确定地面点的高程开辟了新途径。④操作简便。⑤全天候作业。GPS工作可以在任何地点，任何时间连续进行，一般也不受天气状况的影响。因此，GPS定位技术的应用是传统测量工作的一场重大变革。

目前，除了在军事方面的应用(如美对伊的伊拉克战争中，GPS精确制导大显神威)之外，GPS已广泛应用于科研和生产实践，特别是测绘和地学领域。利用GPS可进行全球性的动态参数测量和全国性大地控制网的测量，建立陆地海洋大地测量基准，进行海岛与陆地连测定位，实现海洋国土的精确划界，监测地球现代板块运动，监测地球固体潮、地极移动、地壳变形、地球自转速度变化、海平面变化，测定航空航天摄影瞬时相机位置，工程项目建设等。

目前商用的GPS接收机主要有精度较高的差分式GPS和精度较低的手持式GPS两种，且已出现了带GPS功能的手机。

第二节　地图比例尺

一、地图比例尺的概念

编制地图时，需要把地球或制图区域按照一定的比率缩小表示，这种缩小的比率就是地图的比例尺。因此，比例尺代表的是地球或制图区域缩小的程度。

地表是个不可展平的球面，根据一定方法把地表展平到平面上时，图上各部分的比例尺必然发生分异，这种分异可能是水平方向的，也可能是垂直方向的，这种分异与制图区域的大小密切相关。

当制图区域比较小时，球面和平面之间的差异可以忽略，这时不论采用何种投影，图上各处长度缩小的比率都可以看成相等的。在这种情况下，地图比例尺的涵义就可以理解为图上长度与地面相应水平长度之比，即：$1/M=d/D$。式中，d 为地图上线段的长度，D 为地面上相应直线距离的水平投影长度，M 为实地距离对图上距离为1时的倍数，即比例尺分母。d、D、M 为三个变量，只要知道其中任意两个，便可推知第三个。如已知实地直线水平距离为2.4km，则1∶5万地形图上相应长度为4.8km；若已知1∶2.5万地形图上一直线长度为8cm，则其实地长度为：$D=dM=8\text{cm}\times25000=2\text{km}$；若已知图上8cm相当于实地长20km，则其地图比例尺为：$1/M=d/D=8/2000000=1/250000$。

随着制图区域的不断扩大，球面和平面的差异也逐渐明显，当地表被展平缩小到平面上时，必然产生不均等的缩小，故出现了不同的比例尺，只有个别特征点或特征线在投影的过程中没有长度变形，这些没有变形的点或线上的比例尺称为主比例尺，而其他大于或小于主比例尺的比例尺，称为局部比例尺。

从以上的分析可以看出，地图比例尺有主比例尺和局部比例尺之分，这种区分在小比例尺地图上十分明显，也十分重要。传统的“图上长度与实地水平长度之比等于地图比例尺”的概念仅适合于在大比例尺地图上使用。因此，完整、精确和具有普遍意义的比例尺定义应该是：地图上沿某方向的微分线段和地面上相应微分线段水平长度之比。

地图比例尺是一个比值，它没有单位，比例尺越大，图面精度越高；比例尺越小，图面精度越小，但概括性越强。当图幅大小相同时，比例尺越大，包括的地面范围越小；比例尺越小，包括的地面范围越大。比例尺赋予了地图可量测计算的性质，为地图使用者提供了明确的空间尺度概念。比例尺还隐含着对地图精度和详细程度的描述。在传统的地图产品逐渐转化为数字化的今天，比例尺的传统定义已经失去了它的意义（计算机中存储的数据与距离无关），但不得不保留比例尺隐含的意义。当人们在数据库前冠以某个比例尺的数字时，实际上隐含着对数据精度与详细程度的说明，这就说明了比例尺的重要性。人们可以借助比例尺来定义对地球观察的界限。不过，数字地图的确不同于传统的纸质地图，在制图概括、图形处理技术进一步完善的条件下，根据某一种比例尺的地图数据库，可以生成任意级别比例尺的地图，因此，也有人把这种存储数据的精度和内容的详细程度都明显高于其比例尺本身要求的地图数据库，称为无级别比例尺地图数据库。

二、地图比例尺的形式

1. 数字比例尺

数字比例尺是指用阿拉伯数字形式表示的比例尺。一般是用分子为 1 的分数形式表示,如 1∶1 万、1∶5 万、1∶25 万等。数字比例尺的优点是简单易读、便于运算、有明确的缩小概念。

2. 文字比例尺

文字比例尺也叫说明式比例尺,是指用文字注释方式表示的比例尺,如"五万分之一","图上 1cm 相当于实地 1km"等。在使用英制长度单位的国家,常见地图上注有"1 in 等于 1 mi(1 inch to mile)"等。文字比例尺单位明确、计算方便、较大众化。

3. 图解比例尺

图解比例尺是以图形的方式来表示图上距离与实地距离关系的一种比例尺形式。它又分为直线比例尺、斜分比例尺和复式比例尺三种。

直线比例尺。是以直线线段的形式表示图上线段长度所对应的地面距离,具有能直接读出长度值而无需计算及避免因图纸伸缩而引起误差等优点(图 2.8)。

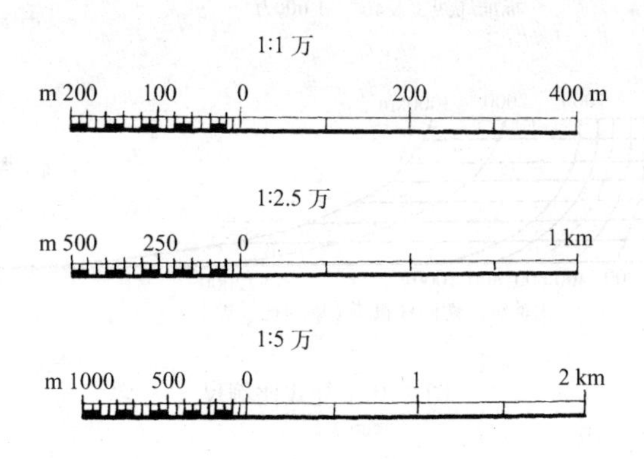

图 2.8　直线比例尺

斜分比例尺。又称微分比例尺。它不是绘在地图上的比例尺图形,而是依据相似三角形原理,用金属或塑料制成的一种地图量算工具(图 2.9)。用它可以准确读出基本单位的百分之一,估读出千分之一。

复式比例尺。又称投影比例尺(图 2.10),是一种由主比例尺与局部比例尺组合成的图解比例尺。在小比例尺地图上,由于地图投影的影响,不同部位长度变形的程度是不同的,因此,其比例尺也就不同。在设计地图比例尺的时候,不能只设计适用于没有变形的点或线上的直线比例尺(主比例尺),而要把不同部位的直线比例尺科学地组合起来,绘制成复式比例尺。通常是对每条纬线或经线单独设计一个直线比例尺,将各直线比例尺组合起来就成为复式比例尺。

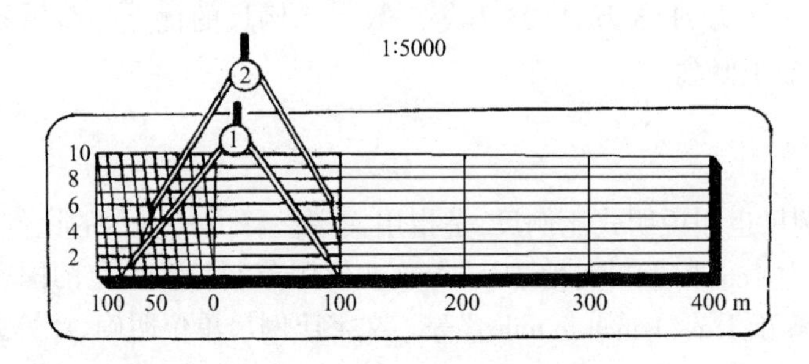

图 2.9　斜分比例尺

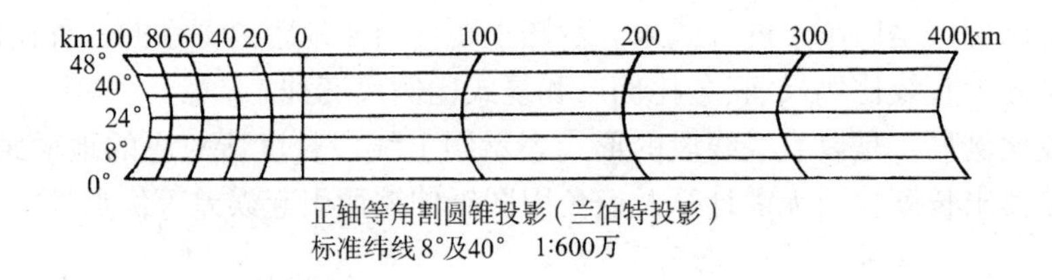

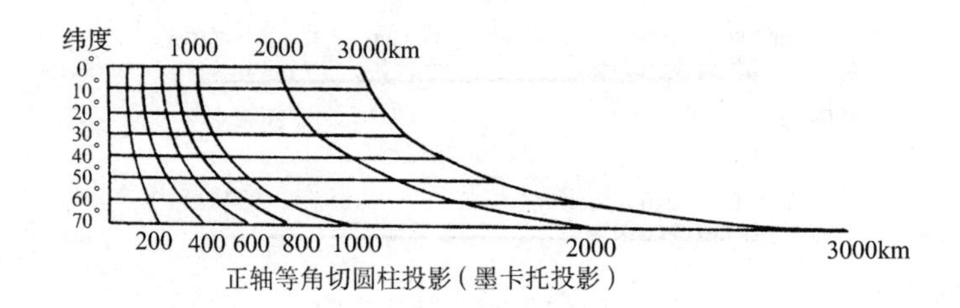

图 2.10　复式比例尺

三、地图比例尺的作用

1. 比例尺决定着地图图形的大小

同一地区,比例尺越大,地图图形越大,反之,则小。如图 2.11 所示,地面上 $1km^2$,在 1∶5 万地图上为 $4cm^2$,在 1∶10 万地图上为 $1cm^2$,在 1∶25 万地图上为 $0.16cm^2$,在 1∶50 万地图上为 $0.04cm^2$,在 1∶100 万地图上仅为 $0.01cm^2$。

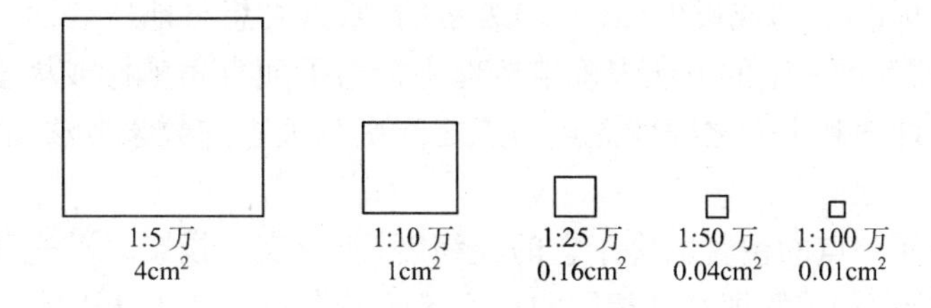

图 2.11　实地 $1km^2$ 在不同比例尺图上的正方形大小

2. 反映地图的量测精度

正常人的视力只能分辨出地图上不小于 0.1mm 的两点间的距离,因此,地面上水平长度按比例尺缩绘到地图上时,不可避免地存在 0.1mm 的误差。这种相当于图上 0.1mm 的地面水平长度,称比例尺精度。由于 0.1mm 是将地物按比例尺缩绘成图形时可以达到的精度的极限,故称比例尺精度或极限精度。根据比例尺精度,可以确定在实地测量时所能达到的准确程度,比如,在测制 1:1 万地形图时,实际水平长度的量测精度只有 1m,即小于 1m 的地物就不能正确表示。同样,在使用地图时,根据精度的要求,可以确定选用何种比例尺的地图,如要求实地长度准确到 5m,则地图比例尺不应小于 1:5 万。由此可见,比例尺越大,地图的量测精度越高。

3. 比例尺决定着地图内容的详细程度

在同一区域或同类型的地图上,内容要素表示的详略程度和图形符号的大小,主要取决于地图比例尺。比例尺愈大,地图内容愈详细,符号尺寸亦可稍大些;反之,地图内容则愈简略,符号尺寸相应减小。一幅地图上若未注明比例尺,用图者亦无法从图上获取信息的数量特征。

第三节　地图投影概述

一、地图投影的概念

地球椭球体表面是个曲面,而地图通常是二维平面,因此在地图制图时首先要考虑把曲面转化成平面。然而,从几何意义上来说,球面是不可展平的曲面。要把它展成平面,势必会产生破裂与褶皱。这种不连续的、破裂的平面是不适合制作地图的,所以必须采用特殊的方法来实现球面到平面的转化。

由于球面上任何一点的位置是用地理坐标(λ, φ)表示的,而平面上的点的位置是用直角坐标(x,y)或极坐标(r,θ)表示的,所以要想将地球表面上的点转移到平面上,必须采用一定的方法来确定地理坐标与平面直角坐标或极坐标之间的关系。这种在球面和平面之间建立点与点之间函数关系的数学方法,就是地图投影方法。

球面上任何一点的位置取决于它的经纬度,所以实际投影时首先将一些经纬线交点展绘在平面上,并把经度相同的点连接而成为经线,纬度相同的点连接而成为纬线,构成经纬网。然后将球面上的点按其经纬度转绘在平面上相应的位置。由此可见,地图投影就是研究将地球椭球体面上的经纬线网按照一定的数学法则转移到平面上的方法及其变形问题。其数学公式表达为

$$\left.\begin{aligned} x &= f_1(\lambda,\varphi) \\ y &= f_2(\lambda,\varphi) \end{aligned}\right\} \tag{2.1}$$

根据地图投影的一般公式,只要知道地面点的经纬度(λ,φ),便可以在投影平面上找到相对应的平面位置(x,y),这样就可按一定的制图需要,将一定间隔的经纬网交点的平面直角坐标计算出来,并展绘成经纬网,构成地图的"骨架"。经纬网是制作地图的"基础",是地图的主要数学要素。

二、地图投影的基本方法

地图投影的方法,可归纳为几何透视法和数学解析法两种。

1. 几何透视法

几何透视法是利用透视的关系,将地球体面上的点投影到投影面(借助的几何面)上的一种投影方法。如假设地球按比例缩小成一个透明的地球仪般的球体,在其球心或球面、球外安置一个光源,将球面上的经纬线投影到球外的一个投影平面上,即将球面经纬线转换成了平面上的经纬线(图 2.12)。

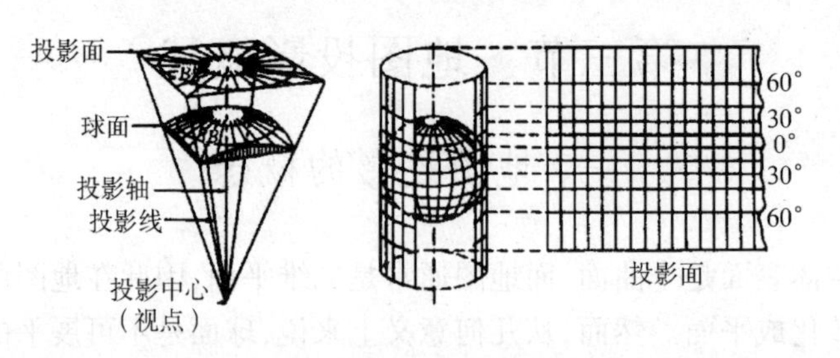

图 2.12　透视投影示意图

几何透视法是一种比较原始的投影方法,有很大的局限性,难于纠正投影变形,精度较低。当前绝大多数地图投影都采用数学解析法。

2. 数学解析法

数学解析法是在球面与投影面之间建立点与点的函数关系,通过数学的方法确定经纬线交点位置的一种投影方法。大多数的数学解析法往往是在透视投影的基础上,建立球面与投影面之间点与点的函数关系的,因此两种投影方法有一定联系。

三、地图投影的变形

1. 地图投影变形的概念

地图投影的方法很多,用不同的投影方法得到的经纬线网形式不同。图 2.13 是几种不同投影的经纬线网形状,可以看出,用地图投影的方法将球面转化为平面,虽可保证图形的连续和完整,但投影前后经纬线网的形状却明显不同。这表明,投影以后经纬线网发生了变形,因而根据地理坐标展绘在地图上的各种地面事物也必然随之发生变形。这种变形使地面事物的几何性质(长度、方向、角度、面积)受到了影响。地图投影变形是指球面转换成平面后,地图上所产生的长度、角度和面积误差。

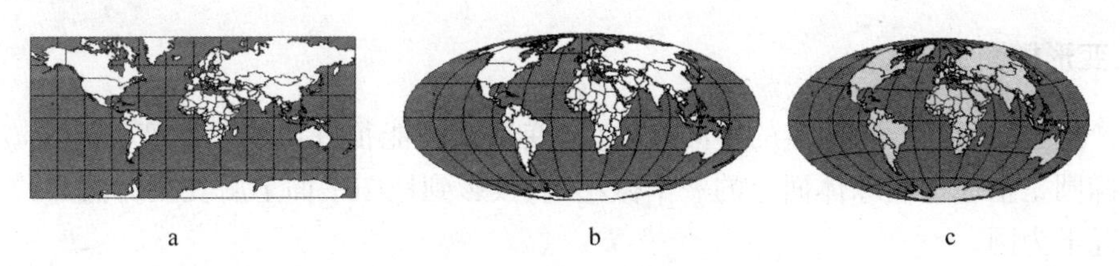

图 2.13　几种不同投影的经纬线形式

地球仪是地球的缩影。通过对地图与地球仪上的经纬线网的比较,可以发现地图投影变形表现在长度、面积和角度三个方面。

地球仪上的经纬线的长度具有下列特点:第一,纬线长度不等。赤道最长;纬度愈高,纬线越短;极地的纬线长度为零。第二,在同一条纬线上,经差相同的纬线弧长相等。第三,所有经线长度相等。在同一条经线上,纬差相同的经线弧长相等(椭球体面上,从低纬向高纬稍有加长)。然而在图 2.13a 上,各条纬线长度相等,说明各条纬线并不是按照同一比例缩小的。在图 2.13c 上,同一条纬线上经差相同的纬线弧长不等,从中央向两边逐渐缩小。各条经线长度不等,中央的一条经线最短,从中央向两边逐渐增大。这表明在同一条纬线上由于经度位置的不同,比例发生了变化,从中央向两边比例逐渐缩小,各条经线也不是按照同一比例缩小,但它们的变化却是从中央向两边比例逐渐增大。

地图上的经纬线长度并非都是按照同一比例缩小的,这表明地图上具有长度变形。长度变形的情况因投影而异。在同一投影上,长度变形不仅随地点而变,而且在同一点上还因方向的不同而不同。

地球仪上经纬线网格的面积具有以下特点:第一,在同一纬度带内,经差相同的球面网格面积相等。第二,在同一经度带内,纬度愈高,网格面积愈小。然而地图上却并非完全如此。在图 2.13b、c 上,同一纬度带内,经差相同的网格面积不等,这表明面积并不是按照同一比例缩小的,面积比例随经度的变化而变化。

由于地图上经纬线网格面积与地球仪上的球面网格面积的特点不同,在地图上经纬线网格面积不是按照同一比例缩小的,这表明地图上具有面积变形。面积变形的情况因投影而异。在同一投影上,面积变形又因地点的不同而不同。

在图 2.13b、c 上,只有中央经线和各纬线相交成直角,其余的经线和纬线均不呈直角相交,而在地球仪上经线和纬线处处都呈直角相交,这表明地图上有角度变形。

地图投影变形是球面转化成平面的必然结果,没有变形的投影是不存在的。对某一地图投影来讲,不存在这种变形,就必然存在另一种或两种变形。但制图时可做到:在有些投影图上没有角度或面积变形;在有些投影图上沿某一方向无长度变形。

2. 变形椭圆

地图投影变形随地点的不同而改变,变形椭圆能很好说明投影变形情况。变形椭圆是指地球椭球体面上的一个微小圆,投影到地图平面上后变成的椭圆,特殊情况下为圆。

如图 2.14 所示,制作一个半球经纬网立体模型,并在模型的极点和同一条经线上安置几个等大的不透明的小圆,使极点与投影平面相切。在模型的圆心处放一盏灯,经灯光照射以后,在投影平面上就有了经纬线网格。模型上的小圆投影到平面上以后,除了极点处的小圆没有变形外,其余的都变成了椭圆。从实验中可明显看出,无论灯光在什么位置,半球模型与投影平面相切处的小圆都没有变形。离切点愈远,小圆投影的变形愈大,有的方向上逐渐伸长,有的方向上逐渐缩短。

地图投影变形的分布规律是:任何地图都有投影变形;不同区域大小的投影其投影变形不同;地图上存在没有变形的点(或线);距没有变形的点(或线)愈远,投影变形愈大,反之亦然;地图投影反映的实地面积越大,投影变形越大,反之越小。上述规律对地图投影具有普遍性。

可证明球面上的一个微小圆,投影到平面上之后是个椭圆。图 2.15a 中,

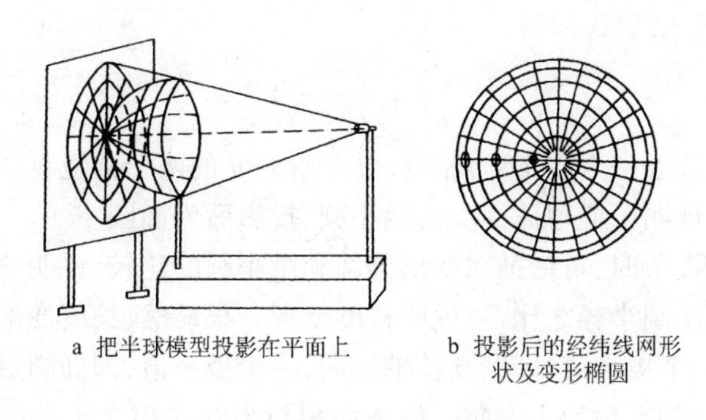

图 2.14　投影变形示意图

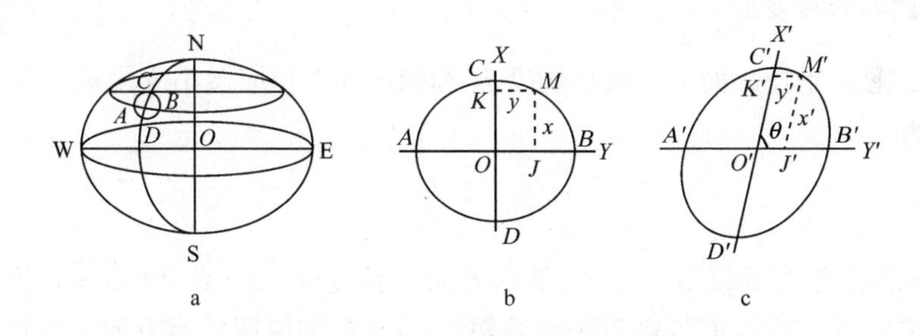

图 2.15　椭球体面上的微小圆投影在平面上为微小椭圆

$ADBC$为地面上的微小圆,展在平面上如图 2.15b 所示,以经纬线为直角坐标轴 X、Y;圆上任一点 M 的坐标$x = MJ$,$y = MK$。在投影面上(图 2.15c),$A'B'$为AB 的投影,$C'D'$为CD 的投影,M'为M 的投影。由于投影一般有角度变形,$A'B'$与$C'D$ 不一定为直角相交,故 $A'B'$、$C'D'$为斜坐标轴系。令其轴为 X'、Y',则 M'的坐标为 $x' = M'J'$,$y' = M'K'$ 。由此可以得出

$$\frac{M'J'}{MJ} = \frac{x'}{x} = m,\ \frac{M'K'}{MK} = \frac{y'}{y} = n$$

式中,m 为纬线长度比;n 为经线长度比。则

$$\left.\begin{aligned} x &= \frac{x'}{m} \\ y &= \frac{y'}{n} \end{aligned}\right\} \tag{2.2}$$

设在地面上所取的微小圆半径为 1,M 点的圆方程为

$$x^2 + y^2 = 1 \tag{2.3}$$

很显然,在投影平面上 M'点绕 O'点运动的轨迹就是式(2.3)所表示的圆的投

影。将式(2.2)代入式(2.3)得

$$\frac{x'^2}{m^2} + \frac{y'^2}{n^2} = 1 \tag{2.4}$$

这个方程式代表一个以 O' 为原点,以交角为 θ 的两个共轭直径为坐标轴的椭圆方程式。这就证明了椭球体面上的微小圆,投影后为椭圆。

在分析地图投影时,可借助对变形椭圆和微小圆的比较,说明变形的性质和大小。椭圆半径与小圆半径之比,可说明长度变形。很显然,长度变形随方向的变化而变化,其中有一个极大值,即椭圆长轴方向,一个极小值,即椭圆短轴方向。这两个方向是相互垂直的,称为主方向。椭圆面积与小圆面积之比,可说明面积变形。椭圆上两方向线的夹角和小圆上相应两方向线的夹角的比较,可说明角度变形。

3. 长度比和长度变形

长度比 μ 是投影面上一微小线段 ds' 和椭球面上相应微小线段 ds 之比。用公式表达为

$$\mu = \frac{ds'}{ds} \tag{2.5}$$

长度比用于表示投影过程中,某一方向上长度变化的情况。$\mu > 1$,说明投影后长度拉长,$\mu < 1$,说明投影后长度缩短了;$\mu = 1$,则说明特定方向上投影后长度没有变形。在某一点上,长度比随方向的变化而变化。因此在研究长度比时,只是研究一些特定方向上的长度比,即最大长度比 a(变形椭圆长轴方向长度比)、最小长度比 b(变形椭圆短轴方向长度比)、经线长度比 m 和纬线长度比 n。如果投影后经纬线呈直角相交,则经纬线长度比就是最大和最小长度比。若投影后经纬线交角为 θ,则经纬线长度比 m、n 和最大、最小长度比 a、b 之间具有以下关系:

$$m^2 + n^2 = a^2 + b^2 \tag{2.6}$$

$$mn\sin\theta = ab \tag{2.7}$$

或

$$(a + b)^2 = m^2 + n^2 + 2mn\sin\theta \tag{2.8}$$

$$(a - b)^2 = m^2 + n^2 - 2mn\sin\theta \tag{2.9}$$

由长度比可引出长度变形的概念。所谓长度变形 V_μ 就是$(ds' - ds)$与 ds 之比,即长度比与1之差,用公式表示为

$$V_\mu = \frac{ds' - ds}{ds} = \frac{ds'}{ds} - 1 = \mu - 1 \tag{2.10}$$

由此可见,长度变形是衡量长度变形程度的一个相对概念。长度变形值有正有负,变形为正,表明长度增长,变形为负,表明长度缩短。

4. 面积比与面积变形

面积比 P 就是投影面上一微小面积 dF' 与椭球体面上相应的微小面积 dF 之比。投影面上半径为 r 的微分圆,投影到平面上后变成长轴为 ar、短轴为 br 的微分椭圆,则

$$P = \frac{dF'}{dF} = \frac{\pi arbr}{\pi r^2} = ab \tag{2.11}$$

或

$$P = mn\sin\theta \tag{2.12}$$

如果投影后经纬线正交,则

$$P = mn = ab \tag{2.13}$$

P 是变量,它因点位的不同而不同。

用面积比可以说明面积变形。所谓面积变形就是$(dF' - dF)$与 dF 之比,即面积比与 1 之差,以 V_P 表示面积变形,则

$$V_P = \frac{dF' - dF}{dF} = \frac{dF'}{dF} - 1 = P - 1 \tag{2.14}$$

由以上可知,面积比是个相对指标,只有大于 1 或小于 1 的数,没有负数。面积变形则有正有负,面积变形为正,表明投影后面积增大;面积变形为负,表示投影后面积缩小。

5. 角度变形

投影面上任意两方向线的夹角与椭球体面上相应的两方向线的夹角之差 $\alpha - \alpha'$,称为角度变形。

过一点可引出许多方向线,每两条方向线均可构成一个角度,这些角度投影到平面上之后,往往与原来的大小不一样,而且不同的方向线组成的角度经投影之后产生的变形也各不相同。也就是说,在某一点上,角度变形值有无数多个。通常在研究角度变形时,不可能、也没有必要一一研究每一个角度变形的数量,而只是研究其最大的角度变形值。

如图 2.16 所示,椭球体面上的一个微分圆投影以后成为椭圆。X'、Y' 轴的方向表示主方向的投影。微分圆上任一方向线 OA 与主方向线 OX 的夹角为 α,投影之后变为 α'。设 A 点的坐标为$(x、y)$,A'点的坐标为$(x'、y')$,则

$$\tan\alpha = \frac{y}{x},\ \tan\alpha' = \frac{y'}{x'}$$

而主方向的长度比为

$$b = \frac{y'}{y},\ a = \frac{x'}{x} \tag{2.15}$$

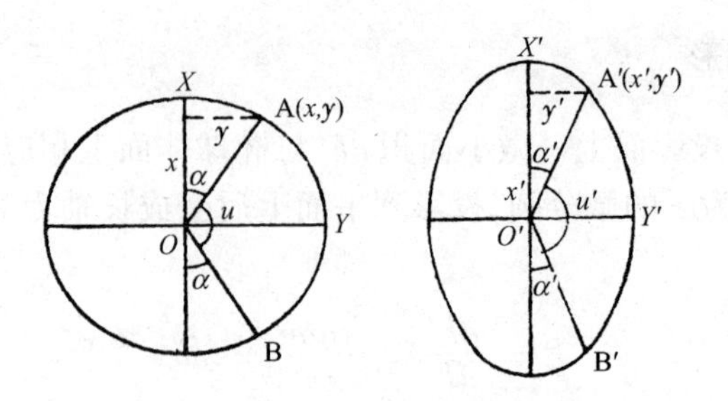

图 2.16　角度变形

即

$$y' = by, x' = ax$$

所以

$$\tan\alpha' = \frac{by}{ax} = \frac{b}{a}\tan\alpha$$

将上式两边各减和加 $\tan\alpha$，可推演出：

$$\sin(\alpha - \alpha') = \frac{a - b}{a + b}\sin(\alpha + \alpha') \tag{2.16}$$

上式表明的是一条方向线 OA 与主方向 OX 的夹角变形情况，即方向变形。可以设想在相邻象限内，一定有一个方向线 OB 与主方向 OX 的夹角也是 α，投影之后变为 α'。在微分圆上 OA 与 OB 的夹角为 u，投影后的夹角为 u'，因此 $u' - u$ 就是角度变形。

由图 2.16 可看出：

$$u' - u = (180° - 2\alpha') - (180° - 2\alpha) = 2(\alpha - \alpha')$$

$$\sin\frac{u' - u}{2} = \sin(\alpha - \alpha') \tag{2.17}$$

在式(2.16)中，当$(\alpha + \alpha') = 90°$时，$\sin(\alpha - \alpha') = \frac{a - b}{a + b}$，即为其最大值。如果用 ω 代表 $u' - u$ 的最大值，即最大角度变形值，那么式(2.17)就可以改写为

$$\sin\frac{\omega}{2} = \frac{a - b}{a + b} \tag{2.18}$$

若已知经线长度比 m、纬线长度比 n 和经纬线夹角 θ，则最大角度变形的计算公式可写为

$$\sin\frac{\omega}{2} = \sqrt{\frac{m^2 + n^2 - 2mn\sin\theta}{m^2 + n^2 + 2mn\sin\theta}} \tag{2.19}$$

可以看出，角度变形与变形椭圆的长短轴差值成正比，即长短轴差值越大，角度变形越大，形状变形也越大。

四、地图投影的分类

地图投影的产生已经有2000余年的历史,在这期间,人们根据各种地图的要求,设计了数百种地图投影。随着数字制图技术、地理信息系统以及数字地球技术的发展,地图投影的品种还将不断推陈出新。地图投影方法的分类主要有两种。

1. 按变形性质分类

等角投影(equiangle projection)。投影面上任意两方向线间的夹角与椭球体面上相应方向线的夹角相等,即角度变形为零。$\omega = 0$,从公式(2.18)可知,$a = b$,$m = n$,即最大长度比等于最小长度比,变形椭圆是圆而不是椭圆(图2.17a)。在小范围内,投影后的图形与实际是相似的,故等角投影又称正形投影。值得注意的是,虽然等角投影在一点上任何方向的长度比都相等,但不同点上的长度比却是不同的,即不同地点上的变形椭圆大小不同,因此从更大范围来看,投影后的图形与实际形状并不完全相似。

由于这类投影没有角度变形,便于量测方向,所以常用于编制航海图、洋流图和风向图等。等角投影地图上面积变形较大。

等积投影(equiareal projection)。在投影面上任意一块图形的面积与椭球体面上相应的图形面积相等,即面积变形等于零。为了保持等面积的性质,必须使面积比 $P = 1$。从公式(2.13)可知,$a = 1/b$,即最大长度比和最小长度比互为倒数。因

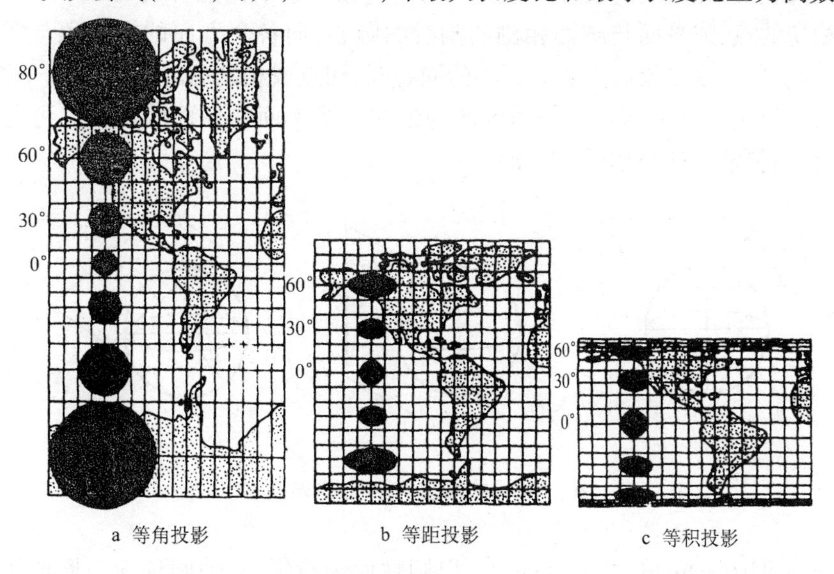

图2.17　不同性质投影上的变形椭圆

此在等积投影的不同点上,变形椭圆的长轴不断拉长,短轴不断缩短,致使角度变形较大,图形的轮廓形状也随之产生了很大的变化(图 2.17c)。

由于等积投影没有面积变形,能够在地图上进行面积的对比和量算,所以常用于编制对面积精度要求较高的自然地图和社会经济地图,如地质图、土壤图、行政区划图等。

任意投影(aphylactic projection)。这是一种既不等角也不等积,长度、角度和面积三种变形并存但变形都不大的投影类型。该类投影的角度变形比等积投影小,面积变形比等角投影小。在任意投影中还有一种十分常见的投影,即等距投影。等距投影是指那些在特定方向上没有长度变形的投影,即 $a=1$ 或 $b=1$,但并不是说这种投影不存在长度变形(图 2.17b)。

任意投影多用于对投影变形要求适中或区域较大的地图,如教学地图、科学参考图、世界地图等。

2. 按投影的构成方法分类

(1) 几何投影

它是把椭球体面上的经纬线网直接或附加某种条件投影到借助的几何面上,然后将几何面展为平面而得到的一类投影,包括方位投影、圆柱投影和圆锥投影三大类。

方位投影(azimuthal projection)。以平面为投影面,使平面与椭球体相切或相割,将球面上的经纬线网投影到平面上而成。在投影平面上,由投影中心(平面与球面相切的点,或平面与球面相割的割线的圆心)向各个方向的方位角与实地相等,其等变形线是以投影中心为圆心的同心圆,切点或相割的割线无变形。这种投影适合作形状大致为圆形的制图区域的地图。按平面与球面的位置又可分为正轴、横轴和斜轴三种类型(图 2.18)。

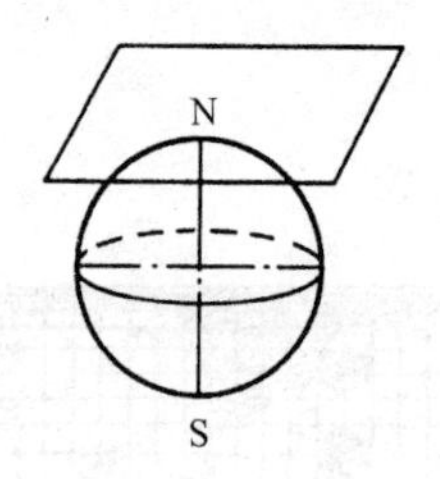

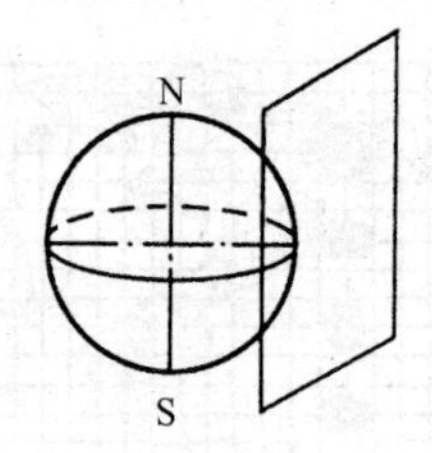

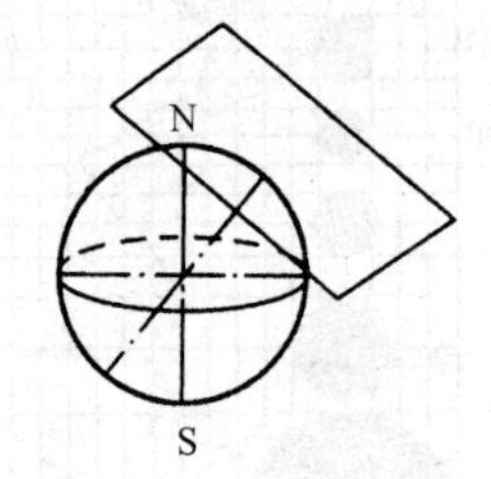

图 2.18　正、横、斜方位投影示意图

圆柱投影(cylindrical projection)。以圆柱面为投影面,使圆柱面与椭球体相切或相割,将球面上的经纬线网投影到圆柱面上,然后将圆柱面展为平面而成。按圆柱与球面的位置,又可分为正轴、横轴和斜轴三种类型(图 2.19)。在正轴圆柱投影中,各种变形都是纬度的函数,与经度无关,等变形线是纬线的平行直线,切线或割线无变形。这种投影适合于制作赤道附近和赤道两侧沿东西方向延长地区的地图。

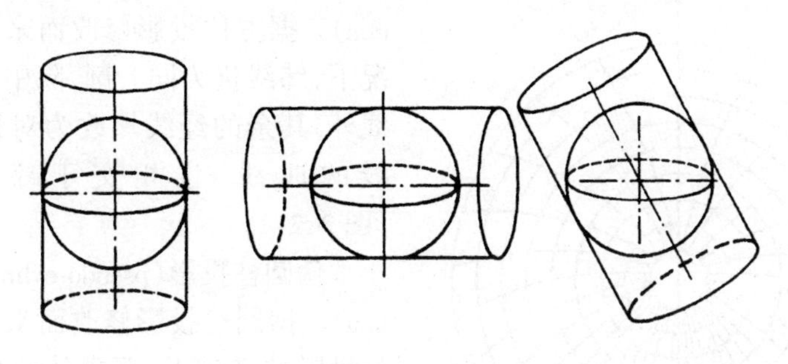

图 2.19　正、横、斜圆柱投影示意图

圆锥投影(conical projection)。以圆锥面为投影面,使圆锥面与椭球体相切或相割,将球面上的经纬线网投影到圆锥面上,然后展平而成。按圆锥与球面的位置又可分为正轴、横轴和斜轴三种类型(图 2.20)。在正轴圆锥投影中,各种变形都是纬度的函数,与经度无关,等变形线与纬线平行,呈同心圆弧分布,切线或割线无变形。这种投影适合于制作中纬度东西方向延伸地区的地图。由于地球上广大陆地位于中纬度地区,又因为圆锥投影的经纬线网形状比较简单,所以它被广泛应用于编制各种比例尺地图。

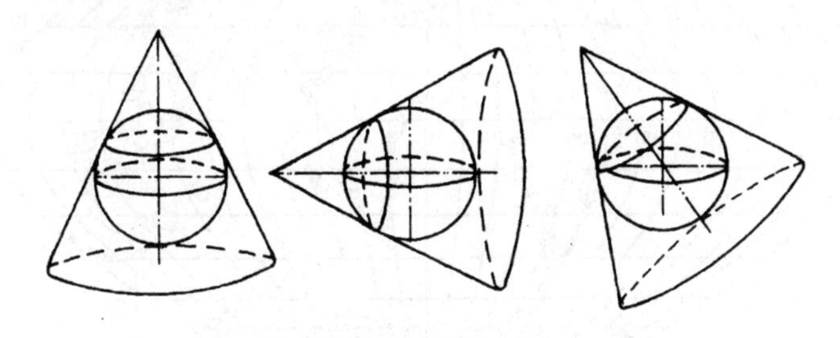

图 2.20　正、横、斜圆锥投影示意图

在上述投影中,由于几何面与球面的关系位置不同,又分为正轴、横轴和斜轴三种。正轴投影的经纬线形状比较简单,称为标准网。正轴方位投影的纬线为同心圆,经线为放射性直线,经线间的夹角等于相应的经度差;正轴圆柱投影的纬线为一组平行直线,经线为与纬线垂直且间隔相等的平行直线;正轴圆锥投影的纬线呈同心圆弧,经线呈放射性直线,且经线间的夹角与相应的经差成比例缩小。

(2) 条件投影

根据制图的某些特定要求,选用合适的投影条件,利用数学解析法确定平面与球面之间对应点的函数关系,把球面转化成平面。

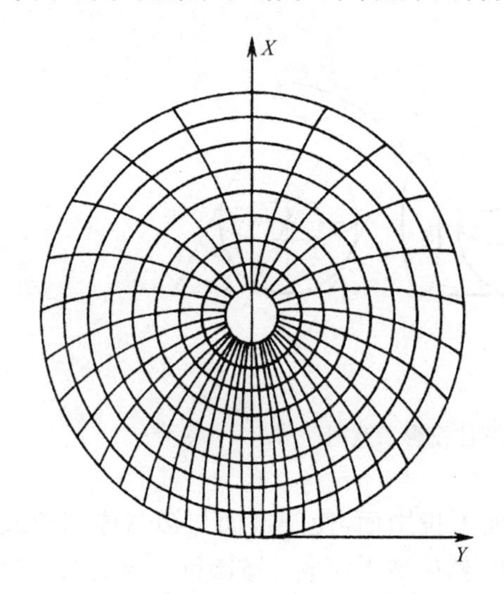

图 2.21 伪方位投影的经纬线形状

伪方位投影(pseudo-azimuthal projection)。据方位投影修改而来。在正轴情况下,纬线仍为同心圆,除中央经线为直线外,其余的经线均改为对称于中央经线的曲线,且相交于纬线的圆心(图 2.21)。

伪圆柱投影(pseudo-cylindrical projection)。据圆柱投影修改而来。在正轴圆柱投影的基础上,要求纬线仍为平行直线,除中央经线为直线外,其余的经线均改为对称于中央经线的曲线(图 2.22)。

伪圆锥投影(pseudo-conical projection)。据圆锥投影修改而来。在正轴圆锥投影的基础上,要求纬线仍为同心圆弧,除中央经线为直线外,其余的经线均改为对称于中央经线的曲线(图 2.23)。

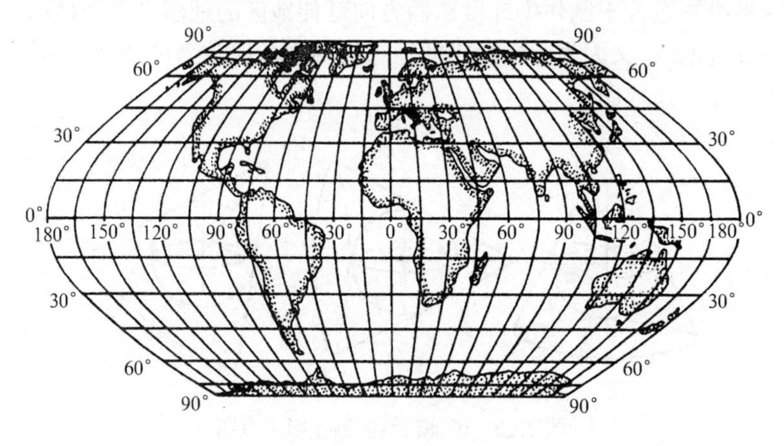

图 2.22 伪圆柱投影的经纬线形状

多圆锥投影(polyconical projection)。这是一种假想借助多个圆锥表面与球体相切而设计成的投影。纬线为同轴圆弧,其圆心均位于中央经线上,中央经线为直线,其余的经线均为对称于中央经线的曲线(图 2.24)。

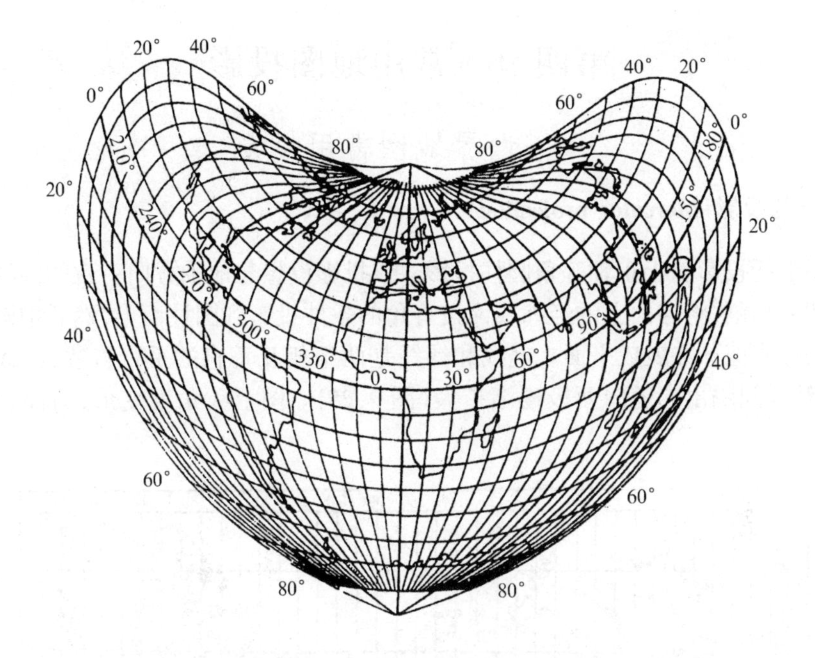

图 2.23　伪圆锥投影的经纬线形状

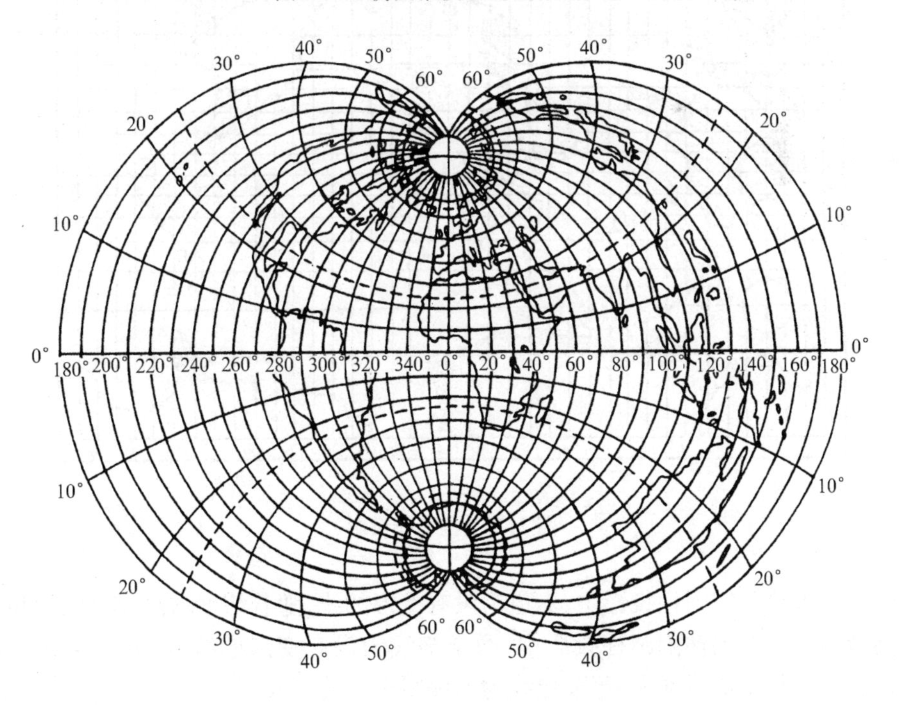

图 2.24　多圆锥投影的经纬线形状

第四节 常用地图投影

一、世界地图常用投影

1. 墨卡托投影(Mercator projection)

墨卡托投影属于正轴等角圆柱投影。该投影设想与地轴方向一致的圆柱与地球相切或相割,将球面上的经纬线网按等角的条件投影到圆柱面上,然后把圆柱面沿一条母线剪开并展成平面。经线和纬线是两组相互垂直的平行直线,经线间隔相等,纬线间隔由赤道向两极逐渐扩大(图 2.25)。图上无角度变形,但面积变形较大。

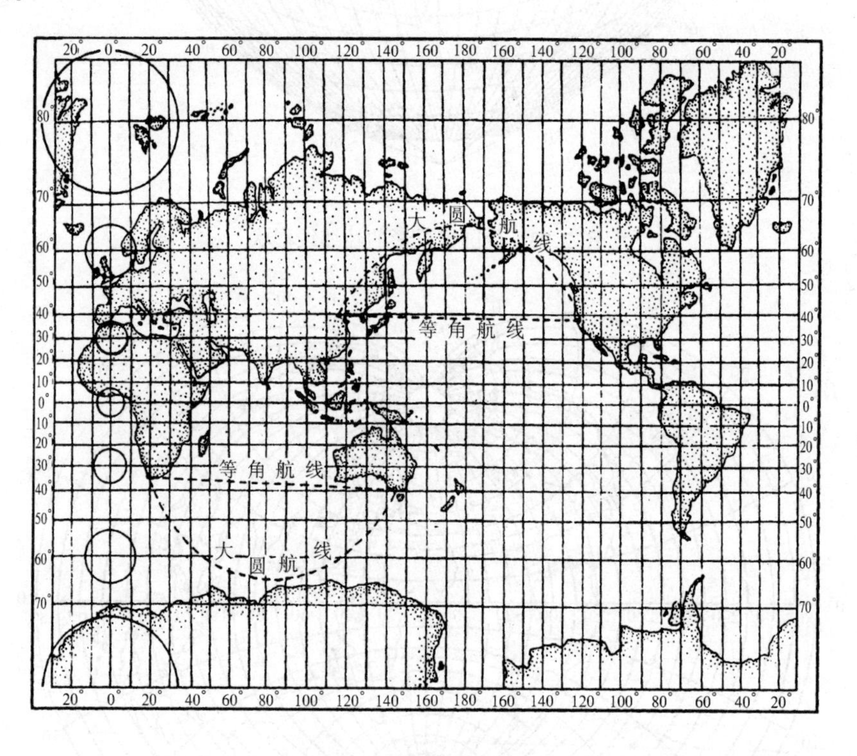

图 2.25 墨卡托投影

在正轴等角切圆柱投影中,赤道为没有变形的线,随着纬度增高,长度、面积变形逐渐增大。在正轴割圆柱投影中,两条割线为没有变形的线,离开标准纬线愈远,长度、面积变形值愈大,等变形线为与纬线平行的直线。

墨卡托投影的等角航线(斜航线)表现为直线。这一特性对航海具有重要意义。但球面上两点之间的最短距离是大圆航线,而不是等角航线,因此远洋航行,完全沿等角航线航行是不经济的。

墨卡托投影的等角性质和把等角航线表现为直线的特性,使其在航海地图中得到了广泛应用。另外,该投影也可用来编制赤道附近国家及一些区域的地图。

2. 空间斜轴墨卡托投影(space oblique Mercator projection)

这是美国针对陆地卫星对地面扫描图像的需要而设计的一种近似等角的投影。这种投影与传统的地图投影不同,是在地面点地理坐标(λ,φ)或大地坐标(x,y,z)的基础上,又加入了时间维,即上述坐标是时间 t 的函数,在四维空间动态条件下建立的投影。空间斜轴墨卡托投影(简称 SOM 投影),是将空间圆柱面斜切于卫星地面轨迹,因此,卫星地面轨迹成为该投影的无变形线,其长度比近似等于 1。这条无变形线是一条不同于球面大圆线的曲线,其地面轨迹线之所以是弯曲的,是因为卫星在沿轨道运行时地球也在自转,卫星轨道对于赤道面的倾角,将卫星地面轨迹限制在约 ± 81°之间的区域内(图 2.26)。

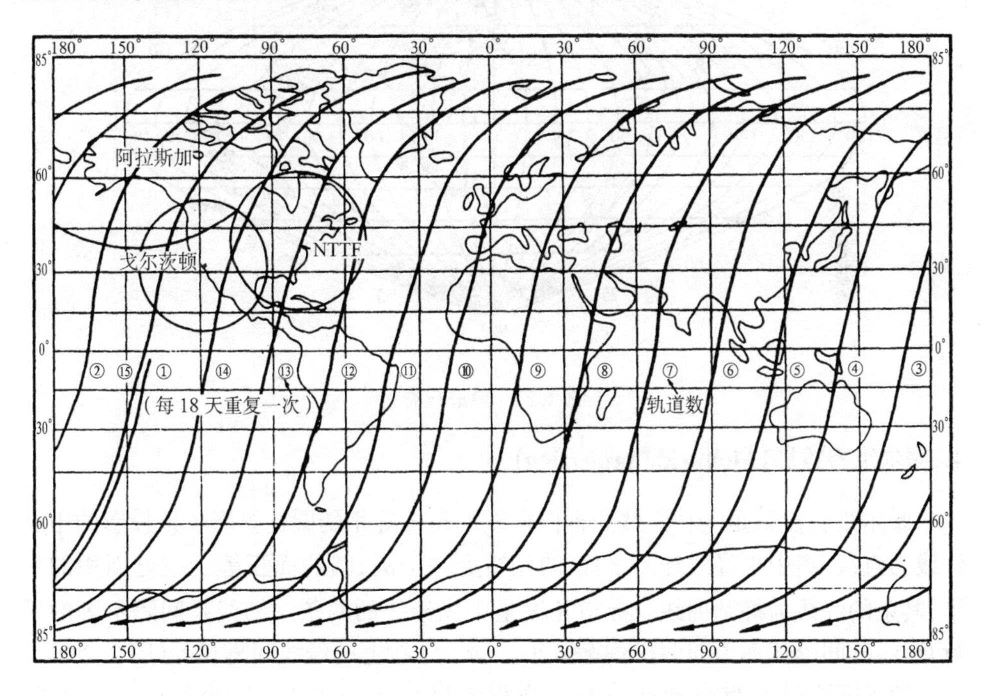

图 2.26　陆地卫星轨迹示意图

这种投影,是设想空间圆柱面为了保持与卫星地面轨迹相切,必须随卫星的空间运动而摆动,并且根据卫星轨道运动、地球自转等几种主要条件,将经纬网投影到圆柱表面上。在该投影图上,卫星地面轨迹为以某种角度与赤道相交的斜线,卫星成像扫描线与卫星地面轨迹垂直,并且能正确反映上述几种运动的影响,可将地面景像直接投影到 SOM 投影面上。

3. 桑逊投影(Sanson projection)

桑逊投影是一种经线为正弦曲线的正轴等积伪圆柱投影,又称桑逊-弗兰斯蒂德(Sanson-Flamsteed)投影。该投影的纬线为间隔相等的平行直线,经线为对称于中央经线的正弦曲线(图 2.27)。中央经线长度比为 1,即 $m_0=1$,且 $n=1$, $p=1$。

桑逊投影为等面积投影,赤道和中央经线是两条没有变形的线,离开这两条线越远,长度、角度变形越大。因此,该投影中心部分变形较小,除用于编制世界地图外,更适合编制赤道附近南北延伸地区的地图,如非洲、南美洲地图等。

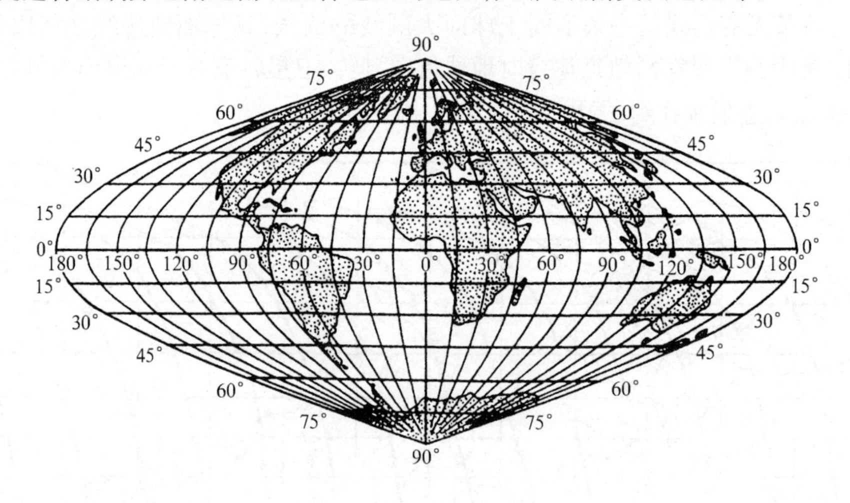

图 2.27　桑逊投影

4. 摩尔维特投影(Mollweide projection)

摩尔维特投影是一种经线为椭圆曲线的正轴等积伪圆柱投影。该投影的中央经线为直线,离中央经线经差 ± 90°的经线为一个圆,圆的面积等于地球面积的一半,其余的经线为椭圆曲线。赤道长度是中央经线的两倍。纬线是间隔不等的平行直线,其间隔从赤道向两极逐渐减小。同一纬线上的经线间隔相等(图 2.28)。

摩尔维特投影没有面积变形。赤道长度比 $n_0=0.9$。中央经线与南北纬 40°44′11.8″的两个交点是没有变形的点,从这两点向外变形逐渐增大,而且越向高纬,长度、角度变形增加的程度越大。

摩尔维特投影常用来编制世界或大洋图,由于离中央经线经差 ± 90°的经线是一个圆,且圆面积恰好等于半球面积,因此,该投影也用来编制东、西半球地图。

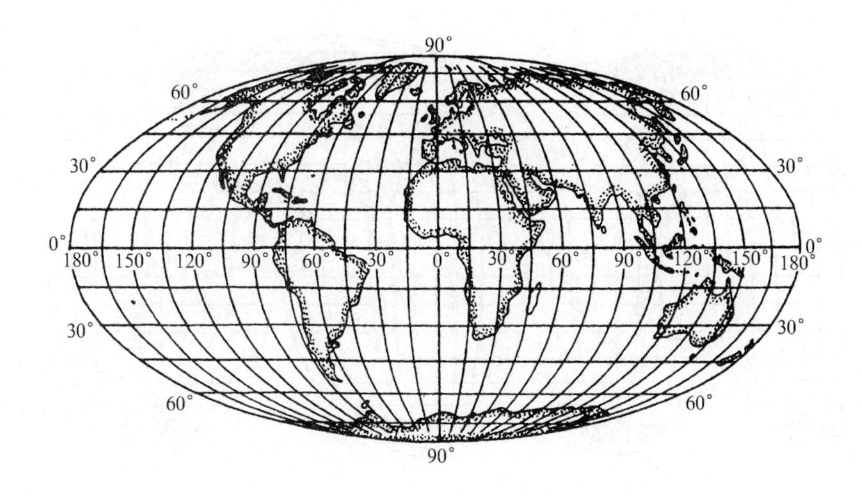

图 2.28 摩尔维特投影

5. 古德投影(Goode projection)

从伪圆柱投影的变形情况来看,中央经线是一条没有变形的线,离开它越远,变形越大。因此,为了更大程度地减小投影变形,同时使各部分的变形分布相对均匀,1923 年美国地理学家古德(J. Paul Goode)提出了一种对伪圆柱投影进行分瓣的投影方法,即古德投影。

古德投影的设计思想是对摩尔维特等积伪圆柱投影进行"分瓣投影",即在整个制图区域的几个主要部分,分别设置一条中央经线,然后分别进行投影。投影的结果,全图被分成几瓣,各瓣通过赤道连接在一起,地图上仍无面积变形,核心区域的长度、角度变形和相应的伪圆柱投影相比明显减小,但投影的图形却出现了明显的裂缝,这是古德投影的重要特征(图 2.29)。

回味古德投影的设计思想,不难看出:尽可能地减小投影变形,而不惜图面的连续,是该投影设计的重要思路。

6. 等差分纬线多圆锥投影(polyconical projection with meridional interval on same parallel decrease away from central meridian by equal difference)

普通多圆锥投影的经纬线网具有很强的球形感,但由于同一纬线上的经线间隔相等,在编制世界地图时,会导致图形边缘具有较大面积变形。1963 年中国地图出版社在普通多圆锥投影的基础上,设计出了等差分纬线多圆锥投影。

等差分纬线多圆锥投影的赤道和中央经线是相互垂直的直线,中央经线长度比等于 1;其他纬线为凸向并对称于赤道的同轴圆弧,其圆心位于中央经线的延长线上,中央经线上的纬线间隔从赤道向高纬略有放大;其他经线为凹向并对称于中

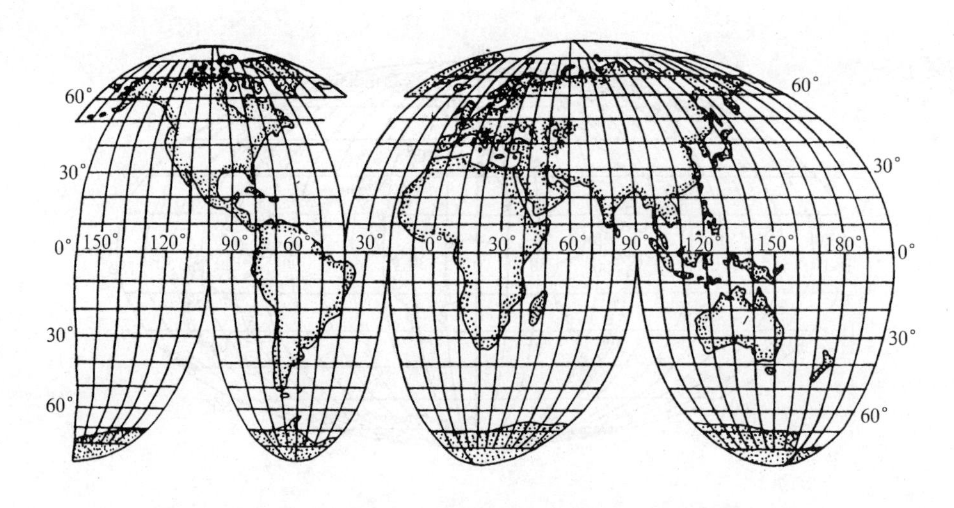

图 2.29 摩尔维特-古德投影

央经线的曲线,其经线间隔随离中央经线距离的增加而按等差级数递减;极点投影成圆弧(一般被图廓截掉),其长度等于赤道的一半(图 2.30)。

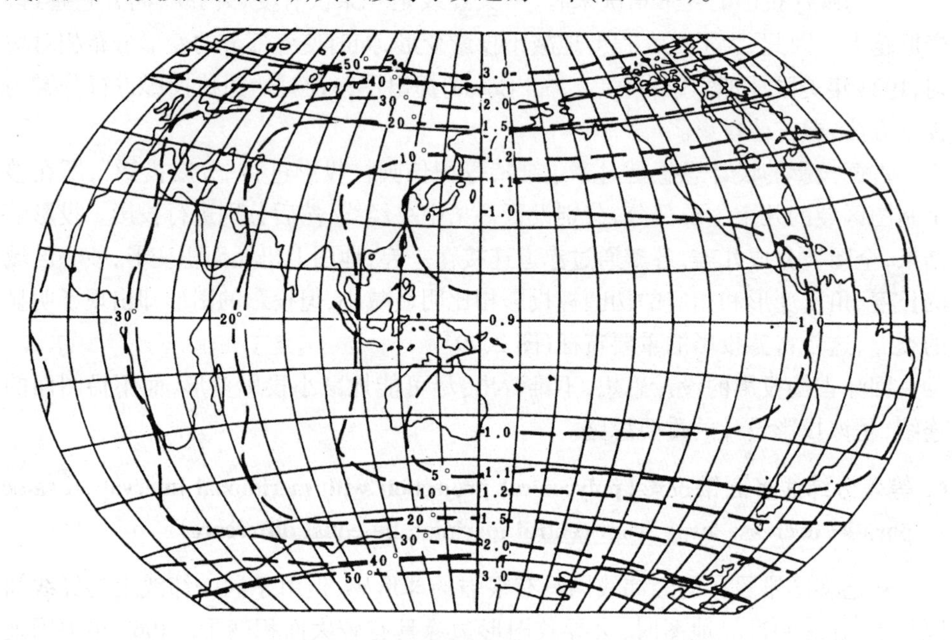

图 2.30 等差分纬线多圆锥投影及其角度、面积等变形线

通过对大陆的合理配置,该投影能完整地表现太平洋及其沿岸国家,突出显示我国与邻近国家的水陆关系。从变形性质上看,等差分纬线多圆锥投影属于面积

变形不大的任意投影。我国绝大部分地区的面积变形在10%以内。中央经线和±44°纬线的交点处没有角度变形,全国大部分地区的最大角度变形在10°以内。等差分纬线多圆锥投影是我国编制各种世界政区图和其他类型世界地图的最主要的投影之一。

类似投影还有正切差分纬线多圆锥投影(polyconical projection with meridional intervals on decrease away from central meridian by tangent),该投影是1976年中国地图出版社拟定的另外一种不等分纬线的多圆锥投影。该投影的经纬线形状和上一个投影相同,其经线间隔从中央经线向东西两侧按与中央经线经差的正切函数递减。该投影属于角度变形不大的任意投影,角度无变形点位于中央经线和纬度±44°的交点处,从无变形点向赤道和东西方向角度变形增大较慢,向高纬增长较快。面积等变形线大致与纬线方向一致,纬度±30°以内面积变形为10%~20%,在±60°处增至200%。总体来看,世界大陆轮廓形状表达较好,我国的形状比较正确,大陆部分最大角度变形均在6°以内;大部分地区的面积变形在10%~20%以内。我国常采用该投影编制世界地图。

二、半球地图常用投影

1. 横轴等积方位投影(Lambert's azimuthal equivalent projection)

又名兰勃特(J.H.Lambert)方位投影,赤道和中央经线为相互正交的直线,纬线为凸向并对称于赤道的曲线,经线为凹向并对称于中央经线的曲线。该投影图上面积无变形,角度变形明显。投影时的切点为无变形点,角度等变形线以切点为圆心,呈同心圆分布。离开无变形点愈远,长度、角度变形愈大,到半球的边缘,角度变形可达38°37′。

横轴等积方位投影常用于编制东、西半球地图。东半球的投影中心为70°E与赤道的交点(图2.31);西半球的投影中心为110°W与赤道的交点。

2. 横轴等角方位投影(transverse azimuthal orthomorphic projection)

横轴等角方位投影又名球面投影、平射投影,是一种视点在球面,切点在赤道的完全透视的方位投影(图2.32),又称赤道投影。经纬线网形状与横轴等积方位投影的经纬线网相同。在变形方面,该投影没有角度变形,但面积变形明显。赤道上的投影切点为无变形点,面积等变形线以切点为圆心,呈同心圆分布。离开无变形点愈远,长度、面积变形愈大,到半球的边缘,面积变形可达400%。

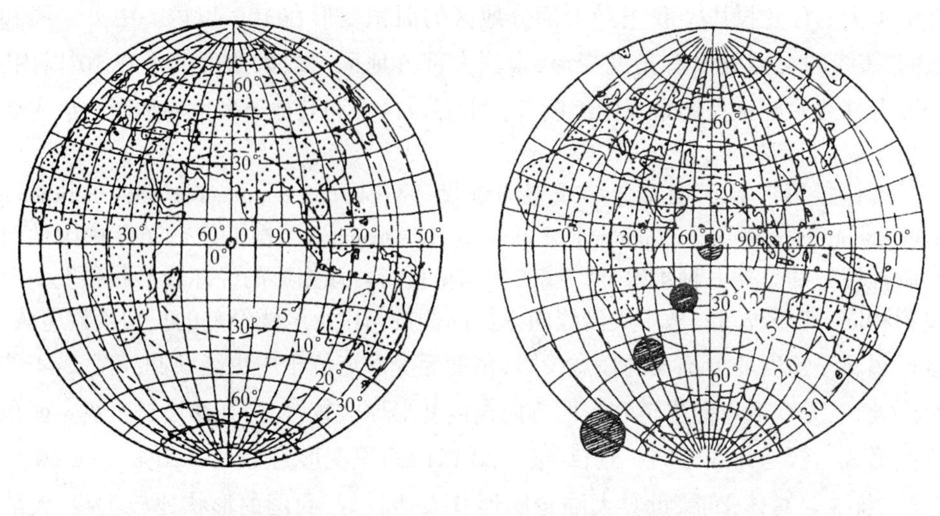

图 2.31　横轴等积方位投影　　　　　　　　图 2.32　横轴等角方位投影

3. 正轴等距方位投影(Postel's projection)

正轴等距方位投影又名波斯特尔(G. Postel)投影,纬线为同心圆,经线为交于圆心的放射状直线,其夹角等于相应的经差。该投影的特点是经线方向上没有长度变形,因此纬线间距与实地相等;切点在极点,为无变形点;有角度变形和面积变形,等变形线均以极点为中心,呈同心圆分布,离无变形点愈远,变形愈大(图 2.33)。

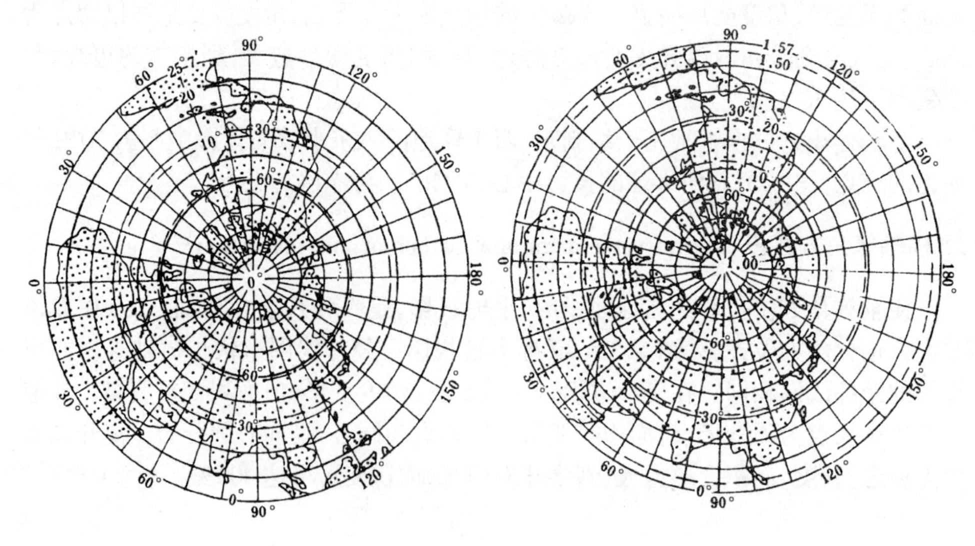

图 2.33　正轴等距方位投影

在世界地图集中,正轴等距方位投影多用于编制南、北半球地图和北极、南极区域地图。

三、分洲、分国地图常用投影

分洲、分国地图采用的投影以方位投影、圆锥投影和伪圆锥投影为主。

1. 斜轴等积方位投影(oblique equal-areal projection)

投影面与椭球面相切于极地与赤道之间的任一点(投影中心)。中央经线为直线,其余经线为凹向并对称于中央经线的曲线;纬线为凹向极地的曲线。中央经线上,纬线间距从投影中心向南、向北逐渐缩短(图 2.34)。该投影没有面积变形,中央经线上的投影中心无变形,长度和角度变形随着远离投影中心而逐渐增加,等变形线为同心圆,主要用于编制亚洲、欧洲和北美洲等大区域地图。中国政区图可采用此投影,投影中心通常位于 30°N,105°E。

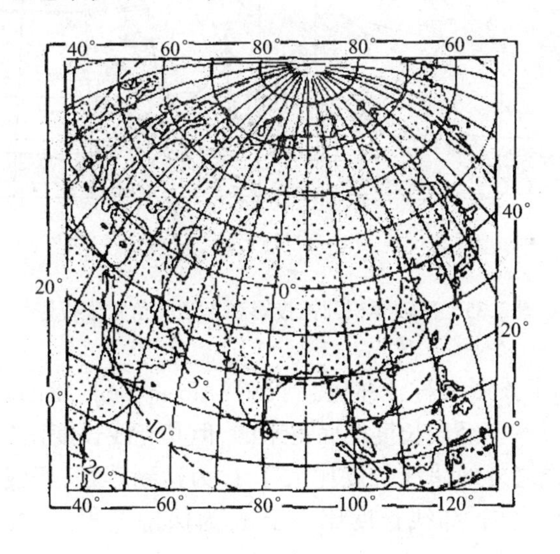

图 2.34　斜轴等积方位投影

类似投影斜轴等角方位投影(oblique equiangle projection)的经纬线形状和该投影完全相同,但投影条件按 $\omega = 0$ 设计,中央经线上的纬线间距从中心向南、向北逐渐增加。

2. 正轴等角圆锥投影(Lambert projection)

正轴圆锥投影的纬线为同心圆弧,经线为放射性直线。无论变形性质如何,只要是切圆锥投影,相切的纬线就是标准纬线,其长度比等于1,其他纬线的长度比均大于1;只要是割圆锥投影,相割的两条纬线为标准纬线,其长度比为1。在两条割线之内,纬线长度比小于1,之外长度比大于1。由于纬线长度比是不可变的,为了使圆锥投影具有等角性质,只能改变经线长度比。正轴等角圆锥投影就是通过改变经线长度比,并使经线长度比等于纬线长度比而得到的。两条标准纬线之外的纬线长度比大于1,为达到等角,经线长度比必须相应同等增大;两条标准纬线之内,纬线长度比小于1,经线长度比也必须相应同等缩小,达到等角目的。

正轴等角圆锥投影又称兰勃特正形投影,应用很广。我国新编百万分之一地图采用的就是该投影。除此以外,该投影还广泛应用于我国编制出版的全国1:400万、1:600万挂图,以及全国性普通地图(图2.35b)和专题地图等。

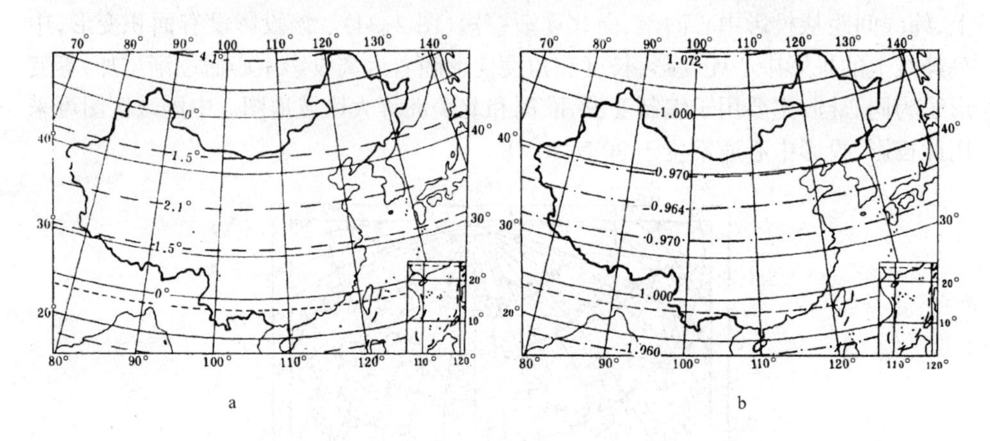

图2.35 正轴等积圆锥投影和正轴等角圆锥投影

而正轴等积圆锥投影又称亚尔勃斯投影(Albers' projection),亦是在正轴圆锥投影的基础上,通过改变经线长度比而得来的,但其经线长度比与纬线长度比互为倒数,两条标准纬线之外的纬线长度比大于1,为达到等积,经线长度比相应同等缩短;两条标准纬线之内,纬线长度比小于1,为保持等积,经线长度相应同等增加,达到等积目的。

我国常用等积圆锥投影编制全国性自然地图中的各种分布图、类型图、区划图以及全国性社会经济地图中的行政区划图、人口密度图、土地利用图(图2.35 a)等。

3. 彭纳投影(Bonne projection)

彭纳投影是法国水利工程师彭纳1752年设计的一种等积伪圆锥投影。该投影的中央经线为直线,其长度比等于1,其余经线为凹向并对称于中央经线的曲线;纬线为同心圆弧,长度比等于1;同一条纬线上的经线间隔相等,中央经线上的纬线间隔相等,中央经线与所有的纬线正交,中央纬线与所有的经线正交,同纬度带的球面梯形面积相等。

彭纳投影无面积变形,中央经线和中央纬线是两条没有变形的线,离开这两条线越远,长度、角度变形越大。该投影常用于中纬度地区小比例尺地图,如我国出版的《世界地图集》中的亚洲政区图(图2.36),英国《泰晤士世界地图集》中的澳大利亚与西南太平洋地图,采用的都是彭纳投影。

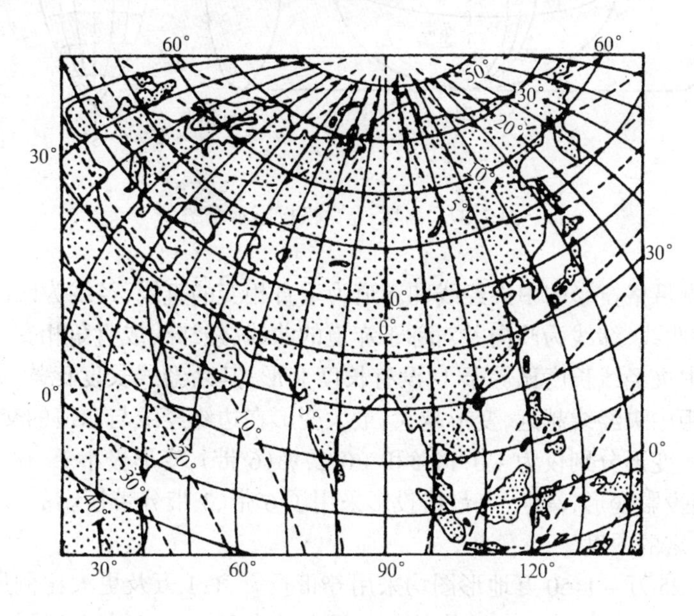

图2.36　彭纳投影及其角度等变形线

四、地形图常用投影

各国地形图所采用的投影很不统一。在我国8种国家基本比例尺地形图中,除1:100万地形图采用等角圆锥投影外,其余都采用高斯-克吕格投影。

1. 高斯-克吕格投影(Gauss-Kruger projection)

高斯-克吕格投影是一种横轴等角切椭圆柱投影。它是假设一个椭圆柱面与地球椭球体面横切于某一条经线上,按照等角条件将中央经线东、西各3°或1.5°经线范围内的经纬线投影到椭圆柱面上,然后将椭圆柱面展开成平面(图2.37)即成。该投影是19世纪20年代由德国数学家、天文学家、物理学家高斯最先设计,后经德国大地测量学家克吕格补充完善,故名高斯-克吕格投影。

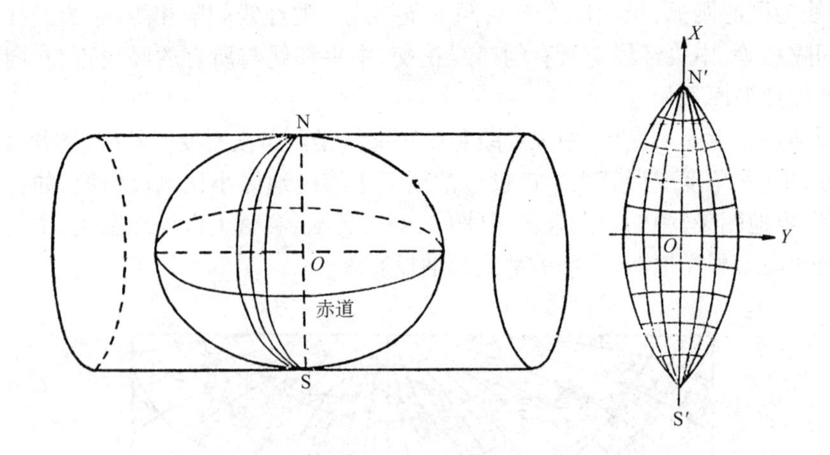

图 2.37 高斯-克吕格投影示意图

高斯-克吕格投影的中央经线和赤道为垂直相交的直线,经线为凹向并对称于中央经线的曲线,纬线为凸向并对称于赤道的曲线,经纬线成直角相交。该投影无角度变形;中央经线长度比等于 1,没有长度变形;其余经线长度比均大于 1,长度变形为正;距中央经线越远,变形越大;最大变形在边缘经线与赤道的交点上,但最大长度、面积变形分别仅为 +0.14% 和 +0.27%(6°带),变形极小。

为控制投影变形,高斯-克吕格投影采用了 6°带、3°带分带投影的方法,使其变形不超过一定的限度。

我国 1:25 万 ~ 1:50 万地形图均采用 6°带投影,1:1 万及更大比例尺地形图采用 3°带投影。6°分带法规定:从格林尼治零度经线开始,由西向东每隔 6°为一个投影带,全球共分 60 个投影带,分别用阿拉伯数字 1 ~ 60 予以标记。我国位于东经 72° ~ 136°之间,共包括 11 个投影带(13 ~ 23 带)。3°分带法规定:从东经 1°30′起算,每 3°为一带,全球共分 120 带,图 2.38 表示了 6°分带与 3°分带的中央经线与带号的关系。

该投影的平面直角坐标规定为:每个投影带以中央经线为坐标纵轴即 X 轴,以赤道为坐标横轴即 Y 轴组成平面直角坐标系。为避免 Y 值出现负值,将 X 轴西移 500km 组成新的直角坐标系,即在原坐标横值上均加上 500km,因我国位处北半球,X 值均为正值。60 个投影带构成了 60 个相同的平面直角坐标系,为区分之,在地形图南北的内外图廓间的横坐标注记前,均加注投影带带号。为应用方便,在图上每隔 1km、2km 或 10km 绘出中央经线和赤道的平行线,即坐标纵线或坐标横线,构成了地形图方里网(公里网)。

地理坐标规定为:在大于等于 1:25 万比例尺地形图上,经纬线以内图廓线形式绘出(两条经线、两条纬线),并在图幅 4 个角的经纬线交点处标注经纬度值。为

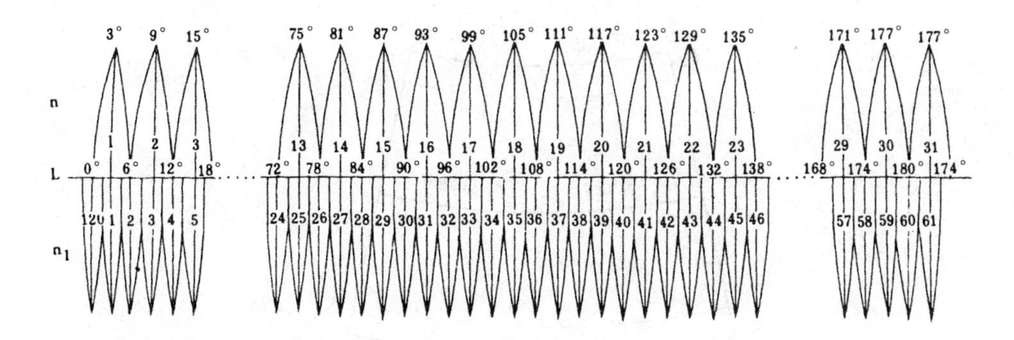

图 2.38　高斯-克吕格投影分带示意图

方便使用,在内外图廓线间以 1′为单位标注出分度带短线。在 1∶50 万地形图上,则直接绘出经纬线网。

高斯-克吕格投影在欧美一些国家也被称为横轴等角墨卡托投影。它与一些国家地形图使用的通用横轴墨卡托投影(universal transverse Mercator projection,即 UTM 投影),都属于横轴等角椭圆柱投影的系列,所不同的是 UTM 投影是横轴等角割圆柱投影,在投影带内,有两条长度比等于 1 的标准线(平行于中央经线的直线),而中央经线的长度比为 0.9996。因而投影带内变形差异更小,其最大长度变形不超过 0.04%。

2. 等角圆锥投影(conical orthomorphic projection)

我国 1∶100 万地形图最早使用的是国际投影(改良多圆锥投影),1978 年以后采用了国际统一规定的等角圆锥投影。

为了提高投影精度,我国 1∶100 万地形图的投影是按百万分之一地图的纬度划分原则分带投影的。即从 0°开始,每隔纬差 4°为一个投影带,每个投影带单独计算坐标,建立数学基础。同一投影带内再按经差 6°分幅,各图幅的大小完全相同,故只需计算经差 6°、纬差 4°的一幅图的投影坐标即可。每幅图的直角坐标,是以图幅的中央经线作为 X 轴,中央经线与图幅南纬线交点为原点,过原点切线为 Y 轴,组成直角坐标系。每个投影带设置两条标准纬线,其位置是:

$$\phi_1 = \phi_S + 30'$$

$$\phi_2 = \phi_N - 30'$$

该投影的变形分布规律:没有角度变形;两条标准纬线上没有任何变形;由于采用了分带投影,每带纬差较小,因此我国范围内的变形几乎相等,最大长度变形不超过 ±0.03%(南北图廓和中间纬线),最大面积变形不大于 ±0.06%(图 2.39)。

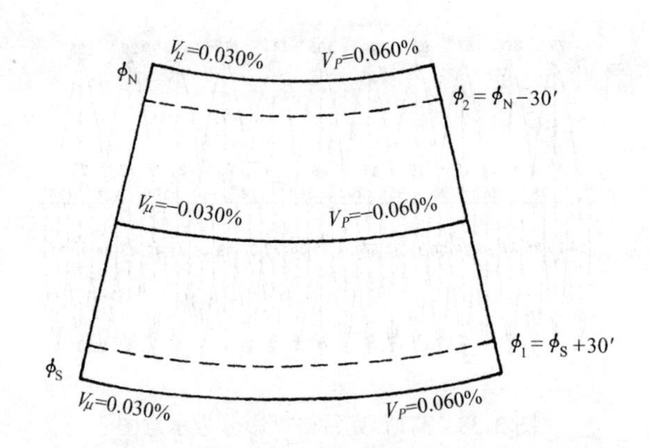

图 2.39　1:100 万地形图变形分布示意图

第五节　地图投影的判别和选择

一、地图投影的判别

不同的投影具有不同的变形特点。判别投影的类型和变形性质，是正确使用地图的基础。

由于大比例尺地图通常属于国家基本比例尺地形图，投影简单，易于查知，且包含的制图区域小，无论采用何种投影，变形都很小。因此，地图投影的判别主要是针对小比例尺地图而言。

判别地图投影，一般先是根据经纬线网的形状确定投影的类型，如方位投影、圆柱投影、圆锥投影等；然后是判定投影的变形性质，如等角、等积或任意投影。

1. 确定投影类型

不同类型的投影通常具有不同的经纬线特点，因此投影类型可以通过判别经纬线网的形状来确定。在确定投影类型时，准确区分经纬线是直线与曲线、同心圆弧与同轴圆弧，是非常重要的。直线只要用直尺比量，便可确定。判断曲线是否为圆弧，可用点迹法，即将透明纸覆盖在曲线上，在透明纸上沿曲线按一定间距定出3～6个点，然后沿曲线徐徐向一端移动透明纸，若这些点始终都不偏离此曲线，则证明此曲线是圆弧，否则就是其他曲线。判别纬线是同心圆弧还是同轴圆弧，可量算相邻圆弧间的纬线间隔（即经线长），若处处相等，则证明这些圆弧为同心圆弧，否则便是同轴圆弧。

此外，由于正轴圆锥投影与正轴方位投影的经纬线形状有时可能完全相同，因此，在判别时，可以通过以下两种方法来区分：一是量算相邻两条经线的夹角是否与实地经差相等。若相等则为方位投影,否则就是圆锥投影;二是分析制图区域所处的地理位置。若制图区域在极地一带,则为正轴方位投影,若在中纬度地带,则为圆锥投影。

2. 确定投影变形性质

在确定了投影的类型之后,可以进一步根据经纬线网的图形特征,确定投影的变形性质。

通常,中央经线上纬线间距的变化规律是确定投影变形性质的重要标志。如已确定某投影为圆锥投影,那么中央经线上的纬线间距如果相等,则为等距投影;如从中部向上下两端逐渐扩大,为等角投影;如从中部向上下两端逐渐缩小,为等积投影。

目视观察和分析经纬线网的形状,也能大致确定投影的变形性质。如经纬线不成直角相交,肯定不是等角投影;同一纬度带内,经差相同的各个梯形面积明显不同,当然不可能是等积投影;中央经线上纬差相同的纬线间隔明显不等,肯定不是等距投影。但有一点需特别注意,即等角投影的经纬线一定是正交的,而经纬线正交的投影并不一定是等角投影,也就是说,经纬线正交是等角投影的必要条件,但不是完全条件。如正轴方位投影、圆锥投影和圆柱投影的经纬线都是正交的,但有的是等积投影,有的则是任意投影。因此,在以经纬线网的形状判别投影的变形性质时,还必须结合其他条件并进行必要的量算工作,即在中央经线或其他经线上选若干经纬线交点,用分规量取这些交点在经线和纬线方向上的一段长度,从制图用表中查取地球椭球体上相应这一段经线和纬线的弧长,并按地图主比例尺计算相应的长度比或面积比或角度变形,依据等角、等积和等距投影的条件,判定投影的变形性质。

对于数字地图来说,可以利用软件来直接显示投影的各种属性。

二、地图投影的选择

地图投影的选择是否恰当,直接影响地图的精度和实用价值。因此在编图以前,要根据各种投影的性质、经纬线网的形状特点等,针对所编地图的具体要求,选择最为适宜的投影。

和地图投影的判别一样,投影的选择也主要针对中、小比例尺的地图,不包括国家基本比例尺的地形图。这是因为地形图的投影由国家测绘主管部门统一确定。另外,编制小区域大比例尺地图时,不论采用何种投影,变形都是很小的。

选择地图投影时,需要综合考虑多种因素及其相互影响。

1. 制图区域的形状和地理位置

根据制图区域的轮廓形状选择投影时，有一条基本的原则，即投影的无变形点或线应位于制图区域的中心位置，等变形线尽量与制图区域轮廓的形状一致，从而保证制图区域的变形分布均匀。因此，近似圆形的地区宜采用方位投影；中纬度东西方向伸展的地区，如中国和美国等，宜采用正轴圆锥投影；赤道附近东西方向伸展的地区，宜采用正轴圆柱投影；南北方向延伸的地区，如南美洲的智利和阿根廷，一般采用横轴圆柱投影和多圆锥投影。

由此可见，制图区域的地理位置和形状，在很大程度上决定了所选地图投影的类型。

2. 制图区域的范围

制图区域范围的大小也影响到地图投影的选择。当制图区域范围不太大时，无论选择什么投影，投影变形的空间分布差异也不会太大。有人曾对我国最大的省区新疆维吾尔自治区用等角、等距和等积三种正轴圆锥投影来做比较，结果表明，不同纬线的长度变形值仅在 0.0001 ~ 0.0003 之间。当然，这并不排除小范围地图投影选择的必要性，只是说明选择投影的灵活性较大。对于大国地图、大洲地图、半球地图、世界地图这样的大范围地图而言，可使用的地图投影很多。但是，由于区域较大，投影变形明显，因此，在这种情况下，投影选择的主导因素是区域的地理位置、地图的用途等，这也从另外一个方面说明，地图投影的选择必须考虑多种因素的综合影响。

3. 地图的内容和用途

地图表示什么内容，用于解决什么问题，关系到选用哪种投影。航空、航海、天气、洋流和军事等方面的地图，要求方位正确、小区域的图形能与实地相似，因此需要采用等角投影。行政区划、自然或经济区划、人口密度、土地利用、农业等方面的地图，要求面积正确，以便在地图上进行面积方面的对比分析和研究，需要采用等积投影。有些地图要求各种变形都不太大，如教学地图、宣传地图等，应采用任意投影。又如等距方位投影从中心至各方向的任一点，具有保持方位角和距离都正确的特点，因此对于城市防空、雷达站、地震观测站等方面的地图，具有重要意义。

从精度要求上分析，用于精密量测的地图，长度和面积变形通常不应大于 $\pm 0.2\% \sim 0.4\%$，角度变形不应大于 $15' \sim 30'$；用于一般性量测的地图，长度和面积变形应小于 $\pm 2\% \sim 3\%$，角度变形小于 $2^\circ \sim 3^\circ$；不做量测用的地图，只需要求保持视觉上的相对正确。

4. 出版方式

地图在出版方式上,有单幅地图、系列图和地图集之分。单幅地图的投影选择比较简单,只需考虑上述的几个因素即可;对于系列地图来说,虽然表现内容较多,但由于性质接近,通常需要选择同一种类型和变形性质的投影,以利于对相关图幅进行对比分析。就地图集而言,投影的选择是一件比较复杂的事情。由于地图集是一个统一协调的整体,因此投影的选择应该自成体系,尽量采用同一系统的投影。但不同的图组之间在投影的选择上又不能千篇一律,必须结合具体内容予以考虑。

第六节　地图投影的自动生成和转换

在传统的地图制图中,确定了地图投影的类型之后,需要按照相应的投影公式,把球面转化成平面,建立地图平面上的数学基础,即地理坐标网或平面直角坐标网。其主要方法是利用坐标展点仪实现从球面到平面的转化。随着计算机制图的发展,这种传统的方法已经被数字环境下的软件方法所取代。下面以 Intergraph 公司的 MGE 软件为例,说明地图投影的自动生成和转换。

一、地图投影的自动生成

在数字制图环境下,利用 MGE 软件能够快速生成符合用户要求的各种地图投影的经纬线网格,以此为基础镶嵌编图资料(扫描地图数据或遥感图像数据),实施地图编辑。具体操作过程有三个步骤。

1. 定义投影类型

在 MGE 菜单中,选 Define Primary Coordinate System(定义基本坐标系统),则出现 Define Coordinate System(定义坐标系统)菜单(图 2.40),在菜单图中选 System 的右端,则显示出各种地图投影类型,这时用户可根据制图需要选择相应的地图投影类型。与此同时,也可选择参考椭球体和大地坐标系统。

在菜单中选 Parameters 项,则显示系统参数(图 2.41)。用户可根据自己的研究区域,在各个项目中填入正确值,然后选"√"执行所选择的方式。之后,用户还可选择 Units and Formats 项,定义投影坐标的单位和格式。

2. 定义绘图工作单位,选择地图比例尺

在 MGE 菜单中,选择 Mapping Working Units 和 Paper Working Units,分别定义绘

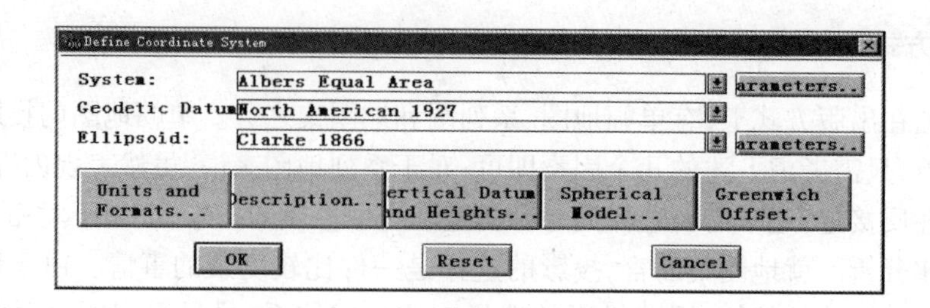

图 2.40　投影方式选择

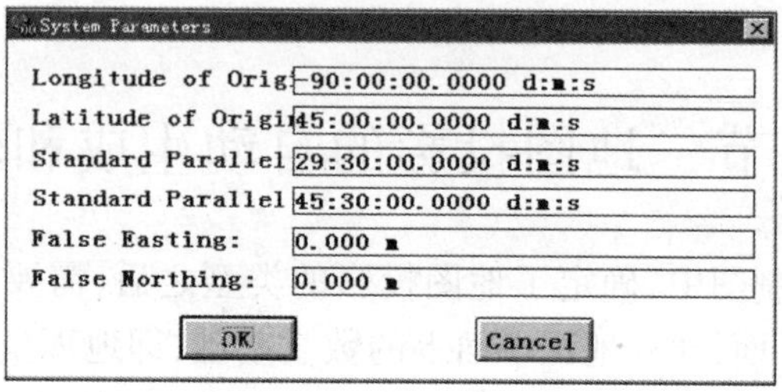

System Parameters
Longitude of Orig　-90:00:00.0000 d:m:s
Latitude of Origi　45:00:00.0000 d:m:s
Standard Parallel　29:30:00.0000 d:m:s
Standard Parallel　45:30:00.0000 d:m:s
False Easting:　0.000 m
False Northing:　0.000 m
OK　Cancel

图 2.41　定义系统参数

图工作单位和纸上工作单位,如图 2.42、图 2.43 和图 2.44、图 2.45 所示。菜单中的 Resolution(分辨率) 和 Map Scale(地图比例尺)、Range(范围)之间有着固定的对应关系。当地图比例尺(Map Scale)选 1:100 万时,图 2.44 中的数值变为图 2.45 中的数值。

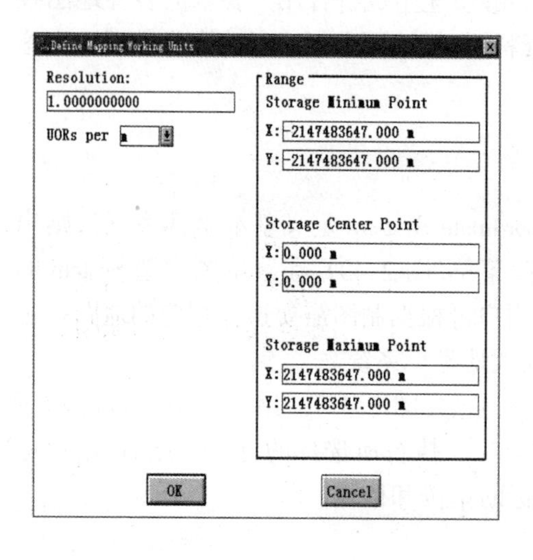

图 2.42　定义绘图工作单位(分辨率为 1)

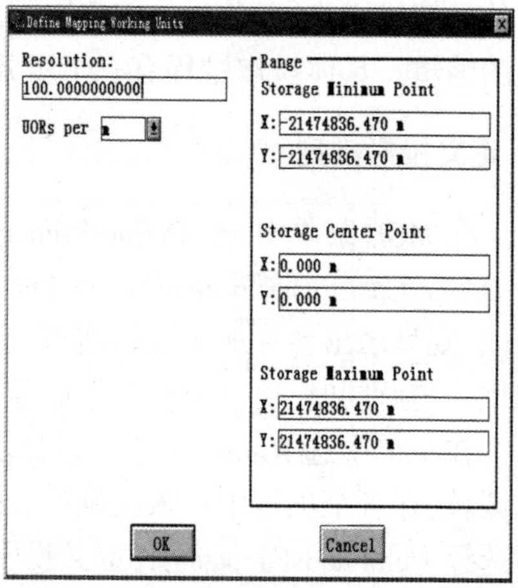

Define Mapping Working Units
Resolution:
100.0000000000
UORs per
Range
Storage Minimum Point
X: -21474836.470 m
Y: -21474836.470 m
Storage Center Point
X: 0.000 m
Y: 0.000 m
Storage Maximum Point
X: 21474836.470 m
Y: 21474836.470 m
OK　Cancel

图 2.43　定义绘图工作单位(分辨率为 100)

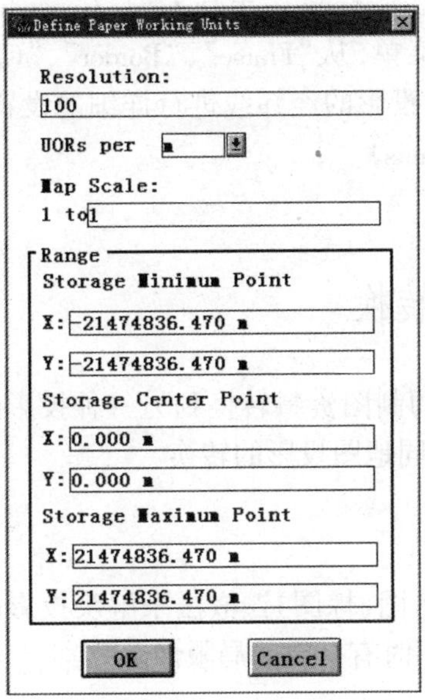

图 2.44　定义纸上工作单位
（地图比例为 1:1）

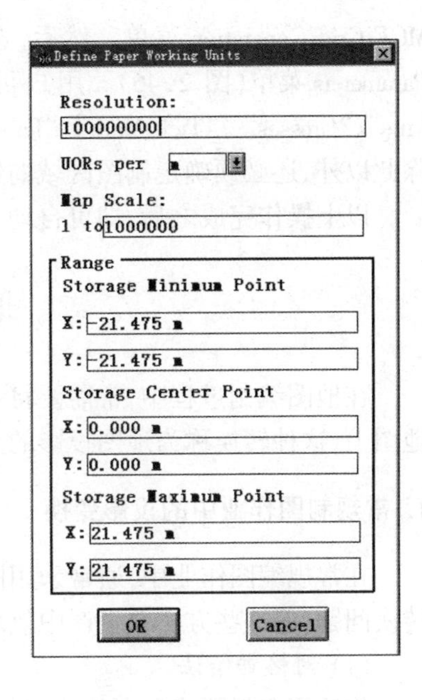

图 2.45　定义纸上工作单位
（地图比例为 1:100 万）

3. 定义经纬线网及图幅范围

定义完坐标系统和绘图单位之后，还必须根据制图的具体要求，定义经纬线网的表现形式，如经纬线的间距、标注点、注记等。

在 MicroStation 图形环境下，选择 Applications 下的 MGE Grid Generation，进入

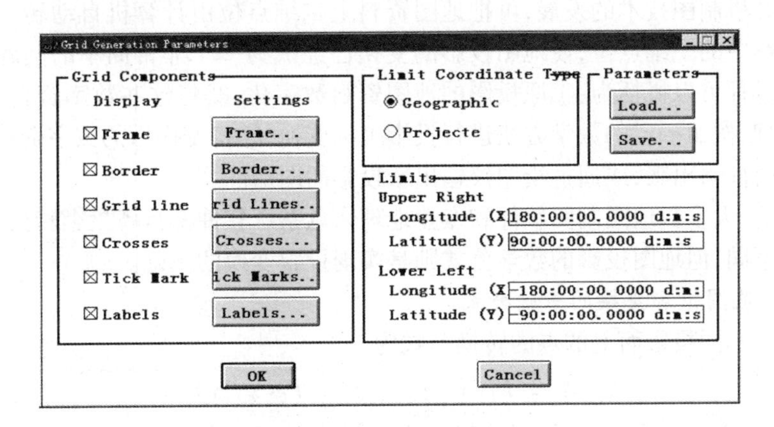

图 2.46　定义经纬线网形式

MGE Grid Generation 菜单。然后，选择“Grid”→“Geographic”，出现 Grids Generation Parameters 菜单（图 2.46）。用户可以通过这个菜单，从“Frame”、“Border”、“Grid Line”、“Crosses”、“Tick Mark”、“Labels”六个方面对投影的经纬线进行详细的设置。除此以外，还必须确定制图区域的经纬度范围（Limits）。

以上操作完成之后，即可自动生成地图投影。

二、地图投影的转换

在地图编制过程中，常需要将一种地图投影的制图资料转换到另一种投影的地图上，这种转换称为地图投影的坐标变换，或不同地图投影的转换。

1. 常规制图作业中的投影变换

在常规编图作业中，通常采用网格转绘法或蓝图（棕图）镶嵌法来解决投影的转换问题，但这些方法在生产中效率太低并在应用时有一定的局限性。

(1) 网格转绘法

将地图资料网格和所编地图的经纬网格用一定的方法加密，然后靠手工在同名网格内逐点逐线进行转绘。

(2) 蓝图或棕图镶嵌法

将地图资料按一定的比例尺复照后晒成蓝图或棕图，利用纸张湿水后的伸缩性，将蓝（棕）图切块依经纬线网和控制点嵌贴在新编地图投影网格的相应位置上，实现地图投影的转换。

2. 计算机制图作业中的投影变换

计算机制图技术的发展，可把地图资料上二维点位由计算机自动转换成新编地图投影中的二维点位，使地图投影的变换已经成为一个非常简单的问题。具体的变换过程可以概括为：①原投影的地图资料数字化；②将这些数字资料，利用计算机处理，按照一定的数学方法进行投影坐标变换；③将变换后的数字资料利用屏幕显示（打印）出来，或通过绘图仪输出新投影的图形。

当前，大多数地图制图软件和专业地理信息系统软件都具备投影转换功能，尽管形式不同，但地图投影的数学公式则是实现投影变换的基础。

(1) 地图投影变换的基础公式

两个不同投影面上的点的转换公式为

$$X = F_1(x, y) \quad Y = F_2(x, y) \tag{2.20}$$

式中，x，y 为原地图投影平面上需要变换的点的直角坐标；X、Y 是新地图投影平面上的点的直角坐标；F_1、F_2 为定域内单值、连续的函数。

地图投影点的坐标变换主要方法有：

解析变换法。即找出两投影间坐标变换的解析计算公式。

对原、新两种地图投影，可分别有如下表达公式

$$\left.\begin{aligned} x &= f_1(\varphi,\lambda) \quad y = f_2(\varphi,\lambda) \\ X &= \Phi_1(\varphi,\lambda) \quad Y = \Phi_2(\varphi,\lambda) \end{aligned}\right\} \tag{2.21}$$

如果根据原投影公式求反解，则有

$$\varphi = \varphi(x, y), \lambda = \lambda(x, y) \tag{2.22}$$

代入新投影方程即

$$\left.\begin{aligned} X &= \varphi_1[\varphi(x, y), \lambda(x, y)] \\ Y &= \varphi_2[\varphi(x, y), \lambda(x, y)] \end{aligned}\right\} \tag{2.23}$$

此为地图投影变换的数学模型。

数值变换法。如不能确定原地图投影的公式和常数，则可用多项式来建立两投影间的变换关系式。如三元幂多项式为

$$\left.\begin{aligned} X = &\ a_{00} + a_{10}x + a_{01}y + a_{20}x^2 + a_{11}xy + a_{02}y^2 \\ &+ a_{30}x^3 + a_{21}x^2y + a_{12}xy^2 + a_{03}y^3 \\ Y = &\ b_{00} + b_{10}x + b_{01}y + b_{20}x^2 + b_{11}xy + b_{02}y^2 \\ &+ b_{30}x^3 + b_{21}x^2y + b_{12}xy^2 + b_{03}y^3 \end{aligned}\right\} \tag{2.24}$$

在此，需在两投影间选定 10 个共同点的平面坐标（X'_K，Y'_K）和（X_K，Y_K），分别建立二组线性方程组，即可求得待定系数 a_{ij} 和 b_{ij}。

例：由等距圆柱投影变换成等距圆锥投影

根据等距圆柱投影方程　　$x = s, y = r_k\lambda$

得　　$\lambda = y/ r_k$

代入以下等距圆锥投影公式中

$$\rho = C - s,\ \delta = \alpha\lambda,\ x = \rho_S - \rho\cos\delta,\ y = \rho\sin\delta$$

则得

$$\left.\begin{aligned} X &= \rho_S - (C - s)\cos\left(\alpha \cdot \frac{\gamma}{r_k}\right) \\ Y &= (C - s)\sin\left(\alpha \cdot \frac{\gamma}{r_k}\right) \end{aligned}\right\} \tag{2.25}$$

式中，C 为积分常数；s 为赤道到某纬度 φ 的经线弧长（角度以弧度计）；ρ_S 为最南边纬线的投影半径；α 为圆锥常数（圆锥展开后顶角与 360°之比）；r_k 为等距圆柱投影标准纬线的半径。

(2) 利用 MGE 软件进行投影转换示例

在数字制图环境下,地图投影的转换比手工制图时更重要、更实用,它可以使制图工作更趋合理、有效。比如,在利用陆地卫星 TM 影像进行全国土壤侵蚀制图研究中,精处理的 TM 数字影像的投影是等角圆锥投影而不是等积圆锥投影,但这并不影响影像的解译,解译结果可一次性转化为符合成图要求的等积圆锥投影。

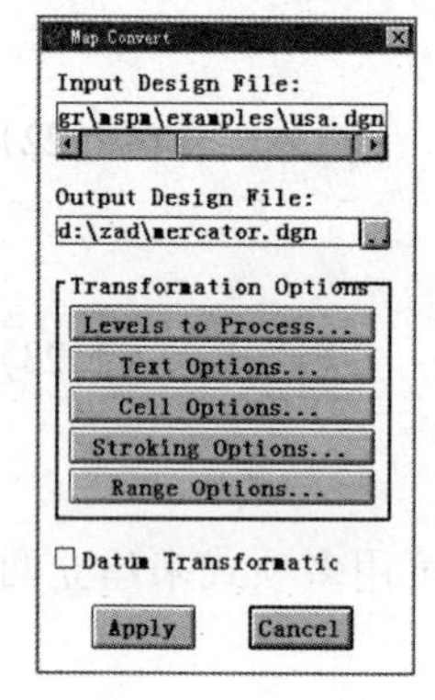

图 2.47 地图转换

在众多的地图制图软件和地理信息系统软件中,MGE 的投影生成和转换是最具特色和实用价值的。如要利用 MGE 把 North American 1927(北美 1927)坐标系的 Albers Equal Areal 投影(原投影:亚尔勃斯等积圆锥投影)转换为 Mercator 投影(目标投影:墨卡托投影),首先定义目标投影,从而确定投影类型、坐标系统、椭球体、比例尺等。然后,在 MicroStation 图形环境下,选择 Applications 下的 MGE Projection Manager,进入 Projection Manager 菜单,选择“Convert”→“Map Convert”。

出现 Map Convert(地图转换)菜单(图 2.47)。确定了“Input Design File”(原投影,图 2.48)和“Output Design File”(目标投影)后,执行地图投影转换,北美 1927 坐标系下的 Albers Equal Areal 投影就转换为 Mercator 投影(图 2.49)。

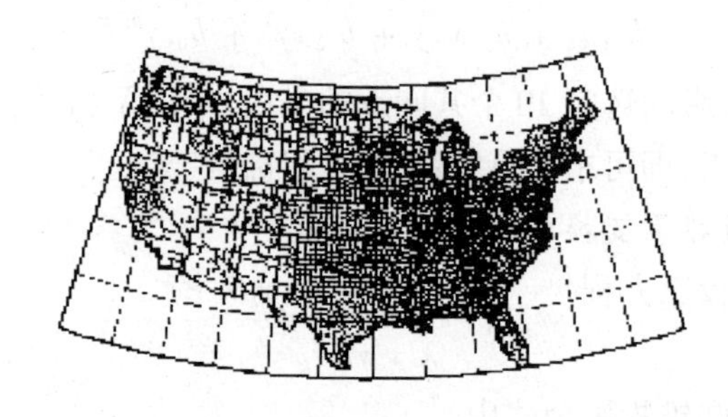

图 2.48 北美 1927 坐标系的 Albers Equal Areal 投影

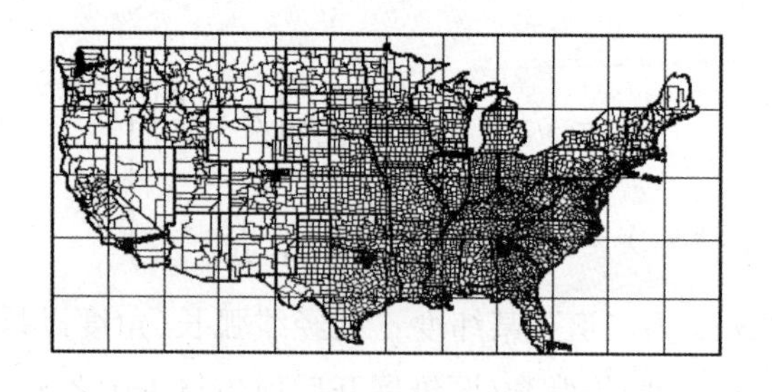

图 2.49 北美 1927 坐标系的 Mercator 投影

复习参考题

1. 地图投影解决的主要矛盾是什么？
2. 谈谈你对地图投影变形的理解。
3. 地图投影按变形性质分为哪几种类型？它们的特性是什么？
4. 什么是地图的主比例尺？如何正确理解和使用它？
5. 举例说明影响地图投影选择的主要因素。
6. 墨卡托投影具有什么特性？其主要用途是什么？
7. 说明高斯-克吕格投影的变形性质、变形分布规律及其用途。
8. 为什么伪圆柱投影和伪圆锥投影都没有等角投影？
9. 为什么我国编制的世界地图一般采用等差分纬线多圆锥投影？
10. 实现地图投影转换的基本思路是什么？

主要参考文献

蔡孟裔等.2000.新编地图学教程.北京:高等教育出版社
测绘编辑委员会.1985.中国大百科全书.北京:中国大百科全书出版社
胡毓矩等.1981.地图投影.北京:测绘出版社
金谨乐等.1987.地图学.北京.高等教育出版社
陆权.1988.地图制图参考手册.北京:测绘出版社
陆漱芬等.1987.地图学基础.北京:高等教育出版社
马永立.1998.地图学教程.南京:南京大学出版社
毛锋.1997.地理信息系统——MGE方法.北京:石油工业出版社
张力果等.1990.地图学.北京:高等教育出版社
张奠坤,杨凯元.1992.地图学教程.西安:西安地图出版社
周忠谟等.1999.GPS卫星测量原理与应用.北京:测绘出版社
Robinson A H et al. 1995. Elements of Cartography 6th ed. John Wiley & Sons, Inc

第三章　地图语言:地图符号系统

本 章 要 点

1. 掌握地图符号的概念、特征、分类、量表、视觉变量及其视觉感受效果。

2. 认识地图符号设计的原则及其影响因素,学会点、线、面状符号的设计方法。

3. 了解色彩三要素、色彩的表示与象征,能够进行地图符号的色彩设计。

4. 一般了解地图注记的功能、构成元素和图面配置方式。

第一节　地图符号概述

一、地图符号的概念

符号是表达观念、传输一定信息的工具,或者说是一种标志,用来代表某种事物现象的代号。语言、文字、数学符号、化学符号、物理学符号、乐谱、交通标志以及地图符号等,都属于符号的范畴。

语言是所有符号中最基本、最稳定、最具代表性的符号系统。地图符号是符号中具有空间特征的一种视觉符号,许多视觉的图像符号比语言文字更直观、形象、简捷,有的符号甚至具有空间特征不解自明,很多图形符号已被用作为辅助性的国际语言。

地图符号是地图的图解语言,是用来沟通客观世界、制图者和用图者,传输地图信息的媒介。没有好的地图符号就没有高质量的地图。地图符号是地表要素在地图上的表达形式。地图是地表要素的模拟符号模型,地表要素是依据地图符号来表达的。

广义的地图符号概念是指表示地表各种事物现象的线划图形,色彩,数学语言和注记的总和,也称地图符号系统。它既包括地图上的线划符号,也包括地图色彩(含彩色线划、面状符号和图面美化彩色,如地图底色),还包括地图注记。完整的地图符号系统由图解语言(地图符号)、写出语言(色彩和地貌立体表示)、自然语言(名称注记)和数学语言(地图投影、比例尺、方向)四部分组成。

狭义的地图符号概念是指在图上表示制图对象空间分布,数量、质量等特征的标志、信息载体,包括线划符号,色彩图形和注记。如黑色实心三角形表示煤矿就是一个地图符号。此处主要讨论狭义地图符号。

地图符号的实质是以约定关系为基础,用一种视觉形象图形来代指事物现象的抽象概念。

二、地图符号的特征

地图符号是一种科学的人造符号,在其设计使用中具有自身的特征。

1. 综合抽象性

大千世界的事物现象复杂多样,用地图符号不可能把它们都一一表现出来。制图者将错综复杂的客观世界,经过分类、分级归纳后进行抽象,然后用特定的符号表达在地图上,不仅克服了逐个表示每个制图对象的困难,而且综合反映了制图对象的本质特征,实际上是对事物现象的一次综合概括过程。

2. 系统性

地图符号的系统性一方面表现为,它是由一系列线划符号、色彩符号和地图注记组成的相互关联的统一体;另一方面表现为,对于一种事物现象,能根据其性质、结构等划分为类、亚类、种、属等不同类别或级别,分别设计为互有联系的系列符号与其对应,构成某一事物现象的符号链。

3. 约定性

自然语言是在长期的社会生产、生活中自然形成的,而地图符号是建立在约定关系基础之上,即人为规定的特指关系之上的人造符号。制图者对客观事物现象进行综合、概括后,然后确定相应的符号形式以及相互之间的关系规则,形成地图符号。其过程就是建立地图符号图像与抽象概念之间一一对应关系的过程,并一经约定就成为地图符号,并对制图者和其后的用图者都具有相应的约定性。

4. 传递性

在人类认识客观世界的活动中,地图符号是将客观转化为主观的手段;在用图的实践活动中,地图符号又是将主观转化为客观的必不可少的工具,所以地图符号是主体(制图者或用图者)和客体(客观世界)相互联结、相互转化,用以传递地学信息的媒介物。

5. 时空性

地图符号既可以表达地表事物现象的空间特征(如空间分布、空间结构、质量特征、数量指标等),也可以表达地表事物现象的时间特征(如发展趋势、动态移动、演化特征、空间结构变化等)。地图符号是在客观时空变化中,体现人类图形思维能力的结晶。

三、地图符号的分类

地图符号依据不同的分类标志有不同的分类方法。

按符号的图形特征分类可分为:几何符号、文字符号、象形符号和透视符号。

按符号和所表示对象的透视关系分类可分为:正形符号、侧形符号和象征符号。

按符号和所表示对象的比例关系分类可分为:依比例符号、半依比例符号和不依比例符号。

按符号所表示制图对象的地理特征量度分类可分为:定性符号、定量符号和等级符号。

定性符号。即表示地理要素的类别、性质的地图符号。如三角点、独立树、塔等符号。

定量符号。即依据某种比率关系来表示地理要素数量指标的地图符号。这种比率关系和地图比例尺无关,借助此比率关系可目估或量测制图对象的数量差异。如用不同大小图形符号表示城市人口多少的符号。

等级符号。即表示地理要素的顺序等级的地图符号。此种地图符号表示制图对象的大、中、小或按其他分级方法所分的概略等级顺序,如用大、中、小三种不同大小的圆表示大、中、小三种城市等级。

按符号所表示制图对象的空间分布状态分类可分为:点状符号、线状符号和面状符号。

点状符号。制图对象在实地所占面积相对较小,在图上所占面积不大,仅能以点状形式表示,相当于看到实地地物的概括形状。如亭、古楼、宝塔、温泉、井、测量控制点、旅游景点、比例尺较小时的村镇等。点状符号一般属不依比例符号,符号大小并不是按比例尺缩小的。点状符号表示的点位数据是0维的,可以用 X、Y 坐标表达。

线状符号。在实地呈线状或带状延伸的制图对象,在图上常用线状的彩色线划表示。如道路、河流、防护林带、境界线等。线状符号有粗细、虚实、单双、点线、间断连续、复杂简单、单色彩色等类别。线状符号一般属半依比例符号。即事物的长度按比例尺缩小而宽度不依比例尺表示,都比实际扩大。线状符号表示的线状数据是一维的,可以用 X、Y 坐标表达。

面状符号。在实地呈面状分布的制图对象,在图上用面状的轮廓线、色彩和填充晕线、花纹表示。如湖泊、人工湖(水库)、林地、草地、居民地平面图形等。它们的平面轮廓按比例尺缩小;其间有填充符号或颜色。填充符号常用不同疏密、粗细、排列、组合、形状的晕线花纹构成。面状符号一般属依比例符号,事物的范围大小和实地成比例,但填充符号、颜色和实地无比例关系。面状符号表示的面状数据是二维的,可以用 X、Y 坐标表达。

四、地图符号的量表

地图符号所表达的地理空间信息,可采用心理物理学常用的量表法进行度量,以利于制图数据的处理。按照事物现象的数量特征及其属性,地图符号的量表法可分为定名量表、顺序量表、间距量表和比率量表。

1. 定名量表

对空间信息的处理只使用定性关系,一般不使用定量关系的量表叫定名量表。在不同制图对象之间只要确定相应的属性,一般可不进行数学处理即能定性。如在土壤分布图上确定出红壤、棕壤、黑土等即可。

2. 顺序量表

按某种区分标志把事物现象构成的数组进行排序,区分为一种相对等级的方法叫顺序量表。

其排序标志有单因素排序、多因素排序、定性排序、依某种数量关系排序(如四分位数法)等。顺序量表只能区分出大小(如大、中、小),优劣(如优、良、中、差),高低(如高等、中等、低等),主次(如重要、较重要、一般、不重要),新旧(如最新、较新、一般、旧)等相对等级,结果不产生制图对象的数量概念,且无起始点。

3. 间距量表

间距量表是指利用某种统计单位对顺序量表的排序增加距离信息,即成为间距量表。间距量表无固定的绝对零值,故只能计算相互间的差值。和顺序量表相比,间距量表能获得数值差别大小的概念,故间距量表对制图对象的表述比定名量表、顺序量表更精确。

4. 比率量表

比率量表是以制图数据的起始点为基础,按某种比率关系进行排序,且呈比率变化,实际上是间距量表的进一步发展,是较完善的量表方法。

四种量表是有序且相互关联的(图 3.1),即比率量表可处理为间距、顺序或定名量表,但定名量表信息却只能用定名量表处理,不能改变为其他量表。

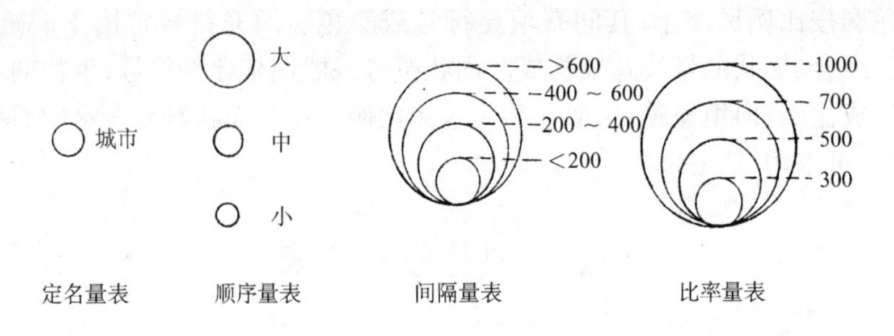

图 3.1　四种地图量表的比较

第二节　地图符号视觉变量及其视觉感受效果

一、地图符号视觉变量

地图符号能成为种类繁多、形式多样的符号系统，是由于构成地图符号的各种基本元素变化组合的结果。地图上能引起视觉变化的基本图形、色彩因素称为视觉变量，也叫图形变量。视觉变量是构成地图符号的基本元素。

视觉变量首先是由法国人贝尔廷(J. Bertin)1967 年提出的。他领导的巴黎大学图形实验室经 20 余年的研究，总结出一套图形符号规律——视觉变量，即形状、方向、尺寸、明度、密度和颜色。1984 年美国人鲁滨逊(A. Robinson)等在《地图学原理》一书中提出基本图形要素是：色相、亮度、尺寸、形状、密度、方向和位置。1995 年他又把基本图形要素改为视觉变量，认为其构成是由基本视觉变量(形状、尺寸、方向、色相、亮度、纯度)和从属视觉变量(网纹排列、网纹纹理、网纹方向)两部分组成。

视觉变量作为地图图形符号设计的基础，在提高符号构图规律和加强地图表达效果方面起到很大作用，一经提出，即引起广泛重视，但目前国内外对符号视觉变量的构成看法并不一致，这是正常的。趋于相同的观点是：视觉变量是分析图形符号较好的方法；视觉变量至少应包括：形状、尺寸、颜色、方向等变量。

我们认为视觉变量应由六元素组成：即位置 P(position)、形状 F(form)、色彩 H(hue，含色相 H_1、纯度 H_2 和亮度 H_3)、尺寸 S(size，含大小 S_1、粗细 S_2、长短 S_3 和分割比例 S_4)、网纹 T(texture，含排列 T_1 和疏密 T_2)和方向 D(direction)，可分别在点、线、面状符号形态中体现(图 3.2)。

1. 位置

位置是指符号在图上的定位点或线。大多数情况下它是由制图对象的坐标和相邻地物的关系所确定,是被动的空间定位,故往往不被认为是视觉变量。但位置并非不含符号设计意义,图上仍有某些可移动位置的成分。如可移位的区域内统

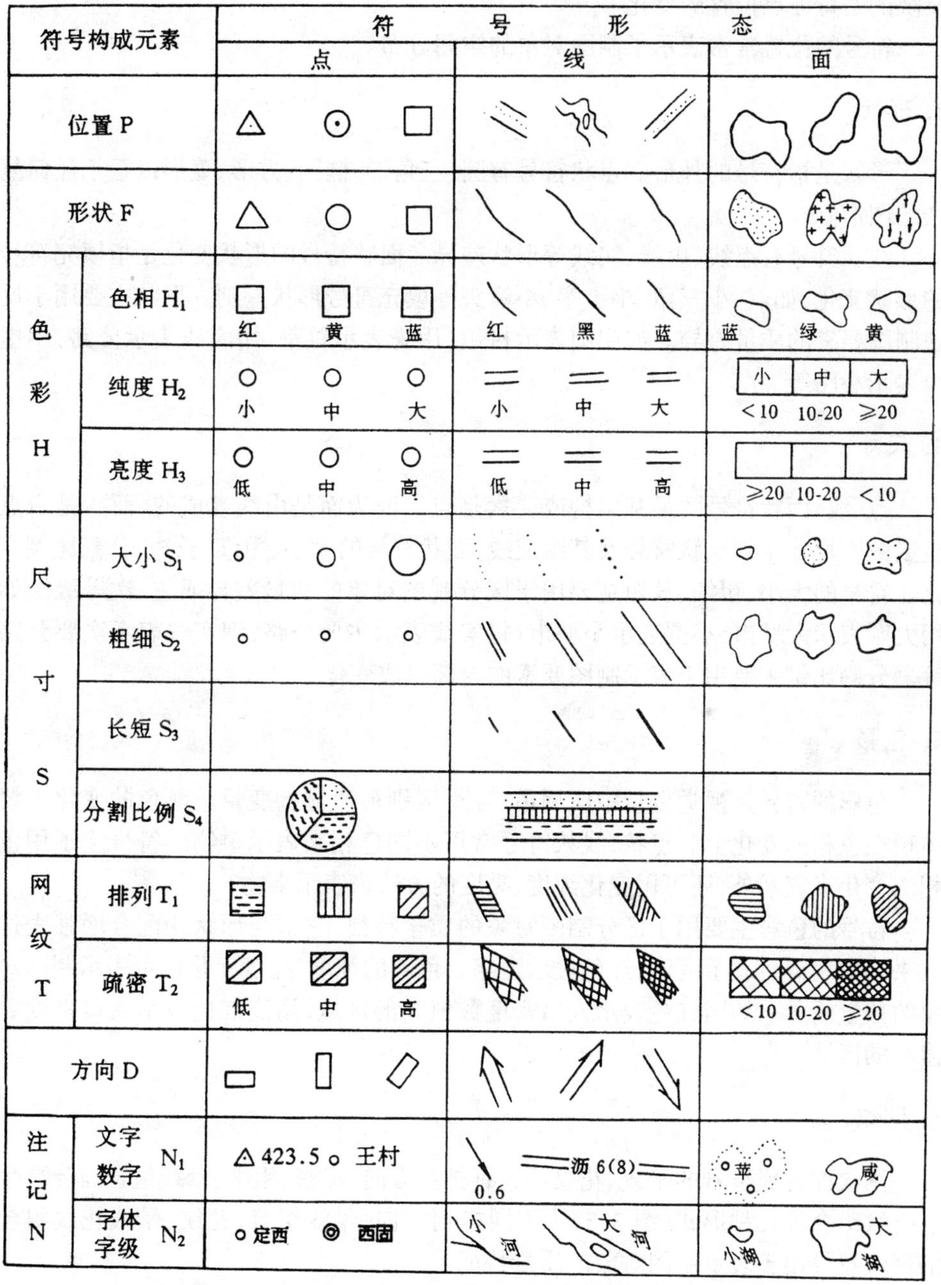

符号构成元素		符号形态：点	符号形态：线	符号形态：面
位置 P				
形状 F				
色彩 H	色相 H_1	红　黄　蓝	红　黑　蓝	蓝　绿　黄
	纯度 H_2	小　中　大	小　中　大	小　中　大 <10　10-20　≥20
	亮度 H_3	低　中　高	低　中　高	≥20　10-20　<10
尺寸 S	大小 S_1			
	粗细 S_2			
	长短 S_3			
	分割比例 S_4			
网纹 T	排列 T_1			
	疏密 T_2	低　中　高		<10　10-20　≥20
方向 D				
注记 N	文字数字 N_1	△423.5　○ 王村	0.6　沥 6(8)	苹　咸
	字体字级 N_2	○ 定西　◎ 西固	小河　大河	小湖　大湖

图 3.2　地图符号视觉变量的构成

计图表、符号;注记位置的变化;处理符号"争位"矛盾时的符号位置移动;符号的位置配置对整个图面效果的影响;有些线状、面状符号的线条、轮廓曲直变化,实际上反映的是特征点位置的变化。

符号的位置常常表示了制图对象的空间分布。

2. 形状

形状是指符号的外形。点状符号有圆、三角形、椭圆、方形、菱形以至于任何复杂的图形。

线状符号有点线、虚线、实线等形状差异。面状符号的形状变化是指填充符号的形状变化,如点、小三角、小十字、小箭头等填充符号形状差别。形状主要用于反映制图要素的质量差异。如用圆表示村镇,用★表示首都,用实线表示公路,用虚线表示小路等。

3. 尺寸

点、线、面状符号的最基本构成要素是点。因为面是由线组成的,而线是由点组成的。尺寸是指点状符号及其组成线、面状符号的大小、粗细、长短、分割比例变化。符号的大小、粗细、长短主要用于区分制图对象的数量差异或主、次等级。如用大圆表示大城市,小圆表示小城市;粗实线表示主要公路,细实线表示次要公路等。分割比例主要用于表示制图要素的内部组成变化。

4. 色彩

色彩的差异是视觉变量中应用最广泛,区别最明显的变量。颜色的变化主要体现在色相的变化上。点状、线状符号常用不同色相来表示事物。符号除了用色相的变化来表示外,还可用变化纯度、亮度的方法来表示事物。

符号的色彩主要用于区分制图对象的质量特征,它常与形状相配合增强表达效果。如用蓝色表示河流,红色表示道路。色彩的纯度、亮度变化也可表示制图对象的数量差异。如用红色表示人口密度数值大的区域,用浅红色表示人口密度数值小的区域。

5. 网纹

网纹即构成符号的晕线、花纹。它有排列方向,疏密、粗细、晕线组合、花纹、晕线花纹组合等几种形式(图 3.3)。不同排列方向、晕线组合,花纹、晕线花纹组合的网纹符号用于表示制图对象的质量特征。

不同疏密、粗细网纹符号用于表示制图对象的主、次等级或数量特征。晕线花纹也可有颜色变化,用来区分制图对象的质量特征。

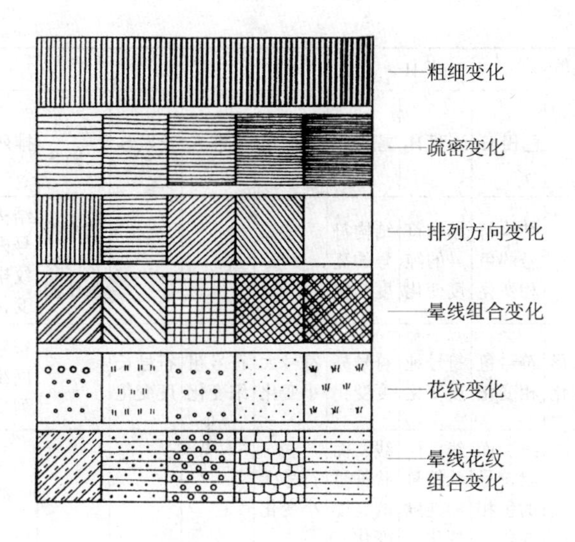

图 3.3　符号网纹的不同变化

6. 方向

方向指符号方向的变化。点状符号并不一定都有方向变化。如圆就无方向之分。点状、线状符号的方向变化指构成符号本身的指向变化。符号的方向常用于表示制图对象的空间分布或其他特征。

每一种地图符号视觉变量宜于表达的制图对象特征不同(表 3.1)。

表 3.1　地图符号视觉变量所表达的制图对象特征

制图对象特征	位置 P	形状 F	色彩 H			尺寸 S				网纹 T		方向 D
			色相 H_1	纯度 H_2	亮度 H_3	大小 S_1	粗细 S_2	长短 S_3	分割比例 S_4	排列 T_1	疏密 T_2	
空间分布	符号定位点、线、面											
质量特征		符号的形状变化	符号的色相变化							符号内网纹排列变化	符号内网纹疏密变化	符号内网纹方向变化
数量特征	等值线位置		符号的色相变化	符号纯度变化	符号亮度变化	符号大小变化	符号粗细变化	符号长短变化	线状符号内分割比例	符号内晕线、花纹排列变化	符号内网纹疏密变化	

续表

制图对象特征	位置 P	形状 F	色彩 H			尺寸 S				网纹 T		方向 D
			色相 H_1	纯度 H_2	亮度 H_3	大小 S_1	粗细 S_2	长短 S_3	分割比例 S_4	排列 T_1	疏密 T_2	
内部组成			结构符号的色相变化	结构符号的纯度变化	结构符号的亮度变化				结构符号内分割比例	结构符号内网纹排列变化	结构符号内网纹疏密变化	
等级强度		符号形状变化	符号色相变化	符号纯度变化	符号亮度变化	符号大小变化	符号粗细变化	符号长度变化		符号内网纹排列变化	符号内网纹疏密变化	
时空动态	符号位置变化		线、面状符号的色相变化	线、面状符号的纯度变化	线、面状符号的亮度变化	符号大小变化					符号内网纹疏密变化	符号方向变化

二、视觉变量的视觉感受效果

视觉变量是构成地图符号的基础，由于各种视觉变量引起的心理反应不同，就产生了不同的视觉感受效果。

1. 整体感与选择感

整体感是指阅读不同视觉变量构成的符号图形时，感觉好像一个整体，没有哪一种显得特别突出。整体感可以表示一种现象、一个事物、一个概念或一种环境等。如在不同颜色表示的行政区划图上，应有行政区划分布的整体概念感受，不应产生哪一个行政区重要，不重要的感觉。整体感可通过调节视觉变量所构成符号的差异性和构图的完整性来实现。形状、方向、色彩、网纹、尺寸等变量都可产生符号图形的整体感。表达定名量表的视觉变量形成的整体感较强，如形状、色相、网纹等；而表达数量概念的视觉变量整体感相对较差，如尺寸、亮度等。与整体感相反的感受是选择感，整体感强则选择感就弱。要把某种要素的符号突出于其他符号之上，就要增大视觉变量所构成符号的差异感，即增强其视觉差别。如选用强烈对比的色相或增大亮度、纯度、尺寸差别，可起到增强选择感的效果。

2. 等级感

等级感是指符号图形被观察时能迅速、明确地产生出的等级感受效果。客观事物现象有等级之分，普通地图、专题地图上的符号等级感是非常重要的。尺寸、亮度是形成等级感的主要视觉变量。如居民地图形符号的大小,道路的粗细等(图3.4)。色相、纯度、网纹和亮度变量结合,也可产生等级感,但等级感没有尺寸、亮度那么显著。

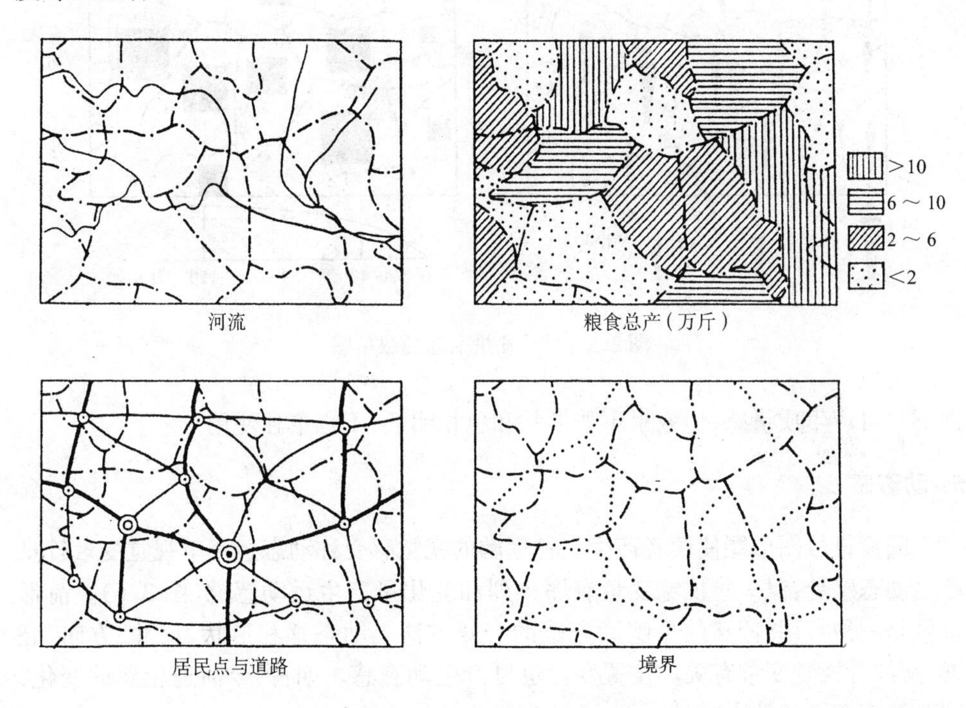

图 3.4　视觉变量形成的等级感

3. 数量感

数量感是指读图时从符号的对比中获得的数量差异感受效果。等级感易辨识,但数量感则需对符号图形进行认真比较、判断和思考,其受读者的文化素质、实践经验等影响较大。尺寸是产生数量感最有效的视觉变量。简单的几何图形如圆、三角形、正方形、矩形等,由于其可量度性强,所以数量感较好(图3.5)。图形越复杂,数量感的差别准确率越低。

4. 质量感

被观察对象能被读者区分成不同的类别或性质的感受效果称为质量感。质量(主要指制图对象的类别、性质等)的概念主要依据形状和色相变量产生。如实心三角形表示铁矿,实心正方形表示煤矿;绿色表示平原,橙色、棕色表示山地,蓝色表示水体等。形状和色相结合产生的符号的质量感最有效。网纹和方向在一定条

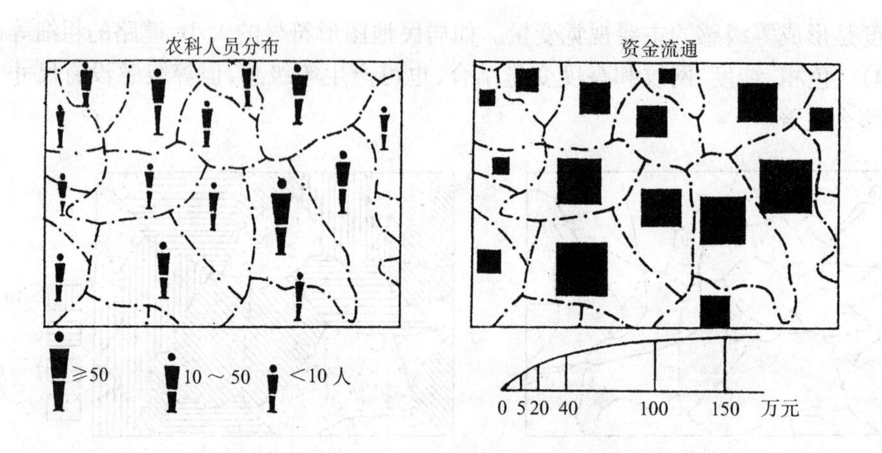

图 3.5　尺寸变量引起的数量感

件下也可产生质量感,但效果不如形状和色相明显,不宜单独使用。

5. 动态感

阅读符号图形能使读者产生一种运动的视觉感受称动态感。单视觉变量较难产生动态感受,但一些视觉变量有序排列和变化可产生运动感觉(图 3.6)。箭形符号是一种常用、特殊的反映动态感的有效方法。动态感和形状、尺寸、方向、亮度、网纹等视觉变量有关。位置变量也可产生动态感。如古、今河道位置的变化,则有河流变迁的动态感觉。

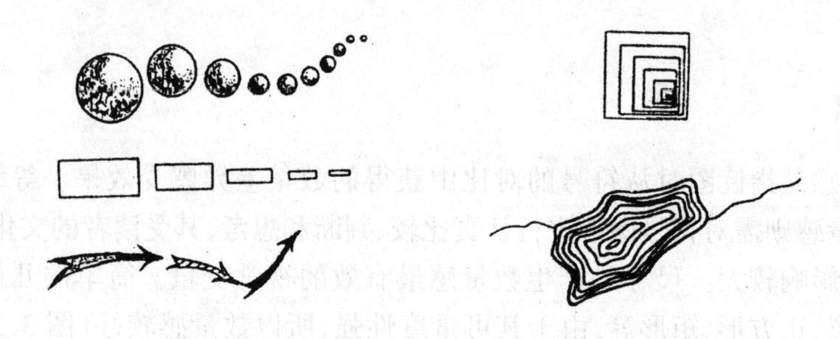

图 3.6　视觉变量形成的动态感

6. 立体感

立体感是指通过视觉变量组合,能使读者从二维平面上产生三维空间的视觉效果。一般根据空间透视规律组织图形,利用近大远小(尺寸)、光影变化(亮度)、压盖遮挡、色彩空间透视、网纹变化等形成立体感(图 3.7)。

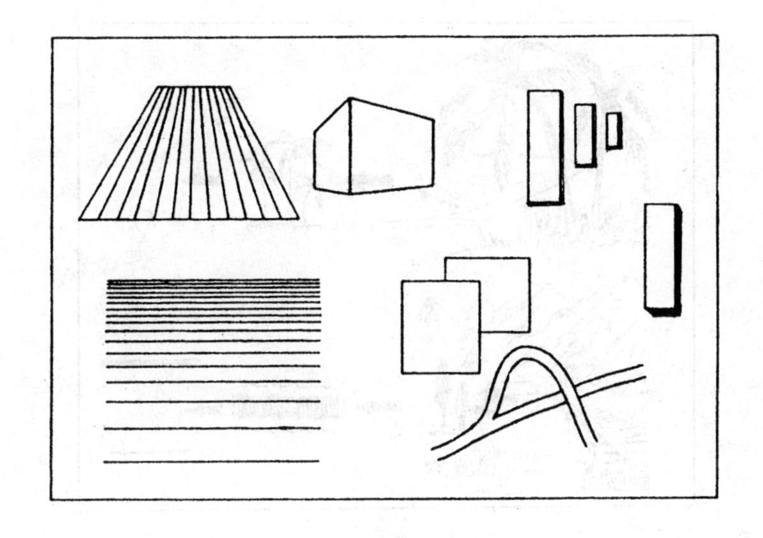

图 3.7　符号的立体感

第三节　地图符号的设计

一、地图符号设计的基本原则

地图符号设计以能快速阅读、牢固记忆,为最广泛的读者所接受为基本出发点。各类地图常采用不同的符号系统,这与地图的主题、内容、比例尺、用途和使用方式密切相关。不同地图的符号设计会有不同的要求,但有一些必须遵循的基本原则。

1. 形状要图案化

符号的形状应反映景物的实际形态和特征。设计时,要以景物的真实形状为主要依据,经概括、抽象,达到图案化,且要清晰易读,便于绘制。图案化要突出地物最本质的特征,舍去次要的碎部,使图形具有象形、简洁、醒目和艺术的特点,使读者能"望形生义"。图案化的过程,也是一个艺术概括和综合的过程。图 3.8 显示了椰树和铁路的图案化过程。

这种符号,就好像各种体育比赛的象征符号一样,经过了高度概括、抽象,使符号达到形象易于联想,简单易于绘制,明显易于阅读的效果。反映现实、高于现实,具有明显的特点。对于一些无明显形状的事物,如境界线、行政等级,则采用会意性符号,以几何图形为基础,经适当变化,简单组合而成。

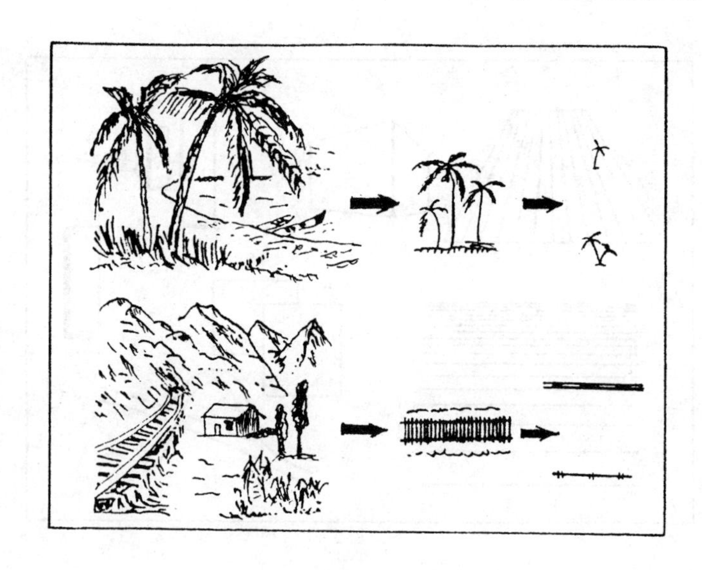

图 3.8　符号的图案化过程

2. 种类要简化

符号的种类并不是越多越好。科学思维使人们能用简单代替复杂。符号太多不能快速阅读,给读图带来困难。性质相同,外形特征类似的物体,可用同一种符号作为基础,加以适当变化来区别。如在交通图上表示单轨、双轨铁路时,只需在同一线状符号上绘以不同数目的相同短线即可。另外,符号本身的形状也是越简单越好。在设计中,能用简单而生动的符号,就不要用复杂而呆板的符号。简单符号由于笔画较少、结构简练,故易于阅读和记忆,绘制也方便。如用飞机符号表示机场和着陆场,用铁锚符号表示港口和停泊场,就非常有利于读者阅读。

3. 符号要有对比协调性

符号既要有对比性,又要有协调性。符号的对比性指不同符号间应区别明显、主次分明。

借助于符号视觉变量如形状、大小、色彩、网纹、方向等多种变化,使之能相互区别。凡较重要的物体,其图上符号应突出醒目,使读者能快速感受,一般将其置于地图的第一层平面;次要、一般的物体,符号不宜太突出,将其置于第二层平面;再次者,则将其置于第三层平面或底层平面。如在交通图上,铁路用鲜明的黑色粗实线表示,航空线用蓝色实线表示;一般公路用橙色或棕色细实线表示等。

符号的协调性是指符号大小的相互联系及配合。如街道与公路、路与桥等,铁路与车站相连时,其宽度应取得一致。符号本身尺寸的配合也应协调,不要产生极大极小的差异。

4. 符号要有逻辑系统性

同一类符号,在其性质相近的情况下,通常保持相似,使之在系统上具有一定的联系,形成一种系列。如古宝塔、铁塔、烟囱、亭阁、水塔、跳伞塔等,一般都采用侧视符号。线划的粗细和虚实,要能显示事物的性质、类别、主次。一般用实线表示稳定的(如常流河)、地上的(如铁路、公路)、准确的(如实测的等值线)和可见的(如旅游路线)制图对象;用虚线或点线表示不稳定的(如时令河)、地下的(如隧道、地下通信电缆)、不准确的(如推测草绘的等值线)和无实物(如境界线、航空线)的制图对象。再如黑、棕、蓝色齿线分别表示人工的、天然的和水中的地物,经与其他要素配合或本身的组合,可派生出大量的齿线符号系列。

5. 图形色彩要有象征性

符号设计要强化符号和事物之间的联系,通过符号视觉感受产生联想,加强对制图对象的理解。图形设计要尽量保留或夸大事物的形象特征,保持形似。

五彩缤纷的大自然长期以来给人们造成了概念印象,使色彩逐渐形成了习惯象征涵义。符号设计如能善于利用这种象征意义,就会加强地图的显示效果。如水体用蓝色,植被用绿色,地势用棕色,热用红色,冷用蓝色等。

6. 总体要有艺术性

在保证符号科学性的基础上,一定要注意符号的总体艺术性。设计的符号应给人有一种美的享受。符号本身应构图简练、美观,色彩艳丽、鲜明,高度抽象概括。符号与符号之间,则要求互相协调、衬托,成为完整系统。

符号设计工作是一项复杂而细致的科研工作。要广泛搜集,认真研究已有的各种符号,借鉴前人经验。搜集国内外出版的各种优秀地图资料,分析有关地图符号的研究、试验论文,寻找拟设计对象的图像材料如照片、图案等。必要时要实地调查、写生、摄影,取得第一手资料。这些工作对符号设计有极大帮助。

二、影响地图符号设计的因素

地图符号设计是一个极其复杂的思维和实践过程,需要考虑各种因素的影响来表达统一的认识。符号设计和地图的内容、区域资料特征、视觉要求、使用要求、生产与成本等因素密切相关。

1. 地图内容

地图内容是符号设计中需最先考虑的一项因素。内容决定形式,地图内容主要根据编图目的和用图者的需要来确定。不同制图目的就会选取不同的内容。除此之外,还和资料情况、使用方式、比例尺、经费来源等密切相关。同时,地图作者或地图编辑的主观因素,也影响地图内容的确定。实际上内容的确定是符号设计前的编辑准备工作之一,它对地图符号设计起着重要的影响。

2. 区域资料特征

在地图内容确定之后,应对其作充分的研究,并对需要表示在图面上的资料进行分析。这种分析包括以下四方面。

1) 所表示对象的实地分布特征。根据区域资料,对制图对象的空间分布特征做出分析,以便于确定采用点状符号、线状符号,还是面状符号。

2) 质量、数量的分级、分类标准。资料可根据不同的分级分类方法来处理,这对于符号设计极为重要。分级、分类标准,实质上是建立一套定性、定级、定量的资料处理标准。这种资料分析、分类标准是地图符号设计的前提。

3) 资料的质量。资料的质量优劣决定了地图的科学性,也决定了符号设计的水平。资料的质量包括可信程度(准确性、精确性、权威性)、现势性以及方便使用程度等。有了质量的评价,符号设计就可采用相应的表示方法与之相对应。如实测的可靠数据用实线表示,推断的数据用虚线表示。

4) 资料所表示对象的外形特征。有些制图对象有明显的外形,这时就要分析它们的形状、颜色、结构特征,为符号设计提供依据。如设计象形符号,只有掌握了所表示对象的显著特征,才能设计出具有最佳效果的符号。

3. 视觉要求

在视觉要求方面,地图符号设计主要考虑两个方面的影响因素。

1) 视力。视力(或视觉敏锐度)系指人眼能分辨物体细微结构的最大能力。即能单独感受最小距离的两个光点的能力。此种能力对研究物体的形状大小有着重要作用。正常视力能分辨两点的最小视角约为一分角(1/60 度),小于一分角的两点一般分辨不清楚。因此,在地图符号设计中,确定一个最小直径的符号(如圆)或最小间隔的两条平行线时,应充分考虑到人眼分辨能力 (表 3.2)。

2) 视错觉。观看一个正常的图形时,因受其他线划或图形的干扰而产生的与原图形大小或形状等不一致的感觉,叫视错觉或视差。人眼的光觉、色觉、形觉、大小和距离的知觉敏锐度虽然很高,但有时因受周围环境影响而造成“错误”的感觉,是生理心理原因引起的现象。人眼和大脑的分析器官所提供的信息不一致,眼前和过去的经验相矛盾,或思维推理的错误等,都是产生视错觉的原因。

表 3.2 不同目视距离的分辨能力(mm)

目视距离 \ 可辨尺寸 \ 种类	点的直径	单线粗度	实线间隔	虚线间隔	汉字大小
250	0.17	0.05	0.10	0.12	0.75
500	0.30	0.13	0.20	0.15	2.50
1000	0.70	0.20	0.40	0.50	3.50

心理因素不仅在空间的形象中会引起视错觉,在平面图形上同样会引起错觉。研究视错觉,对设计符号、图案很有帮助,它能使一个图形在不同的条件下给人以不同的感觉(图 3.9)。同样的图形在不同条件下产生视错觉的例子还很多。如一个空心圆在黑底衬托下显得大些,在白底上却显得小些。这表明,一种效果往往是由另一种环境效果来决定的。如小比例尺地图上居民点的符号图形,由于图形结构、装饰线条长短、粗细稀密等组合排列不同,在互相干扰之下,便会出现不同的视觉感受效果。单个圆或同心圆,实心的、空心的、填绘平行线或涂上颜色的圆,即便半径完全相等,给人的感觉却截然不同。

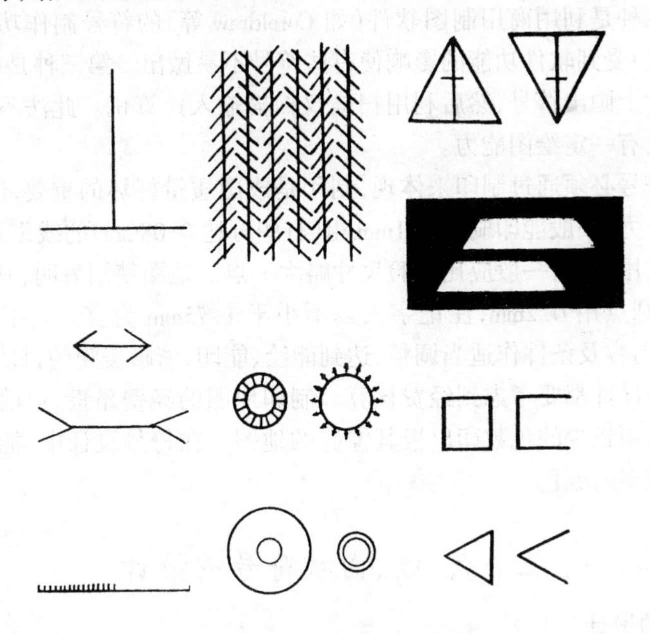

图 3.9 符号的视错觉

4. 使用要求

地图使用要求对符号设计有重要的影响。编图目的及用途、地图使用方式,是符号设计时需要认真加以考虑的因素。

地图是用于科研参考,还是用于一般的地图服务,符号设计的差别极大。不同编图目的及用途会使地图有不同的读者面,不同读者的总体知识水平(知识素质)、用图经验等水准不同,所以其对地图的感受能力有较大差别。参考图宜于选择抽象的几何符号,同时要求符号淡雅精细;而其他地图(如教学图)宜于选择说明性的象形符号,同时要求符号鲜艳醒目。

不同使用方式也影响到符号设计。地图究竟是桌面用图,在标准距离下阅读;还是墙面挂图,在较大距离下阅读;还是携带式地图,在室外阅读,其符号设计应不同。通常阅读距离小,时间充足,符号可设计为精致小巧式;阅读距离相对较大,且要求快速查阅,符号可设计为醒目直观式。

5. 制作与成本

目前,地图符号的制作可采用三种方式:一种是可直接在商用制图软件(如 MapInfo 等)的符号库中选择,但由于受库中符号种类及数量的影响有时达不到设计要求。第二种是利用商用制图软件(如 Coreldraw 等)的符号制作功能在计算机上设计制作,但受到软件功能的影响使有些符号不易做出。第三种是手工绘画,在纸或其他膜片上画出符号,然后利用扫描仪扫描输入计算机。此法不太受限制但要求制图者具有一定绘图能力。

所设计符号必须通过制印来体现,制印是成图质量好坏的重要环节。按我国目前的制印能力,一般能印刷出 0.1mm 粗(有些可达 0.08mm)的线划及线划间隔。地图符号的实用尺寸,一般应比实验尺寸略大一点。地图使用表明,其基本线划粗度用 0.1mm,圆点用 0.2mm,注记字大以不小于 1.75mm 为宜。对不同用途的地图,应视具体内容及条件作适当调整,达到能绘、能印,清晰美观的目的。

任何符号设计都要考虑到经费核算。制印地图的经费昂贵,目前印刷工艺水平的提高可使用较少的色数印出极其漂亮的地图。在符号设计中,能用较少的颜色就不要用较多的颜色。

三、点、线、面状符号的设计

1. 点状符号的设计

点状符号在图上所占面积相对较小,几何符号、象形符号、透视符号、文字符号都是点状符号。此处仅以几何符号为例讨论点状符号的设计。

几何符号是由一种或几种基本几何图形构成的符号。几何符号构图规则、简单明了、易于定位,是地图中应用较多的符号之一。凡能用此种符号表示的事物应尽量采用。几何符号一般以圆形、方形、三角形等为基础进行变化,构成反映事物质量、数量特征的不同符号系统。符号视觉变量主要表现为形状、尺寸和色彩的变化等。

(1) 形状变化

用形状变化,可反映事物的质量特征。图上符号形状变化不能过于复杂,以免影响地图易读性。

个体几何符号主要有轮廓形状变化和图形内部结构变化(图 3.10)。改变符号轮廓,可使圆的轮廓线发生粗、细和实、虚变化,其中轮廓线粗、实的对比性明显,其他几个不易区分。实践中,圆内常填颜色或线条。改变符号轮廓及内部结构后,同大符号而有大小不同的感觉。其中,黑白明显的效果较好。

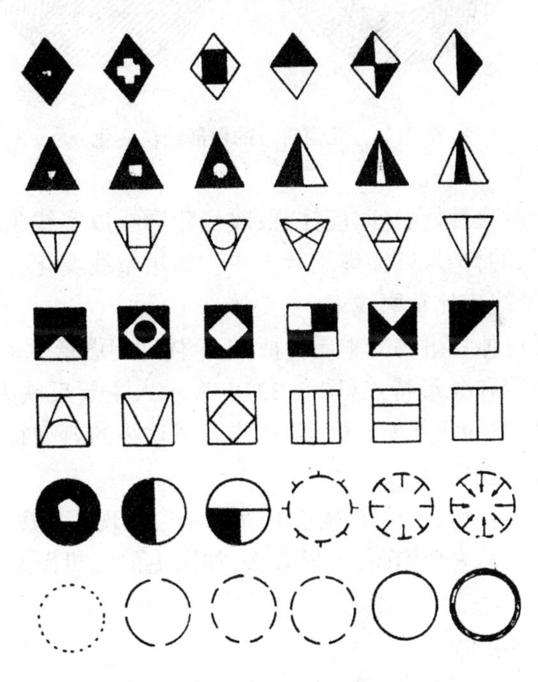

图 3.10　几何符号形状变化

改变符号结构。可用线条来变化圆、矩形、方形、三角形、菱形的内部,也可用黑白对比变化,来改变其内部。显然,后者优于前者。表示多种统计数值的结构符号(图 3.11),虽可用圆的分割比率表示各要素所占的百分比,但效果不如环形结构符号显明。这种符号除用网纹表示外,亦可用不同颜色表示,且后者效果更好。

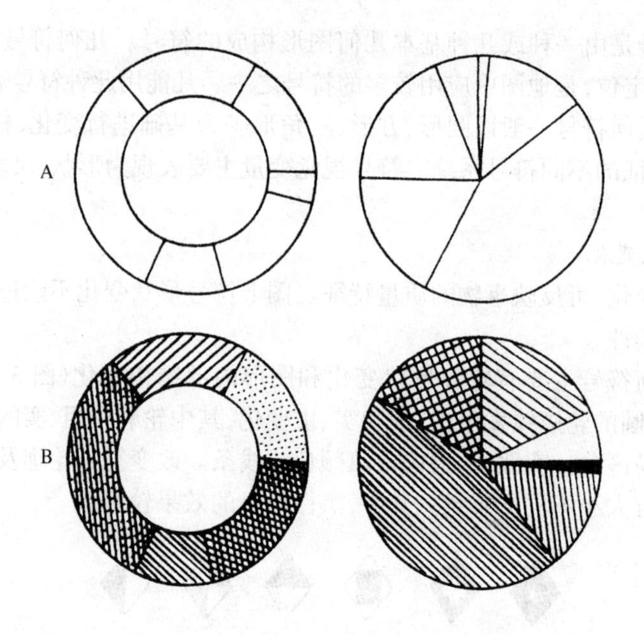

图 3.11　几何符号的内部结构变化

为提高符号的对比性,设计时应注意:改变轮廓线以实线条为主,不宜采用虚线、点线。内部变化的符号,以实虚结合为主。如用晕线变化符号内部结构,晕线间隔不宜太小,且晕线应比轮廓线细。

组合几何符号可抓住事物的本质特征,把个体几何图形生动地结合在一起,使其具有一定的代表性和象形特点(图 3.12)。表示人主要反映人的某种形态。表示动物,其特点是构图的线条配合恰当,夸张表现动物的典型特征,表示植物以外貌为主,突出总体,舍去局部。

表示建筑物以正方形、三角形为主,用实虚结合表现几种房屋的不同特点。表示交通工具在于反映其一个侧面,图形夸张,如图上的飞机图案,就是做了高度概括和夸张。

(2) 大小及内部变化

几何符号的大小常用来表示制图对象的数量指标。设计时注意:

与地图用途一致。设计符号首先应考虑地图用途。如教学挂图,比例尺一般都偏小,为适应教学要远看的要求,符号应设计大一些,线划应粗些,结构变化应简明;同类符号基础应统一。参考地图,内容相对多而复杂,符号应设计精细一些。

与事物等级一致。表示事物数量或分级的符号,其大小要与事物等级一致。确定符号的大小,应以最小一级的符号尺寸为基准,依次确定其他各级符号大小。同类符号形状应统一,大小应对比明显。同一种形状的符号大小变化,不能表示同

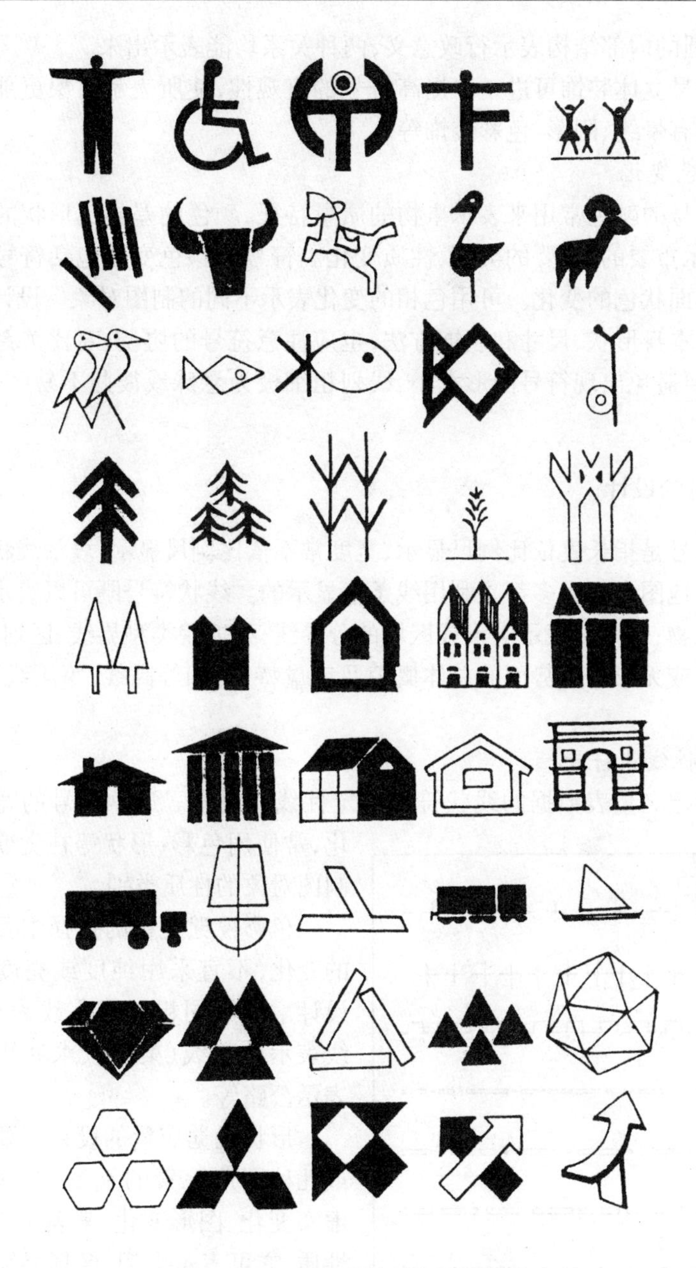

图 3.12 几何组合符号的形状变化

一事物的两层含义,为使上下两级符号区别明显,需变化符号结构。如小比例尺地图上的居民点符号,一般兼有表示人口数和行政意义的两层意义。用大小来表示居民点的人口数和行政意义显然不够明显,可用圆表示居民点,圆的大小表示人口数的多少,圆的内部结构表示行政意义,两种关系均能表示出来。

几何符号立体装饰可进一步提高符号的直观性,使所表示对象更加鲜明。立体装饰形式有晕线、阴影、色彩装饰等。

(3) 颜色变化

几何符号的颜色常用来表示事物的质量特征,颜色的差异比形状的差异更为明显,故表示重要的、主要的类别、性质变化。符号的颜色变化包括符号本身线划色和其内部面状色的变化。可用色相的变化表示不同的制图对象。设计几何符号要研究符号本身形状、尺寸和装饰方法,也应注意符号的协调、对比关系。在同一幅地图中,要避免出现符号图形大小、线划粗细极为悬殊或彼此不易区分、不谐调的情况。

2. 线状符号的设计

线状符号是指长度依比例尺显示、宽度常不依比例尺显示,表示线状或带状事物的符号。地图内容大多都是利用线条来显示的。线状符号既可以表示线状或带状延伸的地物;也可以表示类型或区域的分界线,如地貌类型界线、区划界线等;亦可表示有形或无形的趋势面的总体概貌及定量特征,如等高线、等压线、等人口密度线等。

(1) 定性线状符号

单表示定名量表数据的线状符号为定性线状符号。通常符号的宽度不做变化,常使用色彩、形状等视觉变量来表示制图对象的性质类别。

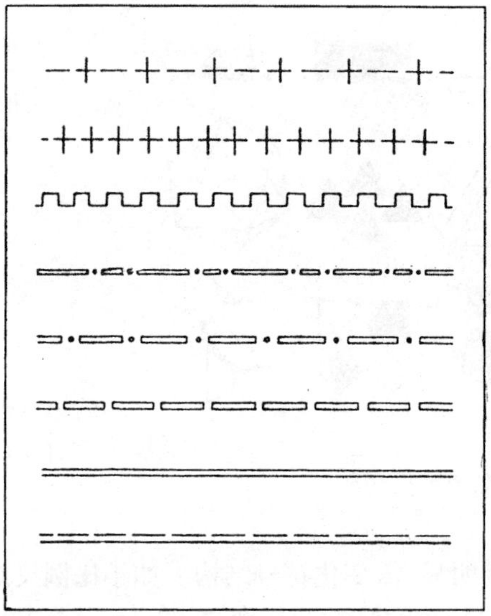

色彩视觉变量的选择主要利用色相的变化,不宜采用纯度或亮度的变化来设计。如用同粗的黑实线表示铁路,蓝线表示航空线(渠道或水涯线),红实线表示公路等。

形状视觉变量的设计主要使用一种或几种图形元素的重复、连续变化以及虚实变化、图形变化,来表示制图对象的性质,亦可表示类型,区划界线。图 3.13 显示有大致相同感受效果,同粗的线状符号的形状变化。

图 3.13 同粗线状符号的形状变化

(2) 等级线状符号

等级线状符号是指表示顺序量表数据的线状符号。主要利用尺寸视觉变量表示制图对象的等级、强度;利用色彩、形状等视觉变量辅助表示。

尺寸变化(主要用线划粗细的变化)能较好反映制图对象的等级强度。如在某种比例尺的交通图上,用同为红色的 0.8mm 线条表示高速公路,0.5mm 线条表示一级公路,0.3mm 线条表示二级公路,0.1mm 线条表示三级公路。即用线条的粗细来区分顺序量表数据。

尺寸视觉变量可表达等级概念,但区分度不一定非常明显。实践中常使用色彩或形状变量辅助表达等级、强度概念。如上例,在用尺寸变化的同时,结合色彩变化,即高速公路用红色,一级公路用棕色,二级公路用橙色,三级公路用黄灰色,能较好区别出等级。

等级线状符号如用尺寸变量结合形状变量来表达,则在变化线粗的同时,也变化线条的单双(线)、虚实、结构及附加短线(图 3.14),亦可较好表达等级、顺序、强度概念。

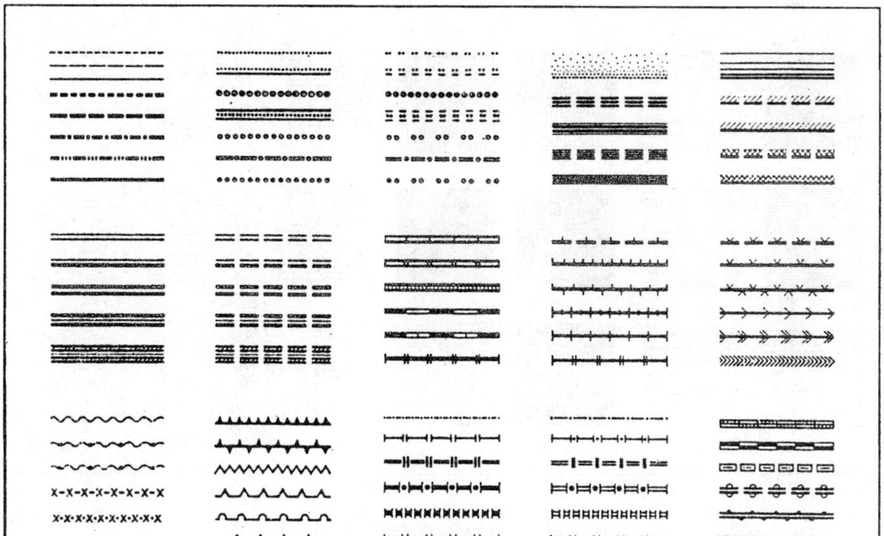

图 3.14　等级线状符号的尺寸、形状变化

(3) 趋势面线状符号

趋势面线状符号是指表示连续分布、逐渐变化的实际或理论趋势面(前者如地势等高线,后者如人口密度等值线)按一定顺序排列的等值线、连续剖面线等线状符号组合。按理呈面状分布的事物用面状符号表示较好,但在趋势面上按一定间隔测量或统计出的数值点,连接成线并按一定顺序连续排列,却能很好地刻画出趋

势面的数量特征及其总体概貌。如等高线至今还是表达地势的最好方法;反映人口疏密变化及其密度数量的人口密度等值线,能较好表达人口分布状况。上述方法将在普通地图、专题地图章节中详述。

3. 面状符号的设计

面状符号是指表示实地呈面状分布事物现象的符号,常用轮廓界线的空间位置表示事物的空间分布,用轮廓内的晕线、花纹或色彩表示事物的质量、数量特征。

(1) 晕线面状符号

晕线面状符号是由不同方向、不同形状、不同粗细、不同疏密、不同颜色、不同间隔排列的平行线组成。其中,晕线方向、形状、交叉排列组合及粗细的变化可表示定名量表数据(图 3.15);晕线粗细、疏密、间隔排列的变化可表示顺序量表、间隔量表和比率量表(图 3.16)。

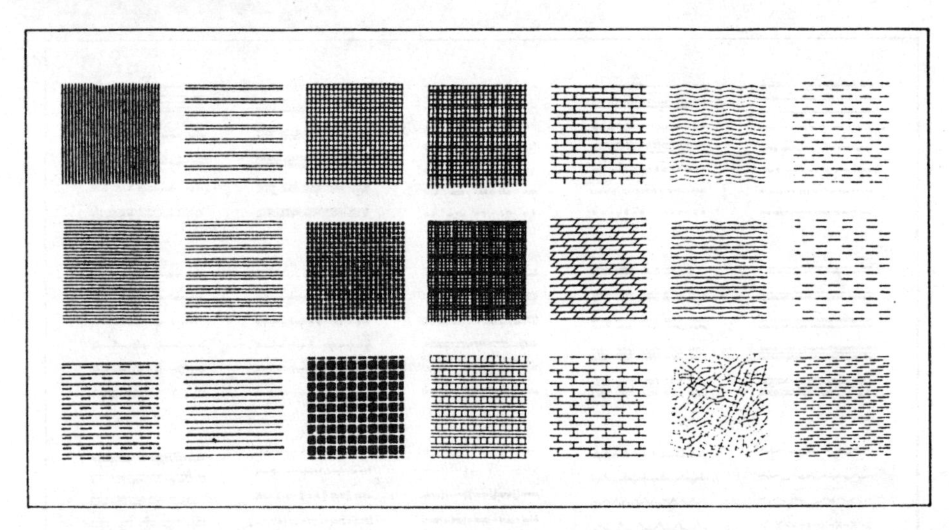

图 3.15　可表示性质、类别的晕线面状符号

(2) 花纹面状符号

花纹面状符号是由大小相似、不同形状、不同颜色的网点、线段、几何图形等花纹点构成。其中,花纹点的形状变化可表示定名量表数据(图 3.17);网点或短线段的疏密变化可表示顺序量表、间距量表和比率量表数据。

花纹和晕线也可互相结合,构成千变万化的面状符号系列。

(3) 色彩面状符号

色彩面状符号是指不同范围内的面状色(普染色)符号,它比晕线、花纹面状符号的鲜明性和视觉刺激力更强,表现力较好,较为常用。

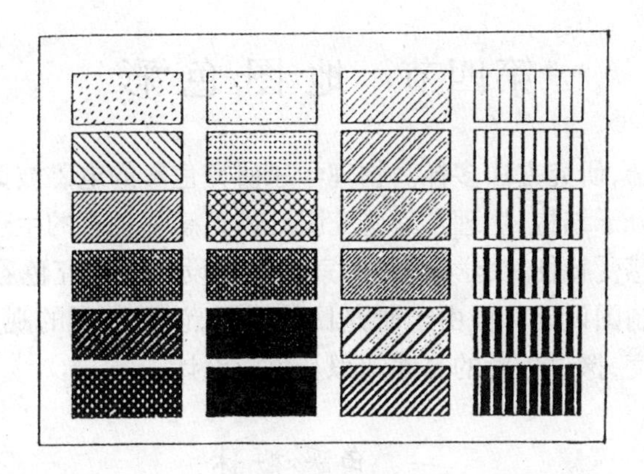

图 3.16　可表示数量、等级、强度的晕线面状符号

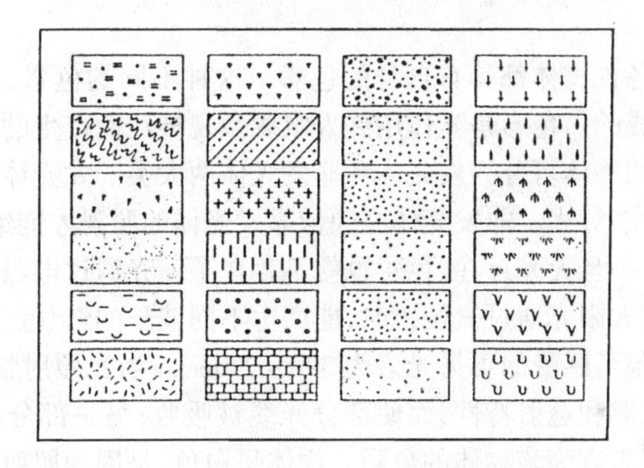

图 3.17　表示性质、类别的花纹面状符号

不同色相的面状符号可表达定名量表数据;不同纯度、亮度和色相的变化可表达顺序量表、间距量表和比率量表数据。

设计面状符号时应注意:晕线、花纹面状符号强调面的概念(即整体感受效果),而不突出个体碎部;晕线面状符号的线条不宜过粗,和背景间的反差不宜过大;花纹面状符号的花纹点不宜太大,个体视觉感受不宜太突出,花纹点间隔不宜太大;晕线花纹面状符号图面载负量较大,不宜和线状符号叠加配合,但却和色彩面状符号较易配合;色彩面状符号常用浅色系列,其图面载负量小,宜和线状、点状符号叠加配合。计算机制图的飞速发展,使得复杂的晕线、花纹符号设计逐渐转变为:直接在制图软件或在电子出版系统符号库中选择现成的晕线、花纹符号问题,地图符号设计变得越来越简单,但符号设计的原理却是设计者必须掌握的理论基础。

第四节　地图色彩

色彩极为复杂,研究方法多样。物理学家研究色彩的电磁波谱,化学家研究颜料的物质元素和分子结构,生理学家研究眼脑通道感受色彩的生理机制,心理学家研究色彩的心理感受特征,文学家、艺术家和服装设计家研究色彩的美学特征,制图学家研究色彩制图设计。但由于研究目的不同,认识色彩的观点具有差异。本节主要从地图角度,探讨色彩的基本知识及色彩设计。

一、色彩概述

1. 色彩的形成

自然界中的各种物体都具有自身的色彩。这种不同的色彩,是由于光的作用和人的视觉而形成的。色彩是光作用到人眼刺激视神经而产生的感觉。

宇宙间的一切物体可分为发光体和非发光体两大类。发光体能直接给人以色彩感觉。如太阳光、灯光。非发光体必须依靠发光体的照射才能给人以色彩感觉。如绿树、红花等。一旦无光存在,色彩也就不存在了。光通过电磁波而传播。牛顿做过实验:当一束太阳光通过三棱镜时,能产生不同波长的红、橙、黄、绿、青、蓝、紫颜色的光线。人眼可感受的可见光谱为390~770nm。当光照射物体表面时,由于物体具有吸收、反射和透射特性,而使部分光线被吸收;另一部分光线被反射或透射,后者的光线即表现为该物体的色彩。物体呈白色,是因为照射的光被全部反射出来;呈黑色,照射的光被全部吸收。

万物能形成色彩,是由于光的客观存在。主观感觉方面,是由于光刺激引起视觉感官反映。

眼睛的视网膜具有感光层,感光层由棒形细胞和锥形细胞组成,它们能强烈吸收光,同时发生物质化学分解作用,这是视觉刺激的根源;然后通过神经传至大脑,从而形成色的感觉。锥形细胞具有红色、绿色和蓝色三个光谱区色光感受物质,分别对不同光谱区的色光可进行感受,而形成红色、绿色、蓝色感觉。其他色彩感觉,是由于这三种或两种,同时或分别对不同光谱区色光发生感受的混合结果。如黄色感觉是同时发生红、绿色感受的混合;青色是绿、蓝色感受的混合;品红色是红、蓝色感受的混合;白色是同时发生红、绿、蓝色同等感受的混合;黑色是由于三种物质均不发生感受。灰色也是同时同等发生三种感受的混合,但感受强度均次于白色。感受强度愈大,灰色感觉愈浅;反之则愈深。

2. 色彩三要素

一切色彩可以分为两大类:一是白、灰、黑等非彩色称消色;二是除消色之外的彩色,如红、橙、黄、绿、青、蓝、紫等色,称彩色。

(1) 色相

亦称色别。指色彩不同的固有相貌,体现色彩质的差异。如色光中红、橙、黄、绿、青、蓝、紫等色。任一色相,都是由其投射或反射到人眼中的光波来确定的。色相的不同,实际上是光波波长的不同。颜料(水彩颜料、水粉颜料、照相透明颜料、丙烯画颜料等)、印刷油墨的色可构成闭合色环(彩图1)。

(2) 亮度

亦称明度或光度。指色彩本身的明暗程度,亦指某色反射色光的强度。常用明暗、强弱表示。不同色相,亮度不一。如色彩中的黄色亮度最强,品红、绿色中等,紫色亮度最弱。据赫斯特(H. Hurst)研究:白色的亮度如为100%,黄色、橙色、绿色、青色(和红色)、紫色、黑色的亮度依次为:78.9%、69.9%、30.3%、4.9%、0.1%、0(青、红亮度相同)。

同一色相,光照强弱不同,亮度亦不同。光强者,色彩亮度大;反之则弱。如按光照强弱区分,绿有明绿、绿和暗绿之分。同一色相,如在其中增加白色成分,则亮度增加;如在其中增加黑色或灰色成分,则亮度减小。对亮度最直观的解释是非彩色的亮度变化,即白—灰—黑逐渐过渡的灰阶变化。

(3) 纯度

亦称饱和度或色度。指色彩的纯洁程度,也指色彩接近标准色的程度。正午日光通过三棱镜被折射而分解出的光谱色,纯度最高,被认为是各色的标准色。某色愈接近其标准色,它的纯度愈高,色彩愈鲜明;反之则纯度愈低,色彩愈灰暗。颜料油墨加工、调制的过程中,总会掺入一些杂色,故100%纯度的色彩是不存在的。

色彩的三个基本特征密切相关,对同一色相,当其纯度变化时,亮度也随之改变。如同一蓝色颜料,渐加入不等量白色颜色或水,蓝色纯度渐低,而亮度渐增大。如渐加入不等量的灰色颜料,蓝色纯度渐低,但其亮度变化要由加入的灰色,和原蓝色亮度的比较来确定,如加入灰色比原蓝色亮度大,变化后的蓝色亮度则增大;反之则降低;如加入灰色的亮度和原蓝色亮度相同,则变化后的蓝色亮度不变。

彩色均具有色相、亮度和纯度的区别,但消色仅有亮度差异,而无色相、纯度变化。

3. 色彩的混合

色彩的混合一是色光的混合;二是颜料色的混合。色光三原色(红、绿、蓝)混合得到白光,而颜料油墨三原色(品红、黄、青)混合则得到黑色。

色光混合为加色法混合。其原色光混合:红光 R + 绿光 G = 黄光 Y(相当于从白光中滤去蓝光);红光 R + 蓝光 B = 品红光 M(从白光中滤去绿光),蓝光 B + 绿光 G = 青光 C(从白光中滤去红光)。在原色光中,任二原色光混合所得色光,与另一原色光相对互为补色光,其相互混合得白光,即补色光混合:红光 + 青光 = 白光,绿光 + 品红光 = 白光,蓝光 + 黄光 = 白光。任一原色光与其补色光混合的实质是三原色光的混合,故得白光。色光混合相混的色光愈多,所得色光愈明亮,愈近于白色,故称加色法混合。国际照明委员会 CIE 对三原色波长规定为:红光 700nm,绿光 546.1nm,蓝光 435.8nm。红光为大红(略带黄的品红),绿光为鲜绿,蓝光为青紫(略带红味的青),详见彩图 2。

颜料油墨色混合为减色法混合。

(1) 三原色

品红、黄、青是颜料油墨色的三原色,又称第一次色,是调配其他任何色彩的基本色,所以又叫母色。各种颜料油墨色,均可由三原色混合而得,但三原色却不能由其他颜料油墨色混合得到。三原色等量混合即得黑色。

(2) 三间色

是由两种原色混合所得到的颜色,又称第二次色,如品红与黄混合成橙色,品红与青混合成紫色,黄与青混合成绿色。二原色混合时,当比例不同,可以混合成一系列不同的间色,如红橙(红多黄少);黄橙(黄多红少);青紫(青多红少);黄绿(黄多青少)等。

(3) 六复色

由两种间色或三原色不等量混合所得到的颜色,又称第三次色。如橙与绿混合成橙绿色(黄灰色);紫与绿混合成紫绿色(青灰色);橙与紫混合成橙紫色(红灰色)等。在混合时,随着比例的不同,可以调出更多的复色。复色一般都含有三原色的成分,所构成的色相纯度较低,不如间色那样饱和。

在实践中,调色时并非完全依靠三原色来调配所需的各种间色和复色,常可直接使用各种现成的颜料、油墨间色和复色。

(4) 互补色

三原色中,任意两个原色等量混合所得间色,与另一原色互为补色。如黄与紫,品红与绿,青与橙。互补色混合得到黑色。如黄 + 紫 = 黑,品红 + 绿 = 黑,青 + 橙 = 黑。互补色混合实质是三原色的混合。

颜料油墨三原色和色光三原色的关系极为密切。任一颜料油墨三原色实际为白光中减去某一原色光所得的颜色。如品红色是白光中减去绿光所得;黄色是白光中减去蓝光所得;青色是白光中减去红光所得。颜料三原色品红、黄、青混合,相当于从白光中减去三原色光绿、蓝、红,故结果为黑色(彩图 3),减色法混合即由此而来。

加色法混合和减色法混合的区别可用表 3.3 说明。

表 3.3　加色法混合和减色法混合的比较

比较项目	加 色 法	减 色 法
使用对象	电子地图:计算机制图;电子出版系统	地图编绘;样图制作;地图制印
三原色	红光谱区;绿光谱区;蓝光谱区	品红,黄,青(每色皆可反射二光谱区色彩)
三间色	黄 = 红 + 绿;品红 = 红 + 蓝;青 = 绿 + 蓝	橙 = 品红 + 黄;紫 = 青 + 品红;绿 = 青 + 黄
三原色混合	红 + 绿 + 蓝 = 白	黄 + 品红 + 青 = 黑
互补色混合	红 + 青 = 白;蓝 + 黄 = 白;绿 + 品红 = 白	品红 + 绿 = 黑;青 + 橙 = 黑;黄 + 紫 = 黑
混合结果	色彩更鲜亮	色彩更暗灰
混合方式	色光连续混合(色光转盘);显示器成色原理	颜料或油墨混合;透明色层叠合(油墨叠加、色膜片重叠)
混合的实质	色光空间混合,总亮度加大;直接光混合,混合光为各原色光亮度之和;反射光混合,混合光为各色光的平均亮度	颜料、油墨混合,总亮度降低;光是产生色彩的根源;物质的色彩是该物质对光谱中某些色光实现了吸收,某些色光进行了反射的结果

二、色彩的表示与感觉

1. 色彩的表示

(1) 蒙赛尔色彩表示法

由美国艺术家蒙赛尔(A.H.Munsell)建立,国际上应用较普遍。该法由一个色立体来表示色彩三大要素,类似于一个由色相、纯度和亮度三个参数组成的立体空间坐标系。坐标系中心垂直消色轴表示亮度 V(value)变化,顶为白色,亮度为 10;底为黑色,亮度为 0;白至黑之间,为亮度渐变的 9 级灰色,亮度从 9 ~ 1 之间变化。围绕竖轴的水平圆环表示色相 H(hue)变化,5 种基本色相按红 R、黄 Y、绿 G、蓝 B 和紫 P 顺时针排列;5 种间色:黄红 YR、绿黄 GY、蓝绿 BG、紫蓝 PB 和红紫 RP 则由基本色派生,上述 10 种色相前均冠以“5”字来表示;这 10 种色相再各分为 10 种色,共有 100 种色相。横轴表示纯度 C(chroma)变化,横轴和竖轴交点 C 值为 0,距竖轴愈远,C 值愈大,C 值分别用 2,4,6,…,12,14 数值表示(图 3.18)。色立体内可标定任一色彩的 H、V、C,标志为 HV/C,即色相、亮度、斜线、纯度。如 5G6/10,5G 为基本色相绿色,6 为亮度值,10 为纯度值。

(2) 色彩命名法

简称色名法,在实践中总结而产生,应用较广泛。

植物名命名:如柠檬黄、米黄、桃红、橘红、枫叶红、苹果绿、葱绿、粟色、咖啡色、

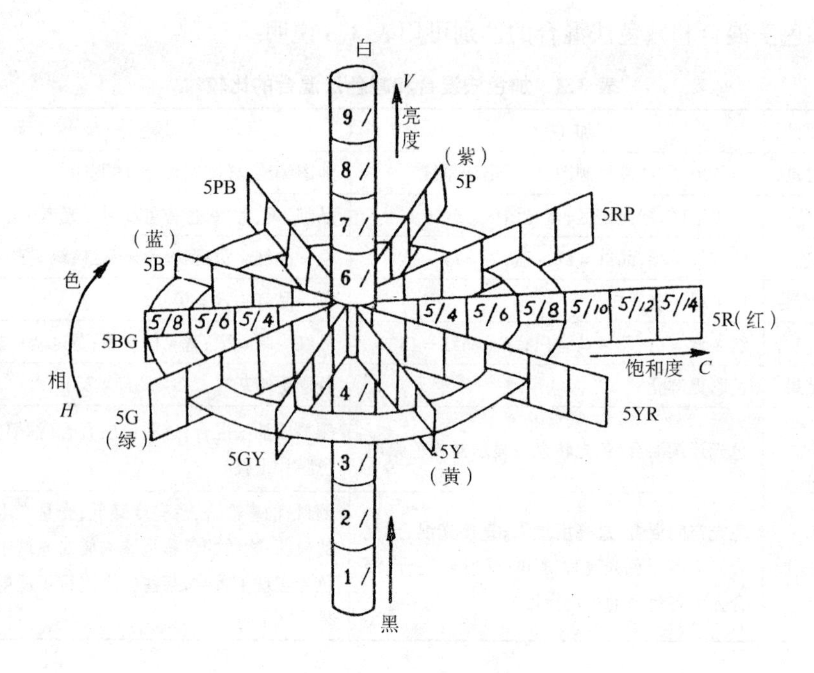

图 3.18 蒙赛尔色立体结构图

洋葱紫等;动物名命名:如孔雀蓝、海豹灰、鸭蛋青、鸡冠红等;金属名命名:如钢灰、银灰、金黄、铁锈红、铁棕、铜绿等;明暗、深浅命名:如明绿、暗绿、浅黄、深黄等;拼写命名:如青绿(绿色偏青)、黄绿(绿色偏黄)、黄橙(橙色带黄味)等。

(3) 色谱表示法

色谱是根据彩色图像复制需要和色度学理论,以标准化为目标,以黄、品红、青、黑四色为基础,把不同比例的网点颜色相互交叉叠印,并按一定规律排列,得到许多标准色块即为色谱。可为地图、印刷、美术、装潢、广告设计图像处理工作者提供重要色彩参考依据。

色谱常包括:黄、品红、青、黑双色套印部分(地图四色印刷参考依据);黄、品红、青三色套印部分;红、棕、黄、橘黄、绿、蓝、紫、灰、浅蓝、深蓝双色套印部分(专色套印)和彩色试验样张。网点比例常分为 5%、10%、15%、20%、30%、40%、50%、60%、70%和 80%等。

(4) 色彩数据库表示法

为满足数字制图的需要,在电子出版系统及有关的计算机制图软件中,常设置有色彩数据库供制图使用,可生成海量有效色彩。如 CTP 计算机制版系统,其色彩管理软件采用国际照明委员会的标准色,覆盖了整个可见色域,支持 Windows 操作系统,可基本做到屏幕显示与原稿、印刷效果图一致。

2. 色彩的感受与象征性

(1) 色彩的感受

不同的色彩,由于其波长以及和自然界物体颜色联系的不同,会给人以不同的感受。

冷暖感:红、橙、黄和阳光、火、血液色相同,有暖的感受;青、蓝、紫和海水、月光、阴影色相近,有冷的感受。故红、橙、黄称暖色,青、蓝、紫称冷色。消色白和白雪色相同,属冷色,黑属暖色,灰属中性色。

远近感:眼睛看波长较长的暖色时,晶状体稍"凸起",使人有近感;青、蓝、紫使人有远感;亮度大的有前进感,小的有后退感;纯度大的有前进感,小的有后退感。

兴奋与沉静感:暖色给人以激动、兴奋、刺激之感;冷色给人以沉静感;绿、紫介于二者之间,属中性色。

轻重感:色彩的轻重感主要取决于亮度。如明色感到轻,暗色感到重。若亮度相同时纯度小的色比纯度大的色感到轻;色彩相同时,淡色比浓色感到轻。

华丽与朴素感:色彩纯度高有华丽感,低有朴素感;亮度大华丽,亮度小朴素;金银色华丽,黑、灰色朴素。

色彩的感受是相对的,如青与紫在一起,青比紫要显得更冷一些;土黄与柠檬黄都属于暖色,但比较起来,土黄偏暖,柠檬黄偏冷。

(2) 色彩的主观象征

色彩是物体在一定光照条件下人眼感受的产物,必然就会在人脑中出现主观象征。人们对色彩的偏爱受国家、民族和地区的影响很大。如我国人喜欢红,欧洲人喜欢白,北美人喜欢蓝等。这种喜爱往往和色彩的联想有关。如红使人想到红花、血液,橙使人想到橘子、霞光,黄使人想到阳光、黄花,绿使人想到幼苗、树木,蓝使人想到天空、海洋,白使人想到白雪、白云,黑使人想到夜晚,光泽色使人想到金、银等。色彩的主观象征(表3.4)在制图中要善于应用,在选择制图对象色彩时应充分考虑色彩的联想及其主观象征。

(3) 惯用色彩

惯用色彩是指在制图实践中总结出的常用色彩,其表示的地图要素已约定俗成,在制图中要尽量采用。如绿表示旅游、园林、树林、花卉、草原、平原;蓝表示河流、湖泊、泉水、瀑布等水体以及湿润、冰雪、航海线、航空线;黄、土黄表示干旱、光照;红表示道路、干燥以及最突出的制图要素;棕表示山地、丘陵、高原、等高线、交通;黑表示铁路,居民地以及注记等。

表 3.4　色彩的主观象征

色彩	主观象征
红色	活泼、生命、血、火、热、热情、艳丽、喜庆、忠诚、勇敢、欢乐、激动、兴旺、进步、温暖、危险、愤怒、灾害、恐怖
橙色	收获、秋天、中午、美味、富裕、火、关心、活力、明亮、华丽、兴奋、愉快、辉煌、饱满
黄色	快乐、光明、年轻、明亮、灿烂、丰硕、快活、乐观、春天、甜美、芳香、颓废、病态、憎恨、奢侈
绿色	旅游、年轻、春天、自然、疗养、生命、活泼、兴旺、和平、单纯、幼稚、贪婪、妒忌
蓝色	深远、晴朗、崇高、冷静、真实、纯洁、智慧、深沉、寒冷、孤独、忧郁、拘谨、约束
土黄色、土红色	温暖、快乐、高贵、根本、友好、暖和、舒适、深厚、庞大、稳定、沉着、保险、单调、压抑
紫色	尊严、高贵、优越、幽静、奢华、毒辣、恐怖、不安、苦涩
白色	清洁、光明、纯洁、和平、爽快、坚贞、冷凉、哀伤、不祥
黑色	严肃、庄重、坚毅、休息、安静、沉思、恐怖、忧伤、死亡、哀悼
灰色	高雅、精致、储蓄、平静、沉默、平淡、压抑、单调、枯燥
光泽色	辉煌、华丽、活跃

三、地图符号的色彩设计

1. 地图符号色彩设计的基本要求

色彩设计优秀的地图,必须主题鲜明,层面丰富,内容清晰,色彩协调,表现力强,能使读者爱不释手。概括地说,就是既有对比性,又有协调性,内容和形式达到统一。地图的色彩设计,实际上是怎样在对比中求协调,在协调中求对比,正确处理对比和协调这一对矛盾。所谓对比指地图整体中各个组成部分在符号色彩方面的区别与差异,有差异就会形成对比。所谓协调,指图面上各种色彩形式具有某些共同特征、恰当的比例和彼此相互关联、依存、呼应的关系,形成整个图面是一个有机整体。协调的色彩设计必然是“悦目”、吸引读者;失败的色彩设计必然是“刺眼”,使读者丧失阅读兴趣。

一幅地图通常由点、线、面三种符号构成,点状、线状符号所占面积较小,一般用纯度大的色彩(纯度可达 100%),形成强刺激;面状符号所占面积相对较大,且具有背景、底色的涵义,故常使用浅色调、亮度较大的色彩,能和点、线状符号形成“层面性”。另外,要考虑利用符号色相、亮度和纯度的变化,表达制图对象的空间分布范围、质量特征、数量指标、内部结构以及发展动态等。

2. 地图符号色彩的配合类型

地图符号色彩的配合类型复杂多样,常可采用同种色配合:将某色相逐渐变化其亮度或纯度,分成不同色级,其协调性最好但对比性最弱。类似色配合:色环上凡相差在90°范围内的各色都含有共同色素,称为类似色,其配合协调性较好但对比性较弱。对比色配合:色环上任一色和与其相隔90°以外、180°以内的各色皆称为对比色,这种配合对比性较好但协调性较弱。原色配合:为对比色配合特例,三原色的三种或两种原色配合在一起对比强烈、单纯质朴,但协调性较弱。互补色配合:为对比色配合特例,即色环上相差180°相对的两色配合,这种配合对比性最强烈,协调性最差。

在地图色彩设计中,常用到上述两种以上的色彩配合类型。

3. 色彩三要素的设计

(1) 色相的选择与设计

色彩三要素中色相是最能引起人兴趣的要素,是色彩的第一量值。人们常偏爱或厌恶一些颜色,看某物外观时,一般先于亮度或纯度指出它的色相。色相的主观象征使得其具有文化内涵,并在生活生产实践中得到应用。如喜事用红色,丧事用黑色等。不同色相的视觉感受力不同,且因人而异。若不考虑亮度,色相对大多数人眼睛的吸引力(即敏感度)按红、绿、黄、蓝、紫的顺序排列。

色相的变化常用来表示制图对象的类别和性质。色彩设计时要特别注意习惯用色。色相是表示质量特征最理想的色彩要素。色相的类似色组合模式,既可表示制图对象的质量特征;又可表示其数量指标。如绿、黄绿、黄色,既可表示已开发、正在开发和未开发的旅游区;又可表示旅游资源密度高(如30%)、中(如20%)、低(如10%)的旅游区。色相变化加其亮度或纯度的变化,可表示制图对象的数量指标。

(2) 亮度的设计

亮度是决定清晰性和易读性的基础,在决定图面分辨率中有重要作用。从可感受性观点看,亮度是最重要的色彩要素。亮度对比越大,分辨率越高,清晰易读性越好。从生理学观点看,人眼对亮度的差别并不敏感,认出某一特定亮度的能力是有限的。故符号设计对同一色相的亮度变化最好限制在5~6级以内。

亮度变化具有传输数量变化的涵义,故常用来表示制图对象的数量指标。暗色一般表示的数量指标大,亮色表示的数量指标小。因为亮度变化常被赋予数量涵义,故用它表示质量特征要特别慎重,往往是和色相变化结合在一起表示质量特征。亮度变化的色彩组合模式有同种色组合、类似色加亮度变化组合、对比色加亮度变化组合等。

(3) 纯度的设计

将某彩色和中性灰比较能较好理解纯度概念。给中性灰中渐加入不等量某彩色,纯度由0%,渐变为极端值100%(完全饱和)。消色的纯度为0。人眼对纯度变化的敏感性不强。纯度和亮度的关系极为密切。某色相纯度的变化必然引起亮度的变化,亮度差是由纯度变化引起的。在制图实践中,纯度不如色相和亮度那样有用,但它却很重要。

纯度变化常用来表示制图对象的数量指标。纯度越大,表示的数量意义越大,反之亦然。纯度变化亦可表示制图对象的质量特征,但常和色相变化结合,使其象征性更强。纯度设计的色彩组合模式有同种色组合、类似色加纯度变化组合、对比色加纯色变化组合等。

第五节 地图注记

地图注记是地图符号系统中不可缺少的一个组成部分,对地图符号起着重要的补充作用。

一、地图注记的功能

1. 表明制图对象

地图注记和符号结合,可表明各种制图对象的名称、位置和类型。如上海、秦岭、黄海,36°(纬度)等各种地物、地理名称。

2. 标明制图对象属性

各种说明性的文字、数字注记,可指示制图对象类别、性质和数量特征。如湖泊中的"咸"字指咸水湖;果园符号中的"苹"指苹果园;公路符号中的"沥"指沥青路面;也可用阿拉伯数字表说明河流流速、水深,公路宽度,陡坎高度等。

3. 说明性功能

有时在地图上还需要用文字说明,才能让使用者真正理解地图符号的真实涵义,达到进一步传输地图信息的作用,不至于影响读者对地图符号的正确解读。

二、地图注记的构成元素

地图注记的类型包括:名称注记、说明注记和数字注记。

地图注记的构成元素包括:字体(形)、字级(尺寸)、字色(色彩)、字距等。

字体即字的形状,在地图上常用来表示制图对象的名称和类别、性质。如宋体常用于表示较小居民地注记,左斜或右斜宋体表示水系名称,扁宋体、竖宋体用于表示图名、区域名,黑体(等线体)用于图名、区域名和大居民地注记,细黑体用于小居民地和说明注记(最小注记的常用字体),耸肩黑体用于山脉名称,长黑体用于山峰、山隘名称,扁黑体用于区域名称,长、扁黑体也用于图名和图外注记,仿宋体多用于表示较小居民地名称,隶体、魏体常用作图名、区域名表面注记,美术体多用于图名。

字级是指注记字的大小,常用来反映被注对象的等级和重要性。越是重要的事物,其注记越大,反之亦然。如居民地注记大小,按照其行政等级和隶属关系,依首都,省、区、直辖市,地区、自治州,市,县、旗、自治县,镇、乡的层次关系,注记逐渐变小。

字色和字体作用相同,常结合字体变化用于增强类别、性质差异。如水系注记用蓝色,等高注记用棕色,区域表面注记用红色,居民地注记用黑色等。

字距是指注记中字间的距离大小。字距大小以方便确定制图对象的分布范围为依据,且每一单体对象注记的字距应相等。点状物注记字距小,线状物注记字距较大,面状物注记字距据所注面积大小来确定。

三、地图注记的配置

地图注记配置以能明确标明被注对象,尽量排列在空白处,不压盖切断其他线划或注记,并能反映被注地物的空间分布特征为基本原则。

点状符号的注记应以水平字列配置,且多置于其右方,注记可沿纬线方向排列或平行于上下图廓线。

线状符号的注记常用水平、垂直、雁行或屈字列设计编排,且注记轴线应与符号平行或依符号轴线排列。面状符号的注记多用雁行或屈字列,配置在符号相应面积内,并沿符号中部的主轴线布设。在同一幅地图上,同一类地物注记的配置方式要一致。

复习参考题

1. 什么是地图符号和地图符号系统?地图符号的实质是什么?
2. 地图符号有哪些特征?
3. 地图符号如何进行分类?
4. 地图符号的定性量表、顺序量表、间距量表和比率量表有何区别?
5. 地图符号视觉变量包括哪些元素?其视觉感受效果是什么?

6. 地图符号设计有哪些基本原则？影响地图符号设计的因素是什么？
7. 如何设计点、线、面状符号？
8. 试述色彩三要素？
9. 利用孟赛尔色立体如何表示色彩？
10. 加色法和减色法的区别是什么？
11. 如何认识色彩的感觉？红色、绿色、黄色具有哪些象征性？
12. 地图注记的构成元素是什么？如何配置点、线、面状符号的注记？

主要参考文献

蔡孟裔，毛赞猷，田德森等.2000.新编地图学教程.北京：高等教育出版社
Dent B D.1990.专题地图设计原理.游雄译.北京：解放出版社
罗宾逊 A H 等.1989.李道义等译.地图学原理(第五版).北京：测绘出版社
马耀峰.1995.符号构成元素及其设计模式的探讨.测绘学报，(4)
马耀峰.1996.旅游地图制图.西安：西安地图出版社
马耀峰.1997.专题地图符号构成元素的研究.地理研究，(3)
尹贡白，王家耀，田德森等.1991.地图概论.北京：测绘出版社
俞连笙.1995.地图符号的哲学层面及其信息功能的开发.测绘学报，(4)
俞连笙，王涛.1995.地图整饰(第二版).北京：测绘出版社
张力果等，1990.地图学.北京：高等教育出版社
张奠坤，杨凯元.1992.地图学教程.西安：西安地图出版社
祝国瑞，苗先荣，陈萌珍.1993.地图设计.广州：广东省地图出版社

第四章　地图清晰性:地图概括

本章要点

1. 掌握地图概括的实质;地图概括的原则;地图概括的方法和影响地图概括的主要因素;计算机制图概括的原理。

2. 认识地图概括的基本过程。

3. 了解地图概括的数学模式、地图概括自动化趋势。

4. 一般了解计算机制图概括发展轨迹。

第一节　地图概括概述

一、地图概括的实质

地图制图是以缩小的形式来表示制图区域内的各种事物现象。由于图幅面积的有限性,因此不可能将制图区域内的全部事物完整无缺地显示在地图上。地图概括的实质就是解决广阔制图区域内繁多的地理事物与有限地图图幅面积之间的矛盾。在具体编图过程中,这种矛盾的解决主要表现在两个方面:即正确处理地图的详细性和概括性的矛盾和正确处理地理各要素的几何精度与地理适应性的矛盾,地图概括就是实现上述两对矛盾对立统一的过程。

地图概括是通过对制图区域内客观事物的取舍和化简来实现的。取舍就是从大量的客观事物中有重点地选择一部分地理要素,在地图上着重表现它们的主要特征,而对一些非重要的要素则要舍去,不在地图上表现;化简则是对选取的地图要素在保证其地理特征的前提下,对其形状、数量、质量特征进行简化。

取舍和化简不是任意的,而是依据地图用途、比例尺和制图区域的特点并经制图者创造性的劳动完成的。通过具有丰富经验的制图者对地图的用途、比例尺和制图区域地理特征等一系列因素之间纵向和横向联系的综合分析研究,概括和抽象地集中反映制图对象带有规律性的典型特点和类型特征,而将那些次要内容从地图上舍去,这一过程就是地图概括。地图概括也可以简单地表述为:“根据地图的用途、比例尺和区域特点对地图内容进行选择和化简,概括和综合的过程”。

地图概括是地图的三大基本特征之一,它在地图编制中占有重要的地位。正确地概括能使地图恰当地反映出制图要素的地理特征并提高地图的质量。

二、影响地图概括的因素

影响地图概括的因素主要包括客观因素和主观因素两部分。客观因素主要有地图用途、比例尺、制图区域的特点、制图资料的质量、地图符号的形式和大小等；而主观因素则是制图者的才能和经验，即经过制图者对客观要素之间纵向和横向联系性的综合考虑而“客观的、科学的抽象过程”。显然制图者个体对客观要素认识过程的差异，必将影响到地图的概括。所以制图者个体对客观世界认识的程度和经验，也是影响制图概括的重要因素。

1. 地图用途

地图用途决定地图概括的方向，直接影响对地图内容的评价、选择和概括的标准与原则。如教学用地图，主要是结合地理教学内容进行选材，并根据使用方式（如挂图、桌面用图、插图等）不同，在概括的标准与原则上表现也不同；再如旅游图，应主要选择与旅游有关的内容，如游览路线、交通运输、名胜古迹、风景区、娱乐场、食宿设施、通信医疗等。

地图用途对制图概括的影响，一般由制图人员对客观世界的认识和制图经验表现出来，它是有目的的概括。

2. 地图比例尺

比例尺对地图概括影响十分明显，它决定事物被取舍的标准和地图内容的多少。由于地图比例尺的不同，使得地图幅面内制图区域范围相差十分悬殊。如地图上 $100cm^2$ 所代表的实地范围，在 1∶1 万地形图上为 $1km^2$；在 1∶10 万地形图上为 $100km^2$；而在 1∶100 万地形图上为 $10\,000km^2$。显然随着地图比例尺的缩小，使一部分在大比例尺图上重要的内容，到了小比例尺图上就不一定那么重要了。因此，这就要求制图者随着比例尺的缩小，在扩大了的制图区域内重新认识和评价地图内容的重要性，并以此为根据制定概括的标准和原则。

3. 制图区域的特点

区域地理特点不同，同一要素的取舍标准有很大差别。制图区域的特点是客观存在的，不同的制图区域，其地面要素的组成、地理分布及其相互关系是有很大差别的。因此，地图概括必须保证制图区域的基本特征和典型特点不会消失，即要体现出地理适应性。同样的地理事物在不同的制图区域具有不同的价值和意义。如小溪、井、泉等，在水网发达地区可以舍弃，而在干旱或沙漠地区则必须保留，甚至有的还要扩大表示。诸如此类的情况还很多，因此在编图中，不宜固守单一的地图概括标准(如质量和数量标准),而是要根据不同的区域特点制定不同的概括标准。区域地理特点决定事物被选取和舍弃的可能性及必要性。

4. 制图资料

制图资料的质量是正确概括的基础。如果收集的制图资料质量不高或不完整,将直接影响地图概括的方法和结果。如当缺少人口统计资料时,就不能将人口数量作为选取居民点的重要条件;当编图的资料精度很差时,就很难设计和编绘出一幅真实性、正确性都令人信服的地图。

5. 符号样式及大小

地图是以图形符号来表示各种事物和现象的。符号的图形样式、色彩、尺寸的大小将直接影响着地图的载负量,所以也就影响了地图的概括程度。在人眼的可分辨视力范围内,采用精细符号能够增加地图显示的内容,减少概括程度;另外多色地图内容的载负量,一般要大于幅面相等的单色地图。也就是说,在概括地图内容的程度上,多色地图要比单色地图低。

6. 制图者

地图概括是由地图的编绘者来完成的,编绘者对客观事物的认识程度对制图概括起着决定性的作用,制图者决定着地图概括的质量。地图概括是人们制作地图的一种主观过程,制图者对某一事物的认识程度,就决定了这一事物被取舍的可能性,故地图概括随制图者的经验和素质而转移。当人的主观意志不适当地代替了科学规律时,就造成了地图概括的任意性。不同的制图者,编制的同一区域、同一主题的地图的质量差别很大,所以,提高制图者的综合素质,是提高地图质量的重要保证。

由前所述,影响地图概括的因素有许多,因此在概括时不能只考虑单一因素,而要进行全面的分析研究。事实上各影响因素之间互相关联,并不孤立,所以制图者应当把地图概括视为一个系统工程,站在一个更高的层次上,对影响地图概括的地图用途、比例尺、制图区域的特点等诸因素,不仅要进行深入的纵向分析研究,而且还要对其横向的关联进行全面综合考虑。显然这也是展现制图者发挥主观能动性进行创造性劳动的过程。

三、地图概括的原则

研究影响地图概括因素的目的就是为了确定地图概括的原则和方法。地图概括的原则是要全面、系统、综合地考虑各影响因素对地图概括的作用,从而确定不同的地图概括标准。地图概括一般应遵循以下原则：

1. 符合地图用途的需要

每幅地图一般都有自己特定的用途，因此在进行地图内容的选取时，一定要满足地图用途的需要。地图用途不同，对选取的地理内容和图面的展现形式要求也不一样。如旅游图和教学图由于用途不同，其选取的地图内容就相差甚远，所以在编辑设计地图内容和形式时，地图的用途是制图内容概括的依据。

2. 保持地图清晰易读且内容完备

缩小是地图的基本特征之一，由于缩小产生了地图的详细性与清晰易读的矛盾。对制图者而言，最大的困难是怎样在有限的地图幅面内清晰地展现出完备的地图内容。影响地图清晰性的因素主要是符号的大小、颜色、图形的细碎程度和图面的载负量等。而制约地图内容完备程度的因素则更多，像地图的用途、比例尺、清晰性等都有较大影响。随着比例尺的缩小，地图内容的完备性与清晰性矛盾将变得很尖锐，解决这一矛盾的根本出路就得减少地图的内容，这就意味着地图内容的完备性应服从地图图面的清晰性。所以地图内容的完备程度是相对的、有限的。制图者的任务就是利用概括手段使二者达到有机协调。

3. 保证一定的地图精度

在地图上，各种要素都是以图形符号表示的。因此，地图图形符号的几何精度要有一定的保障。对地图几何精度的影响因素，主要是在地图概括中由描绘误差、移位误差和概括误差产生的，其影响大小与地图比例尺缩小的倍数、地图的概括程度是一致的。由于地图的几何精度受诸多因素的制约，所以在地图概括时要全面系统地考虑这些因素，使地图精度具有一定的保障，以满足用图者的需要。

4. 反映出制图区域地理特征

制图区域内各要素的质量、数量、分布规律和相互关系是客观存在的事实，地图概括的目的就是在地图上模拟出各要素客观的典型特征。由于地图的缩小特点，这种模拟不能采用“克隆”的办法，应该是对地理环境结构进行的一种旨在获得其主要框架的、客观的、科学的概括和抽象。要反映出制图区域的主要地理特征，制图者要有丰富的地理知识和制图经验，并且也应具有漫画家那种敏锐的洞察力。

四、地图概括的方法步骤

地图概括是通过简化、分类、符号化和归纳等步骤实现的。他们之间相互影响,实施时要统筹兼顾,相互协调。

1. 简化

简化主要有两个目的。其一是经简化处理,使制图信息符合地图的展现能力,即简化后的要素信息能在规定的比例尺地图上表示出来;另一个目的则是经简化处理后,能尽量保持制图现象的基本地理特征。

简化的方法有多种,但主要侧重内容的取舍和图形的化简两个方面。随着地图比例尺的缩小,图面上可用空间的展示面积则按直线比例尺缩小比率的平方递减。如1:1万比例尺地图上有100cm^{2}的一个水库,在1:10万比例尺地图上仅占1cm^2。显然,随着比例尺的缩小而产生的高倍率压缩,就迫使制图者必须通过取舍和简化来实现地图概括。

对制图要素的取舍受多种因素的影响,其中要素的相对重要性、要素与制图目的的关系、保留要素的图形效果,是进行取舍的重要参考指标。

对图形的化简,并非仅仅是舍去一些细小的碎部或进行合并,而是应抓住事物的本质特征,经仔细分析研究后,创作出更易识别的新图形。

2. 分类

分类与简化的目的相同,一般是根据地理要素属性信息的异同划分的。分类和简化都是概括的手段,所不同的是分类只对数据信息进行处理,使之更突出,更典型,而不是舍去某些数据。

分类的一般定义是"数据排序、分级或分群"。常用的分类方法是将一些类似的定性现象划分成类型,如土地利用中的耕地、草地、盐碱地等;另一种分类的方法是将定量数据划分成以数字定义的级别,如图上居民点按人口数量分成几级等,这种方法有助于统计要素的定性和定量分析研究。

3. 符号化

符号化就是把简化和分类处理后的制图数据结果制成可视化符号图形的过程。地图是通过符号系统的建立来模拟客观世界的,符号是地理信息的抽象和图解,其功能是显而易见的。因此,符号运用得体与否,对地图的成败至关重要,所以制图者应对符号化过程予以高度重视。

4. 归纳

归纳法或归纳综合法,是运用逻辑的、地理的推理法,超越所选取的数据范围,扩展概括出地图信息内容的过程。如根据许多气象台站观测的每日平均气温而插绘出一组等温线;或根据测量的水深注记插绘的等深线图等都是利用逻辑的推理法扩展地图信息内容的过程。

第二节　地图概括原理

地图概括是解决繁多的地理事物和有限的地图图面矛盾的一种手段,其目的是在保证地图清晰性的前提下,使图面保持恰当的负载量。地图概括的基本原理是,根据地图的用途、比例尺和区域地理特征,由制图者来压缩地图图面的负载量。压缩图面负载量的方法有:基本数学模式的图面载负标准确定法;内容的取舍法;形状的化简(保证事物特征前提下)法;数量特征和质量特征的概括法等。

一、地图概括的数学模式

长期以来,地图概括和制图人员的经验与技能有着十分密切的联系。这种经验和技能是人们对地图概括实践规律的认知程度。经验和技能虽然对地图概括有着举足轻重的作用,但是,如果不能升华到理论高度,就很难解释出地图概括的实质。现代科学致力于把数学方法和程序设计用于认识地图概括的规律,近年来有了很大的发展。这些数学模式在地图概括中不断获得肯定,并已成为地图概括自动化的理论基础。下面将扼要介绍几种地图概括的数学模式。

1. 图解计算模式

图解法是根据地图适宜面积负载量来确定制图对象选取数量指标的方法,一般用于居民点数量指标的选取。

居民点面积负载量由居民点符号和名称注记两部分组成,即

$$S = n(r + p) \tag{4.1}$$

式中,r 为居民点符号平均面积;p 为居民点名称注记平均面积;n 为图上 1cm^2 内居民点个数;S 为图上单位面积(1cm^2)的载负量。

事实上由于居民点符号大小不一,等级有别,计算和确定适宜的 S 值仍然是一个较为复杂的问题。因此,地图制图者应视制图对象的特点、地图的比例尺等诸多影响因子,经系统分析研究后,再确定出适宜的 S 值。当 S 值确定后,就可根据下式计算出居民点选取数量指标 n。

$$n = S/(r + p) \tag{4.2}$$

2. 方根模式

方根模式是德国制图学家特普费尔(F. Topfer)提出的,是建立在经验规律上的一种数学模型,可利用原资料图与新编地图的比例尺分母之比的平方根,来确定新

编地图上制图物体的选取数量指标。该法强调地图内容选取和地图比例尺的线性关系,并重视从重要—次要——一般的有序选取规律。其公式如下:

$$N_B = N_A \sqrt{M_A/M_B} \tag{4.3}$$

式中,N_B 为新编地图上选取物体的个数;N_A 为原资料地图上物体个数;M_A 为原资料地图比例尺分母;M_B 为新编地图比例尺分母。

由于数量指标的选取受到多种因素的影响,如地物的重要程度不同,符号面积大小不一样等,都会影响到选取数量指标的确定。为此,特普费尔又对式(4.3)进行了修正,在公式中增加了符号尺寸和物体重要等级改正系数,如式(4.4)所示:

$$N_B = N_A \cdot C \cdot D \sqrt{M_A/M_B} \tag{4.4}$$

式中,C 为符号尺寸改正系数;D 为物体重要等级改正系数;C 系数的确定,取决于新编地图和资料原图的符号尺寸。

当符号尺寸符合开方根规律时,$C = 1$;当符号尺寸不符合开方根规律,但尺寸相同时:

$$C = \sqrt{M_A/M_B} \quad (适应线状地物) \tag{4.5}$$

$$C = \sqrt{(M_A/M_B)^2} \quad (适应面状地物) \tag{4.6}$$

当符号尺寸不符合开方规律,尺寸也不相同时,

$$C = S_A/S_B \sqrt{M_A/M_B} \quad (适应线状地物) \tag{4.7}$$

$$C = F_A/F_B \sqrt{(M_A/M_B)^2} \quad (适应面状地物) \tag{4.8}$$

式中,S_A 为原资料图符号的宽度;S_B 为新编图符号的宽度;F_A 为原资料图符号的面积;F_B 为新编图符号的面积。

对于地物的重要性一般可划分为重要地物、一般地物和次要地物三种级别。因此,对于不同级别的地物,改正系数 D 的求解公式如下:

(1) 对于重要地物

$$D = \sqrt{M_B/M_A} \tag{4.9}$$

(2) 对于一般地物

$$D = 1 \tag{4.10}$$

(3) 对于次要地物

$$D = \sqrt{M_A/M_B} \tag{4.11}$$

显然,与简单选取规律公式(4.3)相比,经过修正后的开方根规律公式(4.4)对于地图概括的适应性更强。

3. 等比数列模式

等比数列模式是以制图物体的大小和密度作为取舍依据。读图时,人们辨认同一要素的等级差别符合等比数列规律,因此,可以用等比数列作为选取制图对象的数学模式。

研究制图对象的选取指标,首先要确定出哪些制图对象应全部选取,哪些应全部舍掉,而介于全选和全舍之间的那部分对象选取指标的确定,则是地图概括等比数列法研究的重心。

等比数列模式是按照制图对象的长度(大小)和间隔的大小进行等比分级并构建成为一个二维的关系表(表4.1)。

表4.1 等比数列选取模式表

选取间隔 \ 间隔分级 \ 长度(大小)分级	$b_1 \sim b_2$	$b_2 \sim b_3$	$b_3 \sim b_4$	…	$b_{n-2} \sim b_{n-1}$	$b_{n-1} \sim b_n$
$a_1 \sim a_2'$	C_{1n}	C_{2n}	C_{3n}	…	$C_{n-1,n}$	C_{nn}
$a_2' \sim a_2$	$C_{1,n-1}$	$C_{2,n-1}$	$C_{3,n-1}$	…	$C_{n-1,n-1}$	
⋮	⋮	⋮	⋮			
$a_{n-1} \sim a_n'$	C_{13}	C_{23}	C_{33}			
$a_n' \sim a_n$	C_{12}	C_{22}				
$> a_n$	C_{11}					

表中:a_i——按长度(大小)分级的等比数列;

b_j——按间隔分级的等比数列;

c_{ji}——选取间隔的数量指标。

按大小分级的等比数列 a_i 计算公式如下:

$$a_i = a_1 q^{i-1} \tag{4.12}$$

式中,a_1 为等比数列首项;q 为等比数列公比;i 为长度等比数列项数。

当按4.12算出的数列 $a_1, a_2, \cdots, a_n$ 的分级间隔过大时,还可在各分级之间再插入一个等级,使之变为 $a_1, a_2', a_2, \cdots, a_n$。新插入等级的 a_i' 按下式计算。

$$a_i' = a_{i-1} + (a_i - a_{i-1})/(1 + q) \tag{4.13}$$

按间隔分级的等比数列 b_j 按下式计算:

$$b_j = b_1 q^{j-1} \tag{4.14}$$

式中,b_1 为间隔等比数列首项;q 为等比数列公比;j 为间隔等比数列项数。

在完成上述等比分级的基础上,下一步就是要确定选取制图对象所必须的间

隔指标数列 c_{ji}。首先研究表 4.1 中主要对角线上的各元素,即 $j = i$ 的情况。先确定数列 c_{ji} 的首项,一般情况下 c_{11} 按下式求得

$$c_{11} = (b_1 + b_2)/2 \tag{4.15}$$

其他主对角线上各项 $c_{ji}(j = i)$按等比数列 4.16 式求得

$$c_{ji} = c_{11} q^{j-1} \tag{4.16}$$

由 c_{ji} 数列形成的主对角线就是一条“全取线”。

表 4.1 中各列元素的计算公式如下:

第一列 c_{1i}　$i = 1,2,\cdots,n$

$$c_{1i} = c_{11} + [(c_{22} - c_{11})/(1 + q)] \cdot Q_{i-1} \tag{4.17}$$

$$Q_{i-1} = (1 - q^{i-1})/(1 - q) \tag{4.18}$$

第二列 c_{2i}　$i = 2,3,\cdots,n$

$$c_{2i} = c_{22} + [(c_{33} - c_{22})/(1 + q)] \cdot Q_{i-2} \tag{4.19}$$

$$Q_{i-2} = (1 - q^{i-2})/(1 - q) \tag{4.20}$$

其余各列类推。

表 4.2 是以河流为例计算的选取表。表中河流按长度分级的等比数列首项 $a_1 = 4.0$mm(选取河流的最小长度标准);河流按间隔分级的等比数列首项 $b_1 = 1.2$mm(图上河流间的最小间隔),它们的公比 $q = 1.6$(视觉辨认系数)。

表 4.2　河流选取数字化模式表(mm)

选取间隔 / 间隔分级 / 河长分级	1.2~1.9	1.9~3.1	3.1~4.9	4.9~7.9	7.9~12.6	12.6~20.1	20.1~32.2
4.0~4.9	11.7	12.3	13.2	14.7	17.0	20.8	26.8
4.9~6.4	7.7	8.3	9.2	10.7	13.0	16.8	
6.4~7.9	5.2	5.8	6.7	8.2	10.5		
7.9~10.2	3.6	4.2	5.1	6.6			
10.2~12.5	2.6	3.2	4.1				
12.5~16.3	2.0	2.6					
>16.3	1.6						

地图概括的数学模式除了以上介绍的几种以外,还有回归分析法、区域指标法等多种模式,这里不再一一介绍。

二、内容选取法

地图内容的选取是制图概括的重要手段，内容选取指标的确定，是以地图的用途、比例尺、区域地理特点等为依据，保留主要的地图内容，去掉次要的地图内容，以反映主要的、重要的，能反映区域特征的地理事物和现象。

1. 地图内容选取的标准

确定选取地图内容的标准有两种方法，一种是确定选取条件的资格法；另一种是确定选取指标的定额法。

(1) 资格法

资格法是根据地物的数量、质量特征来确定地图内容的选取条件，目的是解决"选哪些"的问题。制图对象的数量标志，如河流的长度，居民点的人口数，湖泊、岛屿的面积等都可以作为地图内容的选取条件。作为选取条件的数量指标既可以是平均值，也可以是浮动值。

这种选取尺度的确定，主要受地图用途、比例尺和制图区域地理特点的制约。

制图对象的质量特征，如居民点的行政意义，道路的技术等级，河流的通航情况等，也可以作为制图对象选取的条件。如政区图上镇以上居民点全部表示，这就是把居民点的行政级别作为选取标准。

(2) 定额法

定额法是以地图适宜的负载量为基础，确定单位面积内地图内容的选取指标(总量或密度)。目的是解决选多少要素的问题。通常按照从重要到一般，从大到小的顺序进行选取，不能超过规定数量指标。如居民地选取时，以其分布密度或人口密度划分区域(如 300 ~ 500 人/km^2 为居民地稠密区等)，然后分析确定不同区域居民地选取指标(如 160 ~ 200 个/dm^2)，人口密度大的区域，单位面积内居民地选取指标大，密度小的区域，居民地选取指标小。

地图的负载量是评价地图内容的数量指标，对地图概括的程度有着重要的影响。地图负载量可分为面积负载量和数值负载量。

地图的面积负载量是指地图上全部符号和注记所占面积与图幅总面积之比。通常以 mm^2 或 cm^2 为单位。

数值负载量是指地图上单位面积内的制图对象个数或长度，常用个/cm^2、cm/cm^2 表示。其中单位面积内的符号长度又称为密度系数，用以表示河流、道路等线状地物。

面积负载量和数值负载量可以相互换算。用 S 表示面积负载量，Q 表示数值负载量，P 表示单个符号与注记的平均面积，则有：

$$S = Q \cdot P \tag{4.21}$$

如 $Q = 1.6/\text{cm}^2$,$P = 15\text{mm}^2/$个时,则

$$S = Q \cdot P = 1.6/\text{cm}^2 \times 15\text{mm}^2 = 24\text{mm}^2/\text{cm}^2$$

面积负载量和数值负载量反映了地图内容的疏密程度,可以作为选取指标的单位。

地图作品应当满足既清晰又详细的要求。为了达到上述水平,还需要对地图的极限负载量和适宜负载量进行研究。

极限负载量是指地图上可能达到的最高负载量,超过它地图就不能够清晰易读。显然,极限负载量还会受印刷水平、地图设色、人的视觉等多种因素的影响。如多色图比单色图表示的内容更多。统计实验表明,十万分之一地形图的极限负载量是 $24\text{mm}^2/\text{cm}^2$。

适宜负载量是指适合于地图用途并能反映制图区域特点的地图负载量,适宜负载量的大小,因图因地而异。

极限负载量和适宜负载量可以是面积负载量,也可以是数值负载量。研究负载量先从面积负载量入手,在此基础上确定出地图的适宜负载量,最后常采用数值负载量的形式表示适宜负载量。

2. 地图内容选取的顺序原则

1) 从主要到次要。如先选主要河流再选支流;先选主要交通干线再选次要公路等。

2) 从高级到低级。如居民点先选行政级别高的,再选行政级别低的。

3) 从大到小。如湖泊、岛屿、水库等,先选面积大的,后选面积小的。

4) 从全局到局部。在选取之前,首先从全局着眼,分析和掌握制图对象结构及其分布特征,然后从局部开始按次序选取;最后再回到全局的高度,从总体的角度审查内容选取是否得当。

3. 地图内容选取的一般要求

1) 选取的地图内容能够反映出制图对象实际分布的密度对比关系。制图对象实际分布密度的差别是客观事实,在地图上一般采用单位面积内地图负载量的差别来反映这种对比关系。具体操作是先取极限负载量作为最高密度区的选取指标,然后再根据实际情况以某个适宜负载量作为最低密度区的选取指标,而中间各级密度区的适宜负载量选取要介于高、低密度区之间。

2) 选取的地图内容能反映制图对象的分布特点。制图对象的分布特点是用图者最关心的地理信息。如根据人口密度分布特点可将居民地密度划分为:极疏区、稀疏区、中密区、稠密区和极密区等。为了反映制图对象的分布特点,在选取中

有时不必固守单一的选取指标,必要时可以适当降低或提高既定选取指标。如为了能反映出居民点的分布特征,有时低于选取标准的居民点也可以选上。

3）保留具有重要意义的制图对象。有些重要的制图对象,可以不受选取指标的限制。如沙漠干旱区的井、泉;海洋中的孤岛;重要的文物古迹等。制图对象的重要性是相对的,它主要由地图的用途、比例尺和区域特点来决定。

三、形状化简法

形状化简是对线状和面状地物最有效的综合方法。在地图编绘中,由于比例尺的缩小而使地图图形难以分辨,或因弯曲过多,过细而妨碍了主要特征的显示,所以必须对地图图形加以化简。形状化简的目的是保留该地物特有的轮廓特征,并能区别出从地图用途来看是实质的或必须表示的特征。

图形化简的基本方法有如下几种:

1. 删除

即删去因比例尺缩小无法清晰表示的细微弯曲或减少弯曲的数目,使曲线趋于平滑并能反映制图对象的主体特征。如河流、地物轮廓线等(图 4.1)。

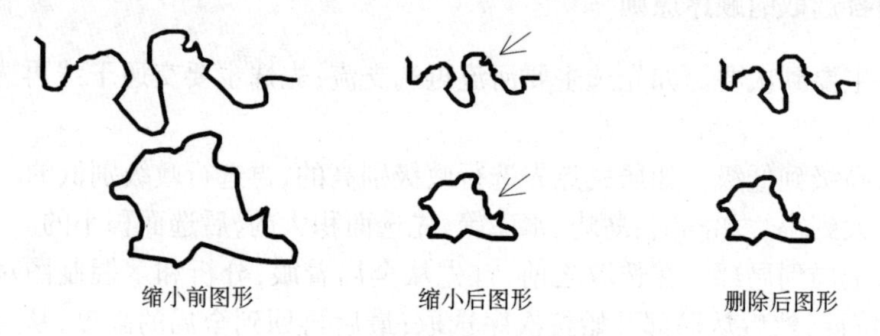

图 4.1　碎部删除

2. 夸大

一些具有特征意义和定位意义的小弯曲,不但不能删除,必要时还要夸大表示(图 4.2)。

3. 合并

就是合并同类地物的细小碎部。当图形的细小弯曲或图形间距小到不能清晰显示时就采用合并的方法来概括地图图形(图 4.3)。

删除与合并是共存的。如删除了等高线表示的微小谷地,也就是合并了谷地

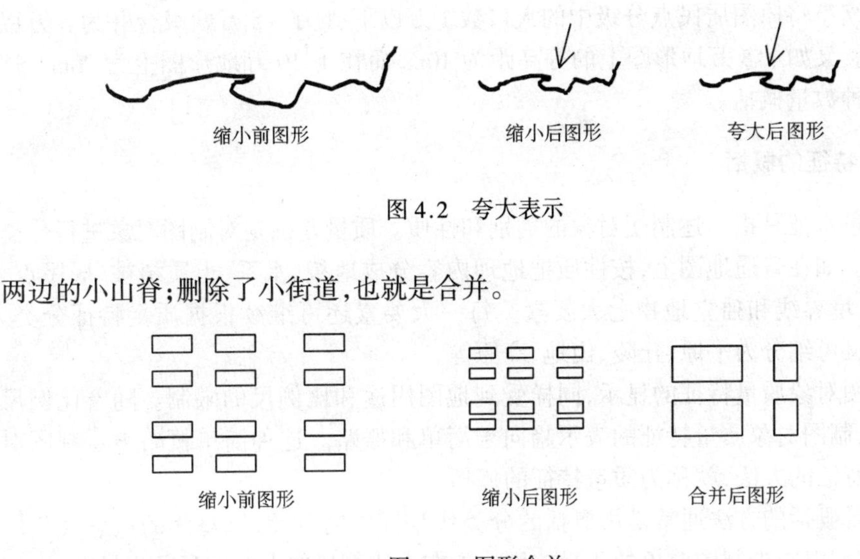

图 4.2　夸大表示

两边的小山脊;删除了小街道,也就是合并。

图 4.3　图形合并

4. 分割

当采用合并法有损制图对象的图形特征时(如排列、方向、大小对比等),为保持图形的主要特征,可采用分割方法将图形重新组合。它是以牺牲局部图形的真实性来换取主要特征的保持(图 4.4)。

图 4.4　图形分割

四、数量特征和质量特征的概括法

1. 数量特征的概括

数量特征是指物体的长度、高度、宽度、密度、深度、面积、体积等制图现象的数量指标,是描述事物的量化信息。事物的量化信息在地图上显示时,受到地图用途和比例尺的限制。随着比例尺的缩小,制图对象的数量信息趋于简化和概略。这种简化描述制图对象数量特征的方法,称为数量特征的概括。

数量特征概括常以扩大级差的方法来缩减制图对象的分级的数量。如随着比例尺的缩小将原图居民点分级中的人口数1万以下、1万~5万两级合并为5万以下1级。又如1:5万地形图上的等高距为10m,而在1:10万地形图上为20m。这也是一种数量概括。

2. 质量特征的概括

质量特征是指描述制图对象的类别和性质。质量差别是对制图对象进行分类的基础。如在普通地图上,按性质把地理内容分成地貌、水系、土质植被、居民点、交通线、境界线和独立地物七大要素。每一大要素还可继续根据质量特征分类。如地貌又可细分为平原、丘陵、山地、高原等。

制图对象质量特征的显示,同样受到地图用途和比例尺的限制。随着比例尺的缩小,制图对象质量特征的表示趋向于简单和概略。这种简单概略表示制图对象质量特征的方法,就称为质量特征的概括。

质量概括的方法通常是用概括的分类代替详细的分类,以整体的概念代替局部的概念,以减少制图对象的质量差别。如在大比例尺图上能够显示出针叶林、阔叶林、混合林等,而在小比例尺图上可简化为一种森林符号表示;又如在大比例尺图上能够表示出木桥、石桥、铁桥、双层桥、车行桥等,而在小比例尺图上将各种桥归并为一类,只用一种桥梁符号表示。

第三节　地图概括自动化

一、计算机地图概括的发展轨迹

地图概括是地图制图的核心,也是地图学家创造性的劳动过程。传统意义上的地图概括,需要制图人员丰富的智慧、经验和判断能力,并能运用相关的科学知识进行抽象的思维。这种经过许多代人的职业活动所获得的经验和技能已成为地图制图的理论基础。显然,这种建立在手工基础上的,需要一笔一笔绘制的地图概括,无疑是一种高强度的劳动。同时,由于人们主观因素的差异,使得地图概括风格各异,更具个性化。随着计算机技术的飞速发展,机助制图在地图制作中引起了革命性的变革。它以数据处理技术为基础,用计算机加工制图数据,通过自动制图系统生产各种类型的地图。计算机制图技术的出现,极大地推动了地图学的发展,其显著的优点受到了人们的普遍承认。它的理论和方法也在不断地充实和完善。像传统地图概括一样,计算机地图概括是制图自动化的关键所在。它不仅能够缩短地图成图周期,而且还能提高地图的质量,并能克服因人而异的地图概括弊端,保证概括的科学性。

计算机地图概括是伴随着机助制图的发展而发展的。最早可追溯到Perkal

(1966)和 Tobler(1966)的工作。他们发表的论述客观化和数值化地图概括的论文,为后来的工作打下了初步基础。早期的工作多是基于单纯线状符号概括的程序和算法设计,如线形简化(删减细节)算法设计、线形平滑(柔缓尖硬折角)程序设计等。20 世纪 70~80 年代随着卫星遥感图像处理技术和数字高程模型(DEM)处理技术的发展,大大丰富了计算机地图概括的方法。如图像增强技术通过改变图像的频谱、结构,或对已分类专题图像进行简化、归并处理,或通过再取样和改变像元大小等来实现地图概括。

20 世纪 80 年代中后期,计算机地图概括引入了人工智能技术(如专家系统),该技术为模拟人类地图概括过程提供了可能。

20 世纪 90 年代随着软硬件性能,特别是高级图形界面和并行处理等技术的迅猛发展,以及面向对象的操作系统,使得计算机地图概括实践技术得到了突飞猛进的发展,不少文献对此进行了报道。如德国汉诺威大学研究所开发的较大比例尺地图概括和自动设计模块的工作,以及他们欲集成分立的地图概括模块以便实现复杂地图概括的实践,为德国发展大型计算机制图创造了条件。

伴随着计算机地图概括的成功尝试,20 世纪 90 年代从理论到操作层次的各种局部研究和开发也很活跃,研究的水平档次也有明显提高。很多研究都不同程度地采用了人工智能,尤其是专家系统的技术和思想。

展望未来,在计算机软硬件和更强有力的 GIS 绘图平台支撑下,采用自动化与半自动化(人机交互)相结合的计算机地图概括实践的不断增加,将促进计算机地图概括技术的更快发展,也必将促进计算机地图概括理论的发展。这种理论和实践的不断进步,将导致自动化的概括模块的增多或更加完善,使用户在更优化的操作界面中,选取适合自己需要的控制方式、途径或阈值,方便高效地进行地图概括。然而,需要说明的是自动化地图概括是一个相当复杂的问题,目前还很难找到一个通用的数学模式去描述,因此,不能期望在短期内就得到圆满的解决。但是随着计算机智能模拟的发展和地图概括专家系统的研究,自动化地图概括技术和理论将会有突破性的进展。

二、计算机地图概括的原理

传统的地图概括是面对图形的综合,而计算机地图概括是面对制图数据的综合。它是建立在地图概括数学模式基础上的一种程序设计。

1. 制图对象的自动取舍

计算机根据数据选取模式对制图数据进行处理,并依据选取指标自动地选取地理环境中的主要对象,舍去次要的部分,这一过程称为制图对象的自动取舍。

如前所述,确定地图内容的选取标准通常有两种方法,即资格法和定额法。前者是解决“选哪些”的问题,后者是解决“选多少”的问题。解决上述问题的数学模式有多种,如图解计算模式、方根模式、等比数列模式、回归分析模式等。在这些取舍数学模式的基础上设计出的自动、半自动地图概括系统,提供了制图对象的自动取舍功能。事实上用户只需将资格法中所确定的指标和定额法中所确定的数量作为变量参数,通过人机交互方式,就能通过计算机完成制图对象的自动取舍。

2. 制图对象的自动概括

(1) 形状的自动概括

形状的自动概括是通过计算机去掉一些线状符号和面状轮廓符号的小弯曲,重点反映它们的基本特征和典型特点。有时还把有重要意义的细部特征进行夸大或位移、合并等。

线状符号如河流、道路、等值线等,随着比例尺的缩小,弯曲也越来越小。为了突出显示其基本形状和轮廓,必须简化或舍去一些非制图对象特征的小弯曲。用计算机简化小弯曲的算法很多,如数字滤波法、道格拉斯法(Douglas)、数学曲线拟合、曲面拟合和矢距比较法等。有了简化小弯曲的算法设计模式,通过计算机程序设计就能实现自动简化线状符号的小弯曲。

自动夸大及位移也是计算机概括的任务之一,这是保留地物主要特征的重要手段。其基本思路是首先确定出需要夸大或位移的部位(图 4.5 P_i 点),然后把带有夸大或位移特征符号的点所在的数据子集提取出来,找出该点及其前后两点组成的三角形,算出三角形顶角(带有特征符号的那个角)平分线的长度,然后在此长度靠顶角一端(P_i)的延长线上加一个定值 E,得到 U_j 点,再计算出 U_j 点的坐标,并用它代替子集中的 P_i 点,这就可使局部小弯曲得到夸大。

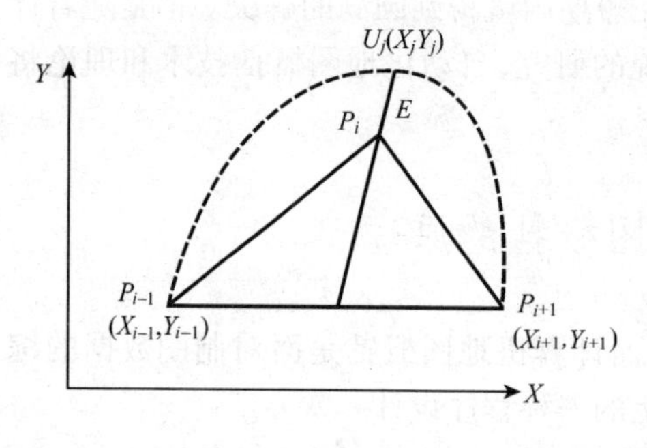

图 4.5 夸大小弯曲

连续夸大处理,就可构成位移。但由于图形位移方向的多样性,会产生位移的不同算法设计。事实上一旦完成了夸大及位移的算法设计,用计算机实现自动夸大及位移就是件十分容易的事情。

当有些重要地物因比例尺缩小而无法显示时,可用夸大方法处理;如果只需要表示其分布特征,则可以用非比例符号代替。非比例符号的定位及自动绘制是通过取出构成该地物的坐标数据子集,算出子集数据的极值差 Δx,Δy 或该图形

的面积 s,并与定值比较,符合规定则求出符号的中心位置,然后从符号库中调用相应的符号并自动绘制到该中心位置上。

编制地图时,图形合并是会经常遇到的。但并非所有的要素都可以合并,因此,进行要素的图形合并时,首先要判断清是否具备合并的条件。

用计算机实施自动合并,首先对输入的数据逐个判别(判别特征码),找出封闭图形,并记录其数量,计算距离小于定值的符号数量,估计合并成多少个,哪个和哪个合并更合适,当都能满足合并条件后,则可计算合并后的轮廓点位,实现图形合并。

(2) 计算机数量和质量特征的自动概括

关于制图对象的数量特征和质量特征的概括前面已做了介绍,这里主要介绍用计算机实现数量特征和质量特征自动概括的思路。用计算机进行数量特征概括时,需要先读出原资料图的级别数据,然后把增大的数量间隔(级别或特征码)代替原来的级别(或特征码),如原来的2级和3级需要合并,那就用"2"代替"2,3"。按照合并后的级差处理制图对象,就能实现数量特征的自动概括。

质量特征的自动合并比较简单,计算机只需对输入数据的质量特征进行识别,绘制以新图所要求的质量符号即可。

3. 制图对象的自动简化

(1) 点删除

点删除是指简化线状要素和面状要素轮廓线的一串坐标,保留反映制图对象特征的点,删除次要的点。点删除的方法有二:一为在数据文件中每隔 n 个点保留1个点,即通过选取数据串第1个坐标点和每个第 n 点来建立新数据文件,也就是删除了 $(n-1)/n$ 的点,n 值越大,概括程度越强,简化越厉害。n 值根据地图用途来确定;二为在数据文件中随机保留每 n 个点中的1个点,即通过随机选择每 n 个点中的1个点来建立新数据文件,也是删除了 $(n-1)/n$ 的点。和第1种方法相比,前者选取的点是确定的,后者选取的点是随机的;两者的 n 值越大,概括的程度越大。

传统地图概括的线状要素简化主要依靠制图者的经验,即根据线状要素上点的重要性来决定取舍;而自动简化的点删除主要根据线状要素图形的尺寸,制图者的经验体现在开始建立的计算机文件中,数据文件形成后,计算机就会自动地执行简化操作。

(2) 制图要素删除

制图要素删除就是在新编地图中剔除某一类或几类不必要、不重要的制图要素。如在行政区域图上删除地貌要素,在人口分布图上删除植被要素等。删除在计算机操作中极为方便。在矢量数据中,每个要素在数据文件中是依重要性排序的,则可按照地图概括标准删除一些要素。如长度≤1cm 的河流,面积≤2mm² 的湖泊,人行小路等,可全部删除。在栅格数据中,可建立必要的算法程序来删除栅格中的冗余数据,强化重要的像元数据,达到简化的目的。

(3) 平滑运算修改

当制图对象的转变或过渡出现不符合客观实际,发生“生硬变化”、平滑相连变成折角相连时,则要调用滑动平均和曲面拟合等数据平滑运算处理程序进行平滑处理。如在栅格数据中,对已分级的像元进行平滑运算处理,就是将每个像元分别同它的邻近像元值进行比较,进而修改像元值使其和邻近像元值更加接近,达到简化栅格数据的目的。

三、计算机自动概括专家系统介绍

1. 专家系统

专家系统(expert system)是人工智能中最活跃的领域。它模拟人的思维过程并将专家知识赋予计算机。当计算机对问题求解时,就利用这些知识进行推理、证明,从而得到答案。

专家系统主要由特定领域的知识库和推理机所组成。其主要构成如图 4.6 所示。

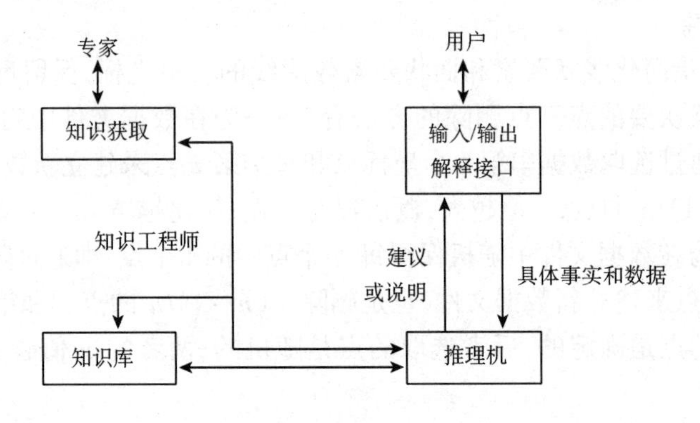

图 4.6 专家系统构成

知识库中存放着特定领域的专家知识,这些知识应当正确、完整和协调一致。推理机是根据解决的问题所设计的一种程序,它是用来决定如何使用知识库中的知识,通过推理、证明而得到问题的答案。

解释接口是一个“人—机”对话的交互程序,用来解释提问的含义或推理路线。

知识获取是从专家那里获得知识。就目前而言,获取专家知识还离不开精通计算机的知识工程师,他们在专家系统的建立和维护过程中起着决定性的作用。

专家系统建立后,就具备了解决特定领域问题的能力。专家系统在工作过程中主要是知识库和推理机起关键作用,解决问题的全过程都是在推理机的控制下进行。

2. 自动概括专家系统简介

实现制图自动化,其中最关键的问题是制图对象的自动概括。地图概括是一项创造性的工作,人的经验和知识起着重要的作用。目前对自动概括的研究,只是在单要素的取舍、部分几何形状概括以及类型的合并等方面做了一定的工作,但与手工概括水平相比还有很大差距。这主要是因为概括知识的复杂性、多样性,导致无法用数学模式来描述。而地图概括专家系统则为我们提供了解决这一问题的新途径。目前,地图自动概括需要智能化已得到共识,许多学者对地图概括知识进行了深入的研究和探讨,并把它们分为几何知识、结构知识和过程知识三部分。

由于地图概括的规则很难确定,其主要原因是地图概括强调艺术性,许多问题不易分解成逻辑规则;不同地图有不同的目的;需要强调的空间关系特征也不尽相同。因此,也就导致了地图概括知识的表达困难。尽管如此,许多学者仍在该领域进行了大胆尝试,如 David forrest(1995)的 Map Desigrrer 就是一个基于专家系统的地图概括实验软件。

实践证明,完全基于知识的智能化地图自动概括是比较困难的,而人机交互则是一种比较好的方式。Stefan F.keller(1995)使用交互式方法利用线状地物概括时输入的参数,使计算机自动学习不同参数会得到什么样的结果,其进一步发展了一种基于事例(实)的推理方法。

要实现地图自动概括的智能化,必须有强大的智能数据库的支持。同时也要求地图概括知识与地理信息必须融合。ES 和 GIS 的结合可以通过文件交流和数据结构的统一来实现。

总之,地图概括的自动化是地图制图自动化发展的主要方向,而地图概括的专家系统为地图概括自动化的实现开辟了新途径。

复习参考题

1. 如何理解地图概括?地图概括的实质是什么?
2. 举例说明影响地图概括的因素。
3. 地图概括的数学模式有哪些?
4. 通过同一地区两幅不同比例尺地形图的比较,说明地图内容,地理要素形状、数量、质量特征有哪些变化?
5. 在地图概括中,形状简化常采用哪些方法?并举例说明。

6. 采用某一种地图概括方法,说明居民地的地图概括过程。
7. 为什么说地图概括是一种主观创造性工作?
8. 计算机地图概括的基本思路是什么?
9. 地图概括为什么会成为计算机地图制图的“瓶颈”之一?
10. 计算机自动简化的原理是什么?

主要参考文献

蔡孟裔,毛赞猷等.2001.新编地图学教程.北京:高等教育出版社
崔伟宏.1999.数字地球.北京:中国环境科学出版社
陆权,喻沧.1988.地图制图参考手册.北京:测绘出版社
罗宾逊 A H., 塞尔 RD.1989.地图学原理.北京:测绘出版社
汤国安,赵牡丹.2000.地理信息系统.北京:科学出版社
王家耀.1993.普通地图制图综合原理. 北京:测绘出版社
张荣群.2002.地图学基础.西安:西安地图出版社
张奠坤,杨凯元.1992.地图学教程.西安:西安地图出版社
张力果,赵淑梅.1985.地图学.北京:高等教育出版社
祝国瑞,尹贡白.1984.普通地图编制.北京:测绘出版社

第五章　普通地图

本章要点

1. 掌握普通地图的定义、类型、内容、特征、查询和国家基础地理信息数据库。
2. 学会普通地图特别是地形图上自然地理要素和社会经济要素的表示方法。
3. 认识编制普通地图的重要信息源及普通地图对于 GIS、数字地球的重要性。
4. 了解普通地图的用途。

第一节　普通地图概述

一、普通地图定义与类型

普通地图是均衡地表示地表的自然、社会经济要素一般特征的地图。

普通地图按比例尺分类有大比例尺(大于等于 1∶10 万)、中比例尺(大于 1∶100 万,小于 1∶10 万)和小比例尺(小于等于 1∶100 万)普通地图之分。

按比例尺和内容的概括程度分类有地形图和普通地理图(简称地理图)之分。

地形图。一般是指按照统一的大地控制基础、地图投影、分幅编号,统一的测(编)制规范、图式符号系统,统一的比例尺系列(我国规定为 1∶100 万、1∶50 万、1∶25 万、1∶10 万、1∶5 万、1∶2.5 万、1∶1 万和 1∶5 千),统一组织测制的 1∶100 万和更大比例尺的普通地图。地形图覆盖了全国,可供各地区、各部门使用,是国家基本系列普通地图。除此之外,地质、石油、煤炭、水利、电力、交通、林业、农业、城建等行业部门,根据测量、勘测设计、规划的需要,也常测制 1∶1 千～1∶5 万等比例尺的地形图。这些专业性地形图和国家地形图相比内容有所增减。

地理图。一般是指相对概括地表示制图区的自然、社会经济要素的基本特征、分布规律及其相互关系的普通地图。通常,地理图的比例尺都小于 1∶100 万,如全国地理图的比例尺常用 1∶150 万、1∶200 万、1∶250 万、1∶300 万、1∶400 万、1∶600 万等系列,但也有些省区县域地理图,比例尺大于 1∶100 万,在 1∶20 万～1∶75 万之间。

二、普通地图的内容与特征

普通地图的内容包括数学基础、地理要素和图边要素,其中地理要素包含水系、地貌、土质植被、居民地、交通线、境界线和独立地物等。

普通地图具有许多重要特征。

1. 完备、均衡性

对于地表的自然和社会经济要素,普通地图能客观、较为完备和均等地表示其空间分布、相互联系的基本特征,反映制图区基础信息,供使用者了解和掌握某区域的自然、人文概况,不着意突出或详细表达某单一要素。

2. 可量测性与概括性

普通地图内容的详细程度、精确性和概括性主要受比例尺制约。比例尺愈大,所表示的内容愈详细,精度愈高,即可量测性愈强,但概括性愈弱;比例尺愈小,所表示内容的概括性愈强,精度愈低,即可量测性愈弱。故大、中比例尺地形图可量测性较强;小比例尺的地理图概括性较强,可量测性较弱。

3. 制图规范的一致性

地形图采用统一大地控制基础、地图投影(我国除1:100万地形图采用等角圆锥投影外,其余皆采用高斯-克吕格投影)、比例尺系列、制图规范、符号系统、色彩设计等,因而具有较好的一致性,便于拼接和使用。

4. 系统性

由于国家地形图采用8种比例尺系列,构成较完整的系统,能详细或较概括地反映制图区概况,能基本满足不同用户对基础地理信息的地图使用要求。

5. 权威性

由于地形图一般由国家统一组织实施测(编)制,有科学、严密及严格的规范要求,所以具有权威性,为信息共享创造了基础条件。

6. 应用的广泛性

普通地图不但能广泛应用于国民经济建设、国防军事、科学研究、文化教育等领域,而且其空间信息的特点可在不同的行业部门发挥作用,特别是GIS、GPS、RS和数字地球技术的飞速发展和普及,地图使用和制作越来越大众化,使得其应用领域越来越宽广。

三、普通地图的用途

普通地图应用领域广泛,常用于一般了解和掌握制图区的基本概况。地形图可用于编制地理图,普通地图可用于编制专题地图。由于不同比例尺普通地图内容的详细程度和概括程度不同,其应用范围和应用功能亦不同。

1:5 千、1:1 万、1:2.5 万地形图。内容详细、精确,每幅图包括实地面积不大,主要用于工程建设、勘察设计、城市规划、农林生产建设、战斗战术设计、侦察作战等方面。

1:5 万、1:10 万地形图。内容较详细、精确,每幅图包括实地面积稍大,主要供规划设计、勘察选线、野外考察、地形研究、资源调查、战术演练、指挥作战等使用。

1:25 万、1:50 万地形图。内容较概括,每幅图包括实地面积较大,主要供区域规划、总体设计、道路选线、资源普查、战役战术指挥、多兵种协同作战等使用。

1:100 万地形图。内容相对概括,主要供国家、省区市总体规划、产业布局、资源开发、开发建设、战略拟定、统帅指挥等使用。

小于 1:100 万地理图。概括性强,主要用于一般参考、文化教育、战略方针确定、中远程导弹发射等。

第二节　自然地理要素的表示

一、海　　洋

1. 海岸

常表示沿岸地带、潮浸地带和沿海地带。海岸有三大构成部分。沿岸地带是指海水高潮线以上的陆上部分,主要用等高线和地貌符号表示。潮浸地带是指海水高潮线和低潮线之间的范围(亦称干出滩),在地形图上要重点展示,以各种形式的黑色点线、虚线等符号表示干出滩的分布范围、海岸性质、通航情况和登陆条件。海岸线是多年平均大潮高潮位所形成的水陆分界线,亦是沿岸地带与潮浸地带的分界线,通常以蓝实线表示。沿海地带是指低潮线以下到波浪作用下限的海底狭长地带,常用符号重点表示该范围内的岛礁和海底地形,低潮线一般用黑点线概略表示,常与干出滩外边线大致重合(图 5.1)。

2. 海底地貌

海底地貌按其基本轮廓可分为大陆架、大陆坡和大洋底三部分。大陆架坡度平缓、宽度不一,地势起伏大,有沙洲、礁石、垄岗、溺谷、小丘、洼地等,深度一般在 0~200m。大陆坡度较大(最大达 20°以上),是大陆架向大洋底的过渡地带,深度一般在 200~2500m。大洋底地形起伏小(但有海底山脉、海岭等),深度一般在2500~6000m,是海洋的主体部分。

海底地貌主要用水深注记、等深线和分层设色法来表示。海洋水深采用长期

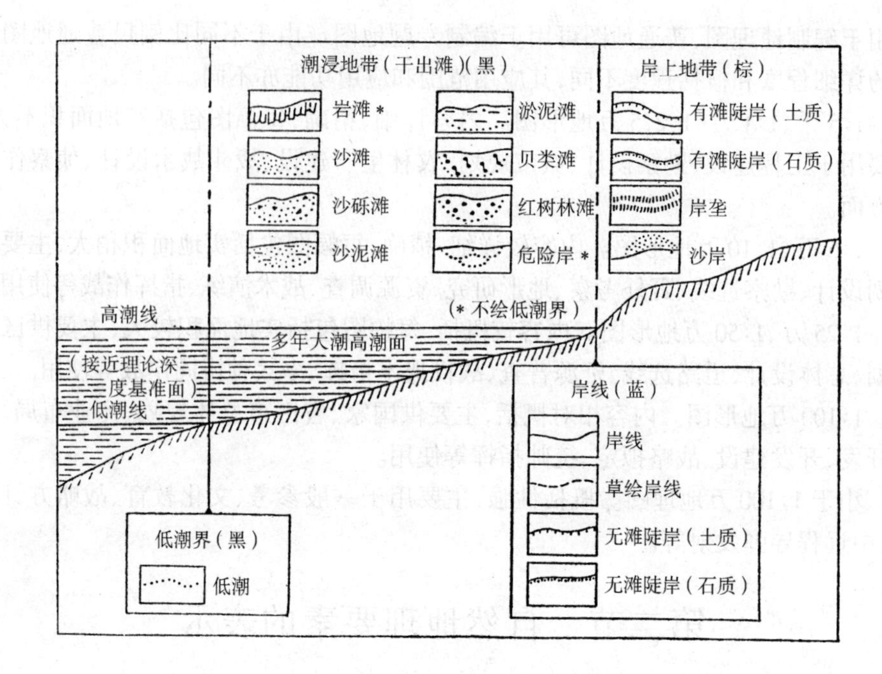

图 5.1　地形图上的海岸示意图

验潮数据求得的理论最低潮面即深度基准面起算，海水深度就是深度基准面至海底的深度。水深注记不标点位，而是用蓝色阿拉伯数字几何中心来代替。等深线是指以深度基准面为基础的等深点所连成的平滑曲线。等深线形式为蓝细实线或蓝点线符号。分层设色法是在相邻两根等深线之间涂以深浅不同的蓝颜色来表示海底起伏，深度愈大，蓝色愈深。

除海岸和海底地貌外，普通地图有时也表示潮流、海流、冰界、海底底质和航行标志等。

二、大陆水系

大陆水系是相对于海洋而言，亦称为水系，包括河流、运河、沟渠、湖泊、水库、池塘，泉、井、贮水池以及水系附属物等。水系是重要的自然地理要素和水资源条件，它影响着地貌、土壤、植被、居民地、交通、工农业生产力的分布或配置，和人类生活密切相关，是地形的骨架和重要的方位判别物。

普通地图上水系表示的重点是反映出水陆交界线即水涯线，表达水系的分布、类型、形态、数量特征、航运、沿岸状况和水系附属物等(图 5.2)。

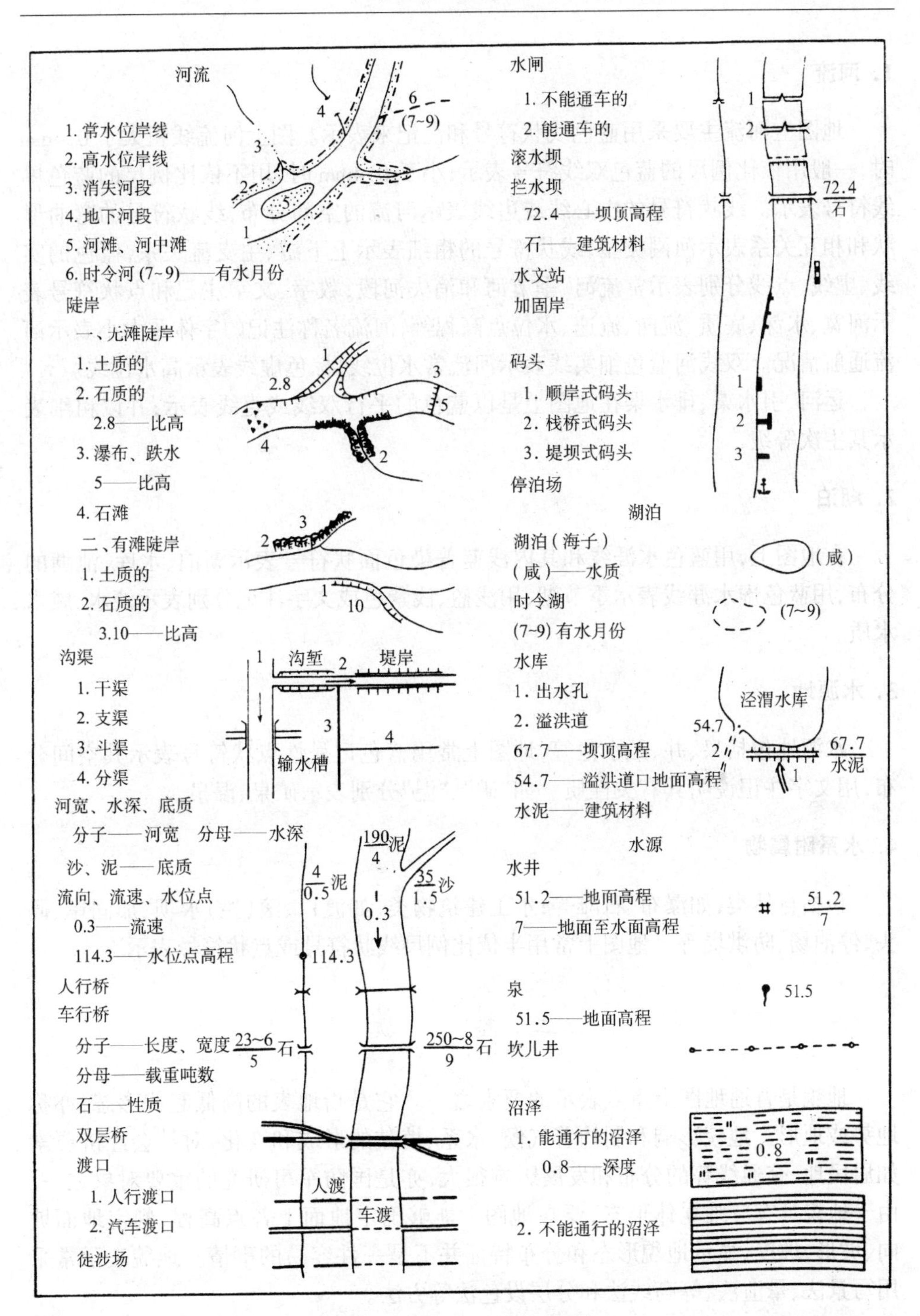

图 5.2 地形图上的水系符号

1. 河流

地图上河流主要采用蓝色线状符号和注记来表示。图上河流线粗大于0.4mm时,一般用依比例尺的蓝色双线符号表示;小于0.4mm时,用不依比例尺的蓝色单线符号表示。线状符号的中心线或边线表示河流的空间分布,线状符号的弯曲形状和相互关系表示河网类型,线状符号的粗细表示上下游、主支流关系,蓝色的实线、虚线、点线分别表示常流河、季节河和消失河段,数字、文字注记和点状符号表示河宽、水深、底质、流向、流速、水位点高程等,河流名称注记的字体及大小表示河流通航情况。双线河蓝色细实线表示河流常水位线,棕色虚线表示高水位线。

运河、引水渠、排水渠在地图上是以蓝色的平行双线或直线表示,并以粗细表示其主次等级。

2. 湖泊

在地图上,用蓝色水涯线和其内浅蓝普染色面状符号表示湖泊、水库、池塘的分布,用蓝色虚水涯线表示季节湖,用浅蓝、浅紫色或文字注记分别表示淡水、咸水水质。

3. 水源地

水源地包括泉、井、贮水池等,地图上常用蓝色记号性点状符号表示其空间分布,用文字注记说明其有关性质。如"矿"、"温"分别表示矿泉、温泉。

4. 水系附属物

包括自然类,如瀑布、石滩等;水工建筑物类,如渡口、滚(拦)水坝、加固岸、码头、停泊场、防洪堤等。地图上常用半依比例尺线状符号或点状符号表示。

三、地　　貌

地貌是普通地图上重点表示的要素之一。它是指地表的高低起伏形态,亦称地势或地形。地貌影响和制约着气候、水系、植被的形成和变化,对社会经济要素如居民地、交通线等的分布和发展影响很大,亦是国防军事研究的重要对象之一。由于地貌具有三维立体形态,要在地图上能够确定地面上各点高程,判定地面坡向、坡形、坡度,显示地貌形态和分布特征并不是一件容易的事情。地貌表示常采用写景法、晕渲法、等高线法和分层设色法等方法。

1. 写景法

运用透视原理,以绘画写景形式表示地貌起伏及其相对位置的方法称为写景法。此法假定光线从图的左上方来,绘画者在图的南图廓上方绘制得到写景图(图5.3)。

图5.3　写景法示例

一种利用计算机数字制图技术,基于等高线来自动绘制立体写景图的方法是地貌写景的现代手段。如利用计算机自动绘制连续、密集平行剖面所得写景图(图5.4),可避免绘画技能的影响,较为形象生动且提高了地貌表达精度。

2. 晕渲法

晕渲法是假定光源照射地表产生阴影,利用墨色的浓淡或彩色的深浅显示坡面明暗变化,以表达地貌的起伏、分布和类型特征的方法(图5.5),也称为阴影法。

图 5.4　计算机连续剖面立体写景图

根据光源位置的不同，晕渲法可分为三种：光线垂直照射地面称为直照晕渲；光线斜照地面称为斜照晕渲；直照和斜照相结合的方法叫综合光照晕渲。根据颜色不同，晕渲法可分为单色、双色和自然色晕渲。晕渲法显示地貌直观生动，立体感强，但不能量测坡度和高程。

图 5.5　晕渲法表示地貌示例

计算机地貌自动晕渲是基于数字高程模型(DEM)，计算出每个微小的地表单元的坡向、坡度以及黑度值，然后输入到图形输出设备，由喷墨绘图机输出即可得晕渲图(图 5.6)。

3. 等高线法

等高线法是指利用等高线来表示地面的高低起伏以及形态特征的方法。等高线是地面上高程相等的点所连成平滑曲线在水平面上的投影(图 5.7)。等高线法是表示地貌最常用的方法，我国地形图全部采用它来表示地貌。

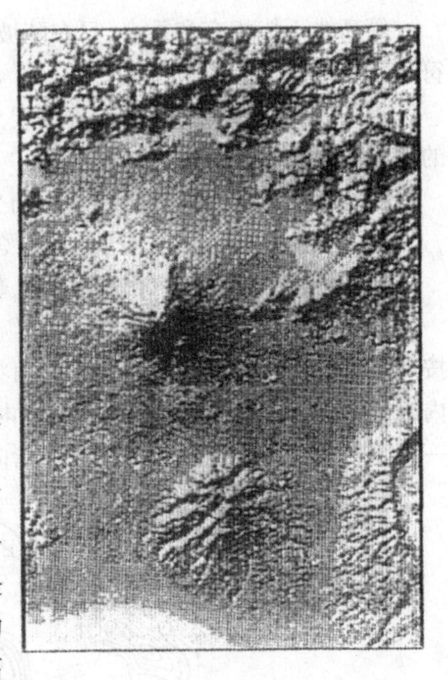

图 5.6　地貌自动晕渲图示例

(1) 等高距与等高线类型

等高距是地图上相邻等高线的高程差。等高距的大小与地形图比例尺和地面起伏大小有关。一般，比例尺大而地面起伏平缓，则等高距小；反之，则等高距大。等高距通常可按 0.2mm 乘以比例尺分母求得，高山区等高距一般增大一倍。

等高线的类型：首曲线(基本等高线)是按照地形图所规定的等高距绘制的等高线，在图上用细实线表示。计曲线(加粗等高线)是每隔 4 条(或 3 条)基本等高线绘制一条加粗的等高线。间曲线(半距等高线)是按规定等高距的 1/2 高程加绘的长虚线。助曲线(辅助等高线)是按规定等高距的 1/4 高程加绘的短虚线。

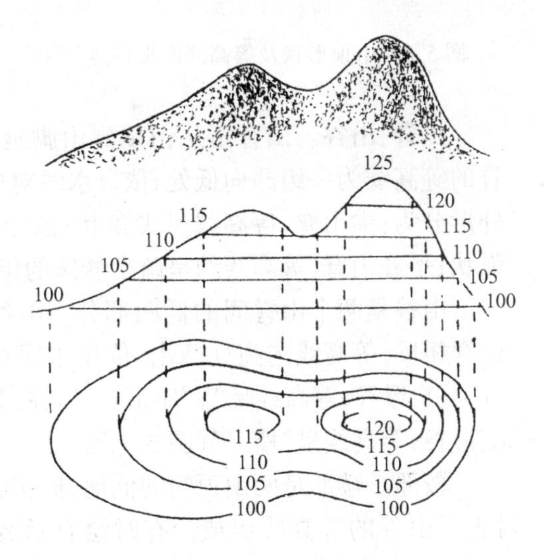

图 5.7　等高线示意图

(2) 等高线的特征

在同一条高等线上，各点的高程均相等。等高线是闭合曲线。

等高线不能相交和重合，只在陡坡或悬崖处才出现重叠或相交，此时可用地貌符号表示。

等高线愈稀，斜坡愈平缓；等高线愈密，斜坡愈陡峻。两条等高线间距离最短的方向，是最大坡度方向。

等高线与分水线或集水线垂直相交。

(3) 地貌基本形态及其等高线组合图形

地貌是由山顶、凹地、山脊、山谷、鞍部和坡面等基本形态组合而成。

山顶、凹地。山顶的等高线是一组内高外低闭合曲线，示坡线指向外侧。山顶按形状可分为：尖山顶，等高线为尖角状，且内密外疏；圆山顶，等高线为浑圆状，且内疏外密；平山顶，顶部平缓，等高线内极疏外极密(图 5.8)。凹地的等高线也是一组闭合曲线，但内低外高，示坡线指向内侧(图 5.9)。

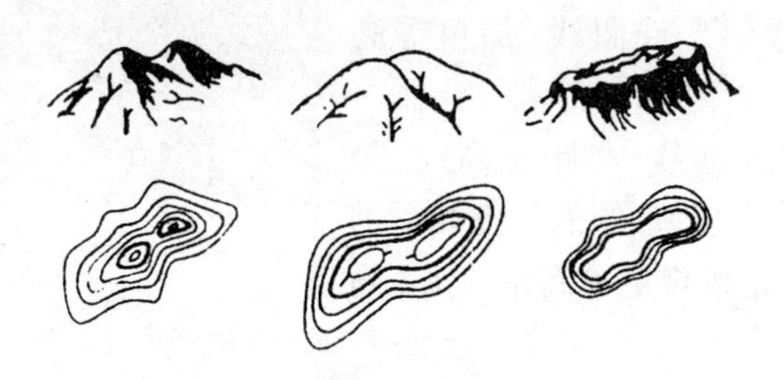

图 5.8　山顶形状及等高线图形特点

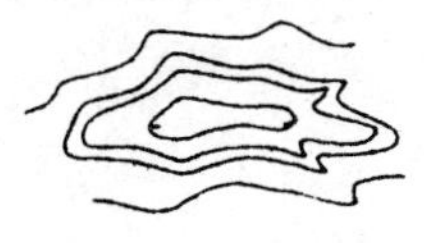

图 5.9　凹地形状及等高线图形特点

山脊、山谷。山脊指从山顶到山脚延伸的凸起部分。山脊的等高线为一组凸向低处、依分水线对称的曲线。山脊依外形分为：尖山脊，等高线呈尖角状；圆山脊，等高线约呈圆弧状；平齐山脊，等高线约呈疏密悬殊的矩形状(图 5.10)。

山谷是两个山脊间的低凹部分。山谷的等高线正好与山脊相反，等高线向高处凸出，依集水线对称。按形状山谷分为：V 形谷，等高线呈“V”字形；U 形谷，等高线呈“U”字形；槽形谷，等高线呈“槽”形(图 5.11)。

鞍部。鞍部是两山顶间的低地，形状似马鞍。由一对表示山脊的等高线和一对表示山谷的等高线组成。有时绘有示坡线(图 5.12)。组成对称鞍部的山脊、山谷分别两两对称；不对称鞍部则不一定对称。

坡面。坡面是倾斜的地表面，又叫斜坡或山坡。山脊或山谷的两个侧面就是坡面。坡面的等高线图形由一系列呈直线状的等高线组合而成。按形状分为：均匀坡，坡面倾斜基本一致，等高线间隔大致相等；凸形坡，坡面倾斜为上缓下陡，等高线为上疏下密；凹形坡，坡面倾斜为上陡下缓，等高线则上密下疏；阶形坡，坡面

图 5.10　山脊形状及等高线图形特点

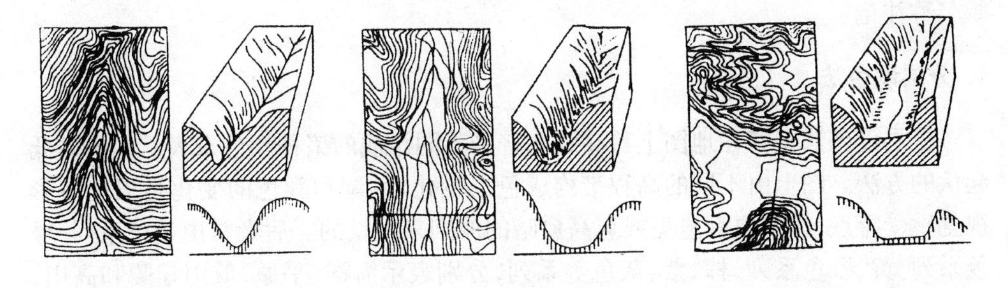

图 5.11　山谷等高线图形特点

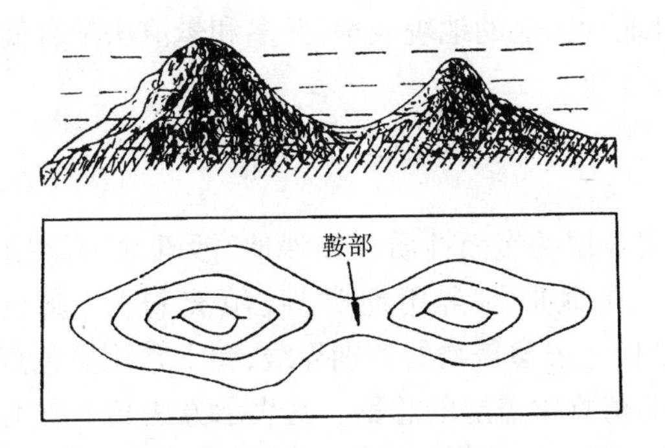

图 5.12　鞍部及其等高线图形

倾斜陡缓相间,等高线间隔疏密相间(图 5.13)。坡向常根据高程点注记,河、湖位置,水流方向,等高线注记(字头指向高处)来判定。

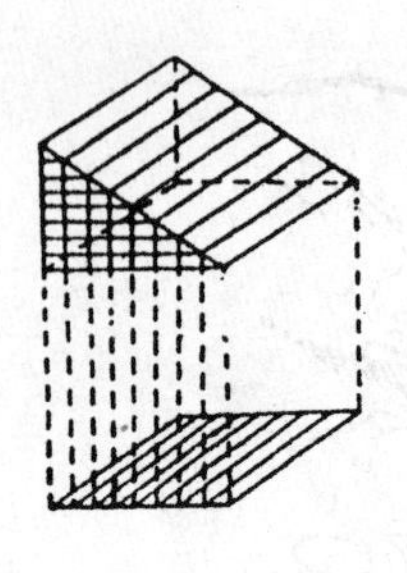
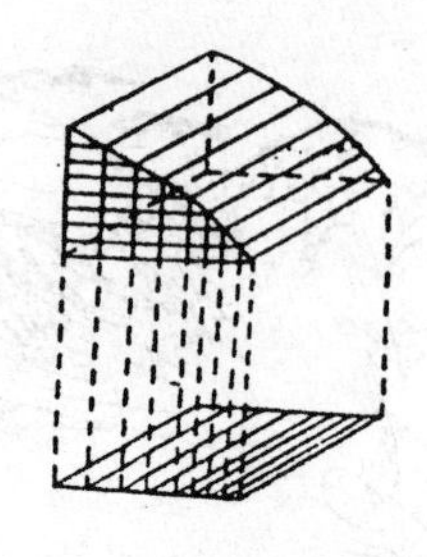
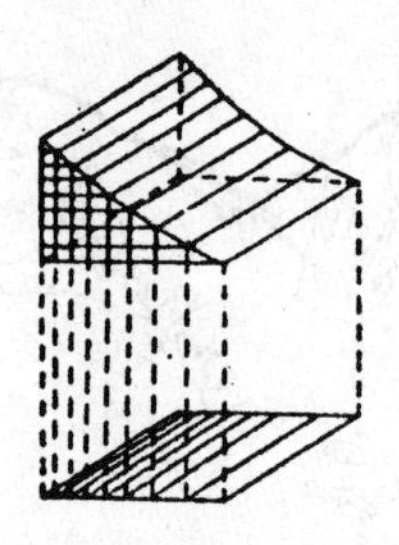
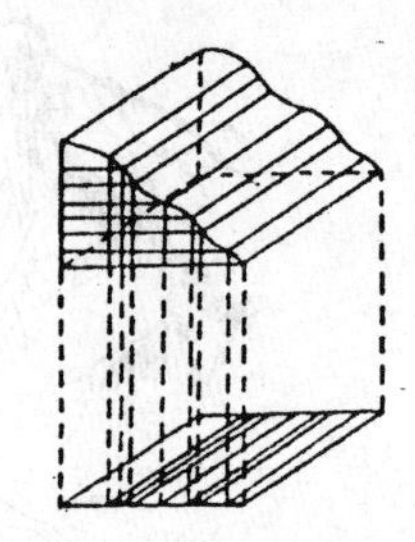

图 5.13　坡面及其等高线图形

(4) 地貌符号与注记

由于受比例尺的限制,有些微地貌形态无法用等高线表示,故地形图上常用地貌符号来辅助表达特殊地貌,如土堆、坑、溶斗、岩峰、崩崖、滑坡、陡崖、梯田、冲沟、陡石山等(图 5.14)。地貌注记有黑色高程点注记,棕色等高线说明注记和黑色地貌名称注记。

4. 分层设色法

分层设色法是指在地图上等高线间普染不同深浅的诸种颜色来表示地貌高低起伏的方法。图上由不同的高程带构成色层变化,色调和颜色的变化是根据色彩视觉感受特点,按照愈高愈亮或愈高愈暗的原则来配设的。后者常由蓝色系列-绿色系列-黄、橙色系列-棕、紫、灰色等系列,分别表示海洋、平原、低山丘陵和高山、极高山等。

分层设色法的颜色变化可弥补等高线法立体感较差的不足,常用于普通地图特别是中、小比例尺地理图上的地貌表示,并多和晕渲法配合使用。

四、土质、植被

土质是指地表覆盖层的表面性质。如沙地、沙砾地、石块地、戈壁滩、盐碱地、残丘地、龟裂地等。在地形图常用地类界、填充符号、颜色和说明注记表示(图 5.14)。地类界是指地表覆盖物的类别界线,图上常用黑色点线绘制。

植被是指地表的植物覆盖层的总称。其表示方法和土质类似。植被是重要的生物资源,包括森林、草地、经济林、经济作物地、耕地等,图 5.15 显示了部分植被符号。

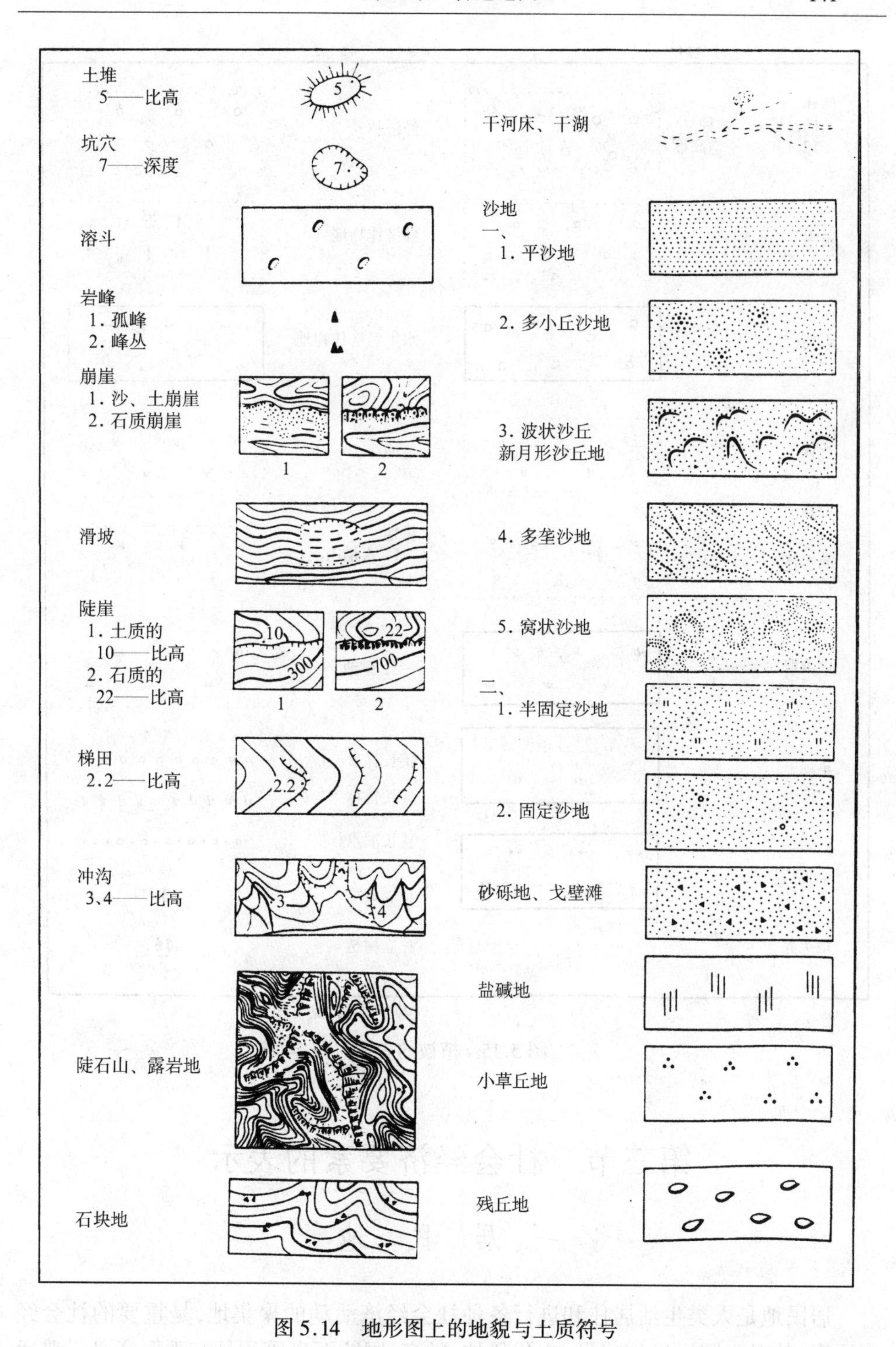

图 5.14 地形图上的地貌与土质符号

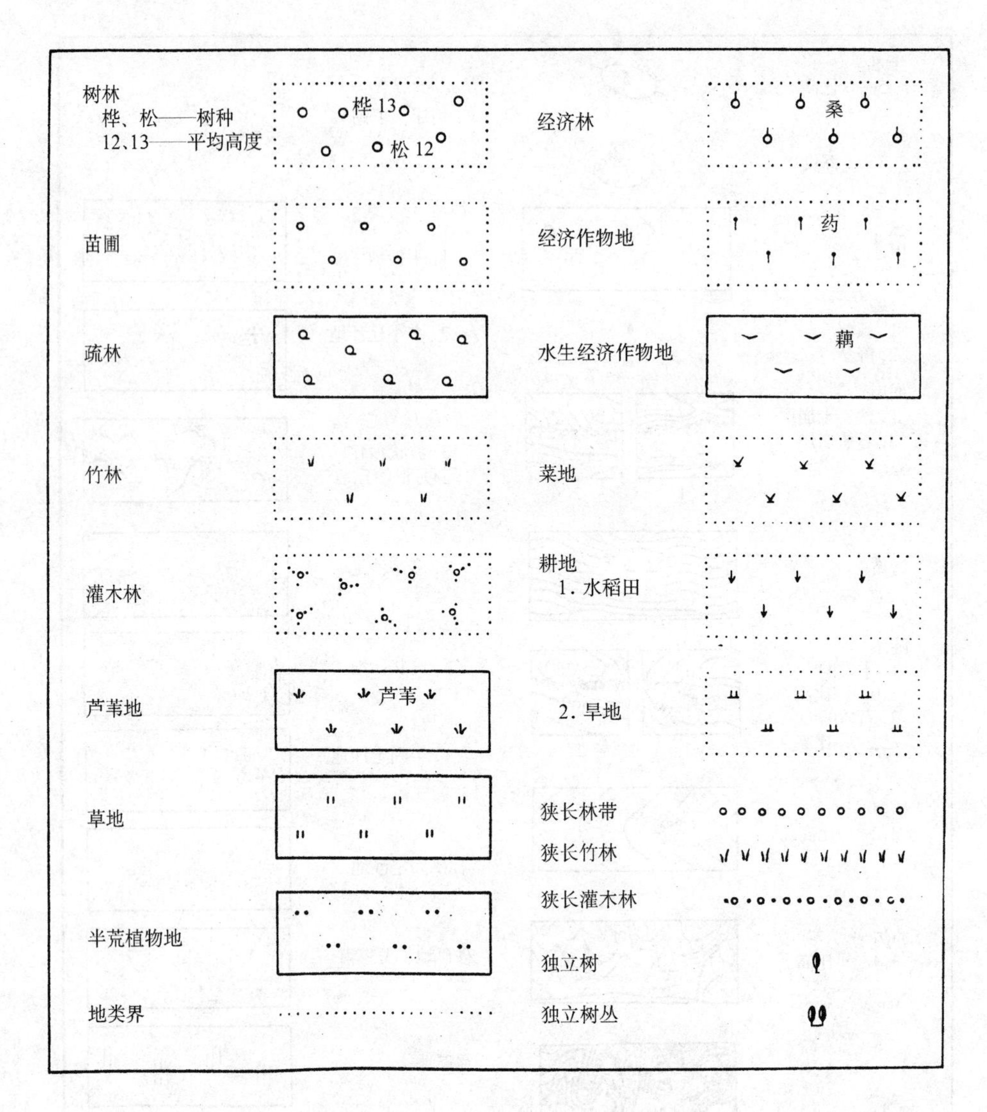

图 5.15　植被的表示

第三节　社会经济要素的表示

一、居　民　地

居民地是人类生活居住和进行各种社会经济活动的聚集地，是重要的社会经济要素，其对于国民经济建设、文化科技、教育、国防军事等均具有重要意义。普通地图上要求表示出居民地的分布、类型、外围或街区形状、建筑物质量特征、行政等级以及人口数等。

1. 居民地的分布

居民地按政治、经济地位,人口数量,居民职业,建筑物规模及其质量等要素进行区分,我国常分为城市、集镇和村庄三种:城市是指县级及其以上政府驻地,包括直辖市、省(自治区)辖市、地区(自治州、盟)辖市,县、市、旗政府驻地等;集镇是乡镇级政府驻地,还包括农场、集市、厂区、度假区等;村庄是指农村散列式居民地。

由于比例尺大小变化和居民地规模及其集中、分散程度的不同,普通地图上既可以用依比例尺的真形面状符号表示居民地的分布(如大、中比例尺地形图上的城市、集镇以及乡村);也可以用不依比例尺的定位点状符号位置表示居民地的分布(如比例尺小于1:100万普通地图上的圈形符号)。

2. 居民地的形状、类型

居民地的形状主要由外部轮廓和内部结构构成,普通地图上要尽可能依比例尺表示出居民地的真实形状。

居民地的外部轮廓主要由街道网和居民地边缘建筑物构成。随着比例尺缩小,居民地外部形状将由详细过渡到概略,城市形状可用简单外廓表示,小比例尺地图居民地形状则无法显示,只能用图形符号来表达。

居民地的内部结构主要依据街道网图形、街区形状、广场、水域、绿地、空旷用地等来表达。街道网图形构成了居民地的主体结构,在大比例尺地形图上详细表示,即以黑色平行双线符号显示。街区是指街道、河流、道路和围墙等所包围的、由建筑区和非建筑区构成的小区。在地图上要尽可能地依比例尺绘出街区界线,并填充45°斜晕线。

城市、集镇和村庄三种居民地类型,在地图上以其本身图形来区分,以名称注记的字体、字级来辅助表示,如粗等线体(黑体)、中等线体、细等线体分别表示城市、集镇和村庄。

特殊居民地如窑洞、蒙古包、工棚等,在地图上以黑色定位点状符号来表示(图5.16)。

3. 建筑物质量特征

地图上根据不同比例尺,用依比例、半依比例、不依比例符号和填充晕线、颜色等方法,尽可能详尽地表示建筑物的质量特征。如在大于等于1:10万比例尺地形图上,用依比例、半依比例和不依比例的黑块符号表示普通房屋。在大于等于1:5万比例尺地形图上,用依比例交叉晕线符号或不依比例记号符号表示有方位意义

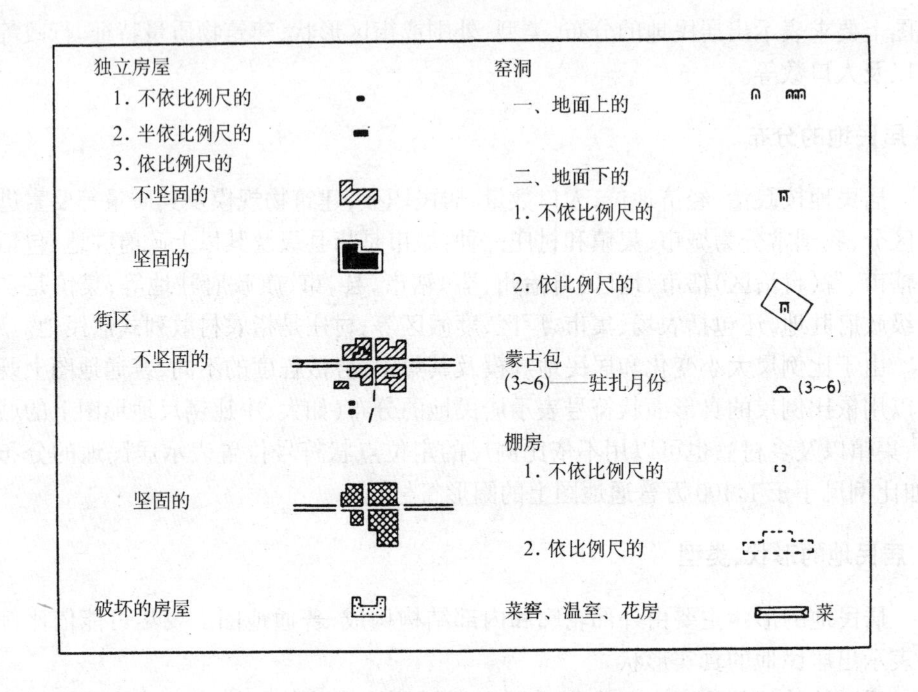

图 5.16　居民地及特殊居民地符号
(1991 年前出版地形图上建筑物分为坚固、不坚固的)

的突出房屋;用依比例细廓线交叉晕线符号表示 10 层以上的高层建筑区(图 5.17);1∶10 万比例尺地形图上不区分建筑物质量,全部用街区黑块表示。1∶50 万、1∶100万地形图以及更小比例尺普通地图上,除主要城市用填绘晕线或颜色的概略轮廓图形表示外,其他居民地均用圈形符号来表示。

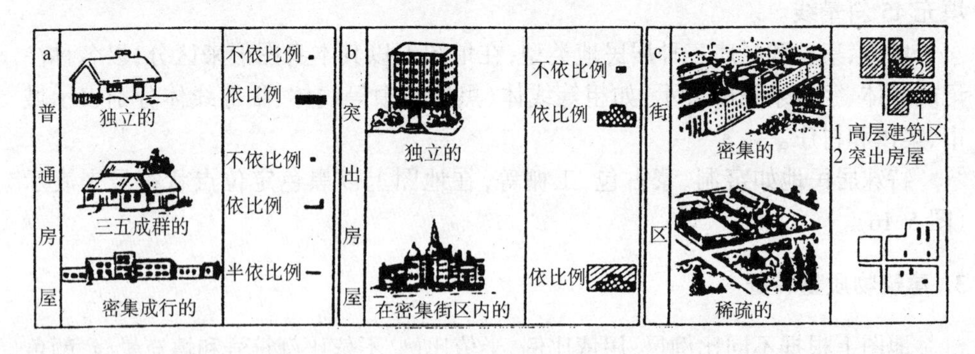

图 5.17　部分居民地符号

4. 居民地行政等级及人口数

地图上居民地行政等级可用地名注记的字体、字级来表示，也用居民地圈形符号形状、尺寸变化来表示(小比例尺图常用)，亦用名称注记下方加绘辅助线来区分。

地图上居民地人口数多是采用名称注记字体、字级或圈形符号形状、大小变化来表示。

二、交　通　线

交通线是重要的社会经济要素。它包括陆地交通、水上交通和管线运输等。普通地图上主要用(半依比例)线状符号的形状、尺寸、颜色和注记表示交通线的分布、类型和等级、形态特征、通行状况等。

1. 铁路

大、中比例尺地形图上，铁路用黑白相间的黑色线状符号表示：复线铁路符号加双竖线，窄轨铁路符号变细，建筑中的铁路符号无黑节。小比例尺地图上铁路多采用黑色实线和虚线符号(建筑中)表示(图 5.18)。

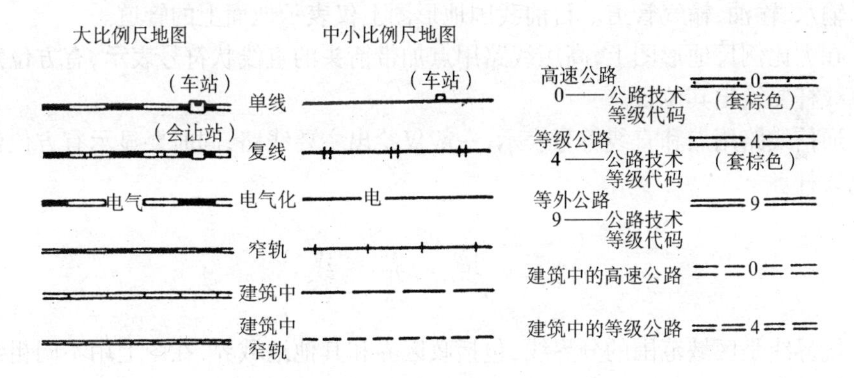

图 5.18　铁路、公路符号

2. 公路

大、中比例尺地形图上，公路用半依比例平行双线符号表示，用尺寸、颜色和说明注记表示公路类别及等级(图 5.18)，还用不同符号表示路堤、路堑、涵洞、隧道等道路附属设施。公路符号中的说明注记表示公路技术等级，如“0、1、2、3、4、9”等代码分别表示高速、一级、二级、三级、四级公路和等外公路(包括专用公路)。

小比例尺地图上,仅以粗、细实线颜色符号表示主要、次要公路。

3. 其他道路

其他道路是指公路级别以下的机耕路(大车路)、乡村路、小路、时令路等,在地形图上分别用黑色的粗实线、粗虚线、短虚线和点线表示。

小比例尺地图上,其他道路仅以粗实线和虚线分别表示大路、小路。

4. 水上交通

分为江河航线和海洋航线。

地图上多用带箭头短线表明河流通航起讫点等;小比例尺图上有时还标明定期、不定期通航河段。

海洋航线仅在小比例尺地图上表示,用点状符号表示航线港口位置,用蓝色虚线表示航线。

5. 管线运输

主要包括运输管道、高压线路和通信线路。

运输管道用小圆加直线符号表示,用说明注记表明其性质,如“水、油、气”分别表示输水、输油、输气管道。目前我国地形图上仅表示地面上的管道。

在大比例尺地形图上,高压线路用点加带箭头的直线状符号表示,有方位意义的电线杆要绘出其位置。

通信线路用点和直线符号表示,一般仅绘出主要线路,同时要显示有方位作用的电线杆。

三、境　界　线

境界线是区域范围的分界线,包括政区界和其他地域界,在图上用不同粗细的短虚线结合不同大小的点线,反映出境界线的等级、位置以及与其他要素的关系。

国界是表示国家领土归属的界线。国界的表示必须根据国家正式签订的边界条约或边界议定书及其附图,按实地位置在图上准确绘出,并在出版前按规定履行审批手续,批准后方能印刷出版。我国地图上的国界用工字形短粗线加点的连续线状符号表示,未定界仅用粗虚线表示。当国界以河流或其他线状地物中心线为界,且该地物为单线符号时,国界要沿地物两侧间断交错绘出,每段绘 3 ~ 4 节。

省、自治区、直辖市界用一短线、两点的连续线显示;地区、地级市、自治州、盟界用两短线、一点的连续线表示;县、自治县、旗、县级市界用一短线、一点的连续线表示;自然保护区界用带齿的虚线符号表示。

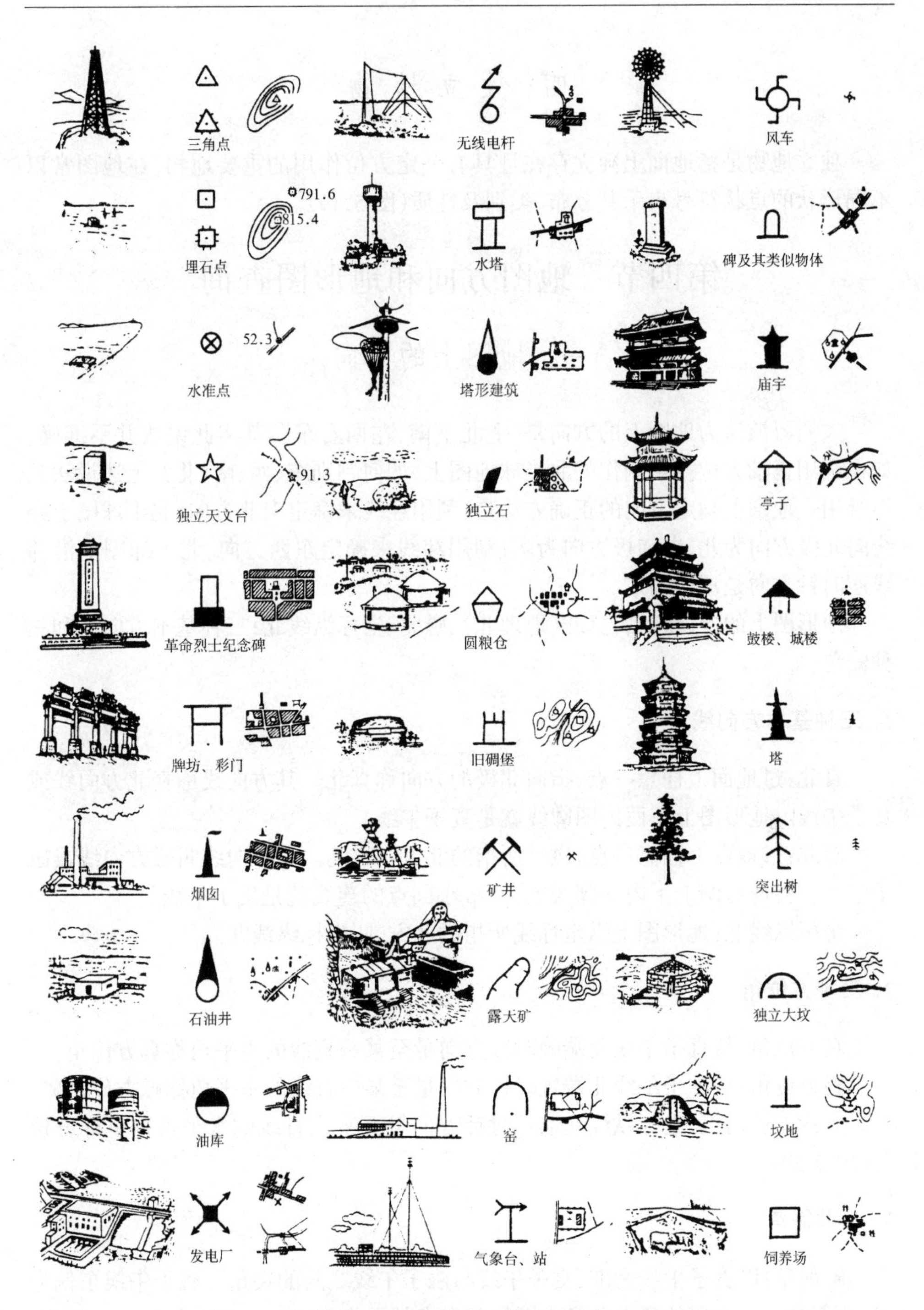

图 5.19　地形图上的主要独立地物(据马永立,2000 年)

四、独 立 地 物

独立地物是指地面上独立存在且具有一定方位作用的重要地物,在地图常以不同形状的点状符号表示其分布、类别及性质(图 5.19)。

第四节　地图方向和地形图查询

一、地图上的方向

人们习惯认为地图上的方向是“上北下南,左西右东”,其实此说法并不准确。如在利用正轴方位投影制作的北半球地图上,如何判别东、西、南、北?上述说法就不管用。地图上确定方向的正确方法是:利用经线来确定南北方向,北半球图上经线向北极方向为北,向南极方向为南;利用纬线来确定东西方向,北半球图上沿纬线逆时针方向是从西向东。

地形图上的方向包括:真北(地理北)、磁北、坐标纵线北;三种基本方向线和三种偏角。

1. 三种基本方向线

真北:过地面上任意一点,指向北极的方向称真北。其方向线称真北方向线或真子午线。地形图上东西内图廓线就是真子午线。

磁北:过地面上任意一点,磁针所指的北方叫磁北。其方向线叫磁方向线或磁子午线。在地形图上下内图廓线上,p′、p 小圆点的连线就是磁子午线。

坐标纵线北:地形图上纵坐标线所指的北方,叫坐标纵线北。

2. 三种方位角

真方位角:从真子午线北端顺时针方向量至某一直线的水平角称真方位角。

磁方位角:从磁子午线北端顺时针方向量至某一直线的水平角称磁方位角。

坐标方位角:从坐标纵线北端顺时针方向量至某一直线的水平角称坐标方位角(图 5.20)。

3. 三种偏角

磁偏角:以真子午线为准,真子午线与磁子午线之间的夹角。磁子午线东偏为正,西偏为负。图幅的磁偏角是本图幅几个点的平均值。

坐标纵线偏角(子午线收敛角):以真子午线为准,真子午线与坐标纵线之间的夹角。坐标纵线东偏为正,西偏为负。在投影带的中央经线以东的图幅均为东偏,以西的图幅均为西偏。

磁坐偏角:以坐标纵线为准,坐标纵线与磁子午线之间的夹角。磁子午线东偏为正,西偏为负。

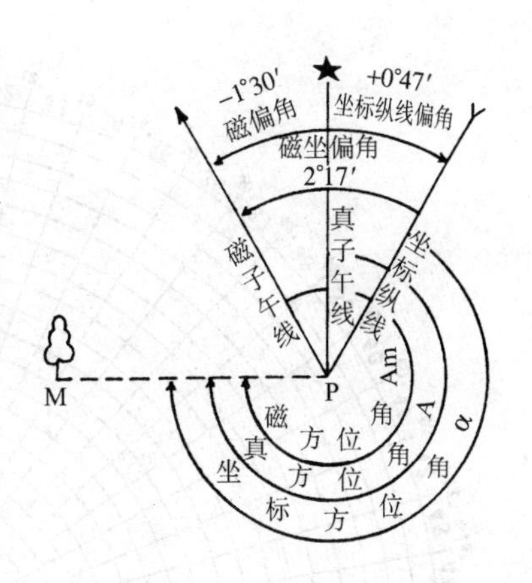

图 5.20　三种方位角、偏角

二、地形图查询

1. 1991 年前我国地形图分幅编号

地形图查询依据地形图图幅编号进行。我国每一种基本比例尺地形图都规定有图廓大小,且都有相应号码标志,基本比例尺地形图采用经纬线分幅(梯形分幅),并规定了相应编号。

其分幅编号系统是以 1∶100 万地图为基础,划分出 1∶50 万、1∶25 万、1∶10 万 3 种比例尺;再以 1∶10 万为基础,划分出 1∶5 万、1∶1 万;又以 1∶5 万为基础,划分出 1∶2.5万比例尺。

(1) 1∶100 万地形图的分幅和编号

分幅为纬差 4°,经差 6°。国际统一规定:从赤道起,向两极每隔纬差 4°为一列,依次以 A、B、C、D……V 表示;由经度 180°起,从西向东,每隔经差 6°为一行,依次用 1、2、3、4,…,60 表示(图 5.21)。编号以它的"横列号——纵行号"表示。如 J-50。

(2) 1∶50 万,1∶25 万和 1∶10 万地形图的分幅和编号

1∶50 万地形图分幅、编号。分幅为纬差 2°、经差 3°,一幅 1∶100 万地形图划分为 4 幅 1∶50 万地形图。编号是在 1∶100 万地形图的图号后面,分别加上 A、B、C、D (图 5.22)。如 J-50-A。

1∶25 万地形图分幅、编号。分幅为纬差 1°、经差 1°30′,一幅 1∶100 万地形图划分为 16 幅 1∶25 万地形图。编号是在 1∶100 万地形图的图号后面,分别加上[1]、[2]、[3]……[16]。如 J-50-[2]。

1∶10 万地形图分幅、编号。分幅为纬差 20′、经差 30′,一幅 1∶100 万地形图划分为 144 幅 1∶10 万地形图。编号是在 1∶100 万地形图的图号后面,分别加上 1 ~ 144。如 J-50-5。

(3) 1∶5 万、1∶2.5 万和 1∶1 万地形图的分幅和编号

1∶5 万地形图分幅编号。分幅为纬差 10′、经差 15′,一幅 1∶10 万地形图划分为 4 幅 1∶5 万地形图。编号是在 1∶10 万地形图的图号后面,分别加上 A、B、C、D(图 5.23)。如 J-50-5-B。

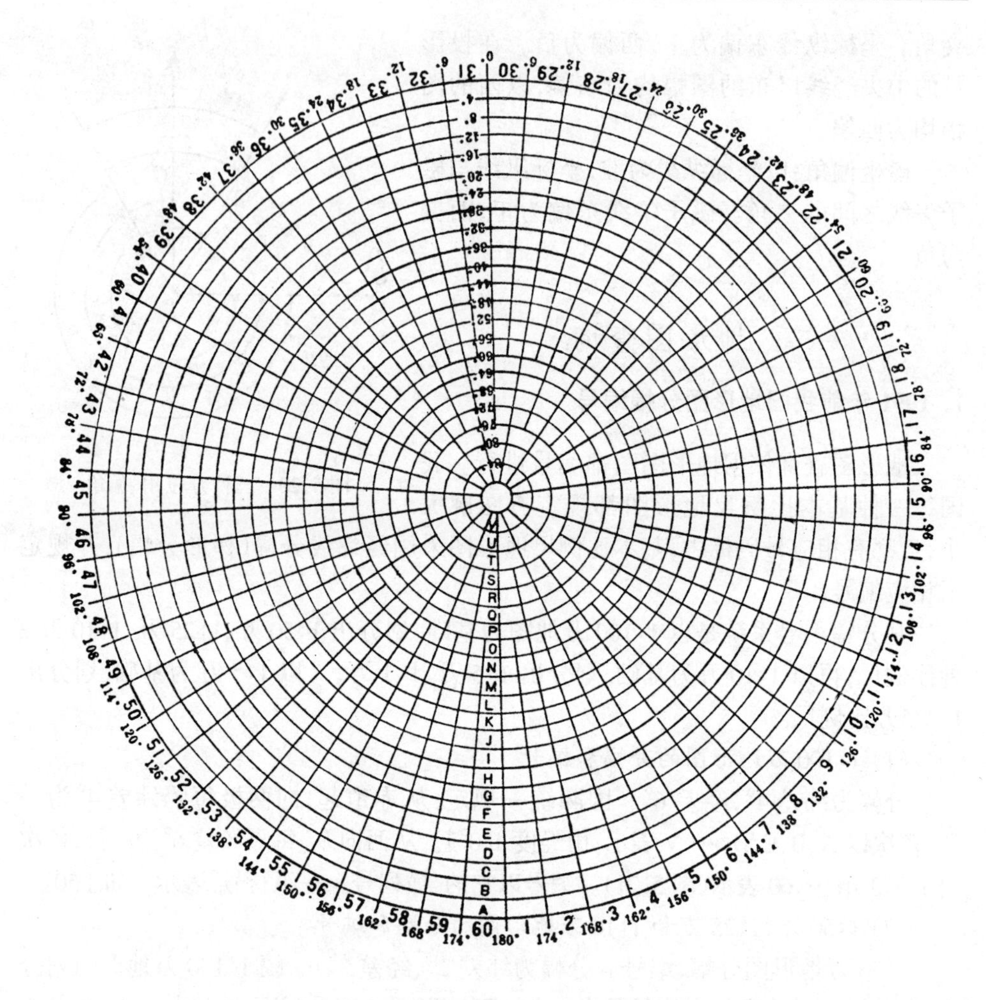

图 5.21　1:100 万比例尺地形图的分幅和编号

1:2.5 万地形图分幅、编号。分幅为纬差 5′、经差 7′30″,一幅 1:5 万地形图划分为 4 幅 1:2.5 万地形图。编号是在 1:5 万地形图的图号后面,分别加上 1、2、3、4。如 J-50-5-B-4。

1:1 万地形图分幅、编号。分幅为纬差 2′30″、经差 3′45″,一幅 1:10 万地形图划分为 64 幅 1:1 万地形图。编号是在 1:10 万地形图的图号后面,分别加上(1)、(2)……(64)。如 J-50-5-(24)。

上述地形图的分幅和编号,常制成地形图分幅和编号接合表,以便查询。

2. 1991 年实施的国家地形图分幅编号

从 1991 年起,新测制和更新的地形图,都须按《国家基本比例尺地形图分幅和

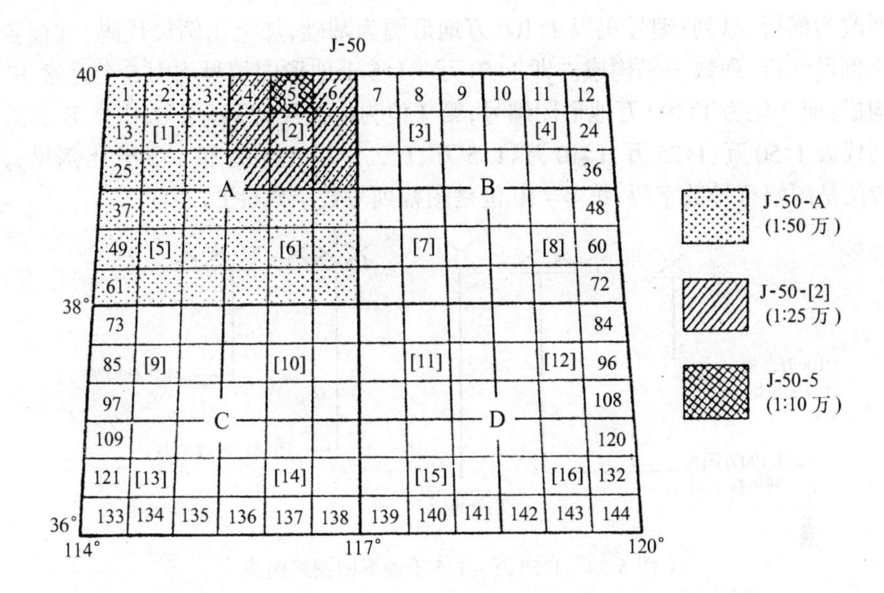

图 5.22　1:50 万、1:25 万、1:10 万比例尺地形图的分幅和编号

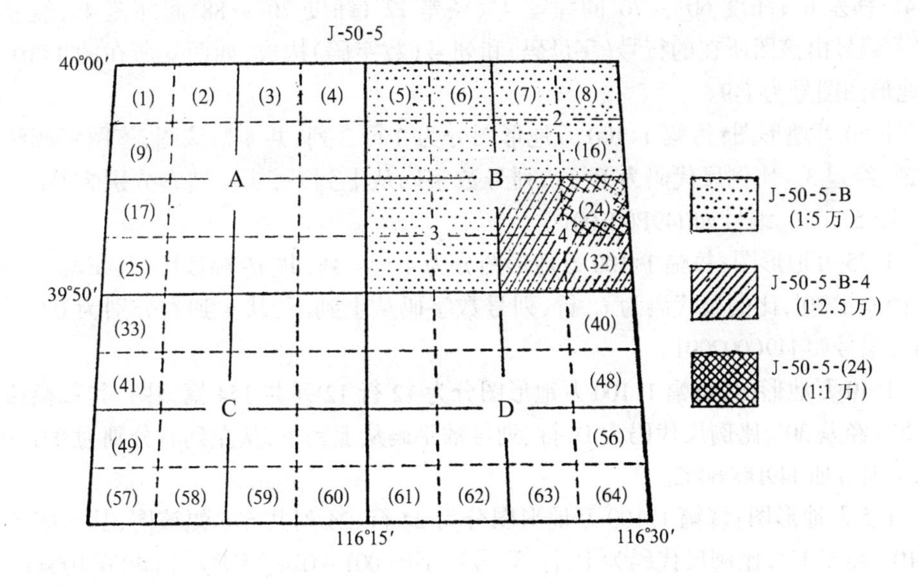

图 5.23　1:5 万、1:2.5 万、1:1 万比例尺地形图的分幅和编号

编号》的国家标准实施分幅编号。新国家标准和以前分幅编号规定相比，增加了 1:5千比例尺地形图；分幅仍以 1:100 万地形图为基础，经差、纬差没有改变，但分幅方法变为：7 个系列比例尺地形图均由 1:100 万地形图划分而成；过去的纵行、

横列改为横行、纵列;编号仍以 1:100 万地形图为基础,加上比例尺代码,续接各相应比例尺的行、列数字码构成。即 1:50 万～1:5 千地形图编号均由 5 个元素 10 位码构成:前 3 位为 1:100 万地形图编号,第 4 位为比例尺代码(用 B、C、D、E、F、G、H 分别代表 1:50 万、1:25 万、1:10 万、1:5 万、1:2.5 万、1:1 万和 1:5 千比例尺),第 5～7位是图幅行号数字码,第 8～10 位是图幅列号数字码(图 5.24)。

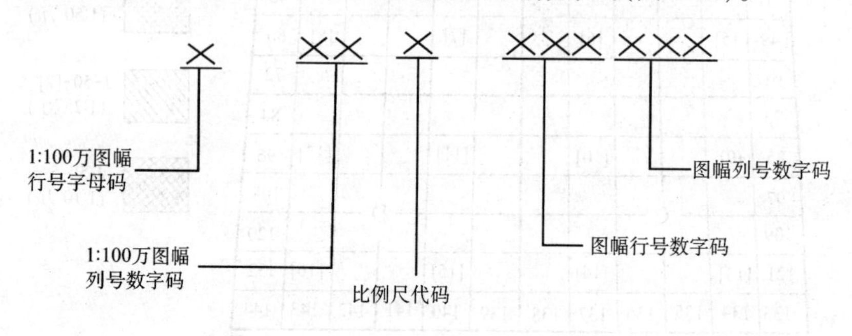

图 5.24　1:50 万～1:5 千地形图图号组成

1:100 万地形图分幅仍按国际 1:100 万地图分幅标准划分,即一幅标准分幅纬差 4°、纬差 6°;纬度 60°～76°间纬差 4°、经差 12°;纬度 76°～88°间纬差 4°、经差 24°。编号由该图所在的行号(字母码)和列号(数字码)构成,如西安所在的 1:100 万地形图图号为 I49。

1:50 万地形图:每幅 1:100 万地形图分为 2 行 2 列,共 4 幅该图,该图每幅纬差 2°、经差 3°,比例尺代码为 B,行、列号数字码从上到下,从左到右分别为 001—002(图 5.25)。编号如 I49B001001。

1:25 万地形图:每幅 1:100 万地形图分为 4 行 4 列,共 16 幅该图,其每幅纬差 1°、经差 1°30′,比例尺代码为 C,行、列号数字码从上到下,从左到右分别为 001—004。编号如 I49C002001。

1:10 万地形图:每幅 1:100 万地形图分为 12 行 12 列共 144 幅该图,其每幅纬差 20′、经差 30′,比例尺代码为 D,行、列号数字码从上到下,从左到右分别为 001—012。编号如 I49D006002。

1:5 万地形图:每幅 1:100 万地形图分为 24 行、24 列共 576 幅该图,其每幅纬差 10′、经差 15′,比例尺代码为 E,行、列号数字码 001～024。编号如 I49E011004。

1:2.5 万地形图:该图由每幅 1:100 万地形图分为 48 行、48 列共 2304 幅而得来,其每幅纬差 5′、经差 7′30″,比例尺代码为 F,行、列号数字码从上到下,从左到右分别为 001～048。编号如 I49F021008。

1:1 万地形图:该图由每幅 1:100 万地形图分为 96 行、96 列共 9216 幅得来,其每幅纬差 2′30″、经差 3′45″,比例尺代码为 G,行、列号数字码从上到下,从左到右分

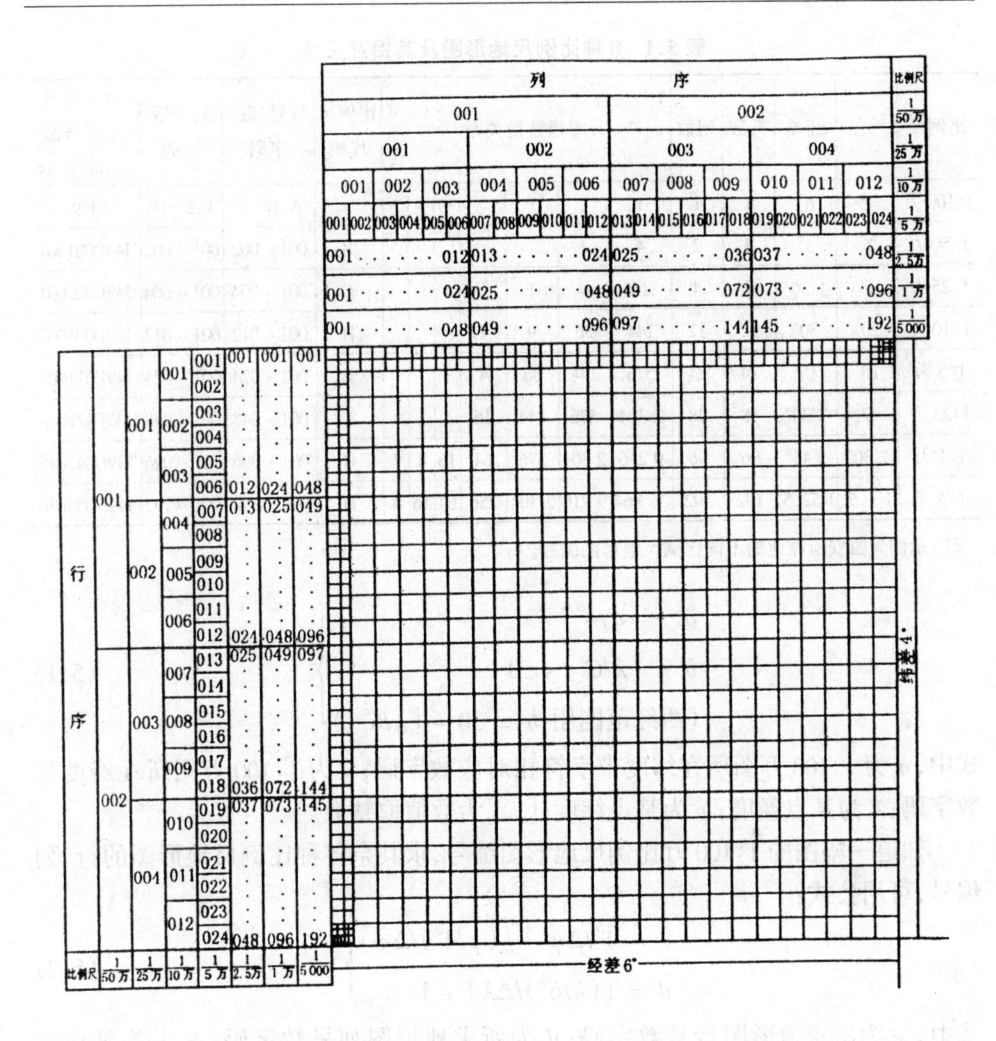

图 5.25　1:100 万 ~ 1:5 千地形图的分幅与行、列编号

别为 001 ~ 096。编号如 I49G042015。

1:5 千地形图:该图由每幅 1:100 万地形图分为 192 行、192 列共 36 864 幅得来,其每幅纬差 1′15″、经差 1′52.5″,比例尺代码为 H,行、列号数字码从上到下,从左到右分别为 001 ~ 192。编号如 I49H084030。

8 种比例尺地形图及其相互关系详见表 5.1。

3. 查询地形图

(1) 查询地形图编号

在实践中,往往知道某地地理坐标,需查询其 1:100 万地形图编号,可用公式:

表 5.1　8 种比例尺地形图及其相互关系

比例尺	纬差	经差	行数	列数	图幅数量关系							比例尺代码	行号(数)字码	列号数字码	编号示例 φ:34°15′24″ λ:108°55′45″
1:100 万	4°	6°	1	1	1								A、B…V	1、2…60	I49
1:50 万	2°	3°	2	2	4	1						B	001 ~ 002	001 ~ 002	I49B001001
1:25 万	1°	1°30′	4	4	16	4	1					C	001 ~ 004	001 ~ 004	I49C002001
1:10 万	20′	30′	12	12	144	36	9	1				D	001 ~ 012	001 ~ 012	I49D006002
1:5 万	10′	15′	24	24	576	144	36	4	1			E	001 ~ 024	001 ~ 024	I49E011004
1:25 万	5′	7′30″	48	48	2 304	576	144	16	4	1		F	001 ~ 048	001 ~ 048	I49F021008
1:1 万	2′30″	3′45″	96	96	9 216	2 304	576	64	16	4	1	G	001 ~ 096	001 ~ 096	I49G042015
1:5 千	1′1.5″	1′52.5″	192	192	36 864	9 216	2 304	256	64	16	4	H	001 ~ 192	001 ~ 192	I49H084030

注:示例为西安所在地的不同比例尺地形图编号。

$$\left.\begin{aligned} a &= [\varphi/4°] + 1 \\ b &= [\lambda/6°] + 31 \\ &(\text{西经范围用 } b = 30 - [\lambda/6°]) \end{aligned}\right\} \tag{5.1}$$

式中，a 为 1:100 万图所在纬度带字符相对应数字码；b 为 1:100 万图所在经度带数字码；λ 为某点经度；φ 为某点纬度；[　]为数值取整数。

知道一幅图的 1:100 万比例尺地形图编号，求其余各种比例尺地形图的行、列编号，可用公式：

$$\left.\begin{aligned} c &= 4°/\Delta\varphi - [(\varphi/4°)/\Delta\varphi] \\ d &= [(\lambda/6°)/\Delta\lambda] + 1 \end{aligned}\right\} \tag{5.2}$$

式中，c 为所求地形图行号数字码；d 为所求地形图列号数字码；φ、λ 为某点纬度、经度；$\Delta\varphi$ 为所求地形图纬差；$\Delta\lambda$ 为所求地形图经差；[　]为数值取整数；(　)为整除后，商取所余经、纬度数。

例：已知西安市中心区：$\varphi 34°15'24''$，$\lambda 108°55'45''$，用公式法求其所在 1:100 万、1:25 万和 1:5 万比例尺地形图编号。

1:100 万地形图编号：按式(5.1)得

$$a = [34°/4°] + 1 = 9 \text{（即字符为 I）}$$

$$b = [108°/6°] + 31 = 49$$

西安所在 1:100 万地形图编号为 I49 。

1:25 万地形图编号：按式(5.2)得

$c = 4°/1° - [(34°15'24''/4°)/1°] = 4°/1° - [2°15'24''/1°] = 002$

$d = [(108°55'45''/6°)/1°30'] + 1 = [0°55'45''/1°30'] + 1 = 001$

西安所在 1:25 万地形图编号为 I49C002001。

1:5 万地形图编号:按式(5.2)得

$c = 4°/10' - [(34°15'24''/4°)/10'] = 4°/10' - [2°15'24''/10'] = 011$

$d = [(108°55'45''/6°)/15'] + 1 = [0°55'45''/15'] + 1 = 004$

西安所在 1:5 万地形图编号为 I49E011004。

(2) 查询地形图经纬度

已知图幅编号,计算该图西南图廓点经纬度用下式:

$$\left.\begin{aligned}\lambda &= (b-31)\times 6° + (d-1)\times \Delta\lambda \\ \varphi &= (a-1)\times 4° + (4°/\Delta\varphi - c)\times \Delta\varphi\end{aligned}\right\} \tag{5.3}$$

式中,λ、φ 分别为图幅西南图廓点经度、纬度;a 为 1:100 万图所在纬度带字符所对应数字码;b 为 1:100 万图所在经度带数字码;c、d 分别为所求比例尺地形图的行、列号数字码;$\Delta\varphi$、$\Delta\lambda$ 分别为所求比例尺地形图的纬差、经差。

例:已知西安所在的 1:10 万地形图的编号为 I49D006002,求其西南图廓点的经纬度。

$$a = 9, b = 49, c = 006, d = 002, \Delta\varphi = 20', \Delta\lambda = 30'$$

$$\lambda = (49-31)\times 6° + (2-1)\times 30' = 108°30'$$

$$\varphi = (9-1)\times 4° + (4°/20' - 6)\times 20' = 34°$$

西安所在地 1:10 万地形图西南图廓点经纬度分别为 108°30',34°。

第五节　国家基础地理信息数据库

一、概　况

传统的纸质型地图作为基本图件和基础地学信息,在国民经济建设、科学研究、文化、教育、国防军事等行业部门和领域发挥着重要的作用,并将在今后相当长的时间内持续得到应用。但面对新世纪信息社会的到来,随着计算机技术、信息传输技术、对地观测技术、因特网技术、信息共享技术等的飞速发展,纸质型地图作用的发挥在一定程度上受到限制。如查询检索、快速量测、有效阅读、模拟表达、空间分析、知识挖掘、科学决策等,更能借助计算机技术高效、科学的进行。为此,国家在上世纪末加快了对国家基础地理信息数字化的研究,成立了国家基础地理信息中心,旨在科学地进行国家基础地理信息的汇集、建库、更新、维护、分发等,方便、高效地为用户服务;其基本任务是建设和维护国家基础地理信息地图数据库、影像数据库、大地数据库和专题应用数据库,提供数字和模拟产品的管理和服务等。

地图数据库包括:线划地图数据库、数字高程模型数据库、数字栅格地图数据库、数字正射影像数据库和地名数据库。

影像数据库包括:基础航空摄影数据库和卫星遥感影像数据库。航空摄影是获取基础地理信息的主要手段,可用来测制和更新国家基本比例尺地形图,成为建立和更新国家基础地理信息系统数据库的主要数据源,也是一种重要的基础测绘成果。目前基础航空摄影数据库的数字产品主要有:航片扫描数据,彩色、黑白数字影像图等。卫星遥感影像数据实时性强,覆盖面宽,随着其几何分辨率和光谱分辨率的不断提高,已成为获取和更新基础地理信息的重要手段。“九五”期间,我国已获取了全色波段地面分辨率为15m、多光谱波段地面分辨率为30m的卫星影像和全色波段地面分辨率为10m,多光谱波段地面分辨率为20m的卫星影像,可提供遥感影像数据信息。

大地(测绘基准)数据库包括:

国家平面控制网:它是确定地表的地形、地物平面位置的坐标体系,按控制等级和施测精度可分为1、2、3、4等网。目前分为1954北京坐标系和1980西安坐标系两套成果。

国家高程控制网:它是确定地表的地形、地物海拔高程的坐标体系,按控制等级和施测精度分为1、2、3、4等4级网。目前使用的是1985年国家高程基准(国家水准原点设在山东青岛黄海验潮站)。

国家重力基本网:它是确定我国重力加速度数值的坐标体系。该成果在研究地球形状、精确处理大地测量观测数据、发展空间技术等方面有着广泛的应用。目前使用的是1985年国家重力基本网。

国家高精度卫星定位基本网:它是利用卫星定位技术建立起来的新一代精确定位和导航的空间定位坐标体系。目前使用的是国家高精度卫星定位控制网,包括A级、B级网和用于动态导航服务系统的地球定位系统(GPS)跟踪站。

专题应用数据库主要为满足国民经济建设、生产、生活、科研、教学、商业等各行业部门和领域对专题性地理信息需求而建立的数据库,提供专题影像数据、电子地图等。

二、国家基础地理信息系统地图数据库产品

1. 数字线划地图

数字线划地图(digital line graphic, DLG)是现有地形图基础地理要素的矢量数据集,且保存各要素间的空间关系和相关的属性信息以及位置坐标等(彩图4)。

该图种可通过:地形图或专题地图经扫描矢量化后进行编码、编辑处理;计算机数字测图;数字摄影测量工作站测图;影像跟踪矢量化等4种方法得到。数字线

划地图可用来分别提取属性数据、分层叠加地理要素信息、据矢量对象查询属性、据属性查询矢量对象、创建专题属性、绘制专题地图等,并具有易于更新、编辑的特点。我国目前已完成全国 1∶400 万、1∶100 万、1∶25 万数字线划地图和局部地区1∶5 万数字线划地图。

2. 数字栅格地图

数字栅格地图(digital raster graphic, DRG)是纸质地形图的数字化产品。每幅图经扫描、几何纠正、图幅处理及数据压缩处理后,形成在内容、几何精度和色彩上与地形图保持一致的栅格文件(彩图 5)。

该图种是将纸质模拟地图经扫描仪数字化后,通过图幅定向、几何纠正(仪器误差、图纸变形等)、灰度或色彩统一、坐标变换、整饰处理等过程,最终变成数字栅格地图。

利用数字栅格地图可查询点位坐标、元数据信息和偏角信息,据坐标确定目标点,量算任意折线距离和任意多边形面积,量测坡度、行程,进行图幅拼接和裁切处理,统计图幅中各种颜色(区域)所占比例等。我国目前已完成全国 1∶10 万、1∶5 万和局部区域 1∶1 万数字栅格地图。

3. 数字正射影像图

数字正射影像图(digital orthophoto map, DOM)是利用数字高程模型,对扫描处理后的数字化航空像片或遥感影像(单色、彩色),经逐像元纠正,再进行影像镶嵌,按图幅范围剪裁生成影像数据,该图大都是带有方里网、图廓整饰和注记的平面图(彩图 6)。

该图种可利用数字摄影测量工作站直接获得,也可利用基于数字高程模型的单像片用数字微分纠正法得到。我国目前已完成局部区域 1∶1 万数字正射影像图,正在建设全国 1∶5 万数字正射影像数据库。

4. 数字高程模型

数字高程模型(digtal elevation model, DEM)是用于显示区域地面高程建立在高斯投影平面上规则格网点平面坐标(x, y)及其高程(z)的数据集(彩图 7)。其水平间隔可随地貌类型的不同而改变,根据不同的高程精度可分为不同的等级产品。

该图种可用航空立体像片或航天立体影像作为信息源,通过解析摄影测量或数字摄影测量处理直接生成 DEM;还可用地形图作为原始信息,通过等高线扫描数字化、扫描误差纠正(包括图纸变形)、等高线矢量化,经高程赋值、三角网生成、内插计算后建成 DEM。

利用数字高程模型可进行高程、坡度、坡向分析、量测坐标、距离、面积、体积,进行通视性判别,生成剖面图、等高线,叠加相关矢量数据和影像数据等。由于其三维立体效果好,成为地貌表示的最好方法之一,受到世界各国的普遍重视。我国目前已完成全国1:100万、1:25万DEM和80%区域1:5万DEM以及局部地区1:1万DEM(彩图8)。

以上4种产品统称为地图4D产品。在生产制作过程中,地图扫描误差纠正、图纸线划矢量化、影像正射纠正与拼接、多重数据叠加分析与信息提取等为其技术重点。

复习参考题

1. 何谓普通地图？其内容构成、类型及其特征是什么？
2. 普通地图和航空像片、卫星像片的主要区别是什么？
3. 在地形图上如何表示自然地理要素？
4. 为什么说等高线是表示地貌最好的方法之一？等高线有何特点？
5. 在普通地图上如何表示社会经济要素？
6. 简述普通地图的用途？
7. 1991年以后,我国基本地形图如何进行分幅编号？试计算某地(E108°52′45″, N36°20′36″)的1:10万、1:5万比例尺地形图的编号。
8. 在普通地图上如何辨认方向？
9. 国家基础地理信息数据库的主要信息源有哪些？
10. 简述地图4D产品,其具有哪些功能？

主要参考文献

蔡孟裔,毛赞猷,田德森等.2000.新编地图学实习教程.北京:高等教育出版社
马永立.2000.地图学教程.南京:南京大学出版社
尹贡白,王家耀,田德森等.1991.地图概论.北京:测绘出版社
张奠坤,杨凯元.1992.地图学教程.西安:西安地图出版社
张继贤.1998.4D技术用于土地资源遥感动态监测.遥感信息,(3)
张荣群.2002.地图学基础.西安:西安地图出版社

第六章　专题地图

本章要点

1.掌握专题地图、地图集、电子地图集的定义、分类及其基本特征。

2.深入了解并学会专题要素的11种表示方法,能够进行专题地图的基本设计。

3.认识专题要素的基本特征,理解专题地图表示方法和其所表示的专题要素特征的关系。

4.了解专题地图表示方法和地图符号视觉变量间的关系。

第一节　专题地图概述

一、专题地图定义与基本特征

专题地图是指突出而尽可能完善、详尽地表示制图区内的一种或几种自然或社会经济(人文)要素的地图。专题地图的制图领域宽广,凡具有空间属性的信息数据都可用其来表示。其内容、形式多种多样,能够广泛应用于国民经济建设、教学和科学研究、国防建设等行业部门。

专题地图和普通地图相比,具有独特的特征。

1) 地图内容主题化。专题地图突出表达了普通地图中的一种或几种要素,有些专题地图的主题内容是普通地图中所没有的要素。

2) 主题要素特殊化。普通地图强调表达制图要素的一般特征,专题地图强调表达主题要素的重要特征,且尽可能完善、详尽。

3) 地图功能多元化。专题地图不仅能像普通地图那样,表示制图对象的空间分布规律及其相互关系,而且能反映制图对象的发展变化和动态规律。如动态地图(人口变化),预测地图(如天气预报图)等。

4) 表达形式多样化。一个国家的普通地图特别是地形图,往往都有规范的图式符号系统,但专题地图却由于制图内容的广泛,除个别专题地图外,大体上没有规定的符号系统,表示方法多种多样,地图符号可自己设计创新,因而其表达形式多种多样、丰富多彩。

5) 表示内容前瞻化。普通地图侧重客观地反映地表现实,而专题地图取材学科广泛,许多编图资料都由相关的科研成果、论文报告、研究资料、遥感图像等构成,能反映学科前沿信息及成果。

二、专题地图的基本类型

专题地图取材范围广泛、制图内容丰富、表现形式多样,按照不同的分类方法可划分为不同的基本类型。

1. 按内容性质分类

专题地图按内容性质分类可分为:自然地图、社会经济(人文)地图和其他专题地图。

1) 自然地图。反映制图区中的自然要素的空间分布规律及其相互关系的地图称为自然地图。主要包括:地质图、地貌图、地势图、地球物理图、水文图、气象气候图、植被图、土壤图、动物图、综合自然地理图(景观图)、天体图、月球图、火星图等。

2) 社会经济地图(人文地图)。反映制图区中的社会、经济等人文要素的地理分布、区域特征和相互关系的地图称为社会经济地图。主要包括:人口图、城镇图、行政区划图、交通图、文化建设图、历史图、科技教育图、工业图、农业图、经济图等。

3) 其他专题地图。不宜直接划归自然或社会经济地图的,而用于专门用途的专题地图。主要包括:航海图、宇宙图、规划图、工程设计图、军用图、环境图、教学图、旅游图等。

2. 按内容结构形式分类

1) 分布图。是指反映制图对象空间分布特征的地图。如人口分布图、城市分布图、动物分布图、植被分布图、土壤分布图等。

2) 区划图。是指反映制图对象区域分布,结构规律的地图。如农业区划图、经济区划图、气候区划图、自然区划图、土壤区划图等。

3) 类型图。是指反映制图对象类型结构特征的地图。如地貌类型图、土壤类型图、地质类型图、土地利用类型图等。

4) 趋势图。是指反映制图对象动态规律和发展变化趋势的地图。如人口发展趋势图、人口迁移趋势图、气候变化趋势图等。

5) 统计图。是指反映不同统计区制图对象的数量、质量特征,内部组成及其发展变化的地图。

三、专题地图的构成要素

任何一幅专题地图基本上是由主题要素和底图要素两个层面构成,较复杂的专题地图则由两个以上的层面构成,即最主要的主题要素在第一层平面,次要主题要素在第二层面,更次要主题要素在第三层面,依次类推,底图要素则处底层平面。专题地图的层面太多会影响到地图的清晰性和图面感受效果;太少虽简单明了,但图面传输的信息量减少;只有主题要素而无底图要素的专题地图是不完整的专题地图。

主题要素是专题地图重点和突出表达的内容,是图面主体部分。主题要素表示的优劣决定了专题地图的科学性。其表示方法将在下节论述。

底图要素是制作专题地图的地理基础,即主题要素是依据底图要素而编制在底图上的。底图要素不仅是作为描绘主题要素的骨架,用来定向和确定相对位置;而且反映主题要素和周围环境相互联系、制约的密切关系,起衬托主题作用。底图质量的优劣决定了专题地图的数学精确性和地理相关性。普通地图是编制专题地图的基础,即普通地图常作为专题地图的底图。底图要素包括经纬线网、方里网、水系、地势、居民地、交通线、境界线、植被、重要的独立地物等,其中经纬线网、水系和居民地几乎是任何专题地图上都必须选择的底图要素。并非每幅专题地图的底图都包含所有的底图要素。如陕西省 1∶50 万人口分布图,底图要素选取经纬线网、主要河流、乡级以上居民地、主要交通线、县级境界线、重要独立地物等。

第二节　专题要素的特征和表示方法

一、专题要素的特征

1. 专题要素的空间分布特征

专题地图的类型虽然很多,但其内容都是由地理基础和专题要素组成的。地理基础是由普通地图内容要素组成的。如水系、植被、境界线、居民地、交通、地貌等,通常用浅淡颜色表示。地图上表示哪些地理基础和表示的详细程度如何,是根据专题地图的主题、用途、比例尺和区域特点的不同而确定的。

专题要素是专题地图的主题内容,从资料来讲,一是将普通地图内容中一种或几种要素显示得比较完备和详细,而将其他要素放在次要位置或省略,如交通图的交通要素就非常详细;二是普通地图上没有的和地面上看不见的或不能直接量测的要素,如气候图、游客密度图、古遗址图和经济效益图上的专题要素。

专题要素的空间分布特征有三:一是呈点状分布或在实地占面积不大,如采矿点、城镇等;二是呈带状分布,如旅游路线、交通线、江河、客流路线等;三是呈面状分布,可分为:连续而布满制图区的,如地貌、气候等;间断呈片状分布的,如城区、湖泊、公园、森林等;大范围内呈分散分布的,如动物、人口等。其中点状分布和面状分布是相对而言的,如城市,在全国城镇分布图上,诸城市可能成为点;而在某城市地图上,该城市又变为面。

2. 专题要素的时间态特征

专题要素的时间态特征主要有三点:一是限定在某特殊时刻的,如今天或某日期的经济收入值、客流总数、基础设施数等,可包括过去的、目前的和将来的;二是表示某一段月份内、年份内的,如 2 ~ 10 月的游客数,2000 ~ 2003 年各年度的经济总收入等。三是某年度内的周期性变化,如某年内各月的气温变化、降水变化等。

3. 专题要素的可示特征

在大千世界中,凡具有空间特征的信息资料及事物现象,都可用专题地图的形式来表达。专题地图种类繁多、复杂多样,其专题要素可被表示的特征主要有:专题要素的空间分布特征,如铁路线分布、城市分布等;专题要素的质量特征(类别、性质),如小麦地、稻地等;专题要素的数量指标,如亩产、总产量等;专题要素的内部组成,如农作物中优良、一般和低产品种的构成比重;专题要素的动态变化,如制图区内小麦总产的年度变化;专题要素的发展趋势,如小麦产量预测等。专题地图的符号图形回答:这是什么?在哪里?有多少?构成怎样?过去和现在怎样?将来怎样等问题。

二、点状要素的表示方法:定点符号法

点状要素常用定点符号法表示,简称符号法。它是用各种不同形状、大小、颜色和结构的符号,表示专题要素的空间分布及其数量和质量特征。通常符号的位置表示专题要素的空间分布,形状和颜色表示质量的差别,大小表示数量的差别,结构符号表示内部组成,定位扩展符号表示发展动态。

1. 符号的形状

符号按其形状可分为几何符号、文字符号与艺术符号三种(图 6.1):一是几何符号,其图形简单、绘制方便、定位准确、区别明确、所占面积小、大小易于比较,因此使用较广。但简单的几何图形太少,难以反映种类繁多的地理要素,且缺乏真实感。二是文字符号,是用专题要素的首字母或简注汉字作为符号。能望文生义,不需查找图例。但很多要素名称的首字母常是相同的,因此容易混淆,且定位也不精确。三是艺术符号,可分为象形符号和透视符号两种。象形符号是用简单而形象的图形来表示景物,简单明确,容易记忆和理解。透视符号是按事物的透视关系绘制而成,形象生动,通俗易懂,直观显明,引人注目。但这两种符号图形所占面积较大,一般在图上较难确定其准确位置。且难比较图形面积大小,反映数量较为困难。

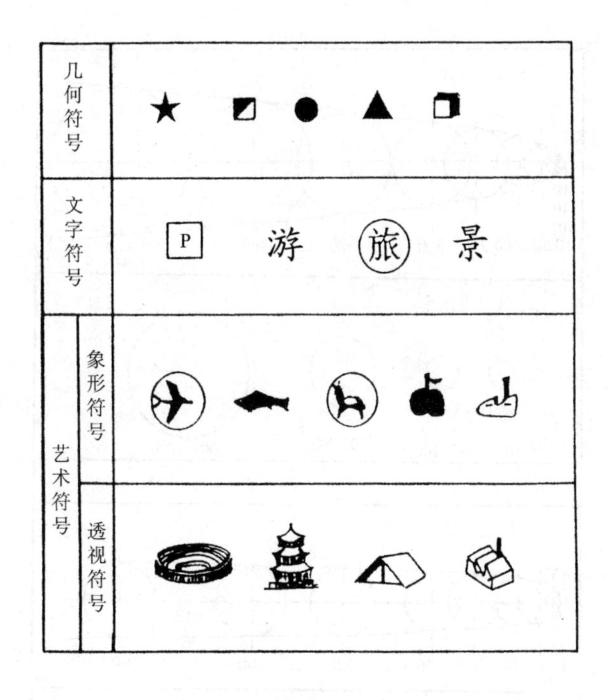

图 6.1　符号的类型

2. 符号的大小

(1) 比率符号与非比率符号

符号的大小与所示专题要素的数量有一定比率关系的,称比率符号。符号的大小与专题要素的数量无比率关系,则称为非比率符号。

(2) 绝对比率符号与条件比率符号

比率符号又可分为绝对比率符号和条件比率符号两种(图 6.2)。绝对比率符号是指符号面积的大小与所示事物的数量成正比关系。其易于比较事物的大小。但当两个数量相差极为悬殊时,会使大符号太大,或小符号过小。若使最小符号明显易读,则最大符号可能因尺寸过大而影响其他事物的表示;反之,小的符号就难以绘制和阅读。

条件比率符号是指符号面积的大小与所示专题要素的数量之间成一定比率关系,但两者之比不等于符号面积之比,而是为绝对比率加上某种函数关系的条件,即使最小符号清晰易读,最大符号不过分突出,整个图幅内容能相互协调。

(3) 连续比率与分级比率

无论是绝对比率或条件比率,其符号大小的变化,都可以是连续的或分级的。

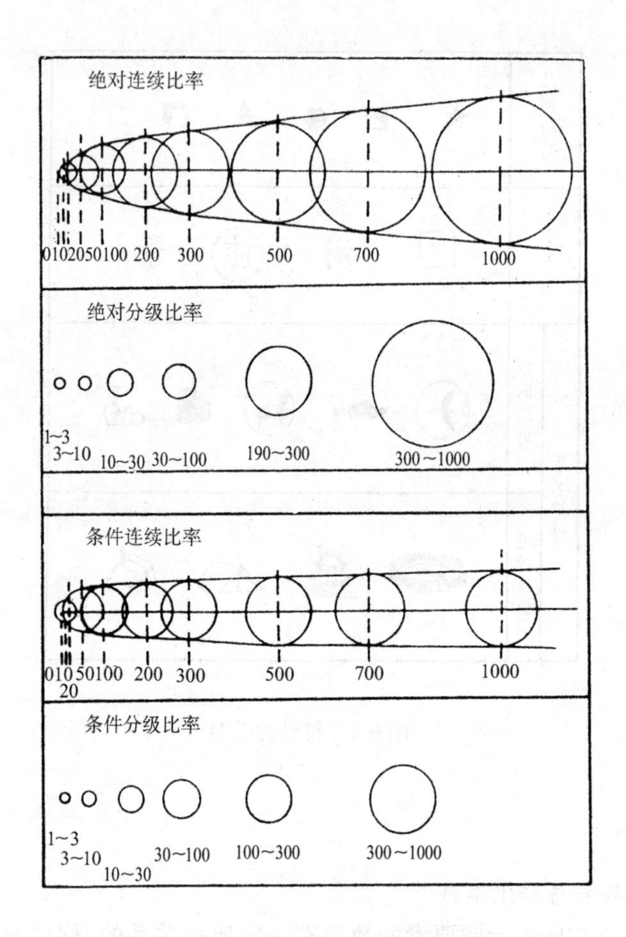

图 6.2　符号的比率

连续比率是指只要有一个数量，就必然有一个一定大小的符号与其对应，即符号大小与它所代表的数量都是连续的。若每个连续比率符号的面积与它所代表的数量成绝对正比关系，则叫绝对连续比率；为绝对连续比率加上某种条件，则叫条件连续比率。采用连续比率可直接在图上根据符号的大小求出相应事物的数量，但计算麻烦，绘制困难。实际作业中，常采用分级比率。

分级比率是对所示事物的数量进行分级，使符号的大小在一定区间内保持不变。绝对分级比率符号的面积与数量的分级平均值(或极限值)成绝对正比关系。实际作业中，多采用条件分级比率。条件分级比率符号的面积与数量的分级平均值(或极限值)成函数关系。

用分级比率对所示专题要素的数量进行分级，图例相应简化。因此，较易确定相应符号大小，也方便了读者。同时，在一定时期内还能保持地图的现势性。但不能表示出同一级别内所示要素在数量上的差别。

级别划分有等差分级和等比分级等。常用等差分级，即分级间距完全相等，而且每级下限全为整数。等比分级是各级间距成倍地增加，即成等比级数。也有把等差和等比分级相结合成任意分级的。采用哪种分级方法，要由所示事物数量的实际情况决定。应当指出，符号大小是由事物数量的相对关系确定的，并不是根据比例尺来表达。

3. 符号的颜色

符号的不同形状和颜色都可以反映所示事物的质量，但是，由于颜色的差别比形状的差别更明显，因此，最好用不同的颜色来表示事物最主要、最本质的差别，而用符号的形状来表示次要的差别。如用红色和绿(黑)色分别表示人文和自然景点，而以符号的不同形状表示相应不同景物。

4. 符号的结构

符号按其结构的繁简程度，可分为单一符号、组合符号和扩张符号等。

组合结构符号是将符号划分为几个部分，以反映所示专题要素的内部结构(图 6.3)。

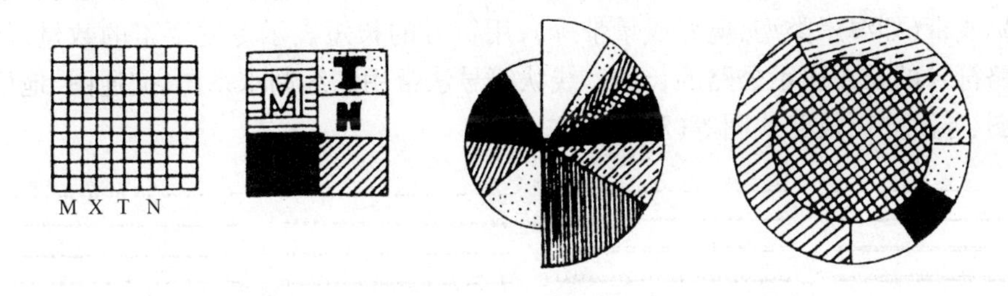

图 6.3　组合结构符号

如表示某一城市人口的符号，就可根据城市人口的性别构成比重来分割圆，用圆内部的分割比率表示性别组成。圆形符号和环形符号最易分割，常被采用。

定位扩张符号用以反映事物的发展动态。常用外接圆、同心圆与其他同心符号，并配以不同的颜色，来表示各个不同时期事物的数量发展(图 6.4)。

5. 符号的位置

几何符号可准确定位。当某处符号过于密集，即使符号相互重叠，也不会产生疑义，但为了提高小符号清晰度，较大符号的色彩必须浅淡，或以附图的形式扩大表示。当几种不同的符号位于同一点、产生不易定位及符号重叠时，可将各个符号

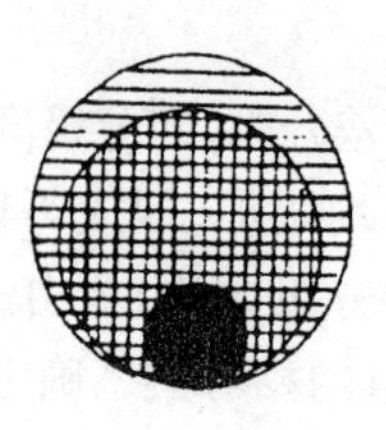

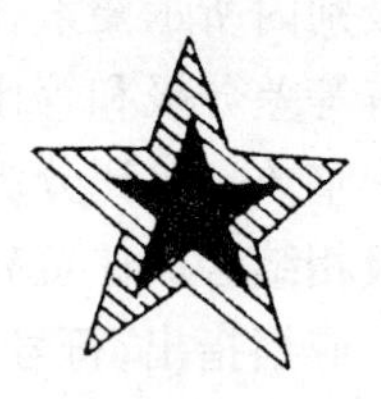

图 6.4 定位扩张符号

化为一个组合结构符号表示,或用小符号压大符号。符号的位置可表达专题要素的空间分布特征(彩图 9、10、11)。

三、线状要素的表示方法:线状符号法

线状或带状分布要素,如交通路线、客流路线、水系、断层线、境界线、岸线、地质构造线、气象上的锋等,一般采用线状符号法表示(图 6.5)。通常用颜色和图形表示线状要素的质量特征,如用颜色区分不同的旅游路线、不同时期内的客流路线、不同的河网类型等;用符号粗细表示等级差异;符号的位置通常描绘于被表示事物的中心线上(如交通线),有的描绘于线状事物的某一侧,形成一定宽度的彩色带或晕线带(如海岸类型、境界线晕带等);用符号的长短表示专题要素的数量,如用公路符号的长短表示公路的长度。线状符号法常用来编制水系图、交通图、地质构造图、导游图以及路线图等(彩图 12)。

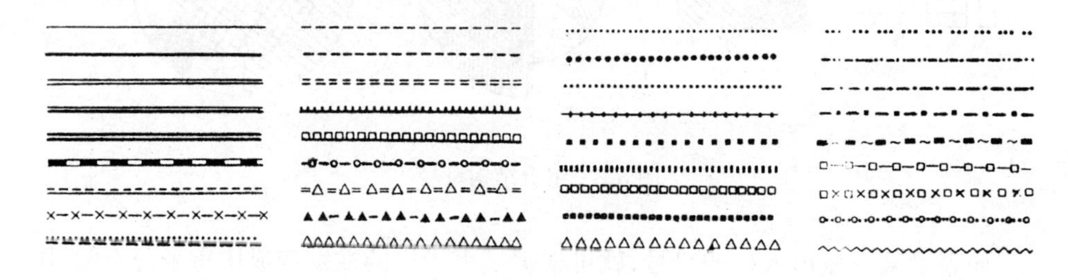

图 6.5 线状符号

四、面状要素的表示方法

面状要素按空间分布特征可归纳为三种形式:一为布满制图区的要素,可用质底法、等值线法和定位图表法表示;二为间断呈片状分布要素,可用范围法表示;三

为离散分布要素，常用点值法、分级比值法、分区统计图表法和三角形图表法表示。

1. 质底法

质底法又叫底色法，是在区域界线或类型范围内普染颜色或填绘晕线、花纹，以显示布满制图区域专题要素的质量差别，常用于各种类型图和区划图的编制，如地貌类型图、农业区划图、气候类型图等。

编图时，首先要按所示内容的性质，进行分类和分级（分区）；其次在图上勾绘出各分区界线；最后在各分区界线内据拟定的图例符号表示出各类型或各区划的分布（图 6.6）。

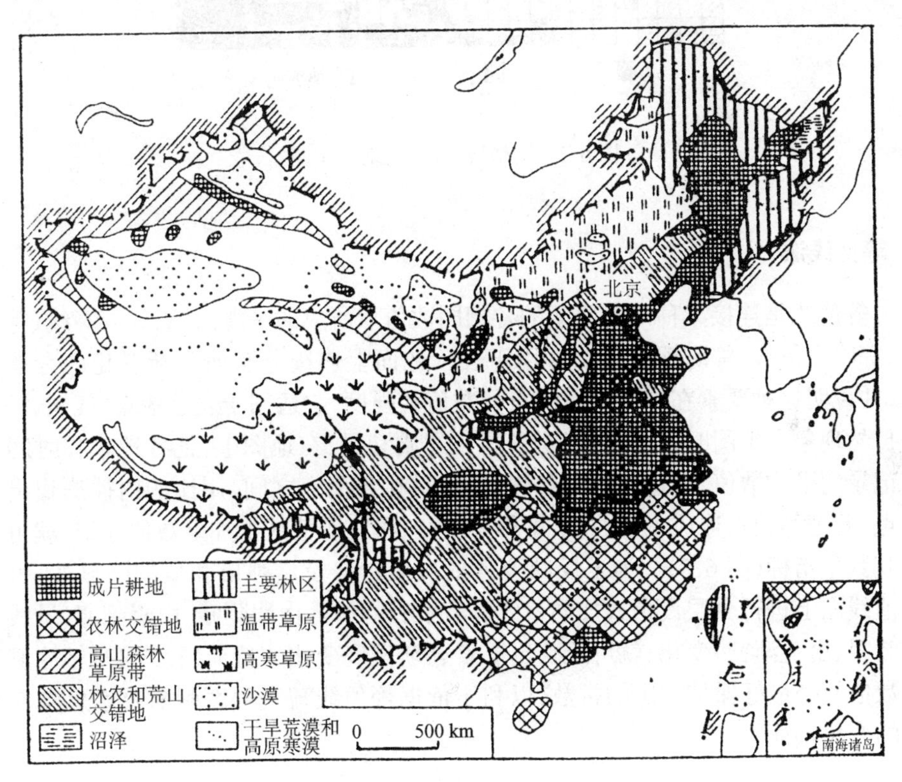

图 6.6　质底法（全国土地资源分布略图）

质底法按面状符号分类分区界线的准确程度，可分为精确和概略质底法两种。行政区划图、地貌类型图、地质图、气候区划图、农业区划图等常用前法表示。概略质底法的图斑轮廓线，可用网格线的变化来表示面状要素的分布，其符号轮廓呈直角状，仅能表示事物的相对分布范围。如土地利用图、土壤类型图等（图 6.7）。质底法的特点一是所表示专题要素布满制图区域；二是符号不能重叠，故难于表达事物现象的渐进性和渗透性。

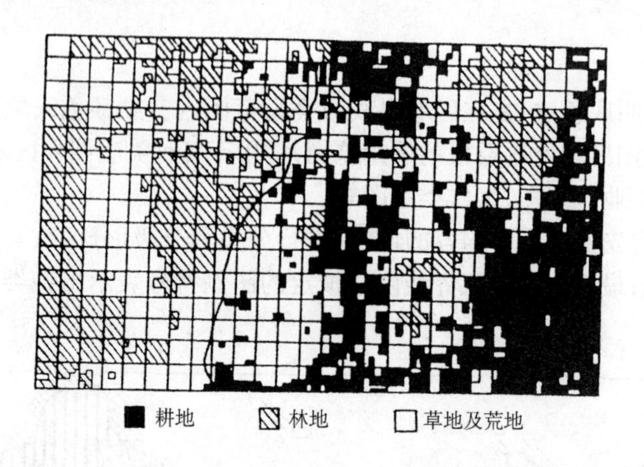

图 6.7 网格质底法(土地利用图)

2. 等值线法

等值线是连接某种专题要素的各相同数值点所成的平滑曲线,如等高线、等温线、等降水量线、等海深线等。常用于表示地面上连续分布而逐渐变化的专题要素,并说明这种要素在地图上任一点的数值和强度,它适用于表示地貌、气候、海滨等自然现象。编图时,首先据某要素同一的质和量,在地图上,把各地较长时间观测记录的平均数值,标定于相应各测点;然后在各测点之间,用比例内插法找出等值点,并把等值点连成平滑曲线,即得等值线;再在等值线上加上数值注记,就可显示其数量指标(图 6.8)。为了反映要素的发展趋势及增强质和量的明显性,可在等值线图上进行分层设色或加绘晕线,颜色由浅到深、由明到暗、由暖到寒(晕线由细渐粗、由疏渐密)变化,就可反映出要素逐渐发展变化的特征(彩图 13)。等值线的数值间隔最好保持一定的常数,以利于依据等值线疏密程度判断要素急剧与和缓的变化特征。

3. 定位图表法

定位图表法是把某些地点的统计资料,用图表形式绘在地图的相应位置上,以表示该地某种专题要素的变化。

常用柱状图表中的符号高度(长短)或曲线图表表示专题要素的数量变化(图 6.9)。如各月或各年度风向、风力的变化,降水量、气温变化等,均可采用这些图表。

可用玫瑰图表中的符号指向和长度表示专题要素的方向和数量或频率、强度变化。如风向图,用线条指向(南、北、东、西等方向)表示不同风向,用线条长度表

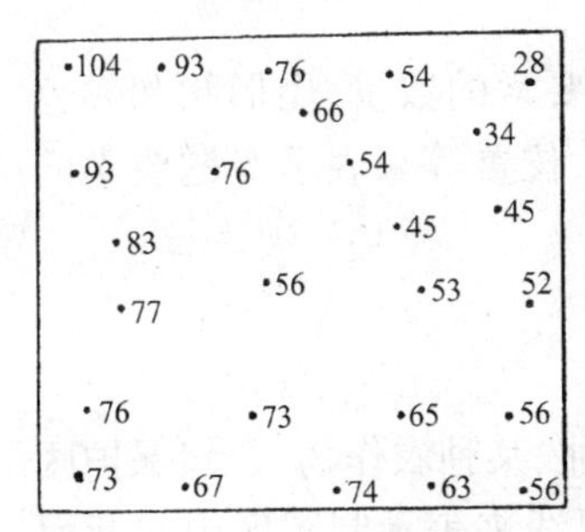

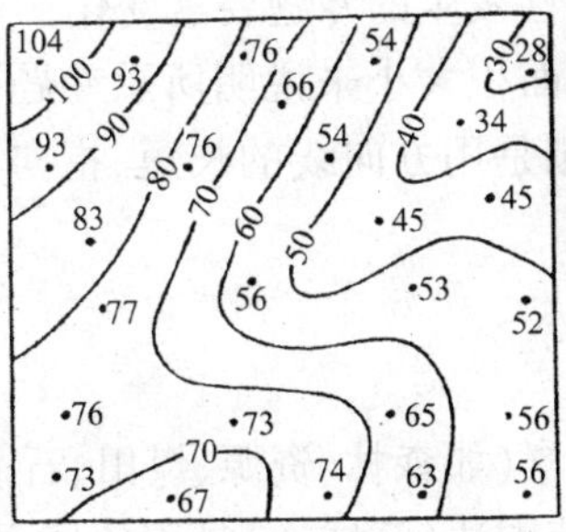

图 6.8　等值线的绘制

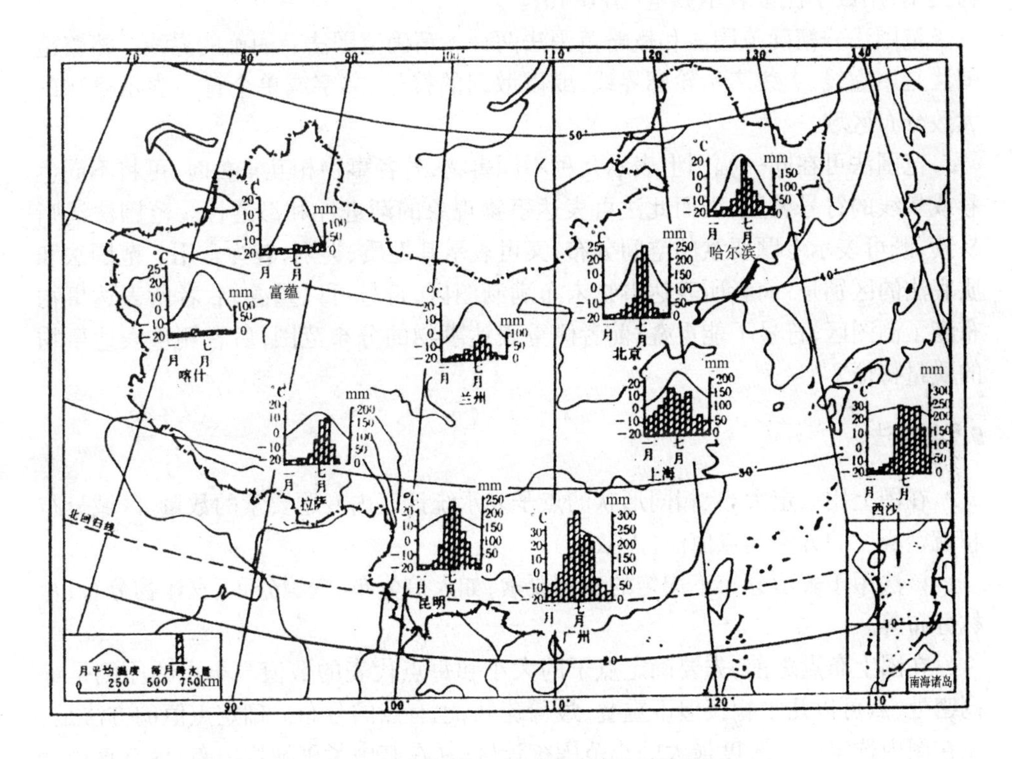

图 6.9　定位图表法(全国气候示意图)

示风的稳定性(各方向风的频率),用线条上的短线表示风力大小。

定位图表法仅用来表示周期性发生的专题要素。如水文的季节变化、气候变化、交通监理站的客流变化、游客数的季节(月份)变化等。

定位图表法和定点符号法都是表示定位于点的专题要素,其区别是:

1)定点符号法是表示某一特定时刻或有限时期内发展变化的专题要素特征,

而定位图表法则是表示周期性发生的专题要素变化;

2)定点符号法是以符号面积大小来说明所示专题要素的数量,用形状和颜色表示其质量;而定位图表法则是用方向线的长短、指向、位置等来表示专题要素的频率、方向与大小。

4. 范围法

间断成片状分布专题要素(如森林、资源、煤田、石油、某种农作物、自然保护区等)的表示常采用范围法。范围法(区域法)是用轮廓界线来表示制图区内间断而成片状分布的专题要素的区域范围,用颜色、晕线、注记、符号等整饰方式来表示事物类别;用数字注记表示数量(图 6.10)。

范围法分精确范围法和概略范围法两种。精确范围法有明确的界线。概略范围法是用虚线、点线表示轮廓界线,或以散列的符号、文字或单个符号表示事物的大致分布区域。

范围法可在同一幅图上表示几种不同事物,若各事物相互重叠时,可将不同色彩或晕线的符号叠置,因而此法可表达事物现象的渐进性和渗透性。范围法清晰易读,既可表示专题要素的空间分布,又可表示其性质、类别,较为常用。范围法和质底法的区别是:前者所表达事物未布满制图区,符号可以重叠;后者所表达事物布满了制图区,符号不能重叠;前者侧重表达事物的分布范围,后者侧重表达事物的质量特征。

5. 点值法

在图上用一定大小、相同形状的点子表示统计区内专题要素的数量、区域分布和疏密程度的方法叫点值法(点数法)。

该法用于表示分布不均匀的专题要素,如人口分布、资源分布、农作物分布、森林分布等。

在图上布点之前,先要确定点子的大小和每点代表的数值。布点的原则是最稠密处,点可以几乎相接但不重叠;最稀疏处,也有点的分布。确定点值的方法是:先在图内选定一个密度最大的小范围统计区,并在其中紧密地均匀布点(点直径大于、等于 0.4mm,才能在图上明显表示;点的间隔应大于、等于 0.2mm);然后,用该范围内专题要素总量除以其中的点数,得出每点所代表的数值,并凑整即得点值。确定点值亦可采用数值计算法,如密度最大区专题要素数量为 A,密度最大区点数为 N,密度最大区图上面积为 $P(\mathrm{mm}^2)$,点的直径为 $d(\mathrm{mm})$,则计算点值 S(凑为整数)的公式为

$$S = A/N = A(d + 0.2)^2/P \tag{6.1}$$

如遇到专题要素密集与稀疏分布特别悬殊的地区,可考虑采用两种不同点值

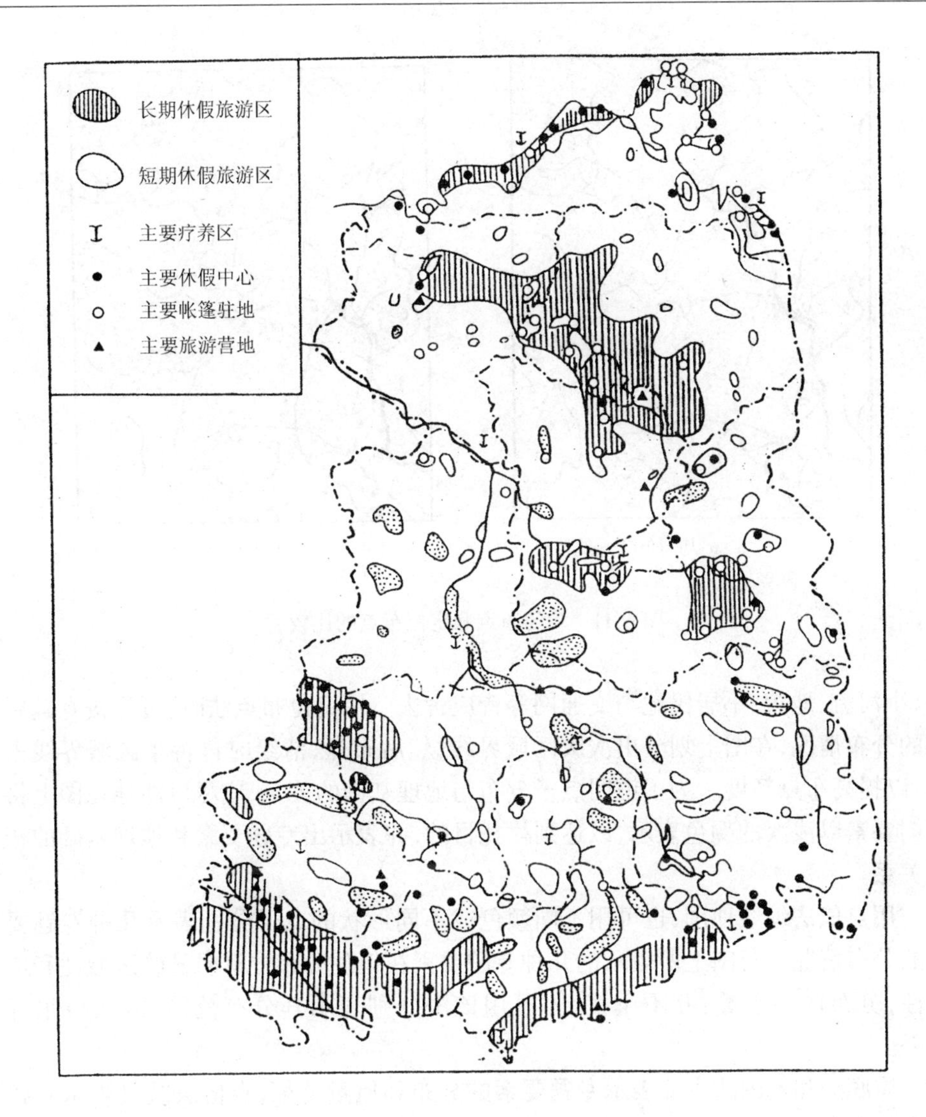

图 6.10　范围法(旅游区分布图)

的点,两种点面积之比最好能与点值之比相一致,以便于比较。每一个统计区所布设的点子数,用其数量指标除以点值即可求得。对点特别密集区也可采用扩大图的形式表示。点值法有两种布点方法:一是均匀布点法,即在一定的统计单位(省、地、县、区、乡等)内均匀布点;另一种是定位布点法,即按专题要素的实际分布情况布点(图 6.11)。

用均匀布点法时,可在某一统计区内按其点数均匀布点。当统计区较小或专题要素分布均匀时比较精确。为避免与地理基础要素发生矛盾,图上除大的水系

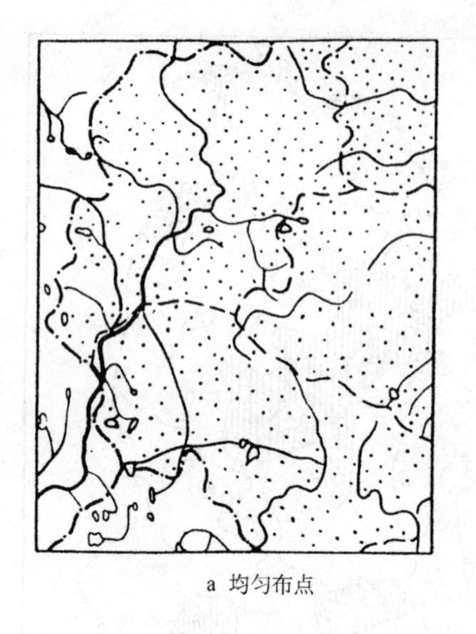
a 均匀布点

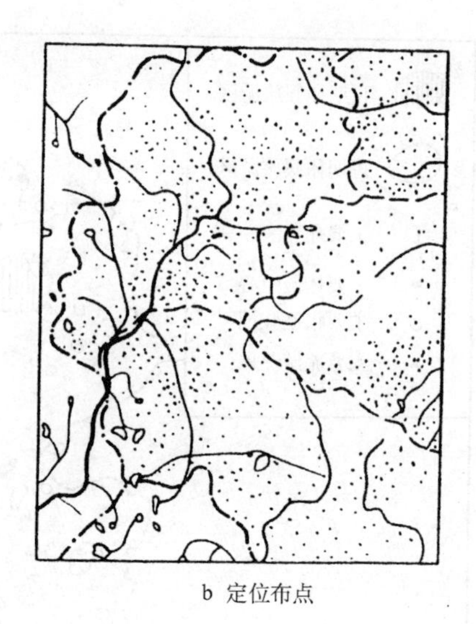
b 定位布点

图 6.11 均匀布点和定位布点的比较

外,小河流、地貌、小居民地与交通网等皆应舍去。用定位布点法时,可先按专题要素的分布情况,在图上划分出次级区域界线,然后布点,清绘时再将小区域界线去掉,以提高布点精度。为了说明点子分布与地理基础的关系,应尽可能地在图上将底图要素以浅淡的颜色表示,以达到衬托目的,并表示出专题要素和地理基础的相互关系。

用点值法编绘地图,也可用不同颜色或不同形状的点子分别表示几种专题要素的分布情况。若图上所表示的几种专题要素在地理分布上有明显的区域性和地带性,分布区不重叠,互不干扰,才可用该法分别表示其分布范围,能获得很好效果。

质底法和范围法主要表示专题要素的分布和质量特征,点值法既可表示专题要素的分布,又可表示专题要素的数量指标,故点值法是质底法和范围法的进一步发展。

6. 分级比值法

分级比值法(分级统计图法),是把整个制图区域按行政区划(或自然分区)分成若干小的统计区;然后按各统计区专题要素集中程度(密度或强度)或发展水平划分级别,再按级别的高低分别填上深浅不同的颜色或粗细、疏密不同的晕线,以显示专题要素的数量差别。同时,还可用颜色由浅到深(或由深到浅),或晕线由疏到密(或由密到疏)的变化显示出要素的集中或分散的趋势。

分级比值法只能显示各个统计区间的差别，而不能表示出同一统计区内部的差别。所以，分级统计的统计区愈大，反映的要素特征也就愈概略；统计区愈小，反映的要素特征就愈接近实际情况。

分级比值法一般只能用于表示要素的相对数量指标。计算相对数量指标时，一般是将各统计区内某项数量绝对指标除以该统计区另一项数量绝对指标，得出数量相对指标。如人口密度，就是人口数除以统计区面积。劳动效率，就是劳动总收入除以职工总数。饭店客房利用率，就是被利用床位数除以总床位数。该法常用来编制资源密度图、沟谷密度图、劳动效益图、交通密度图、渠网密度图等(图 6.12)。

分级比值法图上级别的划分，取决于编图目的、地图用途、专题要素的分布特点和指标的数值。级别划分可采用等差分级(如 0～10、10～20、20～30 等)，等比分级(如 5～10、10～20、20～40 等)，还可采用逐渐增大分级(如 0～20、20～50、50～

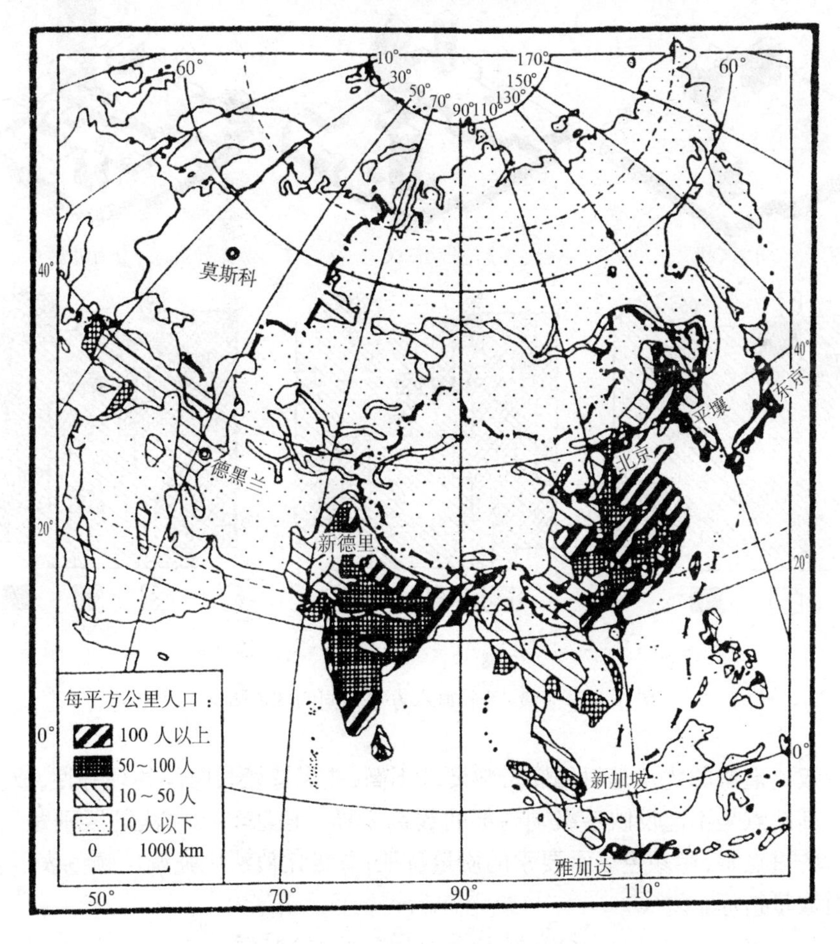

图 6.12　分级比值法(亚洲人口密度分布图)

100 等)或任意分级(如 0 ~ 20、20 ~ 25、25 ~ 30 等)等。

可按同一主题、同一分级标准以及同一色级,编绘几幅不同年份的分级比值地图,以反映专题要素的发展动态。

网格分级比值法是以网格作为基本制图单元,分别求出每个网格内专题要素的相对数值,再进行分级,整饰成图。该法的图斑都为直角折线状,制图精度相对较低。一种用厚度表示的立体分级比值图,分级不同,图面效果不同,和用颜色显示的色级比值图相比,可形成不同的图面效果(图 6.13)。

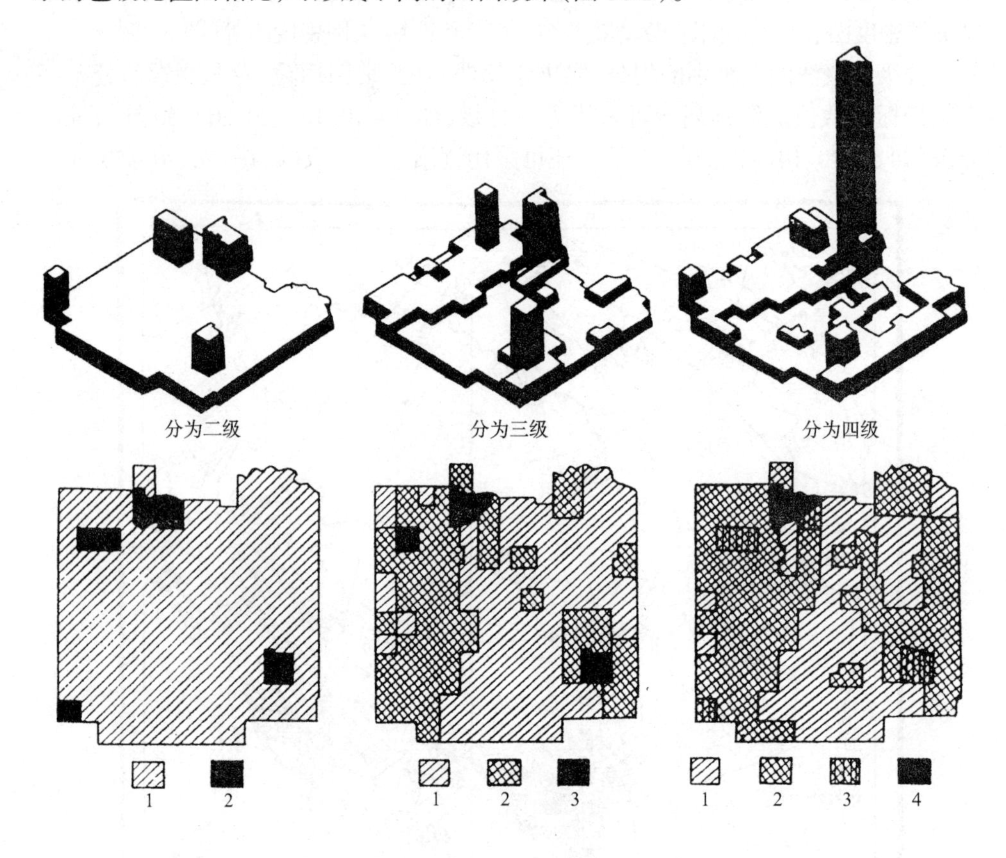

图 6.13　分级不同、显示方法不同的图面效果

分级比值法的优点是对编图资料要求不高,能保持较长时间的现势性,故应用极广。其缺点是不能反映各级别内部的数量差异。该法和质底法的区别是:质底法表示的重点是,用颜色表示要素的质量特征;分级比值法则强调用颜色表示要素的相对数量指标。

7. 分区统计图表法

分区统计图表法是把整个制图区域分成几个统计区(按行政区划单位或自然分区),在每个统计区的中部,按其相应的统计数据,设计绘制出不同形式的统计图形,以表示各统计区内专题要素的总和及其动态。可用来编制资源图、统计图、经济收入图、经济结构图等。

采用分区统计图表法可显示专题要素的绝对数量、内部结构和发展动态。通常以符号大小或相同符号个数显示数量;以符号结构显示内部组成;以扩张图形的不同大小及其颜色,或柱状图形、曲线图形等显示专题要素的发展动态(图 6.14)。

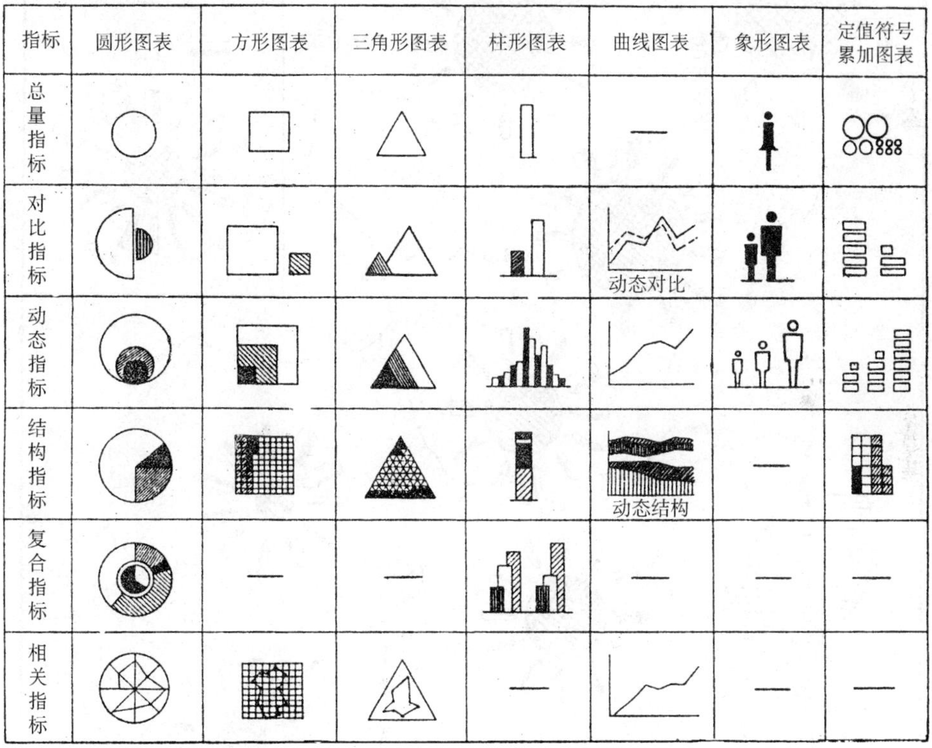

指标	圆形图表	方形图表	三角形图表	柱形图表	曲线图表	象形图表	定值符号累加图表
总量指标					—		
对比指标					动态对比		
动态指标							
结构指标					动态结构	—	
复合指标		—	—		—	—	—
相关指标				—		—	—

图 6.14　各种统计图表示例(据俞连笙,1995)

统计区界线是重要的地理基础要素之一,必须清楚绘出;其他要素如水系、道路、居民地和地貌等,应尽量删减(图 6.15);还可注出各统计区的名称和统计数据。

分区统计图表法和定点符号法中所用的图形可能完全一样,但在意义上有本质差别,分区图表法反映的是一个统计区内的要素,而定点符号法反映的则是点上的要素。

分区统计图表法是以统计资料为基础的表示方法,可反映各统计区间的差别,但不能反映每个统计区内部的数量差别。制图时常用分级比值法作为背景,用分区统计图表法作为主题,两种方法配合使用,可使它们的优缺点得以互相弥补,效果较好。

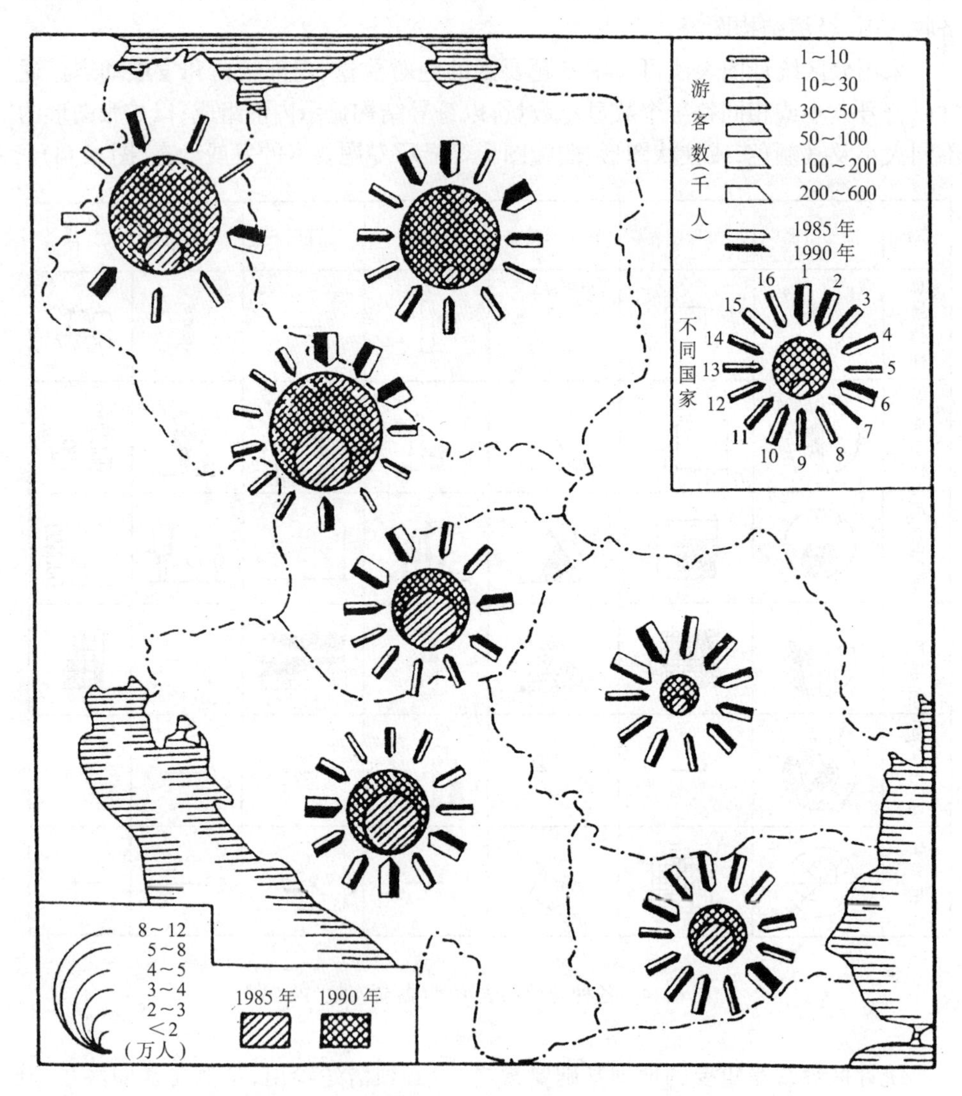

图 6.15　分级统计图表法(接待旅游者人数图)

五、其他表示方法

1. 移动要素表示方法——动线法

移动要素(如货物流、客流、气团移动路线、交通车流等)的表示方法,常采用动线法。动线法是用各种不同形状、颜色、长度、宽度的箭形符号(图6.16),表示专题要素移动的方向、路线、数量、质量、内部组成以及发展动态的方法(图6.17)。

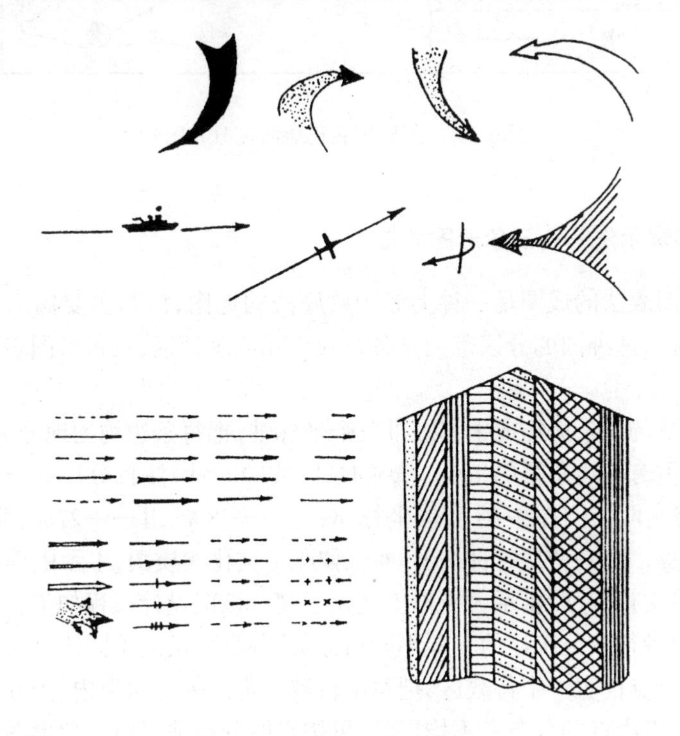

图6.16　简单和复杂动线符号

一般用箭形符号的尖端表示运动的方向,如客流流动方向;用箭形符号的粗细表示强度、速度或数量,如旅客年流量、游客数量;用箭形符号的颜色或形状表示类别性质,如用红色符号表示国内游客流量,用蓝色符号表示国外游客流量;用箭形符号的长短表示其稳定性,如气团发生频率;用箭形符号的位置表示运动路线、轨迹(彩图14),如人口迁移路线;用箭形符号的分割组合带表示其内部组成,如用箭形符号的分割比例表示旅游流的男女构成等。

移动路线有精确与概略之分,前者表示其具体运动路线,后者仅表示出运动的方向和起讫点,看不出具体运动轨迹。运动路线描绘的精确程度,是依据地图比例尺、用途、专题要素性质和资料详细程度决定的。

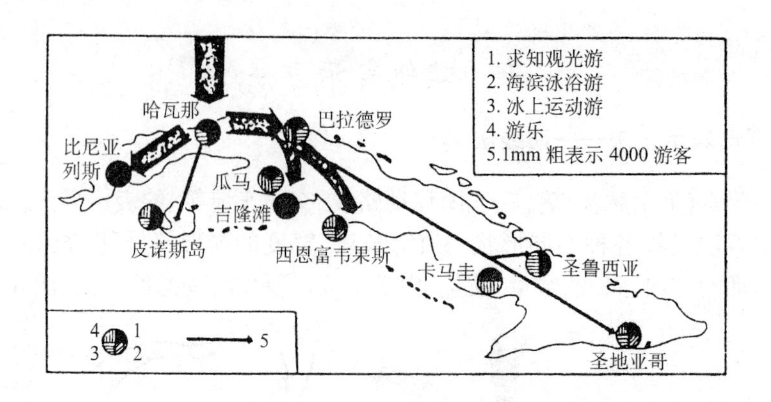

图 6.17　动线法(古巴旅游流分布图)

2. 内部结构表示法——三角形图表法

三角形图表法的成图是一种类似于质底法的地图,但其主要揭示事物现象的内部结构特征,这种图的分区范围是各行政单元或统计区,三角形图表是作为图例形式出现的。

正三角形的 3 条边构成Ⅰ、Ⅱ、Ⅲ三个坐标轴,把每条边均匀地分为十等分,每一等分表示占有该边总量的 10%,依逆时针(或顺时针)注百分比数值(图 6.18 左图),并连接成网。例图中的点位坐标 A:Ⅰ——18%,Ⅱ——27%,Ⅲ——55%;B:Ⅰ——19%,Ⅱ——72%,Ⅲ——9%。如职工文化素质图,Ⅰ示中等以下文化程度,Ⅱ示中等文化程度,Ⅲ示大专以上文化程度。该图设计过程如下:

首先,把各行政区统计的三项不同指标值(各类人员的不同比重),用点表示于图内。每一个点代表一个行政区,把每个行政区都点入三角形内(图 6.18 中间)。

第二步,表内点的分布是不均匀的,可按点的分布情况对三角形图表进行分区(分类型)。一般,对点子分布稠密的区域,分区可细一点(分区小),点分布稀疏的区域,分区可粗一点(分区大),可能情况下,要尽量将点群(各行政区)的特征差异显示得细致些。图 6.18 右图共分为 10 个区,各区特征为:

a. Ⅲ≥70　　　　(Ⅲ级绝对多数型)
b. 70>Ⅲ≥50　　　　(Ⅲ级多数型)
c. Ⅰ<25,Ⅱ、Ⅲ<25　　　　(Ⅱ、Ⅲ级相同,Ⅰ级少数型)
d. Ⅱ≥50　　　　(Ⅱ级多数型)
e. 50>Ⅰ、Ⅱ、Ⅲ≥25　　　　(Ⅰ、Ⅱ、Ⅲ级同数型)
f. Ⅰ、Ⅲ<50,Ⅱ<25　　　　(Ⅰ、Ⅲ级同数,Ⅱ级 少数型)
g. Ⅰ、Ⅱ<50,Ⅲ<25　　　　(Ⅰ、Ⅱ级同数,Ⅲ级 少数型)

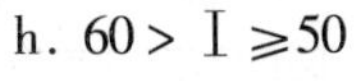

h. 60 > Ⅰ ≥50　　(Ⅰ级多数,Ⅱ、Ⅲ级 少数型)

i. 70 > Ⅰ ≥60　　(Ⅰ级多数型)

j. Ⅰ ≥70　　(Ⅰ级绝对多数型)

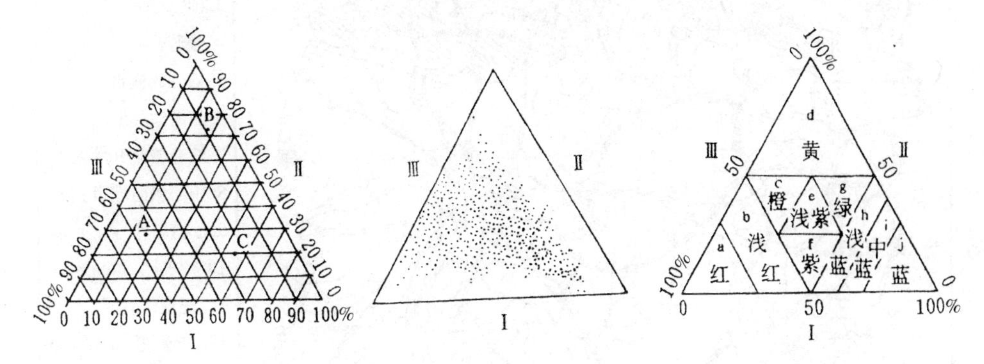

图 6.18　三角形图表的设计

图 6.18 左图中 A 点分在 b 区,B 点分在 d 区。分区后,即对各区设计颜色。三个角顶区可分别设以红、黄、蓝色,中间各区则视其与角顶靠近的程度,设计成接近于该角顶颜色的浅色调。

第三步,按各点(行政区)在图表中的位置,依其所在分区的颜色,在底图上对各点所对应的行政区内分别着色即可。如上述的 A 为浅红色;B 为黄色。

这种表示方法对专题要素的内部结构剖析较为深刻。如上例中的蓝表示中等以下文化程度绝对多数型,说明该行政区的企业职工文化素质偏低,需提高。红、蓝分别表示大专以上、中等文化程度绝对多数型,分别说明文化素质较好、尚可。

三角形图表法常用来分析经济产业结构、发展特征,环境特征(如优、中、劣),资源特征,人口组成特征(如国籍、职业、年龄、文化层次特征)等。该方法中作为图例的三角形图表制作较复杂,非专业人员不易看懂,且直观性、联想性不是很强。但它是结构分析的较好方法。

六、表示方法的配合

现代专题地图往往是两种以上表示方法配合使用,以提高图面表达效果和增加传输信息量。

表示方法配合的几条基本原则是:

在图上呈点状符号的表示方法和呈面状符号的表示方法能够配合。如点符号法、定位图表法、分区统计图表法分别和范围法、质底法、分级比值法较易配合。

图上呈点状符号的表示方法和呈线状符号的表示方法能够配合。如定点符号

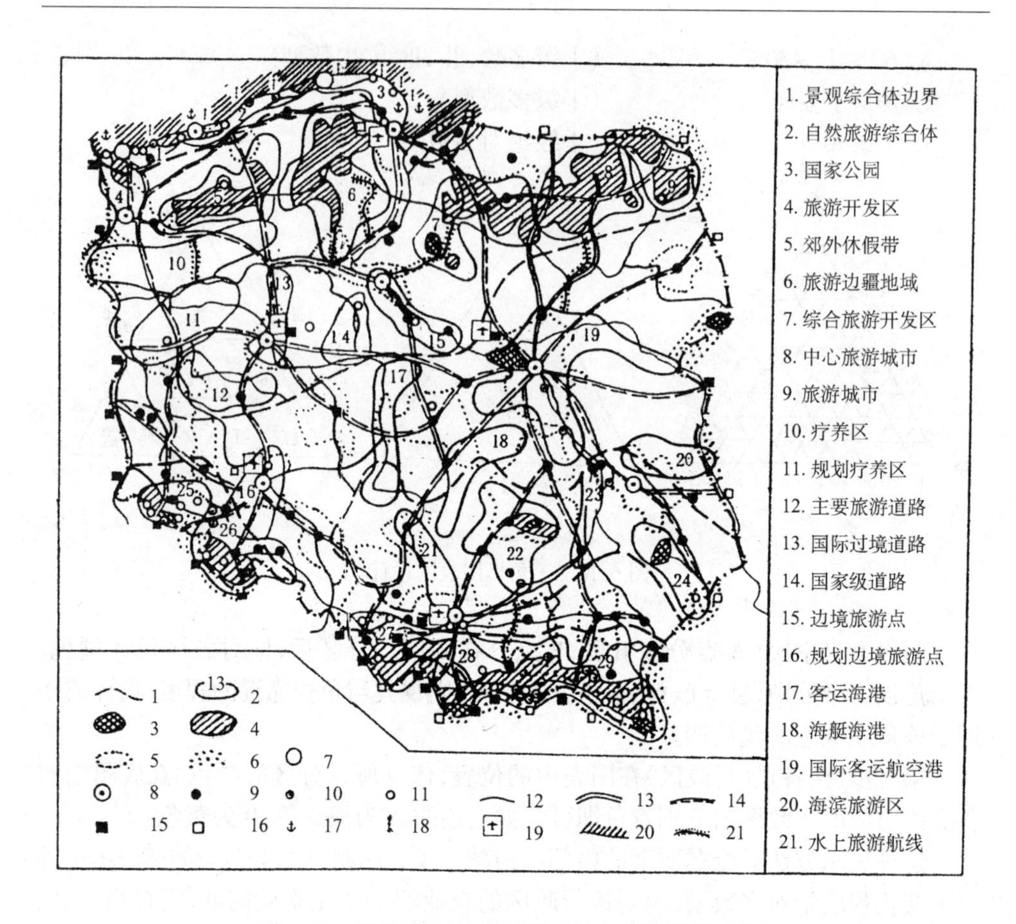

图 6.19　定点符号法、线状符号法和范围法的配合

法和线状符号法的配合(图 6.19);定位图表法和线状符号法的配合;分区统计图表法和线状号法的配合;点值法和线状符号法的配合等。

图上呈线状符号的表示方法能够和呈面状符号的表示方法配合。如线状符号法分别和质底法、范围法、分级比值法等的配合。

一般,图上呈点状符号的表示方法不易互相配合。如定点符号法分别和定位图表法、分区图表法就不易配合;定位图表法和分区统计图表法不易配合。但定点符号法和点值法却易配合。

图上呈线状符号的表法方法不易互相配合。如等值线法和等值线法,等值线法和动线法,等值线法和线性符号法就较难配合。

图上呈面状符号的表示方法不易互相配合(除非一个用底色,另一个用晕线、花纹)。如质底法和分级比值法,质底法和范围法,范围法和分级比值法就不易配合,这是由于图面争位矛盾引起的。

彩图16、17、18显示其他专题地图(城市图、规划图和三维立体图)。

七、表示方法和专题要素特征的关系

专题要素表示方法是制图对象图形表达的基本方法,是对制图对象实质的科学处理技能,是图形思维方法在专题地图领域的具体体现。专题要素表示方法通常要求直观地显示制图对象的空间地理分布特征,数量、质量特征,空间结构特征以及时空演变特征,其中空间地理分布特征是最基本的内容。

专题要素表示方法是依据地图语言去完成制图对象具体的图形表达,是利用地图符号视觉变量去显示专题要素的特征。

专题要素表示方法如何表达专题要素特征,可用表6.1来归纳总结。

表6.1 表示方法如何显示专题要素特征一览表

表示方法	空间地理分布	质量特征	数量特征	内部组成特征	动态变化
定点符号法	符号定位点	颜色、形状、网纹	尺寸、纯度、亮度、网纹	结构符号	定位扩张符号
线状符号法	符号定位线	颜色、形状	尺寸	分割带	虚实线变化、颜色变化
质底法	图斑轮廓线、类型区界线	颜色、网纹	数字注记	数字注记	颜色和网纹叠合
等值线法	等值线位置	颜色	等值线及注记	——	不同颜色等值线比较
定位图表法	符号定位点	颜色、形状方向	尺寸	颜色、网纹	曲线、柱状图表
范围法	图斑或图斑轮廓线、符号位置	颜色、网纹	数字注记	数字注记	颜色、网纹变化
点值法	点群的位置	颜色、形状	点的数量	——	——
分级比值法	图斑轮廓线、类型区界线	颜色和网纹叠合	颜色、网纹	——	颜色和网纹叠合
分区统计图表法	——	形状、颜色	尺寸、符号数量	结构符号金字塔图表	扩张符号、曲线、柱状图表
动线法	符号定位线	形状、颜色方向	尺寸	分割带	符号长度、方向
三角形图表法	——	——	——	颜色、网纹	——

注:有下划线者为表示方法的主要技法。

第三节 地 图 集

一、地图集的定义和特点

1. 地图集的定义

地图集是根据制图目的和用途，按照统一的设计模式及规范制作而成的系列地图的集合。它可综合反映世界、国家或区域的自然条件、资源环境、人文社会、经济发展、国防军事、历史文化等要素，为用图者传输大量的综合信息，满足其地图使用要求。

一部成功的地图集，必须是在深入地研究制图区域的基础上才能编制完成，它是图幅所表达区域相关各学科科学研究深度和广度及其研究成果的综合反映。地图集之所以受到世界各国的重视和关注，是因为一个国家编制的世界地图集、国家大地图集，是度量这个国家科技文化发展水平的标志之一，也是反映这个国家地学研究理论和技术的综合成果之一。我国的地图集编制在世界上处于一流水平，建国后相继出版了一大批国家系列地图集和世界地图集。

编制地图集特别是大型地图集，是一项极其复杂而艰辛的系统工程，需要众多学科人员的交叉融合和相互配合。地图集并不是各种地图的简单相加，而是根据制图目的和用途，按照共同的主题和编图要求，科学的结构体系，系统的表示方法，严密的图幅顺序，将相互联系、统一协调、同一规范的系列地图有机地组合在一起的地图系统。地图集各幅地图所采用地图投影相近或相同，比例尺相同或成一定倍数，内容具有逻辑性和系统性，主题选择具有完整性，编排顺序具有连贯性和因果关系，图例设计具有统一性特点。各幅图的图幅大小、图面设计、文字说明、地名索引以及图集装祯设计等，都是按照同一标准和规范统一设计的。能够反映一定的特色。现代地图集的发展趋势之一是其选择内容越来越广泛，在注意了地图集反映国家或区域基础信息的同时，也强调了其实用价值，因而涌现了各种各样不同类型的地图集。如资源开发、老年人、军官、疾病分布、投资环境、环境质量、濒危动植物分布地图集等，在国民经济建设、教育科技、国防军事等领域发挥着越来越大的作用。

2. 地图集的特点

(1) 整体的政治思想性

一个国家所编制的地图集，在一定程度上反映了这个国家对国际政治、外交事务的立场和态度，故地图集具有政治色彩。如国家关系（特别是国境线）、历史事件、社会制度等，都会在地图集中有所体现。政治思想性是度量地图集质量的重要标准之一。

(2) 内容的科学性

地图集分别由诸多地图构成,每幅图内容的科学性是决定地图集质量的关键,故图幅内容选题应恰当,编图资料具有权威性、准确性,可信度较高,能反映当代学科客观实际和研究水平。

(3) 分幅内容的完整性

根据制图目的和用途,图幅内容选题应具有完整性和系统性,能综合反映制图区相关专题的全部内容,不漏编重要的相关地图。

(4) 表达形式的艺术性

表达形式的艺术性也是评价地图集质量的重要因素之一。地图集既是科学著作,也是艺术产品。地图集设计艺术性的高低、直接影响到地图集内容的表达效果。表达艺术性包括:符号系统可视化程度,图面整饰、配置的合理性,色彩设计对比协调性,装帧的精美性等。

(5) 图幅间内容的统一性

地图集内容要能正确反映制图区事物现象相互联系、相互依存及影响的规律,各幅图内容之间必须能够相互补充、彼此关联、统一协调并具有可比性和逻辑系统性。地图集统一性的保障措施有:采用地图投影不多、不乱,比例尺易于比较,同类事物采用共同表示方法,地图综合指标一致,资料截止时间相同,地图整饰方法一致,采用统一的地理底图等。

(6) 资料的现势性

地图的现势性是评价地图集质量优劣的重要标志之一。只有选用最新的、同一时期的资料,才能充分体现地图集的使用价值和现实意义。

二、地图集的基本类型

地图集类型多样、种类繁多,通常有许多分类方法。

1. 按制图区分类

世界地图集。反映整个世界及其构成的地图集。常由序图(有些还介绍地球有关知识)、分洲及分国地图构成。

国家地图集。反映一个国家的地图集,常表示该国的自然概况、社会经济、文化等特征。

区域地图集。反映世界局部区域(如大洲、大洋)或一个国家一、二、三级行政区(如省、市、县)、地理单元地图集等。

城市地图集。反映城市及其所辖郊县的地图集(彩图 15)。

2. 按地图集内容分类

普通地图集。以普通地图为主,供使用者获取制图区地理概况的地图集。通常由序图(制图区总体概况,有时还增加部分专题地图),基本地图(基本制图单元普通地图),文字说明、统计图表、影像照片、插图(地图的辅助表达手段,常融入地图中),地名索引(查阅地名工具)等部分构成。

专题地图集。主要反映专题内容的地图集。专题内容可进一步分为自然地图集和社会经济地图集。

自然地图集是指主要反映自然要素的地图集。按内容又可分为专题型、综合型自然地图集。前者偏重某一自然要素的表达,如气候地图集、地质地图集、土壤地图集、生物地图集、水文地图集、海洋地图集等;后者则包含各种自然要素图组,如把地质、地貌、水文、气候、土壤、生物、海洋等图组,集于一本地图集。

社会经济地图集是指主要反映社会经济、人文要素的地图集(彩图 16)。按内容也可分为专题型、综合型社会经济地图集。前者为单一人文要素表达,如人口地图集、政区地图集、历史地图集、经济地图集、环境地图集、交通地图集等;后者是包括各种社会经济要素的地图集,应包含有行政区划、人口、工业、农业、交通、商业、服务业、邮电通信、综合经济等图组。

综合性地图集。包含普通地图、自然地图和社会经济地图于一体的地图集。其特点为内容复杂、图种很多、系统完整,可综合反映制图区的自然和社会经济概貌。

3. 按地图集用途分类

教学地图集。用于配合教学的地图集,其特点是简明扼要、色彩艳丽醒目。

参考地图集。按参考对象又可分为:供一般读者使用,用于了解一般地理概况、检索查阅地名的一般参考地图集;供科技人员使用,用于科研性质的科学研究参考地图集。一般多指专题型自然地图集和专题型社会经济地图集。

军事地图。用于军事部门研究政治、军事形势、历史战争等,为国防建设服务。

旅游地图集。用于旅游的地图集。常详细表示旅游景区(点)分布、交通线、餐饮住宿设施以及娱乐场所等,其特点是印刷精美、开本不大、色彩悦目、图文照结合。

另外,还有按地图集开本分类。如 4 开本(毛尺寸 393.5mm × 546mm)、8 开本(273mm × 393.5mm)、16 开本(196.75mm × 273mm)、32 开本(136.5mm × 196.75mm)、64 开本(98.38mm × 136.5mm)等地图集。

三、电子地图集

电子地图(第八章详述)通俗理解可以认为是电子介质上显示的地图,具有可视化的特点。如计算机屏幕地图、大屏幕投影地图等。

电子地图集是按照统一设计原则和编排体系的系列电子地图的集合。

1.电子地图集的特点

应用的扩展性。随着计算机技术和信息技术的飞速发展,传统的纸质文本型地图集应用受到一定限制,而电子地图集除具有传统地图集的阅读、查询、检索、分析量算等功能外,还可以用来进行分析模拟、虚拟现实、三维立体显示(彩图 17)、知识挖掘等信息、知识深加工,并使上述功能更深入化、更科学化。

应用的便捷性。电子地图集除使地图应用更深入、更广泛化的特点外,还可以使地图使用更方便、更快捷。如能进行快速地空间分析、决策对策、规则设计、信息查询、信息发布、宣传教育等。

形象生动性。电子地图集能够活泼、形象生动地显示地学相关信息,使地图可视化特点进一步加强。

动态性。电子地图集超越了文本型地图集的静态地图形式,能够把不断变化的客观世界,实时、动态地以地图形式表示出来,如动画地图、闪烁地图、渐变地图等。

交互性。电子地图集具有交互性,可实现查询、分析等功能以及辅助阅读、辅助决策等。

超媒体集成性。电子地图集能够集图形、影像、图表、文字、声音、动画和视频于一体,用多媒体电子地图形式,以视觉、听觉等感知形式,直观、生动、形象地表达空间信息,增加了地图表达地学信息的介质媒体形式。

2. 电子地图集的类型

电子地图集除具有按制图区、内容、用途等分类的地图集类型外,还可以按信息源进行分类。

(1) 文本源电子地图集

是在文本型地图集的基础上,利用数字化仪器进行图数转换,从而得到数字地图,成为可在屏幕上显示的电子地图集。

(2) 数据库源电子地图集

基于地图数据库或 GIS 地理数据库,在计算机软硬件支持下的电子地图集,功能较强,常具有地图显示、专题图制作、辅助功能、分析应用等模块。

(3) 遥感影像源电子地图集

基于遥感影像信息源，在图像处理系统支持下获得数字地图，成为屏幕显示电子地图集。常有专题型电子自然地图集等。

(4) 数字测图源电子地图集

数据源是基于数字测图系统，在测量获得数字地图的基础上，设计制作成电子地图集。常有小区域电子普通地图集、自然地图集等。

复习参考题

1. 从专题地图的定义分析其具有哪几层涵义？
2. 专题地图、专题要素各具有哪些特征？两者的关系是什么？有哪些区别？
3. 定点符号法如何表示专题要素的空间分布、数量、质量特征、内部组成及其发展动态？
4. 定点符号法、定位图表法、分区统计图表法有哪些区别？
5. 线状符号法和动线法有哪些区别？
6. 范围法和点值法有哪些区别？
7. 质底法和分级比值法有哪些区别？
8. 表达专题要素质量特征的主要表示方法有哪些？
9. 表达专题要素数量指标的主要表示方法有哪些？
10. 专题地图表示方法和地图符号视觉变量有何相互关系？
11. 电子地图的定义、基本特征是什么？如何按信息源进行分类？
12. 地图集的定义是什么？有什么基本特征？如何按用途、内容进行分类？

主要参考文献

陈毓芬.2001. 电子地图的空间认知研究. 地理科学进展,(增刊)
马耀峰. 1995.符号构成元素及其设计模式的探讨. 测绘学报,(4)
马耀峰. 1996.旅游地图制图. 西安:西安地图出版社
马耀峰. 1997.专题地图符号构成元素的研究. 地理研究,(3)
马永立. 2000.地图学教程(第2次印刷). 南京:南京大学出版社
齐清文,池天河,廖克等.2001. 中国国家自然地图集电子版的设计和研制. 地理科学进展,(增刊)
王英杰,余卓渊等. 2001. 中国区域发展电子地图集设计. 地理学报,(增刊)
王宇翔,张燕. 2001.分布式电子地图服务. 地理学报,(增刊)
尹贡白,王家耀,田德森等.1991. 地图概论. 北京:测绘出版社
俞连笙,王涛.1995. 地图整饰(第二版). 北京:测绘出版社
张荣群. 2002.地图学基础. 西安:西安地图出版社
张奠坤,杨凯元.1992. 地图学教程. 西安:西安地图出版社

第七章　地图设计与制作

本 章 要 点

1. 掌握地图编制的一般过程;普通地图的设计原理;专题地图编制的方法。
2. 认识现代地图制作的新方法。
3. 了解地图的常规制作方法。
4. 一般了解地图的印制过程。

第一节　地图编制的一般过程

制作地图一般先经过外业测量,得到实测的原图(地形图),或根据已成地图和编图资料,通过内业编绘的方法制成编绘原图。然后经清绘、制板和印刷,复制出大量的地图。地图制作的主要过程有四个阶段(图 7.1)。

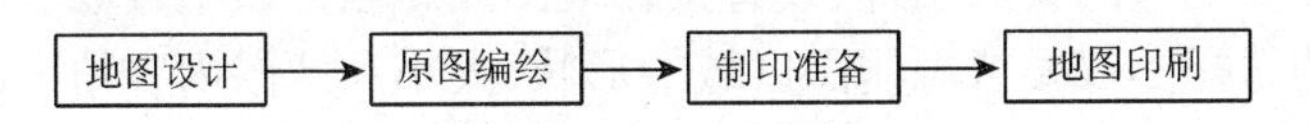

图 7.1　地图制作的主要过程框图

一、地 图 设 计

地图设计又称为编辑准备,它是地图制作的龙头,是保证地图质量的首要环节。地图设计包括确定地图的基本规格、内容及详细程度、表示方法和编图工艺。地图的用途和要求是地图设计的主要依据。

地图设计通常包括下列内容:地图设计准备、地图内容设计、编写地图设计书。地图设计阶段的最终成果是完成地图设计书。

1. 地图设计准备

编图资料的搜集与整理。地图资料是制作新地图的基础,对编图的质量影响很大。编图资料主要有地图资料、影像资料、各种相关的统计数据资料和研究成果等。编图资料按照利用程度的不同,又分为基本资料、补充资料和参考资料。基本资料是编制地图的主要依据,利用率最高;补充和参考资料主要用来弥补基本资料的不足。

编图设计人员应当根据制图的要求编写资料搜集目录清单,然后指派专人领取、搜集或购买所需资料并进行分类、编目建档。

编图资料的分析。资料搜集工作完成后,就要对资料进行分析和评价。首先应分析评价制图资料的政治性,即资料反映的观点、立场有无原则性错误;然后对资料的现势性、完备性、可靠性与精确性进行分析研究,并确定出资料利用的程度。

制图区域和制图对象的分析。地图是表现和传输制图区域特定地理要素的信息模型。由于制图区域和制图对象的千变万化,使得制图区域的特点和制图对象的分布规律各不相同。要使地图真实地模拟出客观实际,就必须深入地分析研究制图区域的地理特征和制图对象的分布特点。通过特征研究才能科学地选择信息,恰当的对制图对象进行分类、分级,有效地选择地图概括和表示方法,并最终设计出高质量的地图产品。

2. 地图内容设计

地图数学基础设计。地图数学基础设计包括选择地图投影和确定比例尺等。

地图投影的选择主要取决于制图区域的地理位置、形状和大小,同时也要顾及到地图的用途。地图投影选定后,还要进一步确定地图上经纬线的密度,并依据地图投影公式计算经纬网交点坐标,或直接在地图投影坐标表中查取。

比例尺的选择不仅要考虑制图区域的形状、大小和地图内容精度的要求,而且还要顾及到地图幅面大小的限制。通常地图比例尺由下式算出:

$$\frac{1}{M} = \left[\frac{d_{\max}}{D_{\max}}\right] \tag{7.1}$$

式中,$D_{\max}$为制图区域南北或东西实地长度的最大值;$d_{\max}$为地图幅面长或宽的较大值;[ ]为取整。一般 M 要为 10 的整倍数。

比例尺确定后,就可以根据地图幅面的长宽选择纸张的规格。图集或插图多选用 4~64 开幅面的纸张;挂图等多是选用全开至数倍全开幅面的纸张拼接而成。

地图内容和形式的设计。地图内容的设计主要是根据地图的用途和要求,制图对象的特点和成图比例尺,确定地图上表示的内容和形式。即表示哪些内容,用什么方法表示,哪些内容用主图表示,哪些内容用附图表示,哪些内容用文字说明等。

符号是地图内容的图形表达,地图内容和形式的设计要达到协调完美,除了对表示方法有深刻的了解外,还要能熟练地设计和恰当运用各种符号。

概括指标的设计。地图概括指标的设计,主要是确定各要素的取舍指标和图形简化标准。如图上选取大于 1cm 长的河流;在全国政区图上只选取县级以上的居民点等。图形简化标准就是确定图形简化的原则和尺度,如规定内径小于0.5cm的弯曲海岸线进行舍弯取直,但有时为了保持要素的主要特征,对某些小的弯曲往往还要进行扩大表示。

地图图幅配置设计。图面配置设计是指把主图、附图、图表、图廓、图名、图例、比例尺及文字说明等,在地图上如何合理安排其位置和大小。配置原则是既要充分地利用地图幅面;又要使图面配置在科学性、艺术性和清晰性方面相互协调。

图面配置设计之后,还要通过试编样图,进一步检查验证设计思想的可行性。样图可选择典型地区按不同的设计方案编图,经综合评估后,选出最佳方案作为正式编图时的参考用图。

工艺方案设计。地图设计是一项系统工程,各个环节都紧密关联,要顺利、高效地完成这项工作,就必须安排好地图编制各个环节的程序,完成这项工作就是工艺方案设计。它包括设计编绘原图的方法步骤,出版准备的各道工序等。一般都是采用框图形式加以说明。

3. 编写地图设计书

编写地图设计书(亦称编图大纲)就是把地图设计思想具体化。设计书是地图生产过程中的指导性文件,其主要内容包括:编图目的任务,编图资料的分析、处理及应用,制图区域地理特征,地图幅面,地图内容及其图面表现形式,地图的数学基础,地图概括方法及指标,地图符号系统,地图配置方案,地图生产工艺流程及综合样图等。

二、原 图 编 绘

编绘原图是原图编绘阶段的最终成果,它集中地体现新编地图的设计思想、主题内容及其表现形式。地图编绘既不是各种资料的拼凑,也不是资料图形的简单重绘,原图编绘是地图编绘最关键的阶段。编绘原图就是根据地图的用途、比例尺和制图区域的特点,将地图资料按编图规范要求,经综合取舍在制图底图上编绘的地图原稿。原图编绘阶段的工作流程见图 7.2。

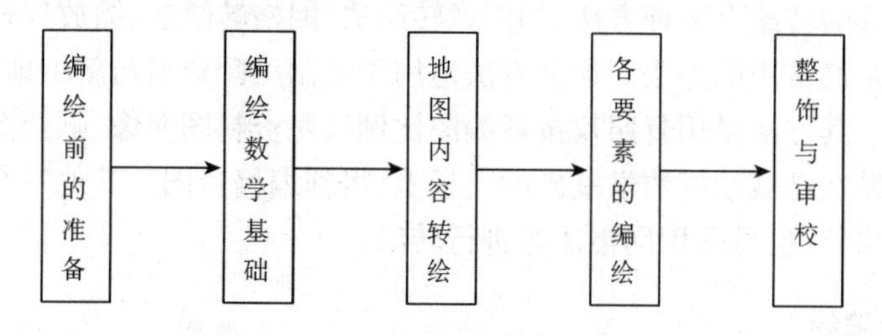

图 7.2　原图编绘的流程

1. 编绘前的准备工作

熟悉编图规范和编图大纲。编图规范和编图设计书(编图大纲)是制作编绘原图的基本依据,在编图前应当熟悉它,其中各要素的综合原则是熟悉的重点,在此基础上深入研究和领会编辑意图。

熟悉编图资料。对编图资料进行必要的分析,了解资料图上的分类分级与新编地图要求之间的差别,掌握资料的使用特点等。

熟悉制图区域特点。为了在地图上更好地反映出地面各要素客观存在的规律性,制图者应当熟悉编图区域的地理特征、地理现象的分布规律和相互关系。

编图材料的准备。编图材料主要是指用于绘图或刻图的图版(裱糊好的图版)、聚酯薄膜或供刻图用的专用聚酯薄膜以及绘图和刻图的工具与颜料等。

2. 展绘地图的数学基础

展绘地图的数学基础是原图编绘的重要基础工序。主要工作包括展绘地图图廓点、经纬网、方里网和测量控制点等。常用的展点仪器有坐标展点仪和坐标格网尺。展点时,需依据新设计的地图投影公式计算各图廓点、经纬线交点坐标,然后选择合适的仪器进行展点。展点后,连接相同经度(纬度)点即得经线(纬线),同时,亦可绘出方里网和控制点等。

数学基础直接关系地图的精度和质量,因此展好的数学基础应严格进行校核。其精度要求是:内图廓边长误差$\leqslant \pm 0.2$mm,对角线误差$\leqslant \pm 0.3$mm,控制点、经纬网及方里网误差$\leqslant \pm 0.1$mm。

3. 转绘地图内容

将编图基本资料上的地图内容转绘到已展好数学基础的图板上,称为地图内容的转绘。

地图内容的转绘有多种方法,如照像转绘法、网格转绘法、缩放仪转绘法等,其中照像转绘是最常用的方法。这种方法适用于复制编图资料与新编地图投影相同的地图图形。其方法是用复照仪按新编图比例尺对资料图照像、晒蓝图,然后再将蓝图分块拼贴在已展绘好数学基础的图板上,得到编稿蓝图。其他补充资料,除了采用这种方法外,也可采用网格法等进行转绘。

4. 各要素的编绘

当地图内容的转绘完成后,即可按照编图设计书的要求,对各要素进行编绘。编绘的过程,就是对地图内容各要素进行合理的选取和概括,并在图板上对各要素采用能满足复照要求的颜色分别描绘的过程。

编绘原图是制作印刷原图的依据,是决定地图质量的关键,因此应满足以下要求:

地图内容要符合编图设计书的规定和要求;符号的形状和大小应符合图式规定,位置要精确;注记的字体、大小要规范,位置要恰当;线条描绘应清晰,图面要清洁;图面配置和图外整饰要合理。

5. 常见的几种传统编图方法

编稿法。就是按照规范和地图设计书的要求,在经过展点、拼贴、照像、晒蓝的底图上,用与印刷相近的颜色,对地图内容各要素进行制图综合,逐要素描绘制成编绘原图。再以此为依据,经过清绘制成出版原图。

连编带绘法。这种方法是将制作编绘原图和清绘出版原图两个工序合并成一个工序完成。这种方法的优点是简化了工序,缩短了成图时间,提高了成图的精度,降低了制图成本。但作业员必须具备编图和清绘两方面的能力。

连编带刻法。此法与连编带绘法基本相似,其主要差别在于刻图法是应用各种刻图工具在涂有刻图膜(化学遮光涂料)的聚酯薄膜片基上刻绘出各要素。刻图法不仅减少了制印工序,加快了成图速度,而且刻绘出的线划特别精细,提高了地图成图质量。

三、制印准备

制印准备阶段的最终成果是完成出版原图——清绘(或刻绘)原图。出版原图(印刷原图)就是根据编图大纲和图式规范的要求,采用清绘或刻绘方法制成的复制地图的原图。制印准备是为大量复制地图而进行的一项过渡性工作。一般编绘原图的线划和符号质量达不到印刷出版要求,故需要将它清绘或刻绘制成出版原图,才能进行制版印刷。

出版原图的制作,一般是先把编绘原图或实测原图照像制成底片,然后将底片上的图形晒蓝于裱好的图板、聚酯片基或刻图膜上,经过清绘或刻图,并剪贴符号与注记,制成出版原图。

为了提高线划质量,减少绘图误差,便于地图清绘,对于内容复杂和难度较大的图幅,通常按成图比例尺放大清绘。制印时,再用照像方法缩至成图尺寸。

出版原图可用一版清绘或分版清绘。单色图和内容简单的多色地图,通常采用一版清绘,即将地图全部内容绘制在一个版面上;内容复杂的多色地图常采用分版清绘,即将地图内容各要素,根据印刷颜色及各要素的相互关系,分别绘于几块版面上(如水系蓝版,等高线棕版,居民地、注记黑板等),制成几块分要素出版原图。

一版清绘在制版印刷时需将出版原图复照的底片翻制几张相同的底片，再在每张底片上进行分色分涂(涂去不需要的要素，留下需要的要素)，得到分色底片。然后根据分色底片分别制版套印，这种方法多用于内容简单的多色地图。

分版清绘，主要目的是为了减少制印时分涂的工作量，这种方法常用于内容复杂的多色地图。制印多色地图时，还需要制作分色参考图，作为分版分涂的依据。分色参考图分为线划分色参考图和普染色分色参考图，通常是用出版原图按成图比例尺晒印的蓝图或复印图来制作。

四、地 图 印 刷

地图印刷是利用出版原图进行制版印刷，以便获得大量的印刷地图。目前制印地图多采用平版印刷。其制印过程包括照像、翻版、分涂、制版、打样等过程。具体内容详见本章第四节。

第二节　普通地图设计编绘

普通地图是以同等详细程度表示地面各种自然要素和社会经济要素的地图，主要表示水系、地貌、土质植被、居民地、交通线、境界线和独立地物等地理要素。普通地图在经济建设、国防和科学文化教育等方面，发挥着重要的作用。

普通地图按其比例尺和表示内容的详细程度分为地形图和地理图两类。

一、国家基本比例尺地形图的设计制作

我国基本比例尺地形图是具有统一规格，按照国家颁发的统一测制规范制成的。它具有固定的比例尺系列和相应的图式图例。地图图式是由国家测绘主管部门颁布的，关于制作地图的符号图形、尺寸、颜色及其涵义和注记、图廓整饰等有一系列技术规定。。

国家基本比例尺地形图分别采用两种地图投影。大于或等于 1∶50 万比例尺地形图采用高斯—克吕格投影，1∶100 万比例尺地形图采用双标准纬线等角圆锥投影。

大比例尺地形图(1∶5 千 ~ 1∶5 万)一般采用实测或航测法成图，其他比例尺地形图则用较大比例尺地形图作为基本资料经室内编绘而成。

客观地反映制图区域的地理特点，是编绘地图内容的根本原则。而地形图的不同用途则是确定反映地理特点详细程度的主要依据。国家基本地形图比例尺系列，就是依据国家经济建设、国防军事和科学文化教育等方面的不同需要而确定的。

地形图在各个国家都是最基本、最重要的地图资料，都已在各自国家内部系列化、标准化，并在世界范围内趋向统一。目前，我国的地形图包括 8 种比例尺系列，局部地区还有 1∶2000、1∶1000 和 1∶500 的大比例尺地方实测地形图。

由于现代地形图系列化、标准化的加强，所以地形图在数学基础、几何精度、表示内容及其详尽程度等方面，国家统一颁发了相应比例尺地形图的不同《规范》和《图式》规定。因此，各部门在设计和测制地形图时，都要遵循地形图的《规范》和《图式》规定，它们是制作地形图的法规性依据。

二、普通地理图的设计编绘

地理图是侧重反映制图区域地理现象主要特征的普通地图。虽然地理图上描绘的内容与地形图相同，但地理图对内容和图形的概括综合程度比地形图大得多。地理图没有统一的地图投影和分幅编号系统，其图幅范围是依照实际制图区域来决定的。如按行政单元绘制的国家、省(区)、市、县地图；或按自然区划，如长江流域、青藏高原、华北平原……等编制的地图。由于制图区域大小不同，因此地理图的比例尺和图幅面积大小不一，没有统一的规定。

1. 普通地理图的设计特点

普通地理图一般区域范围广，比例尺较小，对地理内容往往进行了大量的取舍和概括，所以地理图反映的是制图区域内地理事物的宏观特征，地理图的设计强调的是地理适应性和区域概括性。

由于地理图应用范围广，对地图的要求也不相同，因此，在符号和表示方法设计方面具有各自的相对独立性。即每一种图都有自己的符号系统、投影系统、分幅和比例尺及不同的图面配置。具有灵活多样的设计风格。

由于地理图制图区域范围大，涉及资料多，精度各异，现势性不一，因此，设计时应精选制图资料，并确定其使用程度。

2. 普通地理图的设计准备

在地理图设计之前，首先要深入领会和了解地图的用途和要求；分析和评价国内外同类优秀地图，吸取有益的经验；在此基础上对制图资料进行分析研究，确定出底图资料、补充资料和参考资料，并在研究制图区域地理特征的基础上，确定出内容要素表示的深度和广度以及内容的表示方法等。

3. 普通地理图的内容设计

在设计准备完成之后，就要具体地设计地图的开幅、比例尺、分幅；选择和设计地图投影;确定各要素取舍的指标;设计图式、图例;确定图面配置;制定成图工艺,进行样图试验,最后编写出普通地理图设计大纲。

4. 普通地理图的编绘

地图编绘前,编辑人员应了解制图目的、用途,熟悉编图资料,领会地图设计大纲精神。编绘时,首先在裱好图纸的图板上展绘地图的数学基础(图廓点,经纬线交点、坐标网等);然后按成图比例尺把底图资料照像、晒蓝,并将蓝图拼贴到展绘好数学基础的裱板上。完成蓝图拼贴后,遵照地图设计大纲要求,对地图内容各要素按地图概括标准进行编绘。编图可采用编绘法或连编带绘、连编带刻法。为了处理好各要素之间的相互关系,保证成图质量,编绘作业的程序是先编水系,然后依次为居民点、交通线、境界线、等高线、土质植被和名称注记等。同一要素编绘时,应从主要的开始,按其重要性逐级编绘。普通地理图的编绘过程见图 7.3。

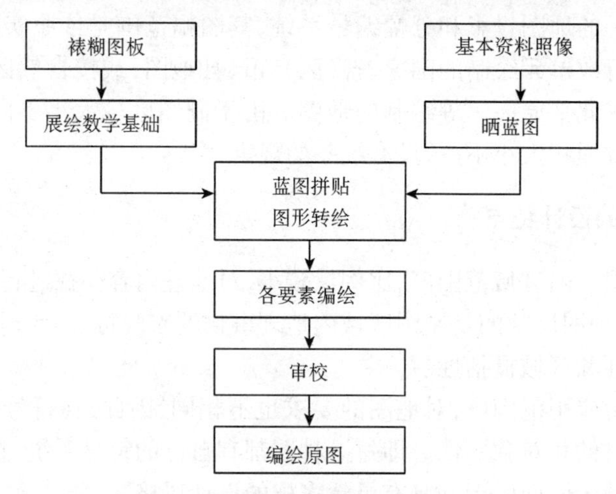

图 7.3 普通地理图原图编绘过程

由于编绘法制作的原图线划质量和整饰很难达到出版印刷的要求,因此,还需要对其进行清绘处理制成印刷原图,才能用于制版印刷。而连编带绘法和连编带刻法制作的编绘原图则可直接用于制版印刷。

第三节 专题地图设计

一、专题地图设计编绘的一般过程

专题地图的设计过程与普通地理图相似,包括地图设计、原图编绘和出版前准备三个阶段。

1. 编辑准备

专题地图的种类繁多,形式各异,与普通地图相比,它的用途和使用对象有更强的针对性,要求更具体。因此,对编辑准备工作来说,首先应研究与所编地图有关的文件;明确编图目的、地图主题和读者对象。

在明确编制专题地图的任务后,首先拟订一个大体设计方案,并绘制图面配置略图,经审批同意后,即可正式着手工作。

在广泛收集编图所需要的各种资料的基础上,进行深入地分析、评价和处理。通过详细研究制图资料和地图内容特点,进行必要的试验,并对开始的设计方案进行补充、修改,制定出详细的编图大纲,用以指导具体的地图编绘工作。

编图设计大纲的主要内容有:

1)编图的目的、范围、用途和使用对象;

2)地图名称、图幅大小及图面配置;

3)地理底图和成图的比例尺、地图投影和经纬网格大小;

4)制图资料及使用说明;

5)制图区域的地理特点及要素的分布特征;

6)地图内容的表示方法、图例符号设计和地图概括原则;

7)地图编绘程序、作业方法和制印工艺。

2. 原图编绘

在编绘专题内容之前,必须准备有地理基础内容的底图,然后将专题内容编绘于地理底图上。由于专题图内容的专业性很强,一般情况下专题地图还需要专业人员提供作者原图,这点是与普通地图编制不同的地方。制图编辑人员将专题内容编绘于地理基础底图上,或者将作者原图上内容按照制图要求,转绘到基础底图上,这就是专题地图的编绘原图。

3. 出版准备

常规专题地图编制工作中的出版准备与普通地理图的方法基本相同。主要是将编绘原图经清绘或刻绘工序,制成符合印刷要求的出版原图。同时还应提交供制版印刷用的分色参考样图。

二、专题地图的资料类型及处理方法

1. 专题地图的资料类型

专题地图的内容十分广泛,所以编绘专题地图的资料也很繁多,但概括起来,主要有地图资料、遥感图像资料、统计与实测数据、文字资料等。

地图资料。普通地图、专题地图都可以作为新编专题地图的资料。普通地图常作为编绘专题地图的地理底图,普通地图上的某些要素也可以作为编制相关专题地图的基础资料。地图资料的比例尺一般应稍大或等于新编专题地图的比例尺,且新编图的地图投影和地理底图的地图投影尽可能一致或相似。

对于内容相同的专题地图,同类较大比例尺的专题地图可作为较小比例尺新编地图的基本资料。如中小比例尺地貌图、土壤图、植被图等可作为编制内容相同的较小比例尺相应地图的基本资料,或综合性较强的区划图的基本资料。

遥感图像资料。各种单色、彩色、多波段、多时相、高分辨率的航片、卫片都是编制专题地图的重要资料。随着现代科技的发展,卫星遥感影像的分辨率越来越高(目前民用卫片的地面精度可达到 1m),现势性也是其他资料所无法比拟的,因此,遥感资料是一种很有发展前途的信息源。

统计与实测数据。各种经济统计资料,如产量、产值、人口统计数据等;各种调查和外业测绘资料;各种长期的观测资料,如气象台站、水文台站、地震观测台站等都是专题制图不可缺少的数据源。

文字资料。包括科研论文、研究报告、调查报告、相关论著、历史文献、政策法规等,是编制专题地图的重要参考文献。

2. 专题地图资料的加工处理

资料的分析和评价。对搜集到的资料进行认真分析和评价,确定出资料的使用价值和程度,并从资料的现势性、完备性、精确性、可靠性、是否便于使用和定位等方面进行全面系统地分析评价,使编辑人员对资料的使用做到心中有数。

资料的加工处理。编制专题地图的资料来源十分广泛,其分级分类指标、度量单位、统计口径等都有很大的差异性,需要把这些数据进行转换,变成新编地图所需要的数据格式称之为资料的加工处理。

资料处理通常有以下几种方式:由一种量度单位转换成另一种量度单位,如把“亩”换成“公顷”;数量指标的改变,如把总产值改为人均产值、把月产量改为年产量等;改变分类标准,如水浇地、旱地合成为耕地;改变数量分级指标,如居民点按人口数分级的变化;把各种数据资料换算成统一的度量系统,如长度、面积、重量、浓度、统一时间等;计算制图对象数量的绝对指标或相对指标,如按行政单元计算人口总数或人口密度等。

三、专题地图的地理基础

地理基础。即专题地图的地理底图,它是专题地图的骨架,用来表示专题内容分布的地理位置及其与周围自然和社会经济现象之间的关系,也是转绘专题内容的控制和依据。

地理底图上各种地理要素的选取和表示程度,主要取决于专题地图的主题、用途、比例尺和制图区域的特点。如气候与道路网无关,因此,每天新闻联播后的天气预报图上,就不需要把道路网表示出来;平原地区的土地利用现状图,无需把地势表示出来;随着地图比例尺的缩小,地理底图内容也会相应的概括减少。

普通地图上的海岸线、主要的河流和湖泊、重要的居民点等,几乎是所有专题地图上都要保留的地理基础要素。

专题地图的底图一般分为两种,即工作底图和出版底图。工作底图的内容应当精确详细,能够满足专题内容的转绘和定位。相应比例尺的地形图或地理图都可以作为工作底图;出版底图是在工作底图的基础上编绘而成的,出版底图上的内容比较简略,主要保留与专题内容关系密切,便于确定其地理位置的一些要素。

地理底图内容主要起控制和陪衬作用,并反映专题要素和底图要素的关系。通常底图要素用浅淡颜色或单色表示,并置于地图的“底层”平面上。

四、专题地图内容的设计

1. 表示方法的选择

专题地图的内容十分复杂,几乎所有的自然和社会经济现象都能编绘成专题地图。专题地图既能表示有形的事物,又能表示无形的现象;既能表示现在的各种事物,又能表示过去和将来的事物;既能表示出事物现象的数量、质量和空间分布特征,又能展现出事物内在的结构和动态变化规律。由于地图内容的千变万化,专题地图在展现专题内容时,就要采用各种不同的表示方法。由此,形成了每幅专题地图都有自己独特的表现形式和符号系统。

表示方法的选择受到多方面因素的影响,如专题内容的形态和空间分布规律,制图资料和数据的详细程度,地图的比例尺和用途,以及制图区域的特点等都会对表示方法选择产生影响。但其中最主要的因素是专题内容的形态和空间分布规律。

2. 图例符号设计

在地图上,各种地理事物的信息特征都是用符号表达的,它是对客观世界综合简化了的抽象信息模型。地图符号中所包含的各种信息,只有通过图例才能解译出来,才能被人们所理解。通过地图来了解客观世界,就必须先掌握地图图例的内涵。所以,地图图例是人们在地图上探索客观世界的一把钥匙。

图例是编图的依据和用图的参考,所以在设计图例符号时,应满足以下要求:

1)图例必须完备,要包括地图上采用的全部符号系统,且符号先后顺序要有逻辑连贯性;

2)图例中符号的形状、尺寸、颜色应与其所代表的相应地图内容一致。其中,普染色面状符号在图例中常用小矩形色斑表示;

3)图例符号的设计要体现出艺术性、系统性、易读性,并且容易制作。

3. 作者原图设计

由于专题地图内容非常广泛,所以其编制离不开专业人员的参与。当制图人员完成地图设计大纲后,专业人员依据地图设计大纲的要求,将专题内容编绘到工作底图上,这种编稿图称为作者原图。专业人员编绘的作者原图一般绘制质量不高,还需要制图人员进行加工处理,将作者原图的内容转绘到编绘原图上,最后完成编绘原图工作。

对作者原图的主要要求有如下几点:

1)作者原图使用的地理底图、内容、比例尺、投影、区域范围等应与编绘原图相适应。

2)编绘专题内容的制图资料应翔实可靠;

3)作者原图上的符号图形和规格应与编绘原图相一致,但符号可简化;

4)作者原图的色彩整饰尽可能与编绘原图一致;

5)符号定位要尽量精确。

4. 图面配置设计

一幅地图的平面构成包括的内容有主图、附图、附表、图名、图例及各种文字说明等。在有限的图面内,合理恰当地安排地图平面构成的各项内容位置和大小称为地图图面配置设计。

国家基本比例尺地形图的图面配置与整饰都有统一的规范要求,而专题地图的图面配置与整饰则没有固定模式,因图而异,往往由编制者自行设计。

图面配置合理,就能充分地利用地图幅面,丰富地图的内容,增强地图的信息量和表现力。反之,就会影响地图的主要功能,降低地图的清晰性和易读性。因此,编辑人员应当高度重视地图图面的设计。

图面配置设计应考虑以下几个方面的问题:

主图与四邻的关系。一幅地图除了突出显示制图区域外,还应当反映出该区域与四邻之间的联系。如河北省地图,除了利用色彩突出表示主题内容外,还以浅淡的颜色显示了北京、天津、辽宁、内蒙古、山西、河南、山东和渤海等部分区域。这对于了解河北省的空间位置,进一步理解地图内容是很有帮助的。

主图的方向。地图主图的方向一般是上北下南,但如果遇到制图区域的形状斜向延伸过长时,考虑到地图幅面的限制,主图的方向可作适当偏离,但必须在图中绘制明确的指北方向线。

移图和破图廓。为了节约纸张,扩大主图的比例尺和充分利用地图版面,对一些形状特殊的制图区域,可采用将主图的边缘局部区域移至图幅空白处(图 7.4),或使局部轮廓破图框(图 7.5)。移图部分的比例尺、地图投影等应与原图一致,且二者之间的位置关系要十分明晰。另外,破图廓的地方也不宜过多。

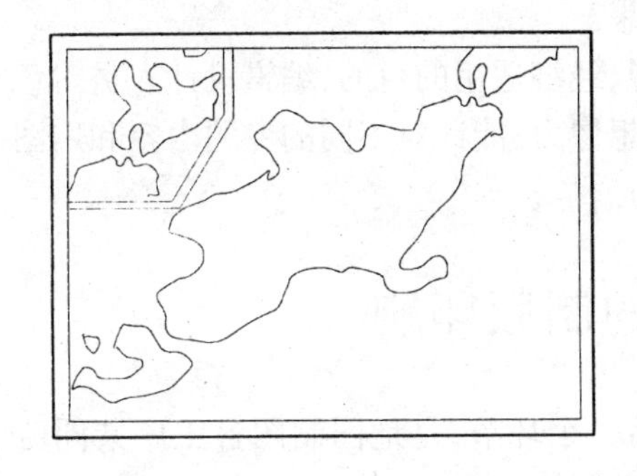

图 7.4　移图的处理

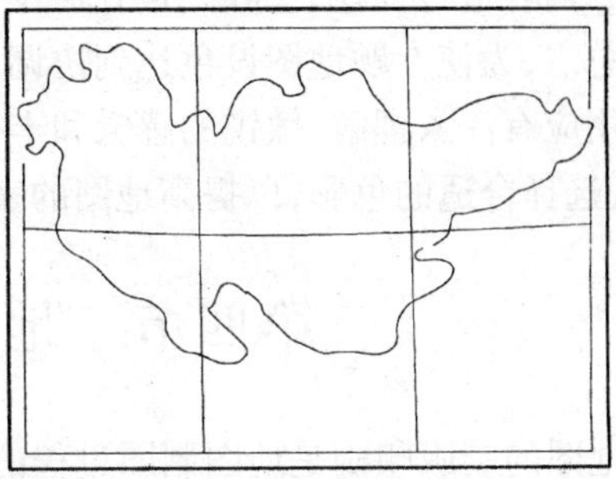

图 7.5　破图廓的处理

图名。图名能反映一幅地图的中心内容,应放在醒目的位置上,如图幅上的居中位置,常在北图廓线上方,亦可在其下方,或位于图廓内的左上方或右上方。

图例、比例尺。图例一般安排在图幅的左下方或右下方;比例尺大多采用数字比例尺和直线比例尺两种形式表达,一般安排在图名或图例的下方。

附图、附表。附图和附表用以补充主题内容,或扩大显示主图中的某些重要部分。附图和附表的位置安排要合理,与主图的配合要协调,往往配设在面积较大的非制图区处,但不能影响制图区内容的表达。

5. 地图的色彩与网纹设计

色彩对提高地图的表现力、清晰度和层次结构具有明显的作用,在地图上利用色彩很容易区别出事物的质量和数量特征,也有利于事物的分类分级,并能增强地图的美感和艺术性;网纹在地图中也得到了广泛的应用,特别是在黑白地图中,网纹的功能更大,它能代替颜色的许多基本功能;网纹与彩色相结合,可以大大提高彩色地图的表现能力,所以色彩和网纹的设计也是专题地图的重要内容之一。

地图的设色与绘画不同,它与专题内容的表示方法有关。如呈面状分布的现象,在每一个面域内颜色都被视为是一致的、均匀布满的。因此,在此范围内所设计的颜色都应是均匀一致的。

专题地图上要素的类别是通过色相来区分的。每一类别设一主导色,如土地利用现状图中的耕地用黄色表示,林地用绿色表示,果园用粉红色表示等;而耕地中的水地用黄色表示,旱地用浅黄色表示等。

表示专题要素的数量变化时,对于连续渐变的数量分布可用同一色相亮度的变化来表示,如利用分层设色表示地势的变化;对相对不连续或是突变的数量分布,可用色相的变化来表示,如农作物亩产分布图、人口密度分布图等。

色彩的感觉和象征性是人们长期生活习惯的产物。利用色彩的感觉和象征性对专题内容进行设色,会收到很好的设计效果。

总之,为使专题地图设色达到协调、美观、经济适用的目的,编辑设计人员对色彩运用应有深入理解、敏锐的感觉和丰富的想像力;能针对不同的专题内容和用图对象,选择合适的色彩,以提高地图的表现力。

第四节　地图的制版印刷

地图的制版印刷是地图制图过程的最后一个环节,是地图制图各工序共同劳动成果的集中体现,也是大量复制地图的最主要的方法。

根据印刷版上印刷要素(图形部分)和空白要素(非图形部分)相互位置而划分为凸版印刷、凹版印刷和平版印刷等三类。根据印版与承印物的关系,前两种印刷方法因印版与承印物直接接触而称为"直接印刷";平版印刷在印刷时,先将印版上的印刷要素压印到一个有弹性的表面(如橡皮辊),然后再将图形转印到承印物上,称之为"间接印刷",也称"胶印"。

从制印角度划分地图可分为单色图和多色图两类。从制印特点看,地图内容的显示方式主要为线划色、普染色和晕渲色,称为地图制印内容的三要素。

地图制印主要采用平版胶印印刷,其主要的过程是:原图验收→工艺设计→复照→翻版→修版分涂→胶片套拷→晒版打样→打样→审校修改→晒印刷版→印刷→分级包装。从原图验收到印刷成图,其过程复杂,且每一工序的方法也呈多样化。

一、对印刷原图及分色参考样图的要求

印刷原图是地图制印的原始依据,其质量的好坏直接影响到大批成图的质量,而且还对生产的周期和成本有一定的影响,所以对印刷原图的质量必须严格要求。

1. 对原图材料的要求

清绘原图所用的绘图纸应洁白平整。裱糊的图板,纸面应无疙瘩、砂粒和霉点。聚酯片基其厚度应均匀一致,且尺寸稳定性符合误差要求。所晒蓝图线划应清晰。刻图膜层应有足够的挡光性能,密度较好,而刻出的线划与符号应光洁通

透。

2. 对绘制各种规矩线的质量要求

规矩线包括用于检查图廓尺寸的角线、用于套晒和打样套印的十字线、用于拼接图幅的拼接线以及丁字线、色标线、境界色带和其他的红线等。各种规矩线不能跑线，要严格按蓝图或铅笔底线居中绘出，且为直线，不能过粗，不能有弯曲或成双线。

3. 对图幅尺寸的精度要求

基本比例尺地形图图廓边长误差不应超过±0.2mm，对角线误差不应超过±0.3mm；分版清绘或刻绘的基本比例尺地形图，各版之间相应的边长误差不得超过±0.2mm，相应的对角线误差不得超过±0.3mm；需拼接的地图应保证拼口处相邻图幅的拼接精度。

4. 对线划要素绘制质量的要求

线划要素的设色和分版原则上要尽量为制印提供方便。线划与线划之间应保持一定间距，按成图尺寸，其间距不应小于0.2mm。清绘的线划应光洁实在，墨色浓黑饱满，图面整洁。刻绘的线划、符号应光洁通透，粗细变化自然。

5. 对注记的质量要求

各种注记应字迹浓黑清晰，不发灰、不发黄、不发虚，字体不变形。注记与符号不能相互压叠，且其四周空白不小于0.2mm，便于修涂。拼接图拼口两边3mm内不得排放注记和符号，以免裁切时被切断。

6. 对分色参考样图的要求

分色参考样图是地图分涂修版的依据，它包括线划要素分色样图和普染要素分色样图。参考样图所用颜料要区分明显，以易于判别为宜。普染色分色样图还要求颜料要有足够的透明度，以便能清楚地看见作为设色范围线的线划要素。

二、地图制印工艺设计

地图制印工艺设计是工艺设计人员根据各种类型地图原图的情况和编辑计划的要求，对原图进行分析研究后制定出的具体工艺设计和作业流程。它是一项指导性很强的技术工作，对地图制印质量和经济效益起着关键作用。

1. 地图制印工艺设计的内容及原则

地图制印工艺设计的内容主要有:制印规格的设计,地图设色表的设计,制印工艺方案框图与技术方法说明,作业量统计等。

地图制印工艺设计应坚持多快好省的原则。设计时应综合考虑以下因素:地图的类型,印刷原图的类型,现有的印刷设备,现有的技术水平,制印所需的材料规格,出版的要求,节约要求,制印中最大的节约就是减少套印次数。

2. 地图制印的规格设计

地图制印规格设计的目的是使图幅位置在印刷纸张上得到合理的安排。应按以下原则进行规格设计:每幅地图的图幅尺寸应在全开或对开规格范围内;纸张在印刷前,要进行光边处理;预留对开机的咬口尺寸 12mm,(全开机的咬口尺寸为 18mm);印刷时要有各种规矩线和色标,图集(册)装订时留 3 ~ 5mm 的订口;多幅拼版时,要设计出准确的拼版版式;折页装订的图集(册),排版时必须依装订时的折页方法及贴数按次序排版。

3. 制定制印设色表

制定制印设色表,要以色彩学的基本理论为指导,通过实验加以分析比较,选择并制定出符合某一图种色彩要求的制印设色表。制定制印设色表要对各要素的色彩做出具体规定,详细标明每种要素所需叠印的网线线数、比例及角度。

基本比例尺地形图的设色在规范中有明确的规定,不需另行设计。目前我国的地形图均有统一的规范图式规定,采用四色印刷,并有固定的、统一的色标。其中,黑色表示数学要素,社会经济要素及有关的注记和图表;蓝色表示河、海、湖、渠、雪山的符号及注记;棕色表示地貌及其注记、公路内部的套色及有关图表;绿色表示森林、幼林、果园、竹林、灌木林等植被。

目前我国专题地图常采用专色印刷和四色印刷两种制印方案,并多用四色平版胶印机印刷。专色印刷除黄、品红(红)、青(蓝)、黑四色外,其余间色或复色皆用专色油墨印刷,一幅图多采用 4 色、8 色或 12 色制印,每一色有一张印刷版,在四色印刷机上印刷 1 次、2 次或 3 次即可。四色印刷最终只有四块印刷版,除黄、品红、青、黑四色外,其余间色、复色都由三原色和黑色套印得到。如绿色就是由黄色和青色套印得到。四色印刷仅用四种颜色油墨,并只在四色印刷机上印刷一次即成,可得到许多种颜色,较经济,但一些颜色不如专色效果好(如绿色、棕色等)。

4. 作业流程设计

设计作业流程就是具体确定从地图原图开始至制出彩色打样图为止的各个作

业过程。作业流程通常用流程表(也叫方框图)表示,同时辅以必要的文字说明。

三、地图制版

1. 照像

照像的主要任务是利用复照仪,将印刷原图按成图尺寸复照,制成线划处透明的底片(阴版)。为翻版或直接制成印刷版印刷服务。地图的照像方法有:湿版照像、干片照像。对连续调原稿或彩色原稿,还需进行网目照相和分色照像。凡是裱版清绘的原图,必须经过照像,为下一步制版提供过渡版。如果原图是采用刻图或聚酯薄膜清绘并剪贴透明注记和符号的,则可省去照相的工序。照像可分为复照准备工作、曝光、显影、定影和水洗等几个过程。

2. 翻版

多色地图的常规印刷每一色相需制一块底版。翻版是将复照的底片或刻绘的原图翻制出若干张大小相同的底版,以供分色分涂用。制印中广泛采用即涂型的明胶翻版法和聚乙烯醇撕膜翻版法以及预制型的重氮感光撕膜翻版法。明胶翻版法采用的感光液主要由明胶、重铬酸铵和水组成。这种铬胶感光层在光的作用下发生“硬化”,未受光的部分被水溶解掉;受光部分不溶解于水,但能吸水膨胀;利用膨胀的胶层吸收染料的性能,就能显出受光部分的图像来。染色液用“直接黑”配置的,用于线划分涂修版。聚乙烯醇撕膜翻版法,所用的感光液主要由聚乙烯醇、重铬酸铵和水组成,其原理和操作与明胶翻版法相同,该工艺方法用于普染色的制作。预制型的重氮感光撕膜翻版法采用的感光层为以重氮盐为感光剂的光分解型感光树脂,这种工艺方法用于普染色的制作,操作简便,质量较好。

3. 分涂修版

分涂就是依分要素彩色样图,用分涂液涂盖掉其他要素,仅留该底版要素。分涂修版包括线划底版分涂和普染色底版制作,这是地图生产不同于其他彩色影像印刷的工艺特点。前者是在一块多要素的阴象底版上,据分色参考样,只保留一种颜色的要素,而用红色氧化铁修版液,将其他颜色的要素涂去。如水系版,仅留水系要素,而将居民地、交通线等要素全部涂掉。后者通常采用撕膜版法,即根据普染要素的分色参考图和工艺设计方案,将所需部位的挡光膜揭下来而变为透明,版面上不需要的透明线条,用修版液涂盖。

4. 胶片套拷

胶片套拷是指线划色底片的拷贝、普染色底片的加网以及同种色的线划色版与普染色版套合拷贝。普染色底片要衬以网线胶片,使之成为由不同颜色密集而均匀的线条或点子组成。网线胶片的线数、比例、角度往往决定着普染色的效果。网线线数是指单位长度内线条的根数,其长度单位采用厘米或英寸,线数愈多,则呈现于图面上的平色效果愈好。网线比例是指在布满网线的任意面积内,网线本身所占面积的比例。通常以百分比来表示。

5. 晒打样版

晒版是指将经复照、翻版、分涂、套拷后的底版以及在聚酯薄膜上绘制或在刻图片上刻绘的原图晒制在印版上,用于打样。通常有蛋白版、平凹版和预制感光版(PS 版),其中后两者常用。平凹版为阳象制版版材,利用阳像底片、涂布铬聚乙烯醇(或铬树胶)感光层晒制,上覆阳像底片的金属版感光层感光后,非印刷要素感光硬化,而未感光的印刷要素处溶于水可去掉,露出的金属部分经酸蚀处理稍为凹下,成为印刷要素。该法适合于印数较大的地图。预制感光版(PS 版)为铝版材,其感光层是预制好的,也为阳像制版法采用,该版材操作简便,质量稳定,耐印力高,PS 版在印刷行业被广泛使用。

6. 打样

打样的目的是为检查制版中的错误和精度;检查制印工艺设计的效果;供领导部门和客户审查;为印刷内容和色彩提供依据。为保证最佳印刷效果,打样时要做到:采用与印刷版相同的版材和晒版工艺;采用与正式印刷相同的纸张、油墨和相同的色序。

四、地 图 印 刷

1. 晒印刷版

晒印刷版的任务就是把底片上的图形晒制到可供印刷的金属版材(如锌、铅、铝等版材)上,制成印刷用金属版。目前多用平版印刷,即印刷要素和非印刷要素在版材同一平面上。制版时,用化学物理法,使版材上的印刷要素亲油(墨)排水,而非印刷要素亲水排油(墨)。这样,印刷时水浸在非印刷要素处,油墨浸在印刷要素处,则能印出彩色地图。晒印刷版与晒打样版相同。PS 版一般耐印力在 10 万印张左右。

2. 印刷

地图印刷通常采用平版胶印印刷,图 7.6 是一般胶印机印刷的原理示意图。

胶印机一般都由输纸部分、印刷部分、收纸部分、输水部分、输墨部分和传动部

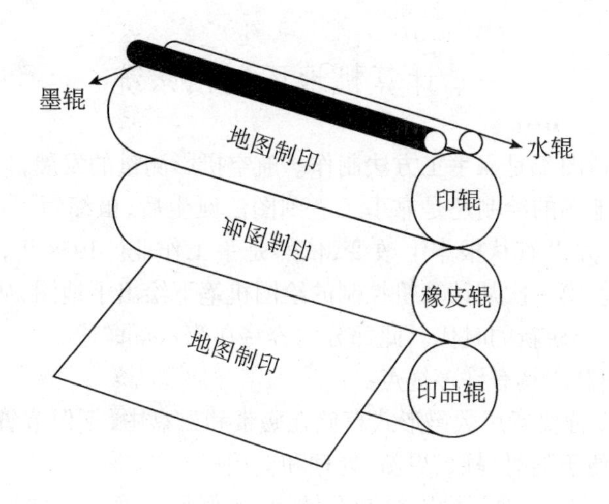

图 7.6　一般胶印机印刷的原理示意图

分等组成。

3. 成图的检验和分级

地图印刷后，要按照质量标准对印刷成图进行逐张检验。地图印刷产品采用正品、副品二级评定制。在检验时要对检验的成品按照规定的质量等级进行分类。然后按规定的成图尺寸进行裁切。

第五节　地图制作新技术

现代科学技术的迅猛发展，完全改变了传统的地图制图系统。从 20 世纪 50 年代航空摄影测量技术的形成和发展，到 70 年代人造卫星升空和 90 年代全球定位系统(GPS)的广泛应用，从根本上改变了人类观察认知地球的模式。遥感技术的进步，使人们已经达到实时获取多维空间信息的水平。GPS、RS 和 GIS 的集成，从根本上改变了人们对空间信息认知的方法。随着空间技术、计算机技术和信息网络技术的发展，传统的地图制图技术已经发生了革命性的变革。计算机制图编辑设计与自动制版印刷一体化生产体系，基本上解决了各类地图的自动编绘与快速成图的方法。实现了从传统手工制图到全数字化地图制图的转变，并出现了多媒体电子地图、三维虚拟电子地图与网络地图等新形式。计算机制图技术与地理信息系统的结合，使得地图作为空间信息的载体，在图形表达形式，以及信息传输、存储、转换和显示等方面表现出了巨大的优势，已经成为分析评价、预测决策、规划管理的重要手段。在不同领域得到越来越广泛的应用。

一、计算机地图制图系统

长期以来,地图都是靠手工方法制作。航空摄影测量的发展,只减轻了野外的测图工作,但是地图的绘制还是靠手工。刻图法诞生后,虽缩短了成图周期,可是建立图形的方法并没有从根本上改变,依然是手工作业。1958年,世界上第一台数控绘图机问世,第一次从计算机控制的绘图机笔下绘出了地图,从此计算机地图制图便进入了一个崭新的时代。此部分内容将在第八章详述。

计算机地图制图具有许多优点:

1) 地图可以分要素用数码形式存储在磁带和磁盘中,不但节省了大量地图的存储空间,而且便于随时提取、更新、处理和应用;

2) 地图内容转绘、地图投影绘制及转换、比例尺变换等各项编绘技术都能采用数字处理方法,这比手工制图法容易得多;

3) 手工作业很难解决曲线内插,主体图形的表示和许多比较复杂的专题图表,运用数学方法都可方便解决,并能用计算机实现;

4) 可以绘制各类型地图。如立体图、晕渲图、组合符号图、地形图、透视图等。

从而减轻了制图人员的劳动强度,提高了地图的精度,简化了成图工艺,缩短了成图周期。

我国制图自动化研究始于20世纪70年代初期,80年代逐步推广应用。目前自动编绘各种统计地图、土地利用图、土壤图、交通图、海图等问题已基本解决,能够用于正常生产地形图的自动制图系统也已投入使用。

我国计算机制图技术研究,虽然时间较短,但取得了明显进展。自行研制的数字化仪和数控绘图机已经开始生产。电子分色扫描数字化仪和扫描绘图机已经研究成功。自动绘图基本软件的研制和自动化制图实验已取得了初步成果,其中利用统计资料自动制图的软件已经建立并开始使用,建成了部分专题数据库和正在着手研制综合数据库。我国计算机地图制图正在蓬勃发展。

计算机地图制图系统和传统地图制图相比,在地图制作过程、工艺方案、制图精度、成图周期等方面都发生了巨大的变革。

传统地图制作过程由编辑准备-原图编绘-制印准备-地图制印四个阶段构成;而机助制图系统由编辑准备-数据获取-数据处理-图形输出(地图制印)四个阶段构成。

编辑准备和传统地图编制的地图设计阶段相似,其最终成果要完成地图编制大纲。

数据获取。常以纸质地图、遥感影像资料、实测数字地图和地图数据库等为数据源。纸质地图可通过手扶跟踪数字化仪,对地图线划进行跟踪数字化,得到原始数据;亦可利用扫描仪对纸质地图进行扫描数字化,得到栅格数据;然后在屏幕上再进行数字化,得到原始矢量数据,此方法目前较为常用。遥感影像资料(航空像片、卫星像片等)可通过扫描仪进行扫描获取原始数据,再经图像纠正、投影转换、数据格式转换、图像解释等过程,获得矢量数据。实测数字地图是利用全站仪等仪器进行实地测量,获得实地的地图数据,可供计算机地图制图直接使用。国家基础地理信息数据库和 GIS 数据库的数据也可直接调用,用来进行地图制图。

数据处理和编辑。主要包括原始矢量数据处理和原始像素数据处理。原始矢量数据处理要进行数据预处理(误差纠正)、投影变换处理、拼接裁剪处理(数学方法的数据拼接与裁剪)和符号化处理(原始矢量数据转换为矢量图形数据)。原始像素数据处理包括数据本身处理和像素数据相互转换处理。本身处理主要指同类数据的处理。像素数据转换处理主要指图像变换和图像识别。图像变换指一类图像变换为另一类图像的过程。图像识别是指对识别对象属性、位置、相互关系等的分析提取。上述任务皆可通过计算机软件来实现。常用的地图软件有:地图设计软件、图像处理软件、图文编排软件、印前分色软件、彩色管理软件等。

图形输出。包括屏幕显示输出,磁盘、光盘存储,彩色喷墨打印机样图输出、校样(线划、颜色、注记校对),四色(黄、品红、青、黑)分色胶片输出,彩色喷墨打印机成图输出(当地图用量较少时即为最终地图成品)。

如要获得大量纸质复制地图,则需进行制版印刷。和传统地图制印相比,计算机地图制印工艺省掉了印刷原图制作工序。四色分色胶片即为印刷原图,可用其在自动制版机上快速制成印刷金属版,然后在四色平版印刷机上印刷成品地图。已有一种计算机直接制版系统,可将计算机编辑处理的地图数据直接输出到印刷版上,省掉了胶片输出过程,精度和效率更高,代表着将来的发展方向之一。

二、多媒体电子地图制作

多媒体电子地图是随着计算机技术的发展而产生的一个新的地图品种。多媒体电子地图的产生,使得地图制图发生了彻底的、革命性的变革。传统的地图编绘、清绘、制版、印刷的生产工艺流程已逐渐被计算机地图编辑设计与制印一体化所取代。从而实现了从传统手工制图到数字化、自动化制图与自动制版印刷的根本性转变。

多媒体电子地图是基于计算机技术的屏幕地图。与常规地图相比,它具有闪烁、渐变、音频、动画等动态特性。它以数据形式存储和传输信息,为地图编辑和读图提供了良好的交往空间,使制图过程与读图过程交互进行融为一体。它分要素的多层次数据结构不仅突破了常规纸质地图载负量的局限性,而且通过不同图层空间数据的叠加分析,产生出更有价值的再生信息,大大提高了多媒体电子地图的

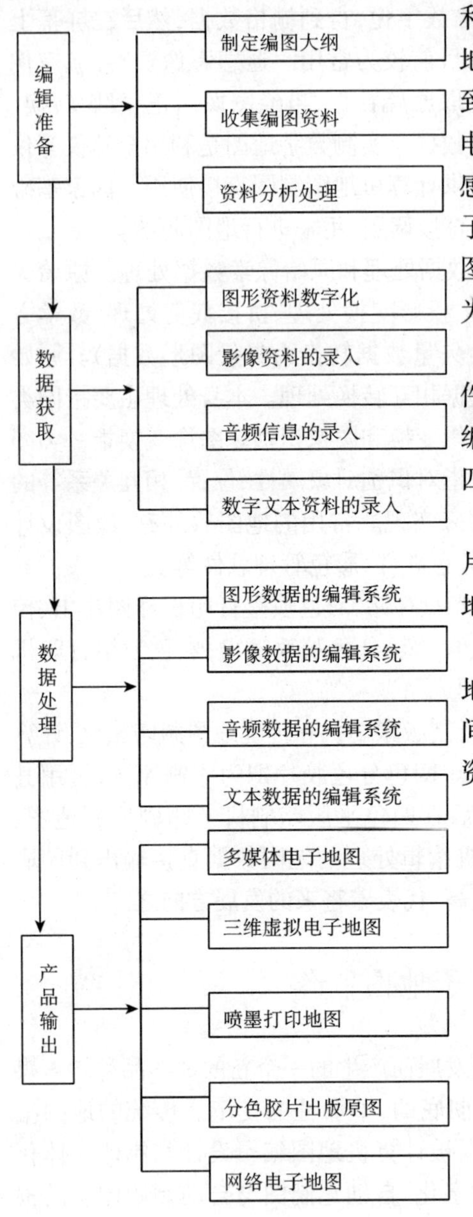

图 7.7　多媒体电子地图制作生产流程图

利用价值。其无级缩放功能也克服了纸质地图固定比例尺的限制,使读者能从宏观到微观,从全局到局部随意浏览。多媒体电子地图的立体化、动态化与多媒体和遥感影像的结合使读者如临其境。多媒体电子地图以其先进的地图语言、图形、图像、图表、文字、音频、动画等综合表现形式,成为地图的一种全新的展示形式。

多媒体电子地图制图系统由相应的硬件和软件两部分组成,其生产流程一般由编辑准备、数据获取、数据处理和产品输出四个步骤。其框图如图 7.7。

多媒体电子地图亦可输出 4 色分色胶片出版原图,经制版印刷得到文本型彩色地图。

随着 Internet 的快速发展,多媒体电子地图必将在网上传到千家万户,使地图空间信息成为普通百姓能够方便利用的信息资源。

复习参考题

1.简述传统地图编制的一般过程。
2.地图印刷常经过哪些程序?
3.普通地图设计的特点是什么?
4.简述专题地图设计的一般过程。
5.专题地图的地理底图设计对专题地图编制有何重要意义?
6.计算机地图制作相对于传统地图编制有哪些重大变革?
7.简述计算机地图制作的简要过程。
8.多媒体电子地图制作和传统地图编制有哪些区别?

主要参考文献

蔡孟裔,毛赞猷等.2000.新编地图学教程.北京:高等教育出版社
陈逢珍等.1998.实用地图学.福州:福建省地图出版社
基茨 J S.1983. 地图设计与生产.北京:测绘出版社
陆权,喻沧.1988.地图制图参考手册.北京:测绘出版社
罗宾逊 A H 等.1989.地图学原理.北京:测绘出版社
欧竹斌等.1995.专题地图编制.哈尔滨:哈尔滨地图出版社
尹贡白,王家耀.1990.地图概论.北京:测绘出版社
张荣群.2002.地图学基础.西安:西安地图出版社
张力果,赵淑梅等.1990.地图学.北京:高等教育出版社
祝国瑞,尹贡白.1984.普通地图编制.北京:测绘出版社

第八章　现代地图制图技术

本章要点

1. 掌握计算机地图制图、遥感制图、GIS 制图的基本原理和过程。
2. 认识地图数据的组织结构和数据库系统。
3. 了解遥感和 GIS 的一般知识。
4. 一般了解 GIS 的常用软件。

第一节　计算机地图制图概述

传统的地图制图技术经长期发展，已日臻完善和成熟。但其弱点是：地图编制与生产难度大、生产成本高、周期长、制印技术复杂、专业性强；手工劳动占重要成分；地图产品种类单一，更新困难，不能反映空间地理事物的动态变化，信息难于共享等。因此，从 20 世纪 50 年代开始，计算机技术开始引入地图学领域。经过理论探讨、应用试验、设备研制和软件开发等发展阶段，如今，计算机制图已成为地图学的重要分支学科，即计算机地图制图学。

计算机地图制图技术与传统的制图方法大相径庭，特别是在地图信息的表达、传输和管理上，它完全建立在一种全新的格局上，即地图的计算机信息化。因此，这门技术带来的变革和对地图学产生的影响极其广泛和深刻。目前，随着理论上的不断发展和创新，计算机地图制图已经可以代替传统的地图制图，实现了地图制图技术的历史性变革。

计算机地图制图是以地图制图原理为基础，在计算机硬、软件的支持下，应用数学逻辑方法，研究地图空间信息的获取、变换、存储、处理、识别、分析和图形输出的理论方法和技术工艺手段。和传统地图制图相比，其制图环境发生了根本性的变化。过去制图人员面对的始终是有形的纸质地图，编图工作是在一种现实的可视（可以触摸）环境中进行的，而现在，制图者主要面对数据，所有制图资料必须变成计算机可以接受的数字形式，制图过程实际上就是对数据的编辑处理、管理维护和可视化再现的过程，数据是各个制图环节之间的联结点。因此，从一定意义上讲，计算机地图制图也称为“数字制图”。但两者在涵义上，数字制图比计算机地图制图包括的范围要大些，但就其实质也有共同之处，即都是以空间数据作为处理对象。

一、计算机地图制图的产生和发展

计算机地图制图技术的发展可分为三个主要阶段。

1. 试验探索阶段

计算机地图制图技术酝酿于20世纪50年代初期。1950年第一台能显示简单图形的图形显示器作为美国麻省理工学院旋风1号计算机的附件问世。1958年，美国Gerber公司把数控机床发展成为平台式绘图机，Calcomp公司研制成功了数控绘图机,构建了早期的自动绘图系统。1963年,美国麻省理工学院研制出了第一套人-机对话交互式计算机绘图系统。1964年牛津大学首先建立了牛津自动制图系统,用模拟手工制图的方法绘制出了一些地图作品。几乎同时,美国哈佛大学计算机绘图实验室研制成功了SYMAP系统,这是以行式打印机作为图形输出设备的一种制图系统。两者对计算机制图技术的发展做出了开创性的贡献。

2. 发展阶段

20世纪70年代,制图学家对地图图形的数字表示和数学描述、地图资料的数字化和数据处理方法、地图数据库、地图概括、图形输出等方面的问题进行了深入的研究,许多国家相继建立了软硬件相结合的交互式计算机地图制图系统,并进一步推动了地理信息系统的发展。80年代各种类型的地图数据库和地理信息系统相继建立,计算机地图制图得到了较大发展和广泛应用。如1982年美国地质调查局建成了本国1:200万地图数据库,用于生产1:200万～1:1000万比例尺的各种地图;1983年开始建立1:10万国家地图数据库。

3. 应用阶段

20世纪90年代,计算机地图制图技术代替了传统地图制图,从根本上改变了地图设计与生产的工艺流程,进入了全面应用阶段。各种地图制图软件得到了进一步的完善,出现了制图专家系统,地图概括初步实现了智能化,形成了完整的电子出版系统。多媒体地图信息系统的设计成为计算机地图制图发展的重要方向。电子地图产品成为这一时期地图品种发展的主流与趋势,它也是多媒体地图信息系统的雏形。计算机制图技术已由原来的面向专家,转变为面向广大用户。现代地图制图技术吸取和融合了计算机辅助设计、数据库和图形图像处理等信息技术,形成了以桌面地图制图系统(desk top mapping system)为代表的高度集成的商品化软件。多种计算机出版生产系统在地图设计与生产部门得到广泛应用,如美国的“INTERGRAPH地图出版生产系统”、比利时的“BARCO GRAPHICS电子地图出版系统”,而且都实现了地图设计、编辑和制版的一体化。

我国计算机地图制图从 20 世纪 70 年代中期开始设备研制与软件设计,发展速度很快,到 80 年代后期建立和完善了计算机制图软件系统。采用计算机制图技术完成了《中国人口地图集》、《中国国家地图集》等。采用计算机地图出版系统完成了《中国国家自然地图集》的设计、编辑和自动制版。同时还研制出统计制图专家系统、地图设计专家系统。从 1989 年出版第一部《京津地区生态环境电子地图集》以来,电子地图集的研究、设计与制作也得到了迅速的发展。

随着网络地图制图系统、网络地理信息系统的出现,大型网络(Internet/Intranet)、开放式的软件开发工具、数据仓库图形解决方案、空间和属性数据的统一数据库管理等技术应用于地图制图,计算机地图制图将朝着更广、更深、更快、更大众化、更方便的方向发展。

二、计算机地图制图的基本原理

计算机地图制图的核心是电子计算机。为了使计算机能够识别、处理、储存和制作地图,关键是要把地图图形转换成计算机能识别处理的数字(或称数据),即把空间连续分布的地图模型转换成为离散的数字模型。事实上,地图本身就是按照一定的数学法则,经过地图概括,运用特有的符号系统将地球表面上的事物显示在平面图纸上的一种“图形模型”。地图要素在由空间转绘到平面上之后,仍然保持着精确的地理位置和平面位置,而且图面上所有要素的空间分布,都可以理解为点的集合。因为图上的面状符号主要由其轮廓线构成,而线状符号和轮廓线关键是确定其特征点的位置,所以,点、线、面状符号都可变成如何确定点的空间位置。既然地图组成要素的基本单位是点,因此可以把地图上所有要素都转换成点的坐标(x, y 和特征值 z),这样就实现了地图内容的数字化。这些经数字化的地图内容被记录下来,即构成了地图数字模型。因此,计算机地图制图的原理就是通过图形到数据的转换,基于计算机进行数据的输入、处理和最终的图形输出。地图编制过程就是地图的计算机数字化、信息化和模拟的过程。在这个过程中,由于计算机具有高速运算、巨大存储和智能模拟与数据处理等功能,以及自动化程度高等特点,因此能代替手工劳动,加快成图速度,实现地图制图的全自动化。然而,从 20 世纪 50～80 年代末,计算机地图制图还不能解决所有的制图问题,一些非数学性的地图内容尚不能自动绘制出来。因此,计算机地图制图也曾被称为计算机辅助地图制图(computer-aided cartography),简称“机助制图”。计算机地图制图最主要的技术有:图数转换的数字化技术,生成、处理和显示图形的计算机图形学,数据库技术,地图概括自动化技术,多媒体技术等。

三、计算机地图制图的基本过程

与常规地图制图相比,计算机地图制图在数学要素表达、制图要素编辑处理和地图制印等方面都发生了质的变化。其基本工作流程可分为四个阶段。

1. 编辑准备

根据编图要求,搜集、整理和分析编图资料,选择地图投影,确定地图的比例尺、地图内容、表示方法等,这一点与常规制图基本相似。但计算机地图制图本身的特点,对编辑准备工作提出了一些特殊的要求,如为了数字化,应对原始资料做进一步处理,确定地图资料的数字化方法,进行数字化前的编辑处理;设计地图内容要素的数字编码系统,研究程序设计的内容和要求;完成计算机制图的编图大纲等。

2. 数据获取

实现从图形或图像到数字的转化过程称为地图数字化。地图图形数字化的目的是提供便于计算机存储、识别和处理的数据文件。

数据获取的方法常用的有手扶跟踪数字化和扫描数字化两种。这两种数字化方法获取的数据的记录结构是不同的。手扶跟踪数字化仪获得矢量数据,扫描数字化获得栅格数据。把地图资料转换成数字后,将数据记入存储介质,建立数据库,供计算机处理和调用。

3. 数据处理和编辑

这个阶段是指把图形(图像)经数字化后获取的数据(数字化文件)编辑成绘图文件的整个加工过程。

数据处理和编辑是计算机地图制图的中心工作。数据处理的主要内容包括以下两个方面:一是数据预处理,即对数字化后的地图数据进行检查、纠正,统一坐标原点,进行比例尺的转换,不同地图资料的数据合并归类等,使其规范化;二是为了实施地图编制而进行的计算机处理,包括地图数学基础的建立,不同地图投影的变换,数据的选取和概括,各种地图符号、色彩和注记的设计与编排等。

地图数据处理的内容和处理方法,因制图种类、要求和数据的组织形式、设备特性及使用软件的不同而有不同的处理方法。

4. 图形输出

图形输出是把计算机处理后的数据转换为图形形式,即通过各种输出设备输出地图图形的过程。对于高级计算机地图制图系统来说,常采用彩色喷墨绘图机喷绘出彩色地图,供编辑人员根据彩色样图进行校对,彩喷输出还可满足用户少量用图的需要。因此,图形编辑与图形输出常常是交互进行的。

对于大多数的计算机地图制图系统来说,由于实现了编辑与出版的一体化,因此,输出四色分色加网胶片可直接制作印刷版,已成为主要的地图输出方式。此外,通过编辑制作并存储于光盘上的电子地图、电子地图集也是一种重要的输出形式。

四、计算机地图制图的特点与发展趋势

1. 计算机地图制图的特点

1) 计算机地图制图易于校正、编辑、改编、更新和复制地图要素。

2) 用数字地图信息代替了图形模拟信息,提高了地图的使用精度。

3) 数字地图的容量大,可以包含比一般模拟地图多得多的地理信息。

4) 增加了地图的品种,拓宽了服务的范围。

5) 计算机制图不仅减轻了作业人员的劳动强度,而且减少了制图过程中人的主观随意性,这就为地图制图的进一步标准化、规范化奠定了基础。

6) 加快了成图速度,缩短了成图周期,改进了制图和制印的工艺流程。

7) 地图信息能够进行远程传输。

2. 计算机地图制图的发展趋势

多元数据采集手段一体化。集成野外实测数据采集,现有地图数字化采集,遥感影像数据采集,GPS 数据采集,数码相机数据采集,音频数据采集等,使数据采集手段一体化。

数据标准化。数据标准化的研究包括数据采集编码的标准化、数据格式转化的标准化、数据分类的标准化等。实现数据标准化是计算机制图系统普及和应用的必要条件。

数据库集成化。在计算机地图制图系统中引入数据库管理系统,建立空间数据和属性数据之间的连接,并实现其共同管理与相互查询。地理信息系统与计算机地图制图的主要区别在于前者具有空间分析功能,其大多数分析功能都是建立在图形元素的拓扑关系基础之上。因此,建立获取数据的拓扑关系是计算机制图系统向地理信息系统发展的主要环节。

地图产品多元化。计算机技术的飞速发展,促进和形成多种测绘数字产品的出现,地图将不拘形式,形成多元化格局。

第二节　计算机地图制图的硬设备

计算机地图制图的硬设备有:计算机硬件设备、地图数字化输入设备、地图输出设备(图 8.1)。

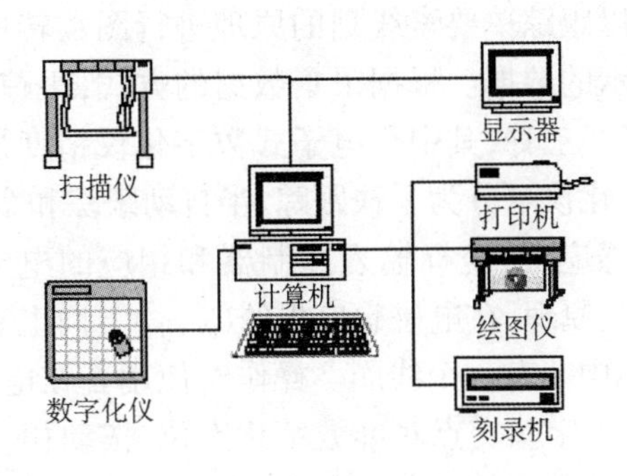

图 8.1　计算机地图制图的硬件设备

一、计算机硬件设备

计算机是数字制图的核心设备,一般由中央处理机(CPU)、内存储器、外存储器和输入、输出设备等五部分组成。

中央处理机包括运算器和控制器。运算器是数据处理部件,其主要职能是实现算术运算、逻辑运算以及信息的传递;控制器是发布输入输出命令的构件,是计算机系统的指挥中心。

内存储器是用于完成记忆、存储程序和数据的设备。内存储器直接和运算器配合工作,中央处理机在执行程序时能随时访问其中的数据和指令。因此,内存储器也称随机存储器。

外存储器亦称辅助存储器,其特点是存储量很大。磁带、磁盘、光盘、活动硬盘是最常见的外存储器。

输入输出设备负责数据的传递和转化,是人机联系的必要工具。

二、地图数字化输入设备

地图数字化输入设备主要包括键盘、鼠标、磁盘(软盘、光盘、移动硬盘等)、数字化仪等。

键盘用于数字、文字的输入。鼠标用于人机交互操作及屏幕数字化时图形数据的输入。磁盘、光盘和移动硬盘用于输入已有的地图数据,或接收从其他设备或仪器接收的数据，如接收 GPS 测量数据以及全站仪测量数据等。数字化仪是一种将地图图形转化成数据的工具，是最主要的数据输入设备，也称图数转换仪。数字化仪有跟踪数字化仪和扫描数字化仪。

1. 跟踪数字化仪

跟踪数字化仪是以跟踪单要素线划的原理进行图数转换，能把地图图形全部转换为以矢量方式表示的数据。根据采集数据的方式，跟踪数字化仪可分为机械式、超声波式和全电子式三种，其中全电子式数字化仪精度最高，应用最广。根据自动化程度，跟踪数字化仪可分为手扶跟踪、半自动跟踪和全自动跟踪三种。

数字化仪由电磁感应板、坐标输入控制器和相应的电子电路组成(图 8.2)。这种设备利用电磁感应原理，在电磁感应板的(x, y)方向上有许多平行的印刷线，每隔 200μm 一条，游标中装有一个线圈。操作时使用者在电磁感应板上移动游标到图件的指定位置，将十字丝交点对准数字化点位，按动相应的按钮，线圈中就会产生交流信号，十字丝的中心就产生一个电磁场。当游标在电磁感应板上移动时，板下印刷线就会产生感应电流，而印刷版周围的多路开关等线路则可检测出最大信号位置，即十字丝中心所在位置，从而得到该点 x, y 坐标值。跟踪数字化是初期的图数转换设备，工作效率不如扫描仪高。

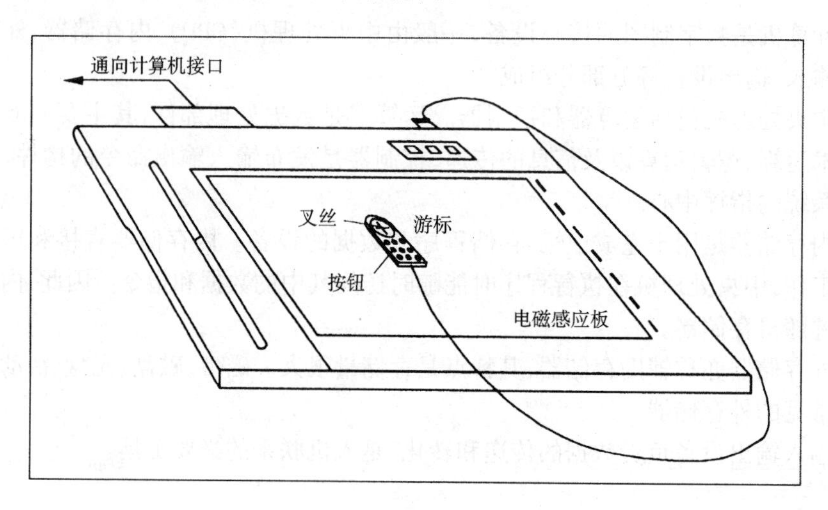

图 8.2 手扶跟踪数字化仪示意图

2. 扫描数字化仪

扫描数字化仪能将原图分解为许多很小的栅格像元，并能把每一像元的地图图形转换成数字，从而实现数字化。扫描数字化仪有平台式扫描仪和滚筒式扫描仪两类。平台式扫描仪主要由扫描头和平台组成,被扫描的图纸通过真空吸附装置固定于台面上,由扫描头作逐行扫描。滚筒式扫描仪由旋转滚筒和光学扫描头两个主要部件构成,工作时,在上面安置图纸的滚筒作 y 方向的旋转,而装有扫描显微镜的扫描头在 x 方向沿导轨移动,分别通过圆光栅和长光栅控制栅格的大小。扫描头通过记录装置记录色彩或灰度。扫描数字化仪的工作原理是:光照射到待扫描资料上后,产生的反射光被反射到电荷耦合器 CCD 的光敏元件上,完成光电转换。不同的反射光亮强度,CCD 器件都能将其转变为数字信息,达到数字化目的。

扫描数字化速度快、精度高,是地图生产中普遍使用的数字化方法。随着大幅面扫描仪成本的不断降低,扫描和矢量化技术的不断完善,跟踪数字化方式可能成为自动扫描数字化的一种补充。目前,常见的大幅面扫描仪品牌有:CONTEX 、VIDAR、ANAtech 等。衡量扫描仪性能最主要的技术指标包括扫描速度、光学分辨率、扫描宽度和扫描方式等。

三、地图输出设备

实施制图数据到图形转化的设备称之为地图输出设备,主要有打印机、图形显示器和自动绘图仪等几种。

1. 打印机

打印机是最基本的在纸上输出文字和图形的设备,是栅格输出设备。早期的计算机地图制图常采用行式打印机作为最终的图形输出设备。行式打印机是根据计算机处理的数据,利用每台计算机必备的行式打印机上的符号,按程序编排好的位置打印或重叠打印一些数据、符号或它们的组合图形,以制作分级统计图或类型图等。现在,行式打印机制作地图的方法已被其他方法替代。机械式打印机适用于精度要求不高的地图输出;激光打印机的特点是分辨率高,噪声小;喷墨打印机有黑白和彩色两种,其中彩喷采用黄、品红、青、黑四色输出。

2. 图形显示器

计算机显示输出设备主要是图形显示器,其大多采用阴极射线管(CRT)作为显示器件。电真空器件 CRT 主要由电子枪、偏转系统和荧光屏组成。电子枪利用静电场来使电子流聚焦和加速,产生精确聚焦和高速度的电子束。当电子束打到荧光屏的荧光粉上时会发出辉光(光点)。电子束按某种轨迹扫描荧光屏,使光点构成荧光屏上图形的每一点而显示出图形。微型计算机上一般采用图形显示器并配置相应的图形显示卡,图形显卡类型有 CGA、EGA、VGA 和 SVGA 等。图形显示的分辨率、色彩数等性能主要取决于显示器及图形显示卡的质量，分辨率目前有640×480、1024×768、1400×1050和1600×1200（可显示行数×每行光点数）等几种，色彩主要有256色、真彩色（16M色）等。

3. 自动绘图仪

自动绘图仪可以在纸或其他介质上绘制或刻绘地图图形，产生"硬拷贝"。

自动绘图仪按外形可分为滚筒式绘图仪和平台式绘图仪；按绘图方式可分为笔式、光学式、静电式、喷墨式等类型；按绘图仪接受的图形数据格式可分为矢量绘图仪和栅格绘图仪。

矢量绘图仪（笔式绘图仪）是接受矢量坐标形式数字信息，并以一定速度和精度绘制线划图形的输出装置。矢量绘图仪的主要性能指标有：台面形状、驱动方式、传动机结构、绘图精度、速度、绘图方式等，但最主要的性能指标是步距和精度。步距是指绘图仪每接受一个脉冲，绘图笔在 x 或 y 方向上可移动的距离。步距越小，所绘图形在视觉上越显光滑。低精度矢量绘图仪的步距为0.05～0.3mm，精度为±0.07～0.5mm，可用于一般地图或审校用地图的绘制。高精度矢量绘图仪的步距为0.0125～0.02mm，精度在±0.03～0.06mm之间，可满足高精度地形图的绘图要求。矢量绘图仪有平台式、滚筒式两种主要类型。

将计算机处理并存储的栅格数据仍按照栅格方式变成图形并绘制在感光胶片、图纸等绘图介质上，则需用栅格绘图仪。其主要类型有静电、扫描和喷墨绘图仪等，其中大幅面（A0）彩色喷墨绘图仪是目前广泛使用的一种绘图仪。这种绘图仪的结构与激光扫描绘图仪相似，但它不是用光束在感光胶片上曝光，而是同时用品红、黄、青、黑四种色液从四个喷嘴喷出雾液，并按不同比例混合后在图纸或胶片上喷绘出图形和色彩。

第三节　计算机地图制图的软设备和数据库

一、地图制图软件

计算机地图制图硬设备只有配备绘图软件，组成绘图系统，才能进行地图制图工作。绘图系统的信息处理能力，绘图速度、精度，图形的清晰度、美观性及使用方便程度等，不仅取决于硬设备的好坏，也取决于软件的功能。只有好的软件才能使硬件充分发挥作用。所以，计算机制图软件在制图中占有重要地位。

1. 图形处理功能软件

图形处理功能软件是在计算机系统软件和高级语言基础上形成的，其功能包括:图形处理的输入输出管理;文件和数据库管理、绘图程序的编辑与调试;图形数据和字符的处理等。

2. 图形处理应用软件

图形处理应用软件是在图形处理功能软件的基础上,根据不同领域的特殊需要而开发的软件,如各种地图制图程序(绘等值线程序、绘立体图程序、绘面状晕线程序、绘晕渲程序等)都属此类。它是利用一种高级语言及库函数程序,加上一些图形处理的功能模块扩展而成的。

3. 绘图控制程序

绘图控制程序是指控制绘图机基本工作的程序。在整个绘图系统中,绘图控制程序是自动绘图的组织者,它接受命令和数据的途径,一是来自操作员,二是来自中央处理机或外围设备。绘图控制程序的主要功能包括:接受操作员的指令,设置绘图参数;解释、处理各种指令;形成和发送绘图指令;人机对话、故障通知等。

计算机地图制图软件系统的组成如图 8.3 所示。

国内制图软件目前主要有 MAPCAD、MAPGIS、GEOSTAR、SUPERMAP、SITYSTAR、北大方正技术研究所研制的方正智绘等。它们都是基于 Windows 的彩色地图制图、排版系统,具有点、线、面编辑功能,可自动处理拓扑关系,达到了多窗口同步、所见基本即所得的效果,能进行幕数字化、地图投影转换、图像配准、符号编辑、颜色管理等操作。

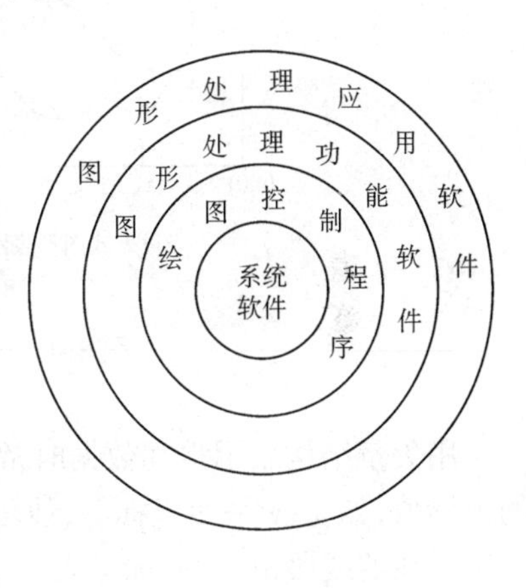

图 8.3　绘图软件系统

国外的制图软件很多,大型的如美国 Intergraph 公司的 MGE,美国环境系统研究所的 ARC/INFO 等,其注重空间分析及属性数据管理,制图系统只是其中的一部分。小平台如 MapInfo, ArcView 等桌面地图系统,其功能虽不如大型系统完善,但它面向大众、操作简单,得到了广泛的应用。

二、地图数据结构

地图基本要素所能提供可见的、有形的“图”的信息,是表达地理信息的基本单元,称之为实体。特定的实体往往有很多属性与之相对应,通过对实体相对应的,能代表地理实体类型、等级、数量等特征的属性分析,又能得出自然、社会经济等多方面的数据信息。地图实体和属性经转换后输入计算机,成为计算机可识别的图形和文本数据,就构成了数字地图。根据地图数据所反映的信息以及地图实体和属性的概念,可以将地图数据分为空间数据和非空间数据两种类型。

1. 空间数据及其结构

空间数据也叫图形数据,用来表示物体的位置、形态、大小、分布等各方面信息,是对现实世界中存在的具有定位意义的事物和现象的定量描述。根据空间数据的几何特点,地图数据可以分为点数据、线数据、面数据三种类型。

在地图制图系统中,空间数据必须按照一定的结构描述地物的空间位置信息。典型的空间数据格式有矢量结构和栅格结构,它们都可用来描述地理实体的点、线、面三种基本类型(图 8.4)。

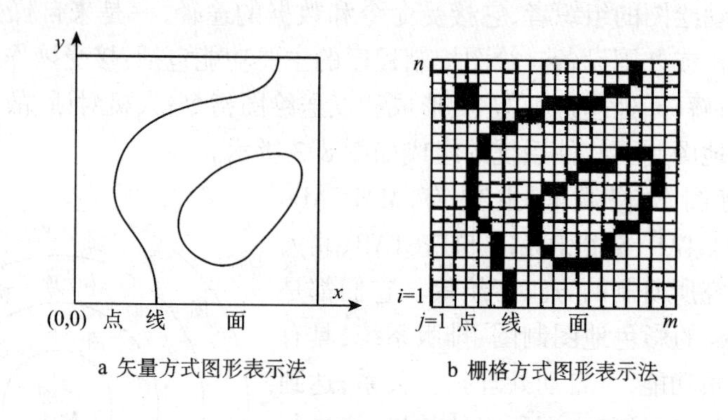

a 矢量方式图形表示法　　　　b 栅格方式图形表示法

图 8.4　计算机中图形的表示方法

用矢量结构表示空间数据时常用的表示方法是:在点数据上给出表示其位置的坐标值,如 x、y 平面坐标等;线段定义为两个端点范围内的点组;面定义为构成其边界线的线段组,然后加上表示这些点、线、面属性的特征码,如图 8.5 所示。

栅格数据表示方法是:将空间分割成有规则的格网,在各个格网上给出相应的

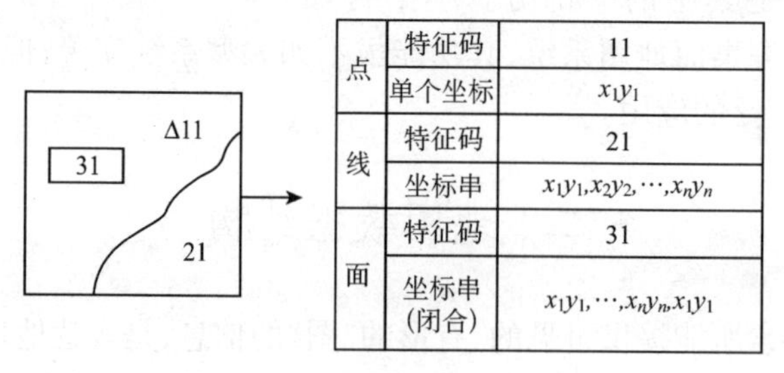

图 8.5　矢量数据表示法

属性。图 8.6 即为这种方式,它与数字影像的表示方式相类似,只是将数字影像的灰度值换成目标的属性值。对于地图而言,点状符号以其中心处的像元表示;线状地物则以中心轴线的像元连续链构成;而面状符号则为其所覆盖的像元集合。按一定像元对地图扫描后,即得到可以用 0、1 表示的二值地图栅格数据,然后再加上它们的特征码和属性。

4	4	4	4	2	2
1	1	4	4	4	2
1	1	1	4	4	2
1	1	1	1	2	2
3	3	3	3	2	2
3	3	3	3	3	3

a 数据矩阵

编码方式			
行	列	土壤类别	坡度…
01	01	4	…
01	02	4	
01	03	4	
01	04	4	
01	05	2	
⋮	⋮	⋮	

b 文件记录格式

图 8.6　栅格数据表示法

空间数据的一个重要特点是它包含有拓扑关系,即网结构元素(境界线网、水系网、交通网等)中结点、弧段和面域之间的邻接、关联、包含等关系。拓扑关系数据从本质上或从总体上反映了地理实体之间的结构关系,而不重视距离和大小,其空间逻辑意义比几何意义更大。因此,在地图空间数据处理、地图综合应用以及地图制图等方面发挥着重要作用。

2. 非空间数据及其结构

非空间数据主要包括专题属性数据、质量描述数据、时间因素等有关属性的语义信息。由于这部分数据中,专题属性数据占有相当的比例,所以在很多情况下,非空间数据直接被称为地图属性数据。

非空间数据是对空间信息的语义描述,反映了空间实体的本质特性,是空间实体相互区别的重要标识。典型的非空间数据如空间实体的名称、类型和数量特征(长度、面积、体积等),社会经济数据,影像成像设备、像幅、分辨率、灰度级等。时间因素也就是 GIS 中的时间序列。传统的地图制作由于地图制图周期长,再加上显示动态变化困难,所以时间因素往往被忽视。由于计算机技术的发展,地图实时动态显示的实现,使得时间因素在地图显示过程中的表示成为可能,且十分必要。

非空间数据的组织方式受通用数据库技术的影响较大,因为在空间数据与非空间数据连接之前,非空间数据可以看做是通用数据库的应用,因此现代通用数据库技术在属性数据的组织时,几乎全部能够实现。

地图数据库中非空间数据的表示有如下几种模式:

(1) 简单表格结构

简单表格结构把数据看成由行(记录)和列(字段)构成的一批表格的汇集。它允许把属性代码与地理要素连接起来。其主要缺点在于不能维护数据的完整性,因为每个表格是独立的,两个不同表格用到相同的数据时就得重复,从而会出现不一致的情况。此外,它也不能提供良好的存储效率和必要的灵活性。但是这种数据结构易于编程并且易于系统的转换。

(2) 层次结构

层次结构在专题数据处理中应用较少。这种模式是面向极为稳定不变的数据集的,即数据间的联系很少变化或根本不变,数据间的各种联系被固定在数据库逻辑观点之内。此外,对双亲数目的限制也不能满足实际地理数据处理的要求。最后,查询语言是过程化的。要求用户知道 DBMS 实际使用的存储模式。

(3) 网络结构

这种结构在专题数据的处理中的应用并不比层次结构多,在灵活性方面它与层次结构具有相同的限制。但是,它在表示地理数据联系中具备更为有力的结构,使得它能对地理数据进行更好的构模。网络数据库的查询语言仍是过程化的。

(4) 关系结构

在关系数据结构中,数据也是用表格的形式组织的,但与简单表格中的结构有本质的区别。这里的表格具有更严密的定义,如数据类型一致,数据不可再分割,两行数据不能相同等。关系数据结构具有简单、灵活、存储效率高等特点,因此在地图非空间数据的组织中得到了广泛应用。

三、地图数据库

1. 地图数据库的概念

地图制图是一种信息传输过程,也是地理数据的处理过程。这个过程必须以数据库为中心,以便更有效地实现地图信息采集、存储、检索、分析处理与图形输出等的系统化。地图数据库是计算机制图系统的核心,也是地理信息系统的重要组成部分。

地图数据库可以从两个方面来理解:一是把它看做软件系统,即“地图数据库管理系统”的同义语;一是把它看做地图信息的载体——数字地图。对于后者可以理解为以数字的形式把一幅地图的诸多内容要素以及它们之间的相互联系有机地组织起来,并存储在具有直接存取性能的介质上的一批相互关联的数据文件。

从应用方面来看,地图数据库主要有两种类型,即地理信息系统中的地图数据库和计算机制图系统中的地图数据库。两者之间的区别在于前者主要为信息检索服务,并对专题数据进行覆盖分析和其他统计分析评价等,而后者主要为自动化制图以及其他方面的地图数据处理服务。

2. 地图数据库的组织

在数据库系统中,图形数据与专题属性数据一般采用分离组织存储的方法存储,以增强整个系统数据处理的灵活性,尽可能减少不必要的机时与空间上的开销。然而,地理数据处理又要求对区域数据进行综合性处理,其中包括图形数据与专题属性数据的综合性处理。因此,图形数据与专题属性数据的连接也是很重要的。图形数据与专题属性数据的连接基本上有四种方式。

(1) 专题属性数据作为图形数据的悬挂体

属性数据是作为图形数据记录的"一"部分进行存储的。这种方案只有当属性数据量不大的个别情况下才是有用的。大量的属性数据加载于图形记录上会导致系统响应时间的普遍延长。当然,主要的缺点在于属性数据的存取必须经由图形记录才能进行。

(2) 用单向指针指向属性数据

与上一方案相反,这种方法的优点在于属性数据多少不受限制,且对图形数据没有不利影响。缺点是,仅有从图形到属性的单向指针,互相参照非常麻烦,且易出错。

(3) 属性数据与图形数据具有相同的结构

这种方案具有双向指针参照,且由"一"个系统来控制,使灵活性和应用范围均大为提高。这一方案能满足许多部门对建立信息系统的要求。

(4) 图形数据与属性数据自成体系

这个方案为图形数据和属性数据彼此独立地实现系统优化提供了充分的可能性,能更进一步适合于不同部门对数据处理的要求。但这里假设属性数据有其专用的数据库系统,且它能够建立属性到图形的反向参照。

3. 地图数据库的管理与设计

(1) 地图数据库管理系统

就功能而言,与通用数据库管理系统(DBMS)一样,其在数据库中对地图数据的输入、存储、维护、操作等进行管理。但是地图数据库作为一种用于专门领域的数据库技术,其管理系统仍具有一定的特殊性。目前地图数据库的管理方案有以下几种:①对不同的应用目的,建立不同的管理系统;②对通用 DBMS 进行功能附加,就可达到管理空间数据的功能;③建立空间数据管理子系统及属性数据管理子系统,共同受控于总的 DBMS;④建立真正的 DBMS,直接对空间数据库和属性数据库进行管理。

(2) 地图数据库系统中的坐标体系

地图数据库中涉及多种数据源,这些数据往往具有不同的坐标体系。由于地图数据库在数据处理过程中又涉及多种技术,如数据输入及转化、数据存储、数据显示等技术,为了解决多方面的问题,在地图数据的处理过程中采用了不同的坐标体系:

用户坐标体系。用户坐标体系就是平时使用地图时的各种坐标,如地形图上的高斯—克吕格投影坐标,小比例尺地图中所采用的各种特定坐标,以及某些区域范围使用的没有经纬网控制的地方坐标等。在用户坐标体系中使用较多的是直角坐标系,即笛卡儿坐标系,坐标系参数由用户自行设定,与设备无关。

设备物理坐标体系。设备物理坐标体系就是地图数据在输入、输出(显示)时,根据所使用的设备而采取的坐标体系。虽然设备坐标系采用的也是直角坐标系,但各种设备都有其独特的坐标参数或规定:数字化仪和绘图仪的坐标原点均在其板面的左下角,而图形显示器的坐标原点大都在左上角。在数字化仪上对地图进行数字化时,由于数字化仪采集点给出的是设备物理坐标,而不是地图所依据的地球投影坐标,所以在一般情况下都要进行从设备物理坐标到用户坐标的转换,使得一幅图或多幅相关联的地图始终在同一种参考坐标系中;当地图数据库中的数据在显示器上显示或在绘图仪上输出时,设备所需求的是设备坐标。

数据库标准坐标体系。数据库标准坐标体系实际上是由用户定义的一种坐标体系。地图数据的特点就是具有大量的图形坐标点,在计算机内存储时要占用极大的存储空间。虽然现在的硬盘存储空间越来越大,但为了充分、合理地利用空间,又不损失地图数据真实度,应采用两个字节的整型数来表示地图的图形坐标。所以在地图数据库中,把两字节整型数的值域确定为标准坐标。

在地图数据入库时,用户坐标借助于一定的设备坐标,并转化成数据库标准坐标体系存储在计算机存储空间中。这样,采用一种标准的坐标体系,不仅可以节约存储空间,更重要的是优化了地图数据库中数据的定位功能,方便了数据库中数据的检索。

在整个地图数据库的建库、维护和使用过程中,三种坐标体系之间均是双向变换关系,如图 8.7 所示。

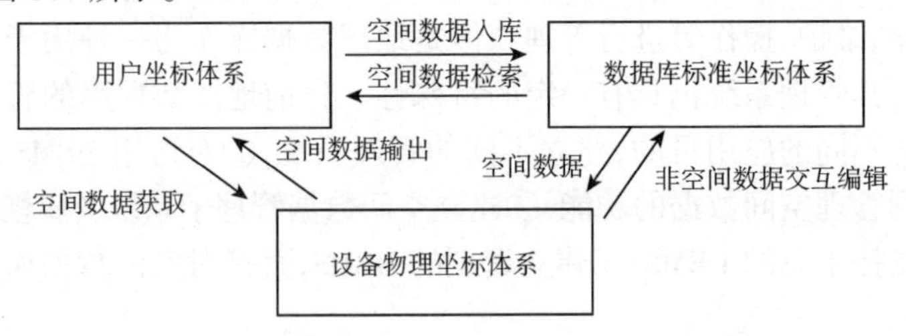

图 8.7　地图数据库中三种坐标体系的转换

(3) 地图数据库的功能设计

空间数据和非空间数据的互相检索。地图数据库建成后,并不是简单地将空间数据和非空间数据自成体系地存放起来,而是要在数据使用时,做到空间数据和非空间数据能互相定位,也就是说,当选择了空间数据库中的一条记录时,能够在非空间数据库中迅速找到相对应的非空间数据。选择了非空间数据中的一条记录时,也能迅速在空间数据库中找到所表示的空间数据,并同时以某种形式予以显示。

空间数据的自动概括。地图数据库的出现是地图数字化的一次革命,其深层的意义不仅体现在以数字的形式表示地图信息,更重要的是通过数学逻辑的方法,对地图内容进行自动化处理,从而在一定的程度上使地图概括增强了客观性和科学性,同时也使制图人员从繁琐枯燥的手工编制中解脱出来。这不仅有对空间数据“形”的概括,更重要的是结合非空间数据库中的属性特征,结合专家知识系统,从而力图达到模拟或接近人脑思维的地图概括水平。

专题地图的自动生成。地图生产的趋势就是利用电子技术生成专用的地图数据库,每次更新和修改地图数据时只需要修改地图数据库中的数据,利用地图数据库的功能,生成和输出新的专题地图。所以专题地图的自动生成就成了地图数据库的一个重要功能。地图数据库中存放的专题地图数据,有经常变更和相对稳定两类:相对稳定的就可以直接以图形的形式存储起来,在每次有生产任务时稍加改动;经常变更的主要是指社会经济指标等数据。专题制图时可以在空间数据库系统中,先读取非空间数据,而后在空间数据系统中,生成代表非空间数据库中具有数量或质量意义的空间数据,并以适当的形式表现出来。如地图中道路的自动生成,在空间数据库中为节约存储空间,可以只存储道路中心线的空间数据,但是在生成地图时,必须表示出道路的等级,所以建立的地图数据库就需要能在空间数据库系统中,先读取非空间数据库中有关道路等级的数据,然后在地图空间数据库系统中,直接生成以道路宽度来代表道路等级的地图空间数据。

第四节　计算机地图制图中的编辑和制作

一、数学基础选择

地图投影是一种数学模型,它把地球表面的特征换算成一个二维表面的位置,即以平面地图的形式表现地球对象。坐标系则用于创建地理对象的数字表达,它把地理对象中的每一个点表示为一对数字。这些数字称为该点的坐标。在地图制图中,投影和坐标系密切相关,坐标系通常是通过为投影参数提供特定的数值来创建的。一个坐标系由一组参数来定义,它说明如何判读对象的定位坐标。

1. 地图投影选择

在桌面数字制图环境下,用户同样需要根据地图的用途、制图区域的地理特征和形状等多种因素,为新编地图选择合适的地图投影。所不同的是,用户初选的地图投影并不一定就是最终成果图的地图投影,通常只需令初选投影和资料图(包括地图资料和影像资料)的投影相一致。因为,不管在哪一种投影下进行地图编辑,最终利用制图软件都可方便地实现投影的转换,这是数字制图的优越性。

2. 坐标系选择

坐标系可以明确制图对象的空间定位坐标,它包括一组参数,如坐标系名称、投影类型、基准面等,投影只是其中的一个参数,是坐标系的一部分。现有的许多桌面 GIS 软件大多提供多种不同坐标体系(基准面)供用户选择,少数软件还允许用户建立自己的坐标系。以 MapInfo 为例,它以两级目录菜单的形式提供了 300 余个预定义坐标系,当用户要使用其他坐标系或创建新的坐标系时,可以通过修改投影参数文件 MapInfo.prj 来实现。这个数据文件以分行记录每一个预定义坐标系的参数表,如坐标系名称、投影代码、椭球体、坐标单位、原点经度、原点纬度、标准纬线、方位角、比例系数等。MapInfo 系统还定义了 50 个基准面代码,如果用户需要采用其他的基准面,且知道该基准面的数学参数,则可以使用代码在该投影参数文件中定义这个基准面。

二、地图数字化

地图数字化是地理空间数据输入的重要途径,图形经过数字化处理后,传统的纸质地图可转换成数字地图产品。

地图数字化的方法分为两种类型:手扶跟踪数字化和光学扫描仪的栅格扫描。对于地图制图来说,使用手工和自动方法进行地图数字化,是一切数据处理和分析的开始。早期,地图数据的输入以手扶跟踪方法为主,特别是对矢量数据,如河流、道路网等。现在,数据的扫描技术日新月异,速度和精度有了明显的提高,日益广泛地被采用。

1. 手扶跟踪数字化

手扶跟踪数字化仪工作量非常繁重,但它仍然被一些行业部门或图种数字化时采用。手扶数字化的精度受三种因素的影响,即控制点的数量、地图纸张的伸缩程度和操作者的技术。

手扶跟踪数字化操作的第一步是在数字化地图区域之外的三个角上,分别选取三个参照点，这些点确定了数字化文件相对于数字化板的位置。如果数字化图件从数字化板上取下，后又贴在板的不同于原来的位置上，当对该文件进行新的数字化或者编辑操作时，只需将上述选取的三个参照点重新数字化。虽然，在不同的数字化阶段，数字化文件相对于数字化板的位置可能发生几次变化，但是，由数字化软件在不同数字化阶段生成的结果——平面坐标数据将保持一致性。

第二步是确定几个控制点并将其数字化，这些控制点的位置用来确定从平面坐标到输入地图的投影坐标的转换参数。如果知道了地图的投影参数和投影类型，这些控制点的位置就可以用地理坐标的形式确定下来，由此可以进一步计算出控制点的东移和北移。控制点的选择对于空间实体地理位置的确定，即空间坐标数据的地理编码具有至关重要的意义。地理编码数据是不同来源的地图之间以及地图数据和其他类型数据相互之间进行比较的基础。

第三步是确定数字化模式。通常，数字化仪采用两种数字化模式：点模式（point mode）和流模式（stream mode）。在点模式下，地图上点的坐标通过将光标定位于点位上，并按下相应的按钮予以记录。输入孤立的点状地物要素时必须使用点模式，而线和多边形地物的录入也可以使用点模式，但在输入时操作员必须有选择地输入能够反映曲线特征的采样点。在流模式下，线和多边形曲线的坐标是以时间或距离的规定间隔自动采集而得到的。流方式录入能够加快数字化的速度，但其采集的点的数量往往要多于点模式，造成数据量过大。因此，在流模式下，大多数系统采用两种采样原则，即距离流方式（distance stream）和时间流方式（time stream）。时间流方式的特点是当数字化曲线比较平滑时，可以加快鼠标移动的速度，使采样点的数目相对减少；而当曲线比较弯曲时，鼠标移动较慢，采样点的数目就多。距离流方式的特点是容易遗漏曲线拐点，从而使曲线失真。因此，在数字化过程中，需要根据不同的对象选择不同的数字化方式。

2. 扫描数字化

扫描数字化采用高精度扫描仪，将图形、图像扫描后形成栅格数据文件，再利用矢量化软件对栅格数据进行处理，将它转化成为矢量图形数据。矢量化过程有两种方式：交互式和全自动。影响扫描数字化数据质量的因素包括原图质量（如清晰度）、扫描精度、扫描分辨率、配准精度、校正精度等。

扫描获得的栅格图像数据主要有三种用途：一是对图像做增强和分类处理后进入栅格型的空间数据库。也可不做处理，仅用于显示，并在显示时叠加矢量图形，如很多GIS用户常把扫描后的航空像片作为矢量地图的背景图来显示；二是显示在屏幕上做进一步的手工矢量化。手工矢量化又分为完全的手工跟踪和借助软件的半自动化跟踪两种。完全手工跟踪方法把扫描获得的图像作为底图显示出来，操作员用鼠标器在屏幕上操作，这和手扶数字仪输入很相似。半自动的矢量化方法是由操作员用鼠标器点一下屏幕上需要矢量化的线条,软件则沿着栅格线条找到线的一个端点或在其他线条的相交处停下来,提示操作员,由操作员控制需要进一步矢量化的方向或下一点,计算机则自动记录下有关的关键点并连接成线。这种方法比完全手工跟踪的效率高,也容易保证精度,但只能处理线划地图,不能处理遥感图像。上述两种方法对点状信息、注记、符号的输入和手扶数字化仪的操作一样;三是由软件自动将栅格图像数据转化成矢量地图。

在上述三种矢量化方法中,屏幕矢量化是目前广泛使用的方法。对屏幕矢量化来说,图像的配准是矢量化的前提和基础,对矢量化的质量影响很大。许多地图制图软件或 GIS 软件都具备图像配准功能。

三、图形编辑处理

在任何环境下,无论以何种数字化方式输入数据,都会出现误差或错误,最常见的数字化错误有 5 种(图 8.8),这些错误需要通过编辑来修正。碎多边形(sliver polygon)的产生,形成于两个相邻多边形的边界绘制以及两个多边形的叠加;线的端点不达结点(undershoot),即对于两个独立的多边形来说,在线的端点和结点之间存在着间隙,需要进行连接编辑;不正确多边形(erroneous polygon)常在结点附近形成,由于很小,所以难以查找和识别;线的端点超过了结点(overshoot),在端点附近生长出多余的小弧段;边缘匹配问题(edge matching problem)指分幅扫描图像在合成拼接时出现的边缘不匹配的情况。这些错误都可以通过矢量编辑来纠正,特别是通过剪辑程序来克服,剪辑程序可使多边形自动封闭,并保证每个弧段的两个端点都是结点。

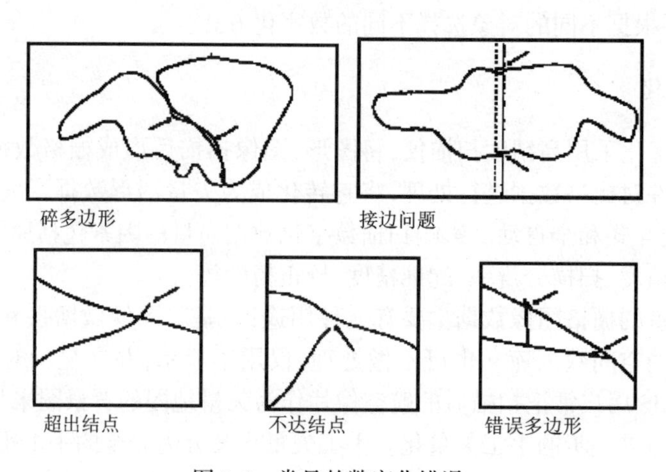

图 8.8　常见的数字化错误

手工编辑地图大多数是在计算机图形显示器上以人机交互的方式进行。从编辑方式上来讲，既有矢量编辑方式，也有栅格编辑方式。手工编辑的主要功能是添加、删除、移动、复制、旋转某些图形图像要素。在矢量方式下，地图数字化和地图编辑往往是结合在一起的。

“图层”，是地图数字化和地图图形编辑过程中一个非常重要的概念。不同的图形要素有不同的图形结构，所以在数字化或图形编辑时，常把它们分门别类地存放在不同的图层里，这就是所谓的分层数字化和分层编辑。现有的桌面制图软件和专业 GIS 软件都是按照“图层”的概念对数据进行组织和管理的(图 8.9)，如 ArcView 的“Theme”、MGE 的“ Level”、Erdas 的“Layer”等。在现代地图制图和 GIS 中，这种分层数据组织与管理的重要意义主要表现在以下几个方面：①可以实现地图要素的分层显示；②为在地图信息系统(电子地图)或 GIS 中实现空间数据库的多重显示创造条件；③有利于不同空间地理要素的叠加分析；④可实现不同数字产品之间的数据共享，从而减少数字化的作业量，还可以保证地图的质量。

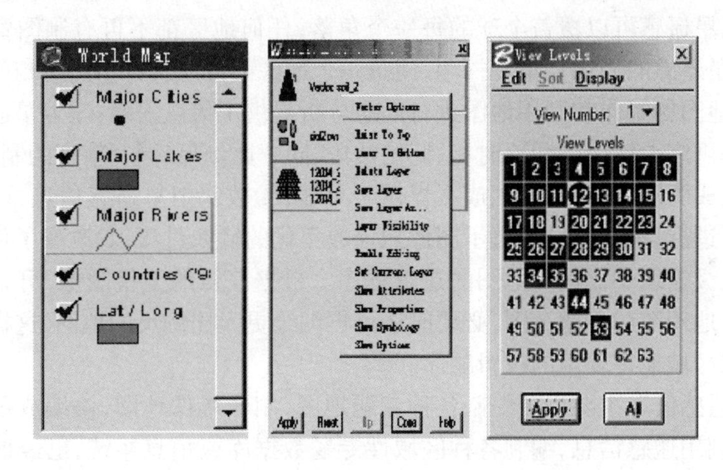

图 8.9　图层的几种形式(Theme、Level、Layer)

四、地 图 输 出

地图的信息是十分丰富的，在实践中，最终的数字地图产品不仅包括各种分层的图形要素，还可能包括与图形相关的各类统计图表、图片以及图例等，所以需要将不同的图形窗口、统计图窗口和图例窗口在一个页面上妥善地放置和安排，并在页面上增加标题或注记之类的文字，将所有的显示联系在一起，这就是图面配置(layout)问题。现有的许多桌面制图软件都提供了对多窗口、多种图表进行图面配置的功能。

以 ArcView 软件为例，它提供了 5 种 Layout 模式，用户可以根据自己的需要，选择合适的模式。在所选模式上,利用系统提供的丰富的编辑工具,用户对图面组成要素可做进一步的调整和编辑,直到满意为止。然后,即可选择地图输出。地图输出功能设计一般包括输出设备类型选择(打印机、绘图机等)、输出纸张、输出幅面、比例尺、黑白或彩色等参数的确定。

第五节 遥感制图

地图学的第一道难关是解决地图信息源的问题。信息的丰富与否是至关重要的前提。从1957年原苏联发射第一颗人造地球卫星以来,遥感技术得到了飞速发展,遥感信息的获取正向全波段、全天候、全球覆盖和高分辨率的方向迅猛发展,信息网络的组建和光缆、微波传输技术的进步,突破了时间和空间的局限,形成了数据极其巨大的信息流。这种铺天盖地而来的地表遥感信息,不仅成为地图制图乃至"数字地球"的重要信息源,而且使制图资料的现势性、制图工艺等都发生了深刻变化。①卫星遥感可以覆盖全球的每一个角落,任何地区都不再有制图资料的空白区;②卫星遥感的周期性重复探测,使每一个地区都可以获得不同时相的制图信息,为动态地图的制作和利用地图进行动态分析提供了信息保障;③卫星遥感资料可以及时提供广大地区的同一时相、同一波段、同一比例尺、同一精度的制图信息,这就为缩短成图周期,降低制图成本提供了可能;④数字卫星遥感信息,可以直接进入计算机进行自动处理,省去了图像扫描数字化的输入过程;⑤改变了传统的从大比例尺逐级缩编小比例尺地图的逻辑程序。根据获得的卫星图像,可以直接编绘小比例尺地理图或专题地图,必要时还可再编绘更大比例尺的地图,这样就更适应人们认识区域地理环境的逻辑顺序。

当前,遥感信息主要用于编制各种专题地图,制作影像地图,修编或更新地形图。此外,利用遥感信息,编制各种区域性专题数据库或信息系统,已经成为一个新的发展方向。

一、遥感原理与图像获取

20世纪60年代,在航空摄影测量、航空地球物理与地球化学探测和航空像片判读应用发展的基础上,国际上正式提出了"Remote Sensing"(遥感)的概念,并很快被普遍接受和认同。所谓遥感,广义概念是指从远处探测、感知物体或事物的技术,即不直接接触物体本身,从远处通过各种传感器探测和接收来自目标物体的信息,经过信息的传输及其处理分析,识别物体的属性及其空间分布、动态变化等特征的技术。遥感分为:航空遥感,通过(飞机)航空摄影可得到航空照片(彩图18);航天遥感,通过(卫星)航天摄影可得到卫星影像(彩图19)。

遥感是一个综合性的技术系统，由遥感平台、传感器、信息接收与处理、应用等部分组成。遥感平台主要有飞机、人造卫星、载人飞船。传感器有多种波段的摄像机、多光谱扫描仪、微波辐射计、侧视雷达、专题成像仪等，并且在不断向多光谱段、多极化、高分辨率和微型化方向发展。各种传感器把记录下来的数字或图像信息，通过校正、变换、分解、组合等光学图像处理或数字图像处理后，以胶片、图像或数字磁带等方式提供给用户。由于地球表面上所有物体都有本身的电磁波谱特性，即有规律地吸收、反射、辐射电磁波的特性，因此，反映在遥感图像上就有不同的影像特征。用户在实地调查或事先测定并掌握各种物体的波谱特征的基础上，通过综合分析与判断，或在地理信息系统和专家系统的支持下，提取专题信息，编制专题地图或统计图表，这就是遥感的基本原理(图 8.10)。

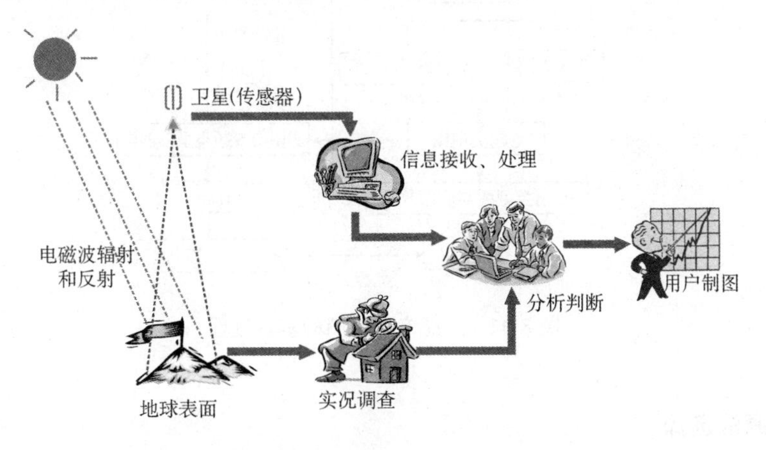

图 8.10　遥感探测的基本原理

目前，世界各国已经发射的遥感卫星的数量和种类不断增多，卫星传感器的工作波段也几乎扩展到了电磁波的各个部分，一个多层、立体、多角度、全方位和全天候的对地观测网正在形成。与此同时，高分辨率小型商业卫星发展迅速，这种卫星的地面分辨率可达 5m，甚至 1m，在大比例尺地图制图、GIS 制图和 DEM(数字高程模型)立体制图等方面，均具有良好的应用效果。

二、遥感专题地图的制作

这里所说的遥感专题地图的制作，是指在计算机制图环境下，利用遥感资料编制各类专题地图，这是遥感信息在测绘制图和地理研究中的主要应用之一。图 8.11 概括了遥感专题地图的制作过程，这里就其中一些关键的技术环节作重点阐释。

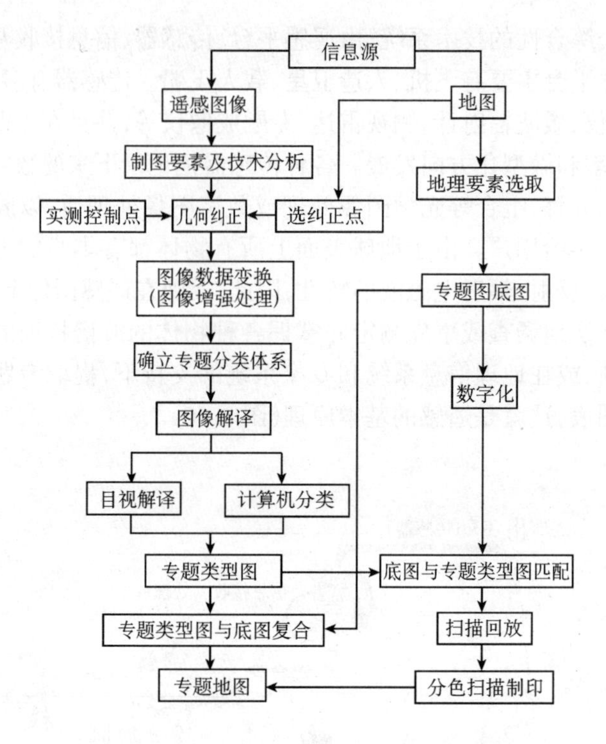

图 8.11 遥感专题制图的基本过程

1. 信息源的选择

图像的地面分辨率、波谱分辨率和时间分辨率是遥感信息的基本属性，在遥感应用中，它们通常是评价和选择遥感图像的主要指标。

(1) 空间分辨率与制图比例尺的选择

空间分辨率即地面分辨率，是指遥感仪器所能分辨的最小目标的实地尺寸，即遥感图像上一个像元所对应的地面范围的大小。例如，Landsat-TM 影像的一个像元对应的地面范围是 30m × 30m，那么其空间分辨率就是 30m。

由于遥感制图是利用遥感图像来提取专题制图信息，因此在选择图像的空间分辨率时要考虑以下两个因素：一是解译目标的最小尺寸；二是地图的成图比例尺。空间不同规模的制图对象的识别，在遥感图像的空间分辨率方面都有相应的要求。

遥感图像的空间分辨率与地图比例尺有密切的关系。在遥感制图中，不同平台的遥感器所获取的图像信息，其可满足成图精度的比例尺范围是不同的(表 8.1)。因此，进行遥感专题制图和普通地图的修测更新时，对不同平台的图像信息源，应该结合研究宗旨、用途、精度和成图比例尺等要求，予以分析选用，以达到实用、经

表 8.1 不同平台信息源适于制图精度的比例尺范围

技术指标＼信息平台		Landsat MSS	Landsat TM	SPOT	国土普查卫星像片
空间分辨率		80m×80m（1~4 波段）	30m×30m（1~5,7 波段）	20m×20m（1~3 波段）	20m×20m
同一地物图像面积量测精度/%		85 ±	93 ±	98 ±	98 ±
专题制图	适应比例尺	1/25 万~1/50 万	1/10 万~1/25 万	1/5 万~1/10 万	1/10 万~1/25 万
	最大适中比例尺	1/25 万	1/10 万	1/5 万	1/10 万
普通地图修测、制作适中比例尺		修测 1/50 万 图	修测 1/25 万 图	修测、制作 1/10 万 地图	修测 1/25 万 地图

济的效果。

(2) 波谱分辨率与波段的选择

波谱分辨率是由传感器所使用的波段数目(通道数)、波长、波段的宽度来决定的。

通常,各种传感器的波谱分辨率的设计都是有针对性的,这是因为地表物体在不同光谱段上有不同的吸收、反射特性。同一类型的地物在不同波段的图像上,不仅影像灰度有较大差别,而且影像的形状也有差异。多光谱成像技术就是根据这个原理,使不同地物的反射光谱特性能够明显地表现在不同波段的图像上。因此,在专题处理与制图研究中,波段的选择对地物的针对性识别非常重要。

在考虑遥感信息的具体应用时,必须根据遥感信息应用的目的和要求,选择地物波谱特征差异较大的波段图像,即能突出某些地物(或现象)的波段图像。实际工作中有两种方法:一是根据室内外所测定的地物波谱特征曲线,直观地进行分析比较,根据差异的程度,找出与之相对应的传感器的工作波段。二是利用数理统计的方法,选择不同波段影像密度方差较大且相关程度较小的波段图像。

除了对单波段遥感图像的分析选择外,大多数情况下是将符合要求的若干波段作优化组合,进行影像的合成分析与制图。如利用 MSS 影像编制土地利用图时,通常采用 $MSS_{4、5、7}$ 波段的合成影像;若进一步区分林、灌、草,可选 $MSS_{5、6、7}$ 波段的合成影像。

(3) 时间分辨率与时相的选择

把传感器对同一目标进行重复探测时,相邻两次探测的时间间隔称为遥感图像的时间分辨率。如 Landsat 1、2、3 的图像最高时间分辨率为 18 天,Landsat4、5、7 为 16 天,SPOT-1~5 为 26 天,而静止气象卫星的时间分辨率仅为 0.5 小时。

遥感图像的时间分辨率差异很大,用遥感制图的方式反映制图对象的动态变化时,不仅要搞清楚研究对象本身的变化周期,同时还要了解有没有与之相对应的遥感信息源。如要研究森林病虫害的受灾范围、森林火灾蔓延范围或洪水淹没范围等现象的动态变化,必须选择与之相适应的短期或超短期时间分辨率的遥感信息源,显然只有气象卫星的图像信息才能满足这种要求;研究植被的季相节律、农作物的长势,目前以选择 Landsat-TM 或 SPOT 遥感信息为宜。

遥感图像是某一瞬间地面实况的记录,而地理现象是变化、发展的。因此,在一系列按时间序列成像的多时相遥感图像中,必然存在着最能揭示地理现象本质的"最佳时相"图像。"最佳时相"的涵义包括两个方面:第一,为了使目标不仅能被"检出"且能被"识别",应要求信息有足够大的强度,还应是地理现象呈节律性变化中最具有本质特性的信息;第二,探测目标与环境的信息差异最大、最明显。事实上,由于受地物或现象本身的光谱特性等多种因素的综合影响,研究目标及对象的"最佳时相"的概念是不一样的。如编制地质地貌专题地图,选择秋末冬初或冬末春初的图像最为理想,因为这个时段的地面覆盖少,有利于地质地貌内在规律和分布特征的显示;进行"三北"防护林的遥感调查与制图,选择树木已经枝繁叶茂,但农作物及草本植被尚未覆盖地面的五月末的时相最为理想;解译海滨地区的芦苇地及其面积用五六月间的图像;编制黄淮海地区盐碱土分布图用三四月间的图像比较适宜。总之,遥感图像时相的选择,既要考虑地物本身的属性特点,也要考虑同一种地物的空间差异。

2. 图像处理

根据遥感制图的任务要求,确定了遥感信息源之后,还必须对所获得的原始遥感数据进行加工处理,才能进一步利用。

(1) 图像预处理

人造卫星在运行过程中,由于侧滚、仰俯的飞行姿态和飞行轨道、飞行高度的变化以及传感器光学系统本身的误差等因素的影响,常常会引起卫星遥感图像的几何畸变。因此,在专题地图制图之前,必须对遥感图像进行预处理。预处理包括粗处理和精处理两种类型。粗处理是为了消除传感器本身及外部因素的综合影响所引起的各种系统误差而进行的处理。它是将地面站接收的原始图像数据,根据事先存入计算机的相应条件而进行纠正,并通过专用的坐标计算程序加绘了图像的地理坐标,制成表现为正射投影性质的粗制产品 - 图像软片和高密度磁带。精处理的目的在于进一步提高卫星遥感图像的几何精度。其作法是利用地面控制点精确校正经过粗处理后的图像面积和几何位置误差,将图像拟合或转换成一种正规的符合某种地图投影要求的精密软片和高密度磁带。目前,在精处理过程中,也常常在图像上加绘控制点、行政区划界限等对后续解译工作起控制作用的要素。

(2) 图像增强处理

为了扩大地物波谱的亮度差别,使地物轮廓分明、易于区分和识别,以充分挖掘遥感图像中所蕴含的信息,必须进行图像的增强处理。图像增强处理的方法主要有光学增强处理和数字图像增强处理两种。图像光学增强处理的目的在于人为加大图像的密度差。常用的方法有假彩色合成、等密度分割和图像相关掩膜等。数字图像增强处理是借助计算机来加大图像的密度差。主要方法有彩色增强、反差增强、滤波增强和比值增强等。数字图像增强处理具有快速准确、操作灵活、功能齐全等特点,是目前广泛使用的一种处理方法。

3. 图像解译

从数据类型来看,数字遥感图像是标准的栅格数据结构,因此,遥感图像的解译实际上就是把栅格形式的遥感数据转化成矢量数据的过程。图像解译的主要方法有目视解译和计算机解译两种。

(1) 目视解译

目视解译是用肉眼或借助简单的设备,通过观察和分析图像的影像特征和差异,识别并提取空间地理信息的一种解译方法。目前,遥感制图已经全面实现了数字化操作,目视解译也从过去手工蒙片解译发展为数字环境下的人机交互式图像解译。所谓人机交互式图像解译,是一种以计算机制图系统为基础,以数字遥感图像为信息源,以目视解译为主要方法并充分利用专业图像处理软件实现对图像的各种操作(如缩放、旋转、平移、反差增强等)。

解译准备。解译之前,必须做好两方面的工作:一是利用制图软件或 GIS 软件,生成与所选遥感图像一致的地图投影文件,这个矢量地图投影文件实际上就是新编专题地图的地理底图的重要内容。然后,以此为控制基础,实现图像与基础底图的准确配准。二是收集与图像解译内容有关的地图资料和文字资料,熟悉解译地区的基本情况,并制定解译工作计划。

建立解译标志。首先在室内通过对卫星图像的分析研究,确定野外考察的典型路线和典型地段,然后通过卫星图像的野外实地对照、验证,从而建立各种地物目标在图像上的解译标志。卫星图像的解译标志包括图像的色调、形态、组合特征等。

解译。首先对具体解译区域进行宏观分析,建立总体概念,然后再根据解译标志,进行专题内容的识别。解译的方法有直接解译法、对比分析法和逻辑推理法。直接解译法是通过色调、形态、组合特征等直接解译标志,判定和识别地物。对比分析法采用不同波段、不同时期的遥感图像地物光谱测试数据以及其他地面调查资料,进行对比分析,将原来不易分开的地物区分开来。逻辑推理法指解译人员运用专业知识和实践经验,并根据地学规律进行相关分析和逻辑推理,解译那些因卫星图像比例尺小,地面分辨率低,前两种方法又无法解译的图像信息。

野外验证。在解译工作结束之后,为保证解译结果的准确性,必须通过野外抽样调查,对解译中的疑点作进一步的核实,并对解译成果进行修改和完善。

(2) 计算机解译

计算机解译是利用专业图像处理软件,实现对图像的自动识别和分类,从而提取专题信息的方法,它包括计算机自动识别和计算机自动分类。

计算机自动识别(模式识别),是将经过精处理的遥感图像数据根据计算机所研究的图像特征进行的处理。具体处理方法有:统计概率法、语言结构法和模糊数学法。统计概率法是根据地物的光谱特征进行自动识别;语言结构法是根据地物的图形进行识别;模糊数学法则是根据地物最明显的本质特征(光谱的或图像的本质特征)进行识别。

计算机自动分类分为监督分类和非监督分类两种方法。监督分类是根据已知试验样本提出的特征参数建立解译函数,对各待分类点进行分类的方法;非监督分类是事先并不知道待分类点的特征,仅仅根据各待分点特征参数的统计特征,建立决策规则并进行分类的一种方法。

目前,主要通过 ERDAS、ER Mapper、PCI 等图像处理软件进行遥感图像解译。解译得到的栅格数据,可以转换成矢量数据,以备进一步的处理使用。

计算机解译能克服肉眼分辨率的局限性,提高解译速度,而且随着技术的日趋成熟,它还能从根本上提高解译的精度。面对海量遥感数据,深入研究图像的自动解译,对地理信息系统和数字地球的建设具有重要的意义。目前,各种类型的图像处理软件都不同程度地提供了计算机自动识别与分类的强大功能,一些部门和单位利用遥感图像处理软件试验或编制专题地图,建立专题数据库。然而,由于受遥感成像机理复杂性等多种因素的综合影响,计算机自动识别和分类方法在生产实践中,还不可能替代目视解译方法,目视解译仍然是图像解译的主流方法。

4. 基础底图的编制

图像解译只是完成了从影像图到专题要素线划图的转化过程。为了说明专题要素的空间分布规律,还必须编制相应的基础底图。

传统的遥感制图中,编制基础底图时,首先选择制图范围内相应比例尺的地形图并进行展点、镶嵌、照相,制成线划地形基础底图膜片,然后将地形基础底图膜片蒙在影像图上,根据影像基础底图上解译的地理基础,更新地形基础底图上的地理要素(主要是水系要素),并对地形图上原有的地理要素进行适当的取舍,最后制成供转绘专题要素用的基础底图。这种线划基础底图的内容主要有水系、道路、境界线等,其比例尺与遥感图像一致。与此同时,可进一步编制出成图用的地理基础——出版底图。

数字制图环境下,基础底图的编制与传统方法有所不同。一种方法是直接使用已经编好的数字底图资料。如果底图的数学基础、内容要素等与成图要求不同,用户可以通过投影转换或地图编辑功能进行统一协调。另一种方法是把相应的普通地图或专题地图进行扫描,然后与用户建立的数学基础进行配准,或经过几何纠正后,再根据基础底图的要求,分要素进行屏幕矢量化编辑,获得基础底图数据文件。

5. 专题解译图与地理底图的复合

在计算机制图环境下,通过人机交互解译或计算机解译得到的专题解译图,必须与地理底图文件复合,复合后的图形文件,经过符号设计、色彩设计、图面配置等一系列编辑处理过程,最终形成专题地图文件。

三、遥感影像地图及其编制

1. 遥感影像地图的特点

影像地图是以航空或卫星遥感影像直接反映地表状况的地图。其影像通常是经过纠正了的正射像片,叠加在影像之上的符号和注记是按照一定的原则选用的。影像是传输空间地理信息的主体,从影像上容易识别的地物不用符号表示,直接由影像显示;只有那些影像不能显示或识别有困难的内容,在必要的情况下以符号或注记的方式予以表示。和普通线划地图相比,影像地图具有鲜明的特点:一是以丰富的影像细节去表现区域的地理外貌,比单纯使用线划的地图信息量丰富,真实直观、生动形象,富于表现力。二是用简单的线划符号和注记表示影像无法显示或需要计算的地物,弥补了单纯用影像表现地物的不足,因而减少了制图工作量,缩短了地图的成图周期。

正是这种特殊的信息传输方式,赋予了影像地图以独特的可视化效果,从而使影像地图在反映区域概貌,进行区域总体规划方面具有重要作用。

2. 遥感影像地图的种类

影像地图按其内容可以分为普通影像地图和专题影像地图两类。

普通影像地图是综合了遥感影像和地形图的特点,在影像的基础上叠加了等高线、境界线、沟渠、道路、高程注记等内容,以需求的不同,可以制成黑白、彩色、单波段和多波段合成的影像地图。按遥感资料的性质,又可分为航空影像地图和卫星影像地图两种。前者的比例尺较大,影像分辨率高,适用于工程设计、地籍管理、区域规划、城市建设以及区域地理调查研究和编制大比例尺专题地图;后者由卫星影像编制而成,属于中小比例尺影像地图,区域总体概念清晰,有利于大范围的分析研究,适用于研究制图区域全貌、大地构造系统、区域地貌、植被分布、制定工农业总体规划,进行资源调查与专题制图等。

专题影像地图是以影像地图作基础底图,通过解译并加绘有专题要素位置、轮廓界线和少量注记制成的一种影像地图。因像片上有丰富的影像细节,专题要素又以影像作背景,两者可以相互印证,又不需要编制地理底图,因而具有工效高、质量好等优点,是有发展前途的一种新型地图。

目前代表影像地图制作技术发展趋势的一些新型影像地图已经问世。

电子影像地图。这种影像地图以数字形式存储在磁盘、光盘或磁带等存储介质上,需要时可由电子计算机的输出设备(如绘图机、显示屏幕等)恢复为影像地图。与传统的影像地图相比,它保留了影像地图的基本特征如数学基础、图例、符号、色彩等,只是载负影像地图信息的介质不同。

多媒体影像地图。是电子地图的进一步发展。传统的影像地图主要给人提供视觉信息,多媒体影像地图则增加了声音和触摸功能,用户可以通过触摸屏,甚至是声音来对多媒体影像地图进行操作,系统可以将用户选择的影像区域放大,直观形象的影像信息再配以生动的解说,使影像地图信息的传输和表达更加有效。

立体全息影像地图。这种影像地图利用从不同角度摄影获取的区域重叠的两张影像,构成像对,阅读时,需戴上偏振滤光眼镜,使重建光束正交偏振,将左右两幅影像分开,使左眼看左面影像,右眼看右边影像,利用人的生理视差,就可以看到立体全息影像。

3. 遥感影像地图的制作

(1) 遥感图像信息的选择

根据影像地图的用途、精度等要求,尽可能选取制图区域时相最合适、波段最理想的数字遥感图像作为制图的基本资料。基本资料是航空像片或影像胶片时,还需要经过数字化处理。

(2) 遥感影像的几何纠正与图像处理

几何纠正与图像处理的方法前面已经讲过,这里需要注意的是,制作遥感影像地图时,更多的是以应用为目的,注重图像处理的视觉效果,而并不一定是解译效果。

(3) 遥感影像镶嵌

如果一景遥感影像不能覆盖全部制图区域的话,就需要进行遥感影像的镶嵌。目前,大多数 GIS 软件和遥感影像处理软件都具有影像镶嵌功能。镶嵌时,要注意使影像投影相同,比例尺一致,并且图像彼此间的时相要尽可能保持一致。

(4) 符号注记层的生成

符号和注记是影像地图必不可少的内容。但在遥感影像上,以符号和注记的形式标绘地理要素与将地形图上的地理要素叠加在影像上是完全不同的两个概念。影像地图上的地图符号是在屏幕上参考地形图上的同名点进行的影像符号化,生成符号注记层,即在栅格图像上用鼠标输入的矢量图形。目前,大多数制图软件都具备这种功能。

(5) 影像地图的图面配置

与一般地图制图的图面配置方法一样,在此不再赘述。

(6) 遥感影像地图的制作与印刷

目前,有两种方法,一种是利用电分机对遥感影像负片进行分色扫描,经过计算机完成色彩校正、层次校正、挂网等处理过程得到遥感影像分色片。分色片经过分色套印,即可制成遥感影像地图。另一种方法是将遥感数据文件直接送入电子地图出版系统,输出分色片或彩色负片,在此基础上印制遥感影像地图。

第六节　地理信息系统制图

地理信息系统(Geography Information System,简称 GIS)是一种兼容、存储、管理、分析、显示与应用地理信息的计算机系统,是分析和处理海量地理数据的通用技术。地图一旦被制作完成,用户对信息的理解在很大程度上便受制于地图制作者对数据进行的编辑处理以及地图比例尺所决定的数据详细程度。作为一种通用技术,地理信息系统按照一种新的方式去组织和使用地理信息,以便更有效地分析和产生新的地理信息;同时,地理信息系统的应用也改变了地理信息分发和交换的方式。因此,它提供了一种认识和理解地理信息的新方式,从而使地理信息系统进一步发展成为一门处理空间数据的学科。

地理信息系统萌芽于 20 世纪 60 年代初。当时,加拿大的 Roger F. Tomlinson 和美国的 Duane F. Marble 从不同的角度提出了地理信息系统的概念。1962 年,Tomlinson 提出利用数字计算机处理和分析大量的土地利用地图数据,并建议加拿大土地调查局建立加拿大地理信息系统(CGIS),以实现专题地图的叠加、面积量算等。1972 年,CGIS 全面投入运行与使用,成为世界上第一个运行型地理信息系统。这对后来的地理信息系统的发展有重要的影响。与此同时,Duane F. Marble 在美国利用数字计算机研制数据处理软件系统,以支持大规模城市交通,并提出建立地理信息系统软件系统的思想。同期,计算机地图制图系统的研究开始发展起来,并对地理信息系统发展产生了深刻影响。地理信息系统在最近 30 年里取得了惊人的发展,并广泛应用于资源调查、地图制图、环境评估、区域发展规划、公共设施管理等领域。

一、地理信息系统的组成

一个典型的地理信息系统应该包括四个基本部分:计算机硬件系统、计算机软件系统、地理数据库系统和系统管理操作人员。

1. 计算机硬件系统

计算机硬件系统是构成地理信息系统所需的基本设备,是系统的物理外壳。

系统的规模、精度、速度、功能、形式、使用方法甚至软件都与硬件有极大的关系,受硬件指标的支持或制约。构成计算机硬件系统的基本组件包括:输入输出设备、中央处理单元、存储器等,这些硬件组件协同工作,向计算机系统提供必要的信息,使其完成任务;保存数据以备现在或将来使用;将处理得到的结果或信息提供给用户。

2. 计算机软件系统

计算机软件系统是指系统工作所必须的各种程序。通常由系统软件、地理信息系统基础软件和用户开发应用软件三部分组成。系统软件包括操作系统软件(如 Windows 98、WindowsXP、Windows NT、UNIX 、DOS 等)、数据库管理系统软件;地理信息系统基础软件包括通用的 GIS 软件包、计算机图形软件包、计算机图像处理软件包、CAD 等,用于支持对空间数据的输入、存储、转换、输出和与用户接口 ;应用分析软件是指系统开发人员或用户根据地理专题或区域分析模型编制的用于某种特定应用任务的程序,是系统功能的扩充和延伸。应用程序作用于地理专题或区域数据,构成 GIS 的具体内容,这是用户最为关心的真正用于地理分析的部分,也是从空间数据中提取地理信息的关键。用户进行系统开发的大部分工作是开发应用程序,而应用程序的水平在很大程度上决定着 GIS 应用的优劣和成败。

3. 地理数据库系统

地理信息系统的地理数据分为几何数据和属性数据。几何数据由点、线、面组成,其数据表达形式可以采用栅格和矢量两种形式,几何数据表现了地理空间实体的位置、大小、形状、方向以及拓扑几何关系。属性数据(描述数据)表示地理信息的类别、性质等,如地形、地物、特征、统计数据、社会经济数据、环境数据等。

地理数据库系统由数据库实体和地理数据库管理系统组成,后者主要用于数据维护、操作、查询检索。地理数据库是地理信息系统应用项目重要的资源与基础,它的建立和维护是一项非常复杂的工作,涉及许多步骤,需要技术和经验,需要投入高强度的人力和开发资金,是地理信息系统应用项目开展的瓶颈技术之一。

4. 系统管理人员和组织机构

地理信息系统是一个动态的地理模型,它需要系统管理人员对系统进行组织、管理、维护和数据更新、系统扩充完善、应用程序开发,并利用地理分析模型提取多种信息,为地学研究和决策服务。因此,人是地理信息系统应用成败的关键,而强有力的组织机构则是系统运行的保障。另外,从系统的数据处理过程来看,地理信息系统是由数据输入子系统、数据存储与检索子系统、数据处理与分析子系统和输出子系统组成。

数据输入子系统。负责数据的采集、预处理和数据转换等。

数据存储与检索子系统。负责组织和管理数据库中的数据，以便于数据查询、更新与编辑处理。

数据处理与分析子系统。负责对系统中所存储的数据进行各种分析计算，如数据的集成与分析、参数估计、空间拓扑叠加、网络分析等。

输出子系统。以表格、图形或地图的形式将数据库的内容或系统分析的结果以屏幕显示或硬件拷贝方式输出。

二、地理信息系统的功能

1. 数据采集、检验与编辑

主要用于获取数据，保证地理信息系统数据库中的数据在内容与空间上的完整性、数据值逻辑上的一致性等。通常，地理信息系统数据库的建设投资占整个系统投资的70%或更多。因此，信息共享与自动化数据输入成为地理信息系统研究的主要内容。目前，可用于地理信息系统数据采集的方法与技术很多，而自动化扫描输入与遥感数据的集成最为人们所关注，扫描数据的自动化编辑与处理仍是地理信息系统主要研究的技术关键。

2. 数据处理

初步的数据处理主要包括数据格式化、转换、概括。数据的格式化是指不同数据结构之间的转化；数据转换包括数据格式转化、数据比例尺的变换。在数据格式的转换方式上，矢量到栅格的转换要比其逆运算快速、简单。数据比例尺的变换涉及数据比例尺缩放、平移、旋转等方面，其中最为重要的是投影变换；数据概括包括数据平滑、特征集结等。目前地理信息系统所提供的数据概化功能极弱，与地图综合的要求还有一定的差距。

3. 数据的存储与组织

这是一个数据集成的过程，也是建立地理信息系统数据库的关键步骤，涉及空间数据和属性数据的组织。栅格模型、矢量模型或栅格与矢量混合模型是常用的空间数据组织方法。空间数据结构的选择在一定程度上决定了系统所能执行的数据与分析的功能。混合型数据结构利用了矢量与栅格数据结构的优点，为许多成功的地理信息系统软件所采用。目前，属性数据的组织方式有层次结构、网络结构和关系数据库管理系统等，其中关系型数据库系统是应用最为广泛的数据库系统。

在地理数据组织与管理中，最为关键的是如何将空间数据与属性数据融合为一体。目前大多数系统都是将二者分开存储，通过公用项来连接。这种组织方式的缺点是数据的定义与数据操作相分离，无法有效地记录地物在时间域上的变化属性。目前,时域地理信息系统和面向对象数据库的设计都在努力解决这些根本性的问题。

4. 查询、检索功能

查询、检索是地理信息系统以及许多其他自动化地理数据处理系统应具备的最基本的分析功能。GIS 的查询功能可以概括为四种类型:属性查询、图形查询、关系查询和逻辑查询。

属性查询。GIS 允许用户在图形环境下,借助光标点击屏幕上的图形要素,以查询检索相关的属性要素;也可以在屏幕上指定一个矩形或多边形范围,检索该区域内所有图形的相关属性。GIS 还允许用户在属性环境下,按照一定的逻辑条件查询属性数据。对查询检索得到的数据,可以在屏幕上显示,也可以生成报表输出。

图形查询。在 GIS 图形环境下,用户可以根据分层编码检索图形数据,也可以根据属性特征值查询相应的图形数据,或者按照一定的区域范围查询图形数据,或者按照一定的逻辑条件查询相应的图形数据。

关系查询。空间目标的拓扑关系有两类:一种是几何元素的结构关系,如点、线、面之间的组成关系,可用于描述和表达几何元素的形态;另一种是空间目标之间的位置关系,可以描述和表达几何元素之间的分布特征,如邻接关系、包含关系等。GIS 的空间关系查询就是查询检索与指定目标位置相关的空间目标,通常包括:面-面关系查询、线-线关系查询、点-点关系查询、线-面关系查询、点-线关系查询、点-面关系查询 6 种。

逻辑查询。逻辑查询是指用数据项与运算符组成的逻辑表达式,查询检索相应的图形或属性,其中数据项可以是数据库中的任意项,运算符可以是所有逻辑运算符和算术运算符。

5. 空间分析功能

空间分析是基于地理对象的位置和形态特征的一种空间数据分析技术,其目的在于提取和传输空间信息。通过空间分析可以揭示数据库中数据所包含的更深刻、更内在的规律和特征。因此,空间分析是地理信息系统的核心功能,也是地理信息系统与其他计算机系统的根本区别。

叠置分析。叠置分析是将同一地区、同一比例尺的两个或两个以上的数据层进行叠置,生成一个新的数据层,让新数据层的各个目标具有各叠置层目标的多重属性或各叠置层目标属性的统计特征。前者称为合成叠置,后者称为统计叠置。

缓冲区分析。缓冲区分析是根据数据库的点、线、面实体,自动建立其周围一定范围内的缓冲区多边形,这是 GIS 重要的和基本的空间分析功能之一。

泰森多边形分析。泰森多边形可用于定性分析、统计分析、邻近分析等。如可用离散点的性质来描述泰森多边形区域的性质;可用离散点的数据来计算泰森多边形的数据;判断一个离散点与其他离散点相邻时,可根据泰森多边形直接得出。

地形分析。地形分析的主要功能是利用DEM和DTM模型描述地表起伏状况,用于提取各种地形参数,如坡度、坡向、粗糙度等,并进行通视分析、地表曲面拟合、地形自动分割等分析。

网络分析。网络关系是自然界和人类社会中的客观存在,如水系网、交通网、通讯网等。GIS的网络分析就是针对客观的网络关系和人类社会的需要,进行诸如最佳路径分析、最佳流量配置、服务网点布设、洪水汇流过程分析等。

6. 显示功能

地理信息系统为用户提供了许多用于显示地理数据的工具,其表达形式既可以是计算机屏幕显示,也可以是报告、表格、地图等硬拷贝图件,尤其要强调的是地理信息系统的地图输出功能。一个好的地理信息系统应能够提供一种良好的、交互式的制图环境,以供地理信息系统的使用者设计和制作出具有高品质的地图产品。

三、地理信息系统制图

地理信息系统的发展最初是从计算机地图制图和地籍管理起步的。对于所有的GIS,地图是一个中心,它既是输入数据的来源,又是系统输出的一种形式,因此,地理信息系统的主要功能之一就是地图制图。通过图形的编辑来清除图形采集过程中的误差,并根据用户需求和地物的类型,对数字地图进行整饰,添加符号、注记和颜色。利用绘图仪硬拷贝输出,即可得到一张用户需要的地图。然而计算机地图制图需要涉及计算机的外围设备,由于各种绘图仪的接口软件和绘图指令都不尽相同,因此,GIS计算机制图的功能软件十分复杂。功能齐全的制图软件包还应具有地图概括、分色排版印刷的功能。利用GIS可制作出“4D”地图产品(彩图20)。

计算机制图的发展孕育了地理信息系统的诞生,而地理信息系统的发展又推动着计算机制图的迅速提高和进一步发展。两者的关系是如此的密不可分,以至于引发了国际上有关专家、学者对计算机制图和地理信息系统相互关系的大争论。当前,在计算机制图与地理信息系统的关系问题上,主要存在两种观点,一种观点认为计算机制图是地理信息系统的一部分;另一种观点认为地理信息系统是基于计算机制图的上层结构。但有一点是明确的:所有的地理信息系统都具有计算机制图的成分,但并不是所有的计算机制图系统都含有地理信息系统的全部功能,两者相互联系,相互促进。

地理信息系统既提供信息服务(如查询、检索),又提供综合分析(空间分析、系统分析),它的分析功能的优势是计算机制图所不及的。计算机制图为地理信息系统的时空分布和产品输出提供了先进的手段,但对于区域综合、方案优选和战略决策等重大目标的管理只能依赖于地理信息系统。就功能而言,地理信息系统和计算机制图都需要数据采集、数据处理和图形输出等基本功能,然而,强有力的空间分析功能则是地理信息系统所具有的特色。

地理信息系统和计算机制图系统的主要区别在于:计算机制图系统侧重于可见实体的显示和处理,而对可见实体可能存在的非图形属性不太注重,然而这种属性在地理分析中却是非常有用的、必要的数据;地理信息系统既注重空间实体的空间分布,又强调它们的显示方式和显示质量。地理信息系统的发展确实需要很好的计算机制图系统,但计算机制图系统本身并不能充分完成用户要求完成的最终给出评价结果的任务,同时,也没有必要单独发展功能完善的计算机制图系统而不去进一步形成地理信息系统。

目前,用 MapInfo、ArcView 等桌面制图系统进行专题地图的制作已相当普遍。下面以 MapInfo 为例,利用我国分省政区图作底图,以各省在 1982 年、1990 年两年的人口统计数据为数据源,说明制作专题地图的过程。

1. 选择所要创建的专题地图的类型

在地图菜单中,选择创建专题地图菜单命令,弹出如图 8.12 所示的专题地图类型选择窗口。从窗口中,可以看到 MapInfo 提供的范围值(scope)、等级符号(graduated)、点密度(dot density)、独立值(unique value)、直方图(bar chart)和饼图(pie chart)6 种专题数据的表示方法,用户可根据需要选择其中一种。这里选择直方图(bar chart)。

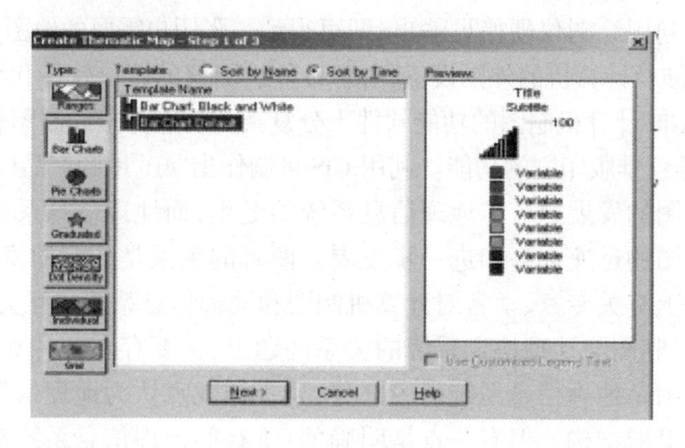

图 8.12　选择专题地图类型

2. 确定用于创建地图的表和字段

选择好专题地图的类型后,需要确定专题变量。在这一步中,首先要明确是为哪个图层创建专题地图,也就是说要选择作为底图的地图图层,以及要选择从中获取数据值的字段或表达式,即专题变量。对于范围值、等级符号、点密度和独立值专题地图,它们只能使用一个专题变量,而饼图和直方图类型的专题地图则可以对多个变量进行分析。这里选择的表为 Prov,选取总人口_ 1982 和总人口_ 1990 两个字段作为专题变量(图 8.13),然后进入下一步。

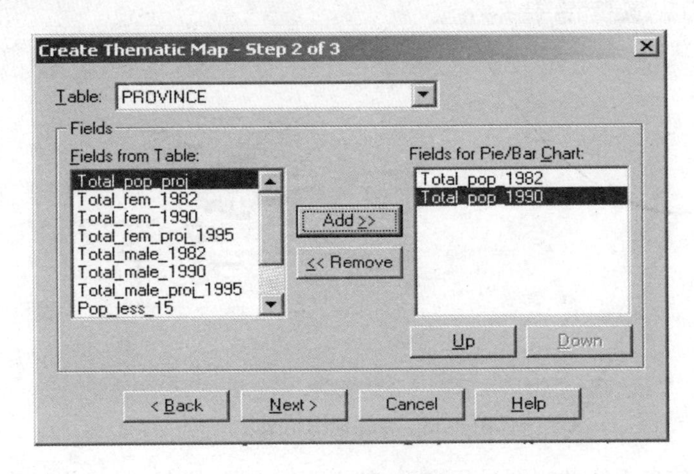

图 8.13　确定专题要素

3. 自定义地图所用的各种选项

这一步中,主要是制作图例。创建专题地图时,MapInfo 能自动创建图例,用于解释颜色、符号、大小所代表的内容(图 8.14)。当然,用户也可以改变图例中显示专题值的顺序,为图例增加标题和副标题,自定义字体,修改范围标注等。图例设计完成之后,MapInfo 就会按照用户的上述要求完成专题地图的制作。

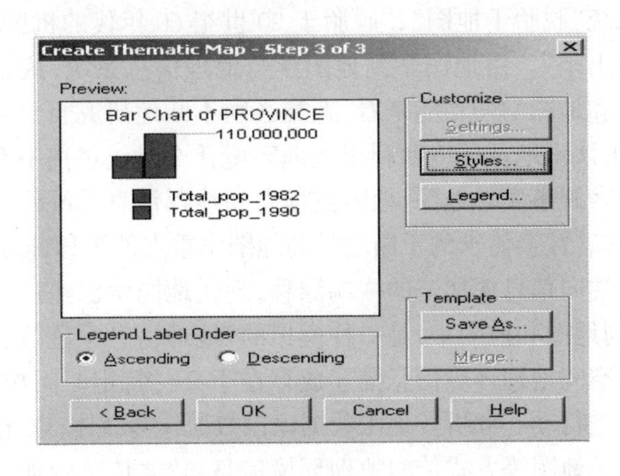

图 8.14　图例设计

4. 专题地图输出

MapInfo 有一个布局窗口,用户可以在此窗口中合理布局所要输出的地图要素,以便通过绘图仪或打印机输出(图 8.15)。

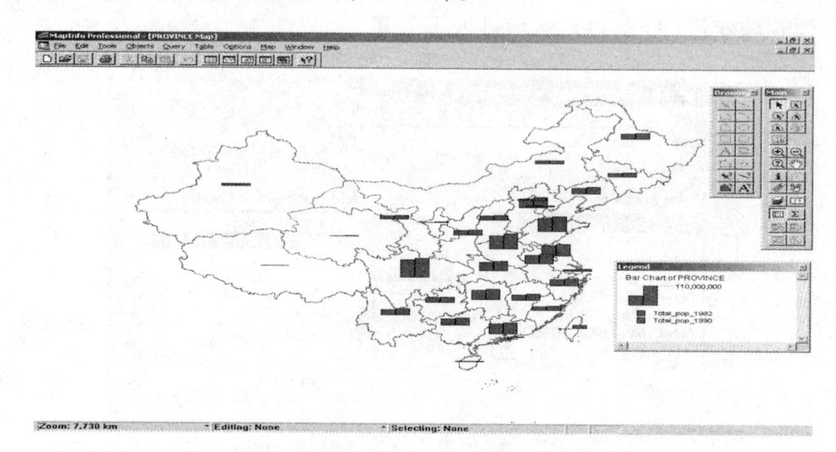

图 8.15 专题地图结果示例

从地理信息系统的制图过程来看,其主要特点是:方便、易操作和更加大众化。地理信息系统中的属性信息不仅能够发挥空间分析的作用,而且是专题地图制图的重要的信息来源。由于信息时代地图学的重点正在向智能化的深加工和实用的最终产品的方向转移,因此,地理信息系统制图也必将成为未来地图制图的重要方法。

四、地理信息系统与地图、地图学的关系

地理信息系统“脱胎于地图”,“脱胎于 20 世纪 60 年代的机助制图系统”,“从地图数据库脱胎出来”。由地图学到地图学与地理信息系统,这是科学的发展规律。从社会需求和地图学的功能来看,人类必须不断地研究自身赖以生存和发展的整个环境,人类认识地理环境和利用地理环境什么时候也离不开地图学。这是一个无法回避的客观事实。地图、地图数据库和地理信息系统作为人类空间认识的有效工具,标志着社会需求的不断增长和地图学重点的漂移,即地图学的着重点从信息获取的一端向信息深加工的一端漂移,现代地图学已经进入了信息科学的领域。地图(系列地图和地图集)是一种模拟的“地理信息系统”,它把具有时间特征的连续变化的空间地理环境信息描述成存在于某一特定时间相对静止的状况,很难甚至不可能进行动态分析。地图数据库以数据作为载体,以光盘等作为介质,以数字地图或电子地图等方式传输地理环境信息,较之传统的地图确实是一大进步,但它的数据范围和数据分析功能仍是有局限的。相比较而言,GIS 的数据源

多、数据量大；在遥感技术的支持下，能保证信息传输的现势性；数据查询、检索方式灵活多样，信息传输的可选择性极强；通过数据分析和计算，可为用户提供大量派生的信息；计算机图形技术提供了多种多样的地理信息传输方式。

但地图仍然是目前地理信息系统的重要数据来源，也是地理信息系统产品输出的主要形式。同时，地图学理论与方法对地理信息系统的发展有着重要的影响，并成为地理信息系统发展的根源之一。把地图学和 GIS 加以比较可以看出，GIS 是地图学理论、方法与功能的延伸。地图学与 GIS 是一脉相承的，它们都是空间信息处理的科学，只不过地图学强调图形信息传输，而 GIS 则强调空间数据处理与分析，可以说 GIS 是地图学在信息时代的发展。

五、常见的几种地理信息系统简介*

1. ARC/INFO

ARC/INFO 是美国环境系统研究所（ESRI）系列产品中最经典、功能最强大的 GIS 产品，它是 ESRI 公司实力的标志，其许多先进的设计思想和概念被其他产品所借鉴和采纳，成为引导全球 GIS 发展方向的旗帜，同时它也是我国引入最早和使用较广泛的 GIS 软件。

ARC/INFO 包括一个核心模块和若干个可选的扩展模块（彩图 21），其主要功能见表 8.2。

表 8.2　ARC/INFO 的主要功能

模块组成		主要功能
核心模块		核心模块的功能主要包括数据的输入、转换、编辑、查询、统计、分析等
扩展模块	TIN	专门的地表模型生成、显示、分析模块
	GRID	对栅格数据进行输入、编辑、显示、分析和输出；对图像作简单处理
	NETWORK	网络分析模块。包括最短路径选择、邮递员问题、资源调配、设施服务范围、网络流量、网络追踪等分析
	ARCSCAN	扫描矢量化模块。具有矢量栅格一体化编辑功能，可自动消除噪音、剔除色斑
	ARCSTORM	数据库管理模块。可以管理巨大量的数据，适用于大量用户共用大量同样的数据。可用于日常的工作数据的维护和更新
	ARCEXPRESS	图形加速模块。能明显提高图形显示速度，通过 ARC/INFO 的绘图命令，在进行优化、刷新时直接调出，不用再到数据库中查询
	COGO	主要用于数字测量、工程制图，用来解决一些空间特征的几何关系
	ARCPRESS	图形输出模块。可把 ARC/INFO 的制图数据转化成栅格数据直接送到绘图仪上，减少对绘图仪的内存要求，突破对矢量图大小的限制，并可对图形分色，直接输出以供制版

* 仅供学生参考。

ARC/INFO 软件的主要特点：

先进的数据模型。ARC/INFO 除采用传统的 GIS 点、线、面数据模型外，在此基础上定义了一系列先进的数据模型。GIS 数据模型的特点是单独存储空间数据与属性数据，空间数据包括几何数据和拓扑数据，几何数据即空间坐标、长度、面积，拓扑数据即空间特征的几何关系。ARC/INFO 的主要的空间特征有点、线、面、结点。除此以外，ARC/INFO 还定义了区域（region）、事件（event）和路径（route）3 个高级空间特征。

方便的地图数据管理。ARC/INFO 除了对单独的 Coverage 进行操作外，还可管理大量的图形数据，采用先进的空间索引方式，在地图库里，把地图数据水平方向划分为 FILE，纵向划分为 LAYER，用户只要指定范围和内容，而不必关心数据存储方式，系统就会自动调入相关数据而不是所有数据。多个用户可同时读取同一个地图库，当其中的一个用户修改其中的某一个 FILE 时，这一用户被 FILE 锁定，防止数据产生不一致，直到用户提交修改内容。

强大的栅格分析功能。ARC/INFO 除了支持矢量分析外，还提供强大的栅格分析功能，提供大量的栅格函数，并建立了许多专业模型，如地表通视模型、水系分析模型、表面扩散模型等，支持栅格矢量一体化查询和叠加显示。

良好的开发环境。ARC/INFO 提供 AML 语言开发环境，用户可以非常方便地编制自己的菜单和程序。ARC/INFO 提供的 AML 开发环境的特点是：语法结构简单、解释执行、不需编译、执行和开发效率高；支持模块化的开发方法，可以开发较大的应用模块；提供可视化菜单、对话框和各种风格的控件。

2．ArcView

ArcView 是美国 ESRI 公司为适应大众化而推出的集空间图形、关系数据库、统计图形、空间分析、网络通信、面向对象的程序设计于一体的桌面地理信息系统软件，它标志着桌面制图和 GIS 的新的转折点，在功能上远远超越了桌面制图系统。

ArcView 以 Project 为基本应用单元，它由 View 、Table、Charts、Layouts 、Scripts（avenue）5 个动态连接的文件模块（document）组成。每个 Document 都有相应的可供编辑的图形用户界面，简单直观。

Views 用于地图显示、信息查询和空间分析。在图形显示方面，ArcView 支持多种空间数据格式，它不仅可以读取 AutoCAD 的 DXF 数据，而且其基本数据格式 DWG 可以直接调入 ArcView 中，无须经过任何转换。同时，MicroStation 的 DGN 数据也可以不经转换就在 ArcView 中使用。除此以外，ArcView 还引入了一种新的数据格式——Shape，它是一种无拓扑关系的矢量数据，可与 Table 相连，可和其他的 Theme 一样进行多种操作。对 Coverage，它可按任一属性项实现分级显示；对 Image，可以实现单波段显示、多波段彩色合成、灰度显示、假彩色制作和透明与不透明两种方式的叠加。在数学基础方面，ArcView 支持近 20 种投影变换，只要改变 View 的单位、投影类型、参数(如中央经线或标准纬线)，图形就能以新的投影方式显示出来，而无需对原始数据进行投影转换。在信息查询方面，ArcView 支持空间查询和逻辑查询，查询结果在 View 和 Table 中加亮显示，在 Charts 中自动生成统计图。

ArcView 通过空间数据库的多重显示，初步解决了地图清晰性与详细性的矛盾。这种多重显示是以空间数据库的分层为基础的，通常是设计某些层(theme)的显示范围，即当大于一定比例尺时显示，小于一定比例尺时隐含，从而使图形随放大而详细，随缩小而简化，保持了地图的清晰性和逻辑性。

热链接是 ArcView 的一项重要功能，它是把某一要素和另外的图像、文本文件、Document 、Project 或 Avenue 程序连接起来，当鼠标点中该点时，立刻显示这些数据或执行这个程序。

Tables 用于数据库的建立，实现对属性数据的管理，支持复合查询。可对多个字段进行多种统计，如计算平均值、求和、最大值、最小值、标准差等，并能以表格形式表示。

Charts 以直观、动态的统计图方式表示 View 和 Table 的内容，使数据的分析简单化、视觉化。Charts 提供了 6 种统计图形：Area、Bar、Column 、Line、Pie、XY 离散点图。Chart 的各个组成部分都可以进行编辑。

Layouts 用于把多种 Document 或地图的各种部件组合成图并输出。它可以包含 Views、Charts、Tables 、Pictures 、Graphics 以及图例、指北针、比例尺、标题等，每一个元素的大小和位置可以调整。

Scripts (Avenue)是一个面向对象的程序设计语言和开发环境，它功能强大，利用它可以重新组织 ArcView 的界面和功能，设计出具有特定功能的专业系统。

3. MGE

MGE 是模块化地理信息系统环境(Modular GIS Environment)的简称，它是由美国 Intergraph 公司于 20 世纪 80 年代初设计开发的。作为大型 GIS 系统软件，MGE 以其独特的模块化结构、强大的空间数据管理、分析及制图功能，在国际上非常流行。据统计，MGE 在以 Window NT 为操作系统的 GIS 市场上，占有 80%以上的份额。国内许多单位都相继采用 MGE 作为 GIS 工程的开发平台。

MGE 软件的结构可分为 MGE 基本模块结构和 MGE 扩展模块结构。其基本模块结构由支撑软件和 3 个 MGE 模块组成(图 8.16)，扩展模块则由支撑软件和二十几个 MGE 扩展模块组成。

(1) MGE 的基本软件结构

Window NT 是计算机操作系统，用它来完成应用软件与硬件的通讯。

MGE基本管理器MGAD (MGE BASIC Administrator)	MGE基础绘图器MGMAP (MGE Base Mapper)
MGE基本核心MGNUC (MGE Basic Nucleus)	
相关界面系统RIS (Relational Interface System)	图形环境 MicroStation 95
RDB(Relational Database)	
Windows NT	

图 8.16 MGE 的基本模块

MicroStation 95 是功能强大的 CAD 风格的交互式图形处理软件,是 MGE 的底层支持,是 MGE 中大多数模块的图形环境。

关系型数据库是用来存储描述属性信息的数据库管理系统,它与 MicroStation 图形数据相关。相关图形界面系统是连接关系型数据库的软件。

MGE 基本核心[MGE Basic Nucleus (MGNUC)]是 MGE 的核心软件模块。它提供项目管理的能力、数据查询能力和复阅能力、坐标系统和投影选用的能力。

MGE 基本管理器[MGE Basic Administrator (MGAD)] 提供系统和数据库管理的能力,为单一或网络用户进入系统提供服务。

[MGE Base Mapper (MGMAP)]提供在交互和分批处理模式下的数据获取、生成、清除、操作和修改能力。

(2) MGE 的扩展模块结构

MGE 基本模块虽然提供了数据获取、存储、分析和显示地理信息的完整 GIS 功能,但许多专业和业务部门还需要变更针对性的附加功能,MGE 基本模块有加载扩展模块的环境和能力。

MGE Analyst (MGA)提供拓扑地理数据拓扑结构的生成、查询、分析和显示能力。MGE 可由地图特征及其属性自动建立拓扑和进行复杂的查询,并对多个查询和多个拓扑进行空间查询、缓冲生成分析、专题地图显示等。

MGE Base Imager (MGBI)提供影像数据处理、显示的能力,可进行图像复原与效正和图像的精处理,是目前利用遥感数据进行专题制图,建立各种专题数据库及区域地理信息系统的最理想工具。

MGE Map Finisher (MAFN)提供 MGE MicroStation 的基本特征图和符号的屏幕显示及彩色打印能力。

MGE Map Publisher (MAPPUB)是一个地图制版系统,负责对地图或影像图形进行分色和挂网,实现各种要求的印刷分版方案,最后合成输出到胶片记录仪上。

MGE 虽然功能强大,特别是在制图、空间分析等方面有着鲜明的特色,但模块划分太多、太细，使用起来比较麻烦，特别是对话框太多，各项参数设置繁琐，因此学习和使用起来有一定难度。

4. MapInfo

MapInfo 是由美国 MapInfo 公司推出的一个地理信息系统软件。MapInfo 公司的第一版 MapInfo1.0 及其开发工具是一个 DOS 下的版本。随着计算机硬、软件技术的发展，MapInfo 公司先后推出了 DOS 下的 2.0 版，Windows 下的 3.0 版。1995 年底，MapInfo Professional 版正式推出，这是一个运行在 Windows 95 和 Windows NT 环境下的系统。1996 年，MapInfo 公司又不失时机地推出了用于 Internet 和 WWW 服务器级的产品——MapInfo Proserver。

MapInfo 的技术特点：

地图表达与处理功能。MapInfo 作为一种功能强大的图形软件，利用点、线、区域等多种图形元素，以及丰富的地图符号、文本类型、线型、填充模式和颜色等表现形式，详尽直观、形象地完成电子地图数据的显示。同时，MapInfo 对位图文件（如 GIF 、TIF、PCX、 BMP）和航片、照片等栅格图像，也可以进行屏幕显示，根据实际需要还可以对其进行矢量化。在图形处理方面，MapInfo 提供了强大的图形编辑工具箱，用户可以对各种图形元素任意进行增加、删除、修改等基本编辑操作。

关系型数据库管理功能。MapInfo 内置关系型数据库管理系统，支持 SQL 查询。MapInfo 具有动态链接型数据库的功能，可以连接 dBase 、FoxBase 、Clipper 、Lotusl-2-3 、MicroSoft Excel 以及 ASCⅡ文件。MapInfo 可以运用地理编码的功能，根据各数据点的地理坐标或空间地址，将数据库的数据与其在地图上相对应的图形元素一一对应。通过完成数据库与图形的有机结合，实现在图形的基础上对数据库的操作。

数据查询分析功能。MapInfo 的精华是其分析查询功能，即它能够准确地在屏幕上查询、分析与其相应的地理数据库信息。面对大量的数据，仅对其进行数学统计就已经是一项非常繁重的工作，更何况进行精确的分类、查询和判断分析。对于相对比较简单的分析查询，MapInfo 提供了对象查询工具、区域查询工具、缓冲区查询以及一些常用的逻辑与数据的分析查询函数，用户可以随时运用灵活的查询工具或运用函数建立表达式的方式完成；而对较复杂的分析查询，则可通过 MapBasic 编写的查询程序来实现。

数据的可视表达方式。MapInfo 采用了地图（map）、浏览表格（browser）和图表（graph）等三种不同的方式对数据库内容进行描述，这三种视图均可动态链接。当用户改变某一张视图的数据时，其他视图会实时自动地作相应变化。

对于属性数据和查询分析的结果，MapInfo 还可以采用专题图（thematic map）的显示方式，它以条形图（bar chart）、饼图（pie chart）、点密度图（dotdensity）、区块图

(ranges)、数量分级图(graduated)等多种显示模式,运用用户自定义的颜色、填充模式、图形图例等图形显示类型,直观、生动地把数据和分析查询结果显示在屏幕上,便于用户迅速了解和判断有关的属性数据和查询结果。

系统开发工具。MapInfo 系统软件提供 MapBasic 作为与 MapInfo 配套的用户开发工具。MapBasic 的软件集成环境主要包括文本编辑器(editor)、程序编译器(compiler)、程序连接器(linker)和联机帮助(help)4 个部分。文本编辑器用于程序员录入程序;程序编译器用于统计源程序,以生成可执行程序;程序链接器用于将若干个独立的模块链接成一个应用程序。用户使用 MapBasic 可以设计、建立符合自己特点和要求的纯用户化的应用系统。作为一种结构化语言,MapBasic 提供了数百种函数和命令语句,既简洁明了,又具有强大的功能,可以满足用户的各种要求。与传统的 GIS 软件相比,良好的软件集成环境和面向对象及事件驱动的编程思想,都是 MapBasic 的优点。

MapBasic 含有一系列 SQL 函数和许多非常实用的语句,大大增强了数据操作能力。利用 MapBasic 还可以将多媒体技术引入地理信息系统,可以使系统更加形象、生动。

第七节　电子地图系统

在 20 世纪 80 年代中期,随着数字地图及地理信息系统技术的发展和应用,以及计算机视觉化研究的深入,在侧重于空间信息的表现与显示的基础上,电子地图应运而生。目前,在国际上影响较大的电子地图有美国世界影像电子地图集,加拿大国家电子地图集。在美国、英国、日本等国用于政府高层宏观决策与信息服务的电子屏幕显示系统中均有大量的电子地图。随着进一步的发展,众多地理信息系统的应用成果也将以电子地图的形式来展示。目前,电子地图系统方面的研究与应用在我国也取得了一定的成果。

一、电子地图的概念及其特点

目前,地图学界对电子地图的概念有几种不同的理解:一是将电子地图与数字地图视为同义词或混为一谈;二是把基于计算机技术的屏幕地图称为电子地图;三是把电子地图理解为以地图数据库为基础,在屏幕上显示的地图;四是把电子介质上显示的地图称为电子地图;五是把计算机屏幕上显示的地图称为电子地图。

上面几种观点的分歧主要有两点:①电子地图与数字地图的关系;②显示介质。要确定电子地图与数字地图的关系,首先需要弄清楚什么是数字地图。数字地图是以数字形式储存在磁带、磁盘、光盘等介质上的地图,具有地图数据可视化的特点。虽然电子地图与数字地图密切相关,但两者的概念是不可混为一谈的。明确地说,数字地图是电子地图的基础,是存储方式。电子地图是地图数据的可视化产品,是数字地图的可视化,是表示方式。至于电子地图的显示介质并不局限于计算机屏幕,也可通过大屏幕投影显示在其他介质上。因此,电子地图是以数字地图为基础,并以多种媒介显示的地图数据的可视化产品。

和传统的纸质地图相比,电子地图有以下特点:

1. 动态性

纸质印刷地图只能以静止的形式反映地理空间中某一时刻或某些时刻的事物状态,不能自然地显示事物变化的过程,因此是一种静态地图。静态地图通常只是客观世界运动过程中的一个快照,而客观世界无时无刻不在变化,如何用静态的方式表示动态的现象是传统制图条件下地图学者面临的一个难题。

电子地图具有实时、动态表现空间信息的能力。电子地图的动态性表现在两个方面:一是用具有时间维的动画地图来反映事物随时间变化的真实动态过程,并可通过对动态过程的分析来反映事物发展变化的趋势,如城市区域范围的动态变化沿革,河流湖泊水涯线的不断推移等;二是利用闪烁、渐变、动画等虚拟动态显示技术来表示没有时间维的静态现象以吸引用户的注意力,如通过色彩浓度动态渐变产生的云雾状感受,描述地物定位的不确定性,通过符号的跳动闪烁,突出反映感兴趣地物的空间定位等。

2. 交互性

纸质地图的信息传输基本上是单向的,即由制图者通过地图向地图用户传输空间信息。尽管地图传输理论认为,地图信息的传输过程存在反馈,然而,这种反馈更多的是理论层面上的反馈,是极为有限的。因为纸质地图一旦制作出来,其内容就固化了,用户与地图的交互受地图上所表示的信息内容的限制,不可能有超越地图内容的交互,即地图用户不可能对地图内容做任何实质性的更改,所以用户更多的是被动地接受信息。

电子地图具有交互性,可实现查询、分析等功能,以辅助阅读、辅助决策等。在电子地图中,才能真正实现人机交互。由于电子地图的数据存储与数据显示相分离,地图的存储是基于一定的数据结构以数字化形式存在的,因此,当数字化数据进行可视化显示时,地图用户可以对显示内容及显示方式,如色彩和符号的选择等进行干预,将制图过程与读图过程在交互中融为一体。不同的用户由于使用电子地图的目的不同及自己对地图内容的理解不同,在同样的电子地图系统中会得到非常不同的结果。也就是说,电子地图的使用更加个性化,更加满足用户个体对空间认知的需求。除了用户可以对地图显示进行交互探究外,电子地图提供的数据查询、图面量算等工具也为用户获取地图信息建立了非常灵活的交互式探究手段。

3. 超媒体集成性

超媒体是超文本的延伸,即将超文本的原则扩充至图形、声音、视频,从而提供了一种浏览不同形式信息的超媒体机制。在超媒体中,由于结点之间采用了链连接,信息的组织采用了非线性结构,可以通过链方便地对分散在不同信息块间的信息进行存储、检索、浏览,其思维更符合人的思维习惯。电子地图以地图为主体结构,将图像、文字、声音等附加媒体信息作为主体的补充融入其中,通过图、文、声互补,地图图形信息的先天缺陷可得到数据库的弥补,通过人机交互的查询手段,可以获取精确的文字和数字信息。因此,电子地图在提供不同类型信息、满足不同层次需要方面具有传统纸质地图所无法比拟的优点。

二、电子地图系统

电子地图系统是指在计算机软硬件的支持下,以地图数据库为基础,能够进行空间信息的采集、存储、管理、分析和显示的计算机系统。

电子地图系统由硬件、软件、数据和人员等部分组成。这里着重介绍电子地图的软件组成与主要功能。软件系统包括操作系统、地图数据库管理软件、专业软件以及其他应用软件。其中,地图数据库管理软件是核心软件,其主要功能如图8.17所示。

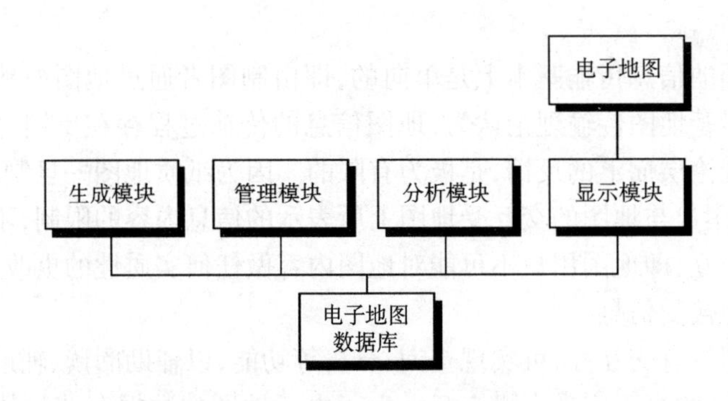

图 8.17　地图数据库管理软件的功能

地图构建功能。允许用户根据设计方案选择内容、比例尺、地图投影、地图符号、颜色等,生产预想的地图,以满足需要。从发展的角度来看,电子地图将成为新的地图制图平台,“地图制图平民化”的趋势也将越来越明显。

地图管理功能。除包含空间数据、属性数据和时间数据外,电子地图还包含多种数据源的数据，因此需要使用地图数据库管理这些复杂、大量的数据。

检索查询功能。可以根据用户需求来检索信息，并以多媒体的形式显示查询结果，包括图形到属性的查询，属性到图形的查询，图形、属性综合查询以及拓扑查询。

分析功能。进行简单的空间分析和统计分析。

数据更新功能。能提供强有力的数据输入、编辑能力，以确保及时更新数据，保证电子地图的现势性，并为再版地图创造优越的制图环境。

地图概括功能。在电子地图中，地图概括是按照视觉限度的原理实现的，它是一个逆向过程。当数据库中存储了十分详细的制图数据时，正常位置的屏幕上不可能显示全部图形细部，即显示的比例尺缩小时，更多的细节被忽略了。只有开窗放大时，才有可能逐步显示全部细节，依次放大可获得多种比例尺的效果。

输出功能。空间查询、空间分析、地图制图的结果，可通过一定的方式提供给用户。

三、电子地图的逻辑结构

1. 电子地图的总体结构

电子地图的总体结构通常由片头、封面、图组、主图、图幅、插图和片尾等部分组成(图 8.18)。其数据的逻辑组织结构如图 8.19 所示。

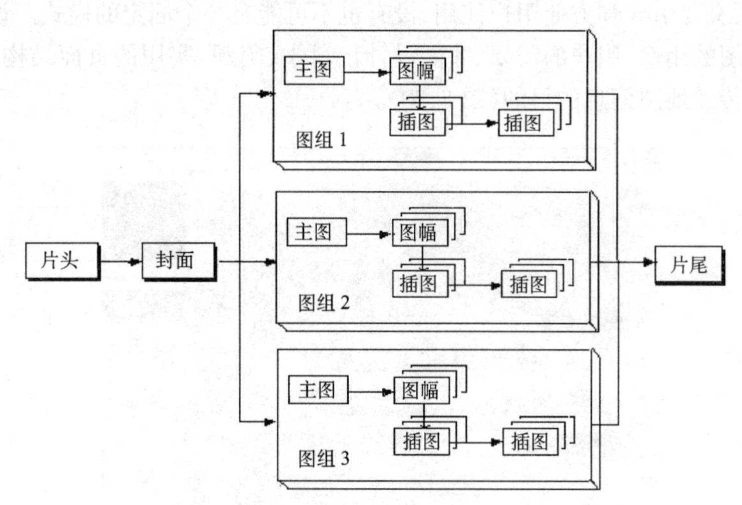

图 8.18　电子地图的总体结构

2. 电子地图的页面结构

电子地图的页面，通常由图幅窗口、索引图窗口、图幅名称列表框、热点名称列

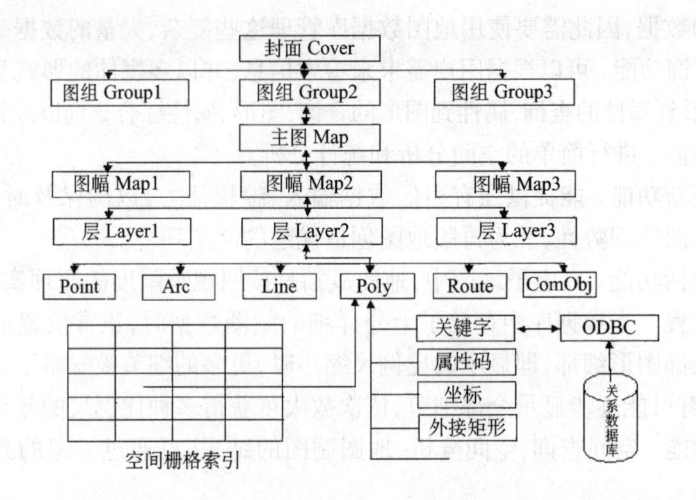

图 8.19　电子地图逻辑结构

表框、地图名称条、系统工具条、伴随视频窗口、背景音乐、多媒体信息窗口、其他信息输入或输出窗口组成。这些页面组成要素有些是永久性的,有些是临时性的,也有些是用户通过交互操作自主选择的。

电子地图的页面结构设计与常规地图的图面配置类似,既要考虑页面整体的视觉平衡,又要引导和方便用户使用,没有也不可能有一个固定的模式。设计者只有结合地图的用途、用户的需要,才能设计出科学、美观、实用的页面结构形式,以达到有效传递地图信息的目的(图 8.20)。

图 8.20　电子地图的页面组合结构

3. 电子地图的超媒体结构

在电子地图尤其是多媒体电子地图中，广泛采用超媒体技术以有效地进行数据组织。该技术以连接着多媒体信息的地理空间实体作为信息的"结点"，以地理实体对象间的空间关系作为"链"，"结点"和"链"之间的相互关联关系组成复杂的信息网络，从而实现对地理目标的可视化、空间信息查询、空间检索和空间分析等功能。此外，超媒体技术还采用了图形图像处理、空间数据库管理技术、分层信息管理模式和面向用户的接口设计，为用户提供方便灵活的图形编辑、数据处理、"结点"和"链"信息的自定义以及丰富的信息链接和表现形式(图 8.21)。

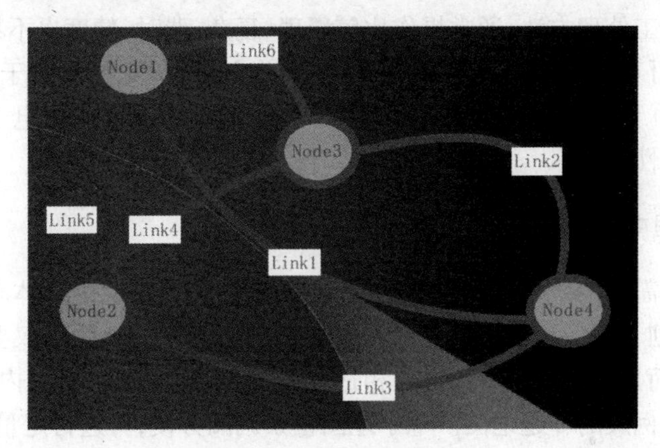

图 8.21　结点与链结构

结点。超文本系统中和某个论题相关的自然数据单元。

链。超文本系统中表现信息之间关系的实体，它隐藏在信息背后，记录在应用系统里。如果不刻意做些标记，用户只是在从一个结点转向另一个结点时，才会感觉到它的存在。

超文本。是一种按信息之间关系非线性地存储、组织、管理和浏览信息的计算机技术，它将自然语言和计算机交互式转移或动态显示线性文本的能力结合在了一起，其本质就是在文档内部和文档之间建立关系。

超媒体。是利用超文本技术组织、管理多媒体信息的技术，即用超文本技术管理图形、图像、文字、声音、视频、动画等多媒体信息。超媒体技术具有方便、灵活地管理复杂异质数据；管理复杂的信息关系；使用简单、方便、直观；表现形式丰富；便于与其他应用共享数据；便于系统集成和扩展等特点。

四、电子地图的应用

电子地图是和计算机系统融为一体的，因此它可以充分利用计算机信息处理功能,挖掘地图信息分析的应用潜力,进行空间信息的定量分析;利用计算机的图形处理功能,制作一些新的地图图种,如地图动画、电子沙盘等;电子地图还可以实时修改变化的信息,更新内容,缩短制作地图的周期,为用户分析地图内容和利用地图表达信息提供了方便。电子地图的这些功能和特点,决定了电子地图有非常广泛的应用领域。

1. 在地图量算和分析中的应用

在地图上量算坐标、角度、长度、距离、面积、体积、高度、坡度、密度、梯度、强度等是地图应用中常遇到的作业内容。这些工作在纸质地图上实施时,需要使用一定的工具和手工处理方法,通常操作比较繁琐、复杂、费时,精度也不易保证。但在电子地图上,可直接调用相应的算法,操作简单方便,精度仅取决于地图比例尺。生产和科研部门经常利用地图进行有关问题的分析研究,若利用电子地图进行更能显示其优越性。

2. 在规划管理中的应用

规划管理需要大量信息和数据支持,地图作为空间信息的载体和最有效的表达方式,在规划管理中是必不可少的。规划管理中使用的地图不仅要覆盖其规划管理的区域,而且应具有与使用目的相适宜的比例尺和地图投影,内容现势性强,并具有多级比例尺的专题地图。电子地图检索调阅方便,可进行定量分析,实时生成、修改或更新信息,能保证规划管理分析所用资料的现势性,利于辅助决策,完全能符合现代化规划管理对地图的要求。此外,电子地图也可作为标绘专题信息的底图,利用统计数据快速生成专题地图。

3. 在军事指挥中的应用

在军队自动化指挥系统中,指挥员研究战场环境和下达命令是通过电子地图系统与卫星联系,从屏幕上观察战局变化,指挥部队行动。作为现代武装力量的标志,飞机、舰船、汽车甚至作战坦克上,都装有电子地图系统,驾驶人员可以在电子地图上实时找到自己的位置,并据此作出各种分析和操作。目前各种军事指挥辅助决策系统中的电子地图,都具有地形显示、地形分析和军事态势标绘的功能。

4. 城市公共设施管理

利用电子地图作为城市公共工程设施数字化信息的载体,可以提高信息的共享程度,加快数据的更新周期,从而提高城市公共工程设施管理的综合能力。比如通讯网络数据由电信部门输入并管理,其他部门在施工的时候通过查询很快能得到电缆的分布情况,当然也能方便地了解其他公共设施的分布情况,以避免掘断光缆、凿穿煤气管道等事故的发生。通过电子地图管理城市公共设施,尤其是地下设施,可以充分考虑各种管线的相互影响,真正做到优化组合,整体布局。

5. 在其他领域中的应用

电子地图的应用领域十分广泛,各种与空间环境有关的信息系统,都可以使用电子地图。天气预报电子地图是和气象信息处理系统相连接,是表示气象信息分析处理结果的一种形式。国家防汛指挥中心使用电子地图作为辅助工具进行防汛抗洪指挥。除此以外,电子地图在农业生产、物流管理、企业营销、可持续发展等许多领域也都具有广阔的发展前景。

五、电子地图的图种举例

1. 导航图

现代交通发展以后,出现了复杂的公路体系。这种公路错综复杂、四通八达,而周围景象往往千篇一律,不容易辨识。地图是开车行路的必备工具,因此电子导航地图应运而生。一张光盘能装下全国的所有大大小小的道路数据,开车时携带便携式计算机,就能随时查阅地图。不过这种电子地图并不像用一张光盘替代一本地图集这么简单,它还有更多的功能,如路径选择:出发前想去哪里,先告诉电子地图,它会帮助选择出一条最快捷的路线。不一定必须知道目的地在地图上何处,只要有个地址电子地图用地理编码技术就能够自动找到目标并精确定位。还有详细的资料库能辅助决定旅行计划,如它会告知旅途中会路过哪些名胜景点。实时定位:行进中,电子地图能接通全球定位系统,将目前所处的位置准确地显示在地图上,并指示前进路线和方向。不小心开错方向也没关系,电子地图会及时提醒行车人,并标出当前应该走的新路线。新的研究还将会把当前道路实况传输到电子地图中,这时它就能显示哪里有事故,哪里更快速。此类电子地图有美国的 DeLorme Street Atlas USA 和日本的 Navin You 等。

2. 多媒体地图

地图集被装进了 CD-ROM,一大本图集变成了一张光盘,却没有了分幅,能够无级缩放。地图上查到某个地方,就可以调出那里的景色像片,看看当地的风土人情,听听当地的民风民歌。反映历史演变也很方便,有历史演变过程的动画模拟。地图信息分层,地貌地形、环境、政区、河流、城市……需要显示什么层由使用者任意指定,能排列组合出许多类型的地图来。还可以将现有地图作为底图,添加自己的标记和注释,制作出自己的地图。使用这类多媒体性质的电子地图兼有资料库、底图库、素材库等多种功能。

Microsoft Virtual Globe 是一个典型的多媒体电子地图,图 8.22 是其中的一个界面,从中可以看到多媒体地图的信息构成要素。图 8.23 则是其中的一个三维飞行地图。

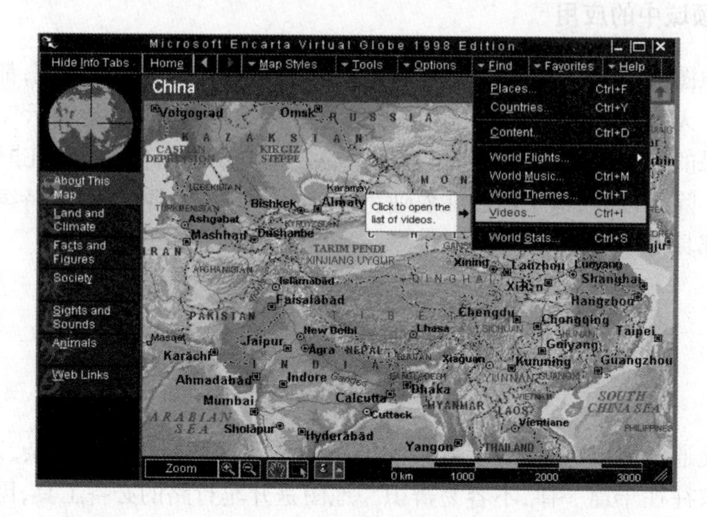

图 8.22　多媒体地图

图 8.23　三维飞行地图

3. 网络地图

网络地图或网上地图(Webmap)是指在万维网上浏览、制作和使用的地图(图

8.24)。和一般的电子地图相比,网络地图不仅可以利用闪烁或动画等手段,实现地图表现形式的动态变化,更重要的是基于网络环境,能够使地图内容实现实时动态更新,而普通电子地图只是在原有信息基础上实现地图动态性的特点。如Maps.com上的气候图,可以按一定的时间分辨率全天候不断更新。

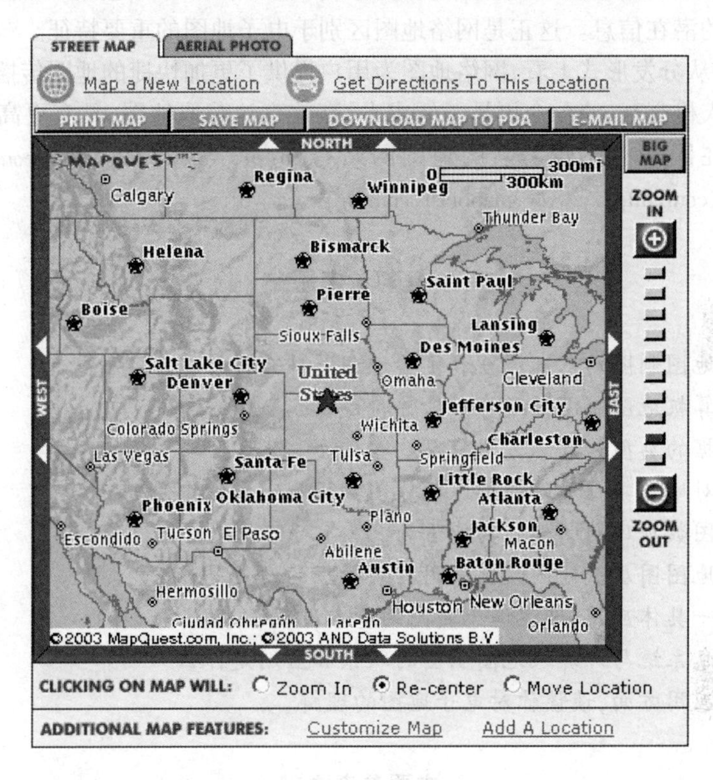

图 8.24　网络地图

交互性是指制图者(人)与计算机(机器)之间的信息互动与反馈,即人机信息交互。这种交互的结果表现为信息载体从形式到内容上的变化。从静态的纸质地图到电子地图,再到网络地图,交互形式从无到有,交互功能从弱到强。纸质地图因为内容固化,信息传输形式完全是单向的,不可能有超越地图内容上的交互。电子地图实现了地图内容的数字化,在进行可视化显示时,可以实现查询、分析、量算等功能。地图用户可以对显示内容及显示方式等进行干预,真正实现了人机交互。网络地图基于网络环境,其交互性比电子地图的交互性有了更进一步的发展。首先,网络地图可以根据不同用户提出的要求,定制不同类型、不同风格的地图,实现个性化服务。其次,网络地图的交互性制图功能极强。通过交互功能,用户可以定制地图的规格尺寸,选择地图内容,并且还能根据需要在图面上加点、加线,以表示新的地图内容。制图结果可以保存、打印或通过 E-mail 转发。因此,网络地图真正把制图过程与读图过程在交互中融为一体。

网络地图基于点、线、面图形,超链接相关信息或直接进入相关网页以获取更多信息。通过超链接手段构建的超媒体结构,使网络地图在地图的可视化背后隐含着更多的潜在信息。这正是网络地图区别于电子地图的重要特征。

此外,从分发形式上看,网络地图为用户提供了更加快捷的地图传播方式和不同形式的人机交互,使公众更易于低成本、高效率地获取地图,具有更高的使用价值。目前在网络上比较著名的地图网站有:http://www.mapquest.com/,http://www.maps.com,http://www.mapblast.com 等。

复习参考题

1. 计算机地图制图的基本原理和主要过程是什么?
2. 简述计算机地图制图的硬件和软件构成?
3. 地图数据的类型和表示方法有哪些?
4. 谈谈你对地图数据库的理解以及地图数据库组织的方法。
5. 简述地图数据库的管理与功能设计。
6. 什么是地图图层? 地图数据采用图层管理的意义是什么?
7. 结合某一具体应用,阐述遥感制图的基本过程。
8. 地理信息系统与计算机地图制图的联系和区别是什么?
9. 从实践应用方面,谈谈你对电子地图的理解。

主要参考文献

边馥苓.1996.地理信息系统原理和方法.北京:测绘出版社
蔡孟裔等.2000.新编地图学教程.北京:高等教育出版社
陈毓芬.2001.电子地图的空间认知研究. 地理科学进展,(增刊)
陈述彭等.1999.地理信息系统导论.北京:科学出版社
仇肇悦等.1998.遥感应用技术.武汉:武汉测绘科技大学出版社
毋河海.1990.地图数据库系统.北京:测绘出版社

第九章　地图分析与应用

本章要点

1.掌握地图阅读、分析的基本原理和技术方法。

2.能熟练选择、阅读、分析、应用各类地图，以获得特定区域的地理环境信息。

3.初步掌握应用地图解译区域的自然、经济、人文要素的空间分布、相互联系及时空变化规律。

第一节　地图分析概述

一、地图分析的概念及作用

1. 地图分析的概念

地图分析是指通过分析解译地图模型，获取空间信息，采用科学方法探索、阐明地理环境中自然、人文要素的分布，数量、质量特征，相互联系及时空变化规律。用图者通过地图分析，不仅可以获得用地图语言塑造的客观世界，而且可以获得未被制图者认识，在地图模型中没有直接表示的隐含信息，即可超过制图者主观传输的信息。如通过等高线图形的分析解译，则可获得有关地势、坡度、坡向、切割密度、切割深度等一系列形态特征信息。如果将等高线图形与水系图、地质图、土壤植被图、气候图比较分析，还可解释不同地貌类型、不同形态特征的成因及其未来演变趋势。

地图应用包括地图阅读、地图分析和地图解译三个部分。地图分析是地图阅读的深化和继续。地图阅读就是通过符号识别，获取地图各要素的定名、定性、等级、数量、位置等信息，通过人的思维活动形成对地理环境的初步认识。地图阅读是地图分析的基础，它只能获得地图中的直接信息，而地图中隐含的间接信息，必须通过地图分析解译来获取。如阅读人口密度图，只能获得某地、某个时期的人口密度，只有通过多幅地图的比较分析，才能认识人口密度与海陆位置、地形、交通、土地开发利用程度的相关性及相关程度的大小；通过数学模型分析，才能建立人口密度与相关因素间的最佳数学模型，并根据数学模型进行推断和预测。地图解译是指用图者在阅读分析地图的基础上，应用多学科知识，对所获取的地图信息做出理解、判断和科学推测，是地图分析的深化。

地图知识是从地图上获取信息的基本保证；系统论、信息论是提取、组织、存储、传输地图信息的理论基础；地理及与地图信息相关的专业知识是分析解译地图信息，提供规划决策、预测预报的理论依据；数学、逻辑方法是地图分析解译不可缺少的科学手段；计算机科学、计算机制图、遥感与 GIS 等现代科学技术是提高地图分析解译效率、扩大地图应用领域的技术保证。

2. 地图分析的作用

(1)获得各要素的分布规律

通过地图分析可以认识和揭示各种地理信息的分布位置(范围)、分布密度和分布规律。进行地图分析时，首先要通过符号识别，认识地图内容的分类、分级以及数量、质量特征与符号的关系。接着要从符号形状、尺寸、颜色(或晕线、内部结构)的变化着手分析各要素的分布位置、范围、形状特征、面积大小及数量、质量特征，进而阐明分布规律，并解释形成规律的原因。

(2)利用地图分析揭示各要素的相互联系

通过普通地图分析可以直接获得居民地与地形、水系、交通网的联系与制约关系；获得土地利用状况与地形，与各类资源的分布及数量、质量特征，与交通能源等各项基础设施水平的关系等。普通地图与相关专题地图的深入分析，更能揭示地理环境各组成要素相互依存、相互作用和相互制约的关系。如分析我国的地震图和大地构造图，可以发现断裂构造带与地震多发区密切相关，强烈地震多发生在活动断裂带的特殊部位。

从地图上获取数据、绘制剖面图、玫瑰图等相关图表，亦可揭示各要素的相互关系。如在地形剖面图上填绘相应的土地利用类型符号，揭示土地利用类型与地面坡度及海拔高度的关系。又如在水系图上量算不同流向的径流长度并绘制方向玫瑰图，同时在地质图上量算不同方向的断层线长度并绘制方向玫瑰图，将两种玫瑰图叠置分析，即可获得河流分布与地质断层线之间的相互关系。

各要素的相互关系，还可通过地图量算获得同一点位相关要素的数量大小(如人口密度、地面高程、坡度、气温、降水等)，通过计算比较相关系数大小，分析相关程度。从而可应用量算数据，建立数学模型，揭示相关规律。

(3)研究各要素的动态变化

在用范围法、点值法、定点符号法、线状符号法表示的地图上，通过符号色彩、形状结构的变化，即可获得某一要素的时空变化。如在水系变迁图上，用不同颜色、不同形状结构的地图符号表示不同历史时期河流、湖泊及海岸线的位置、范围，通过地图分析则可获得河流改道、湖泊变迁、海岸线伸展变化的规律，经过量算还可求得变化的速度和移动的距离。

利用不同时期出版的同地区、同类型的地图比较分析，可以认识相同要素在分布位置、范围、形状、数量、质量上的变化。如比较不同时期的地形图，则可了解居民地的发展和变化，了解道路的改建、扩建和新建，了解河流的改道、三角洲的伸长、湖泊的变迁、水库及渠道的建设，认识地貌形态的变化，土地利用类型、结构、布局的变化，进而分析区域环境及人类利用、改造自然的综合变化。

(4)利用地图分析进行综合评价

综合评价就是采用定量、定性方法，根据特定目的对与评价目标有关的各种因素进行分析，并根据分析结果评价出优劣等级。如评价大田农业生产的自然条件，可选择对农作物生长起主导影响的热量、水分、土壤、地貌等因素，分析其区域差异，评价出不同等级。

(5)进行区划和规划

区划是根据某现象内部的一致性和外部的差异性所进行的空间地域的划分。规划是根据人们的需要对未来的发展提出设想和战略性部署。地图分析既是区划和规划的基础，又是区划和规划成果的体现。各类地图资料、图像资料、文字、数字资料的综合分析研究是确定分区指标、建立区划等级系统、绘制分区指标图的基础。进一步分析普通地图和分区指标图，则可分别采用地图叠置分析或数学模型分析法，获得区划方案及确定分区界线，据此编制区划成果图。在各类综合规划、部门规划中，也必须利用各类地图、图像、文字、数字资料的综合分析，了解规划区内部差异，分析各类资源在数量、质量、结构上当前的地域差异、分布特点，分析其动态变化。在对各类资源进行综合评价、潜力分析及需求预测的基础上，根据经济发展需要制定分区指标，划定功能分区，规划生产、建设布局，在地图上确定各类分区界线，编制总体规划及分项规划图。

通过地形图量算分析，可以计算和预算工程规划的工程量、工作日、资金、物资和完成时间，协助解决建设项目选址、交通路线选线、土地开发定点、定量等一系列设计问题。

二、地图模型的特性

任何现象或过程约定的人工或天然系统，就称为模型，地图则是地理环境的模拟模型，是人们认识、研究、改造地理环境，发现、利用自然资源，发展经济，促进社会发展的有效工具。与图表、文字、数学、物理、遥感图像比较，地图模型具有以下信息论和认识论方面的特性。

1. 地图模型的信息论特性

信息存储方式的多样性。传统地图采用形象符号语言存储空间信息，利用地图说明等文献资料补充地图的不足，随着计算机技术和信息科学的发展，人们可以将形象符号模型转换为数学模型。即任何空间信息都可以转换为 X、Y 坐标及相关特征码数值,通过一定的数据库结构存储在磁盘、磁带或光盘上,这就是图形数据信息库,是地图信息的另一种表达形式。

信息传输的层次性。地图信息是分层传输的。符号识别只能获取第一层次一般的地图信息,即制图区内有哪些地物?分布在哪里?哪些地方多?哪些地方少?地图分析则可获取第二层次的专门地图信息,即有关地面形态的特征数据、相关性、相关程度、相关模式、聚类模式、演绎模式等。地图解译则可获得第三层次扩展的地图信息,即在前述的二类信息基础上应用多学科知识,解释地理环境信息,获得本质的、规律性的结论,并进行科学推断、预测。

2. 地图模型的认识论特性

直观性。地图可以将复杂的地理环境信息转化成图形;也可将错综复杂的地理环境信息通过分类、分级,用符号的色彩、尺寸、形状的变化进行分层、分级表示,使各类信息类别分明、层次清楚。形象符号语言加强了地图的直观性,提高了地图阅读的效率。

可量测性。在地图模型上可以量取点的坐标,任意两点间的距离、方位,量算任意区域的面积。又由于各种传输地图要素数量、等级的表示方法和地图符号建立的等级、数量信息与符号视觉变量(色彩、尺寸、结构)的对应关系,因此在地图上还可获得各种等级、数量信息。

一览性。人们利用地图可以揭示宇宙、地球、大洲、大洋、各国以至任何区域空间地理环境诸要素的相互联系、相互影响、相互制约的客观规律,可以从宏观上对研究区有一个全局的、概括的了解。

概括性。自然界的地理信息是纷繁复杂的,应用地图模型认识的地理环境信息,是经过制图者根据需要和可能挑选的、简化了的信息,具有科学的地图概括性。

抽象性。地图是客观世界的图形、数字模型,从根本上改变了地理环境的本来面目,因而具有抽象性的特点。数字地图的抽象性,更是达到了极端,所有信息都变成了规划组合的字符。地图语言是对地面信息抽象后的具体表现,要识别地图信息,就必须熟悉地图语言——符号。

合成性。地图模型既可传输单一的环境信息,也可传输合成的环境信息。合成信息具有更高的科学价值。各类信息的集合也可视为地图信息的合成,或称为集成。普通地图是区域地理环境基本信息的集成,专题地图是区域内某一种或某几种相关地理信息的集成,系列地图、成套地图、地图集则是制图区地理信息的最佳合成形式,是研究人口、资源与环境的最佳地图模型。

几何相似性。地图是按比例缩小的客观世界的模型,因此地图上地物的轮廓形状与实地地物在水准面上的垂直投影保持着一定的相似性。在等角投影的地图上,在局部范围内能保持地物垂直投影的形状相似。

第二节　地图分析的技术方法

地图分析的主要技术方法有目视分析法、量算分析法、图解分析法、数理统计分析法和数学模型分析法。

一、目视分析法

目视分析法是用图者通过视觉感受和思维活动来认识地图上表示的地理环境信息。这种方法简单易行,是用图者常用的基本分析方法。

目视分析可采用两种方法,一是单项分析,即单要素分析,它将地图内容分解成若干要素或指标逐一研究。分析普通地图,可首先分成水系、地貌、土质植被、居民地、交通线、境界线、独立地物等七大要素,进行阅读分析,进而将各大要素再分类,分指标阅读分析。如地貌要素可分为地貌类型、地势、地面坡度等指标进行分析;水系可分为河流、湖泊、水源等类型,分别研究其质量、密度、形态特征。二是综合分析,即应用地图学及相关专业知识,将图上的若干要素或指标联系起来进行系统的分析,以全面认识区域的地理特征。两种方法相辅相成,应在单项分析的基础上进行综合分析,又在综合分析的指导下进行单项分析,目视分析就是通常的地图阅读分析。

目视分析可按一般阅读、比较分析、相关分析、综合分析和推理分析的步骤进行。

一般阅读就是根据图例认识地图符号语言,通过地图直接观察了解地区情况。这种分析只能获得研究区域的一般特征,且多为定性概念。

目视比较分析是在一般阅读的基础上,通过地图符号的比较,认识构成区域地理各要素的时空差异。如目视分析中国行政区划图,比较各省区轮廓形状及面积大小。比较分析可在一张地图上进行,也可在多幅地图上进行,还可在地图和航、卫片之间进行。地图比较分析既可是不同区域、不同点、线的比较,也可是同区域、同点同线的不同构成要素,或不同发展阶段的比较。

目视相关分析是在一般阅读的基础上,定性地揭示地理各要素之间相互联系、相互影响和相互制约的关系。如目视分析普通地图,可以认识居民地的类型及分布与地貌、水系、交通、土地利用类型之间的关系。相关分析可以认识事物的本质,揭示地理特征形成的原因,并为地图的深入分析找到突破口。

目视综合分析是在上述分析的基础上,应用地图学、地学及相关专业知识,将图上各类指标、要素联系起来进行系统分析,全面认识区域地理特征。如当通过地图分析获得研究区域有关土地构成要素——地质、地貌、土壤、水文、气候、植被等类型及其时空分布特征后,即可应用地图综合分析研究区域不同部位农用土地的适宜类型及适宜程度。

目视推理分析是对地图可见信息进行全面细致分析后,应用以上分析获得的科学结论,以相关科学为依据,对现象的发展变化进行预测,对未知事物进行推断的分析法。推理分析是获取地图潜在信息的有效途径。如分析地质图、地貌图、植被图,在了解制图区域岩石、地貌、植被类型后,应用土壤学及相关学科知识进行推理分析,则可推断该区的土壤类型及其成因。

二、量算分析法

1. 地图量算概述

地图量算就是在地图上直接或间接量算制图要素从而获得其数量特征的方法。基本数据包括坐标、高程、长度、方向、面积、体积、坡度、气温、降水、气压、风力、产量、产值等。量算的形态特征数据包括物体形态数据、地貌及水体形态数据、土壤与植被形态数据、社会经济形态数据,其形态指标有密度、强度、曲折系数等。

地图量算可分为地形图量算、普通地理图量算和专题地图量算。大比例尺地形图内容详细、几何精度高,可满足各种基本数据量算要求;普通地理图概括程度高,几何精度和内容的详细程度相对降低,故只能作近似量算,主要用于区域地理环境的综合描述,宏观规划决策的参考;专题地图因其主题十分突出,主要用于研究区域专题要素的量算,其量算数据常作为普通地图量算成果的补充和深化。

地图量算的精度受多种因素的影响。主要影响因素有地图的几何精度、地图概括、地图投影,地图比例尺、图纸变形、量测方法、量测仪器及量测技术水平等。前五种为地图系统误差,后三种为量算技术系统误差。

地图概括误差直接影响地图量算精度。首先,地图取舍的最小尺寸影响地图上显示的各类地理事物的精度。如规定某地理要素的图上最小图斑面积标准为1mm^2,1:1万地形图该要素的地面精度为100m^2;如果规定河流的取舍指标为1cm,则1:1万地形图河流的地面精度为100m。这就意味着,面积小于100m^2 或长度短于100m的地物在地图上都没有表示,将大大影响量算精度。其次,地图概括对地理事物轮廓形状的简化,改变了面状地物轮廓线的长度、形状和面积,也影响地图量算精度。

地图投影误差:一是地球自然表面投影到地球椭球体表面的误差,二是地球椭球体面投影到地图平面上的投影误差。这两种误差都可以根据不同投影的变形公式计算出来,因此量算时可作系统改正。当投影变形值小于制图误差时,可不予改正。我国比例尺大于1:100万的地形图采用高斯-克吕格投影,其长度、面积变形均小于制图误差,量算时一般不进行投影误差改正。

不同比例尺地图规定了不同的图斑最小尺寸,最小尺寸决定了地图概括程度,进而影响量算精度。此外,不同比例尺地图在成图时都规定了地物点的中误差和最大误差。我国地形图测量、编绘规范中规定:图上地物点及其轮廓线的中误差一般不得超过 0.5mm,山区和高山地区不得超过 0.75mm,最大误差是中误差的两倍。由此即可计算出对应不同比例尺、不同地貌类型的点位实际误差,其计算公式为

$$\left.\begin{aligned} m_{点} &= 0.5\text{mm} \times M \\ m'_{点} &= 0.75\text{mm} \times M \\ m_{线} &= 0.5\text{mm} \times \sqrt{2} \times M \\ m'_{线} &= 0.75\text{mm} \times \sqrt{2} \times M \end{aligned}\right\} \quad (9.1)$$

式中,$m_{点}$ 为平原地区点的坐标中误差;$m'_{点}$ 为山区和高山地区点的坐标中误差;$m_{线}$、$m'_{线}$ 分别为平原、山区和高山地区线段长度中误差;M 为地图比例尺分母。当量算任务的精度限制确定后,则可根据式 9.1 求出可用于完成量算任务的地图的比例尺。

地图图纸伸缩对地图量算的影响主要表现在图纸、聚酯薄膜等在温度、湿度变化的情况下,会产生变形。如透明纸长度变形率约 1% ~ 2%,道林纸约 1%。图纸拉伸则使量算数据偏大,反之,量算数据变小。

量测仪器的性能直接影响量算精度。精密日内瓦直尺量测距离的精度远高于普通直尺,计算机配合数字化仪量算面积的精度远高于普通机械式定极求积仪。

2. 坐标量算

(1)直角坐标量算

大比例尺地形图根据方里网及其注记可以在图上量算点的直角坐标。如图 9.1 所示,要确定 A 点的直角坐标,首先确定 A 点所在方格,读出该方格西南角点的坐标值($X_0 = 2785\text{km}$, $Y_0 = 249\text{km}$);然后过 A 点分别作平行于纵方里线和横方里线的垂线,分别与方格两边交于 B、C,用两脚规量取 AB 和 AC 的长度,放置于地图直线比例尺上读距,或用图上距离乘地图比例尺分母计算,得该点与方格西南角点的坐标增量。上例中 Δx 为 0.690km, Δy 为 0.270km,最后利用下式可求得 A 点坐标:

$$\left.\begin{aligned} x_A &= x_0 + \Delta x \\ y_A &= y_0 + \Delta y \end{aligned}\right\} \quad (9.2)$$

图中 X_A 为 2785.690km, Y_A 为 249.270km。可知 A 点位于赤道以北 2785.690km,在第 18 个投影带,距 X 轴 249.270 km,在中央经线以西 250.730 km。反之,已知地面点的直角坐标,同样可以在图上确定该点的位置。

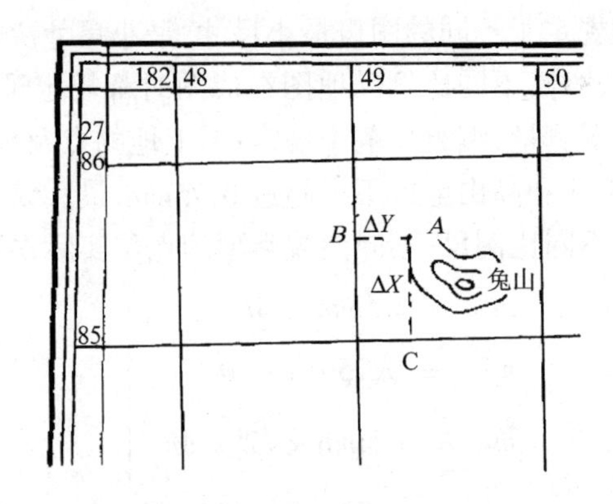

图 9.1 直角坐标量算

(2)地理坐标量算

在地图上,可利用图内经纬网(或其折点)来量算某点的地理坐标。如图 9.2 所示,求台北市在 1:100 万地形图上的地理位置,可先找出该地所在经纬网格西南角地理坐标 $\varphi = 25°, \lambda = 121°$;再用两脚规量取台北市圈形符号中心至下方纬线的垂直距离,保持此张度移两脚规到西(或东)图廓(或邻近经线的纬度分划)上去比量,即得 $\Delta\varphi = 02'30''$,则 $\varphi = \varphi_0 + \Delta\varphi = 25°02'30''$;以同样方法,从南(或北)图廓(或邻近纬线)上量出台北的 $\Delta\lambda = 31'00''$,则 $\lambda = \lambda_0 + \Delta\lambda = 121°31'00''$。

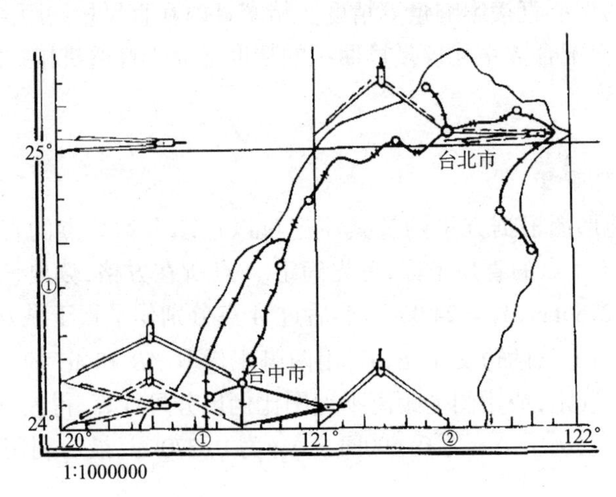

图 9.2 中小比例尺地形图上地理坐标量算

由于纬度不同,图上不同纬线和南北图廓的长度也不一样,故在量算点的 $\Delta\lambda$ 时,应在邻近该点的纬线(或邻近该点的南、北图廓)上去比量。

在采用正轴等角圆锥投影的 1:100 万地形图上,经纬网格中虽然只有经线为直线,而纬线为同心圆弧,但因其曲率很小,故在测定地理坐标时,就将弯曲的纬线作为直线进行量测。

3. 方位角量算

地形图上某线段的方位角,可由线段端点的直角坐标算出,也可依三北方向图量出。方位角是指从指北方向线开始,顺时针量至某一线段的夹角。

如图 9.3 所示,欲求地形图上线段 *AB* 的方位角,可由线段端点的直角坐标,按以下步骤量算:

首先,应用本节直角坐标量算的方法求出线段两端点 *A*、*B* 的直角坐标值(x_A、y_A)和(x_B、y_B)。如本例 $x_A = 3\ 266\ 769.23\text{m}$, $y_A = 646\ 253.85\text{m}$; $x_B = 3\ 267\ 769.23\text{m}$, $y_B = 647\ 769.23\text{m}$;然后,根据线段两端点的坐标计算其方位角和边长,反算坐标方位角 α_{AB} 的公式为

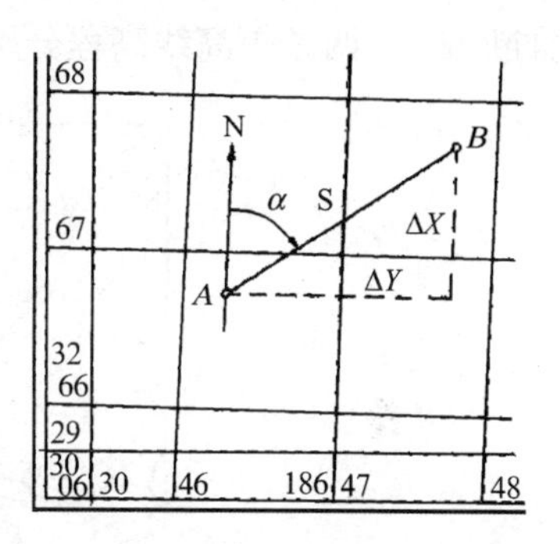

图 9.3　由直角坐标计算方位角

$$\tan\alpha = \frac{y_B - y_A}{x_B - x_A} = \frac{\Delta y_{AB}}{\Delta x_{AB}} \qquad (9.3)$$

将 *A*、*B* 的坐标代入得: $\tan\alpha\ \frac{1515.38}{1000} = 1.515\ 38$,即 *AB* 的坐标方位角 $\alpha_{AB} = 56°34'45''$。

若需求出线段的真方位角和磁方位角,可依偏角(在 1∶25000 ~ 1∶100000 图上由三北方向图上查取),按下式进行方位角换算。

$$\left.\begin{aligned} \alpha_{磁} &= \alpha_{坐} - c \\ \alpha_{真} &= \alpha_{坐} + \gamma \end{aligned}\right\} \qquad (9.4)$$

式中,$\alpha_{真}$、$\alpha_{磁}$、$\alpha_{坐}$ 分别为真方位角、磁方位角和坐标方位角;*C* 为磁座偏角,即磁北与坐标北的夹角;γ 为子午线收敛角,即真北与坐标北的夹角。

在地形图上,欲求线段的真方位角,亦可用量角器量取得到。如上例,首先过 *A* 点作东(或西)内图廓线(经线)的平行线,用量角器以此线起始边,顺时针量至到 *AB* 的夹角,即为 *AB* 的真方位角。若求磁方位角,则过 *A* 点作 *PP'*(磁北、磁南)连线的平行线;若求坐标方位角,则过 *A* 点作坐标纵线的平行线,其余步骤与求真方位角相同。

4. 高程判定

根据地形图上的等高线可以解决许多问题,要善于判断等高线和图上任意点的高程。

判定等高线的高程。地形图上的加粗等高线和高程点均注有高程,故图上任一条等高线的高程,都可根据上述两种高程注记和等高距与斜坡坡向来判定。

图 9.4 上有 3 个高程点注记,还有一条等高线的注记。如要判定等高线 aa、等高线 bb、或等高线 cc 以及其他任何等高线的高程。可先求等高线 aa 的高程。右方有一 252.1m 的山顶高程点,等高距是 10m,山顶点外围的加粗等高线高程必为 250m,下一条等高线减 10m,到等高线 aa 有 4 条,减 40m,其高程是 210m。同理可推断 bb、cc 两条等高线高程分别为 230m 和 245m。

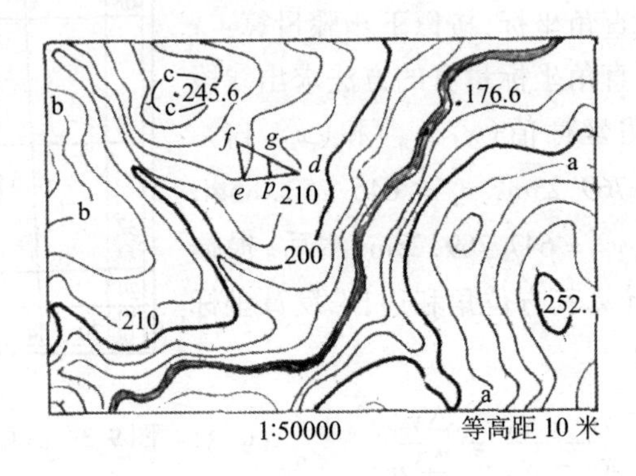

图 9.4 高程判定

如所求点在等高线上,其高程就是它所在等高线的高程。

如一点位于两条相邻等高线之间,该点的高程可由内插法估读或计算求得。如图 9.4 所示,p 点位于 210m 与 220m 两条等高线之间,其高程大于 210m 小于 220m,过 p 点引任一直线与两条等高线交于 d、e,设待求点 p 和较低等高线的高差为 x(为直观显示,以 h 表示等高距,作直角三角形 def,$ef = h$;过 p 点作 de 的垂线交斜边于 g,即 $pg = x$),

$$x = \frac{dp}{de}h$$

以 H_d 和 H_p 分别表示较低等高线和待求点的高程,则

$$H_p = H_d + x = H_d + \frac{dp}{de}h \tag{9.5}$$

式中,等高距 h 为已知的;dp、de 分别为较低等高线到待求点距离和较低等高线到较高等高线距离。本例量得 $de = 6$mm,$dp = 3.1$mm,p 点的高程为 215.17m。

5. 长度量算

直线量算首先用分规量取图上长度,然后依比例尺换算成实地长度,或在直线比例尺上直接量取实地长度。也可先量算出端点坐标(x_1、y_1)和(x_2、y_2)按下式

计算：

$$D = \sqrt{(x_1 - x_2)^2 + (y_1 - y_2)^2} \tag{9.6}$$

曲线量算。曲线长度量取的方法有：

曲线计法。曲线计(图 9.5)由测轮、刻度盘、指针等构成。它是靠机械传动，当测轮沿曲线转动时，带动指针沿刻度盘滚动，指针所指刻度盘的分划数，表示测轮转动的距离。刻度盘上注有几种带有比例尺的距离，使用时可以不必换算，直接从适合于地图比例尺的注记圈上读出实地的距离。目前已有数字式曲线计，可自动显示量算结果，十分方便。用曲线计量测曲线长度时，首先拨动指针使它的起始读数为零；然后将曲线计的测轮对准曲线的起点，并保持曲线计与图面垂直，沿曲线滚动，到达所量测曲线的终点；从刻度盘上选取适合于地图比例尺的注记读数，或从显示屏上直接读数，即为曲线的实地距离。

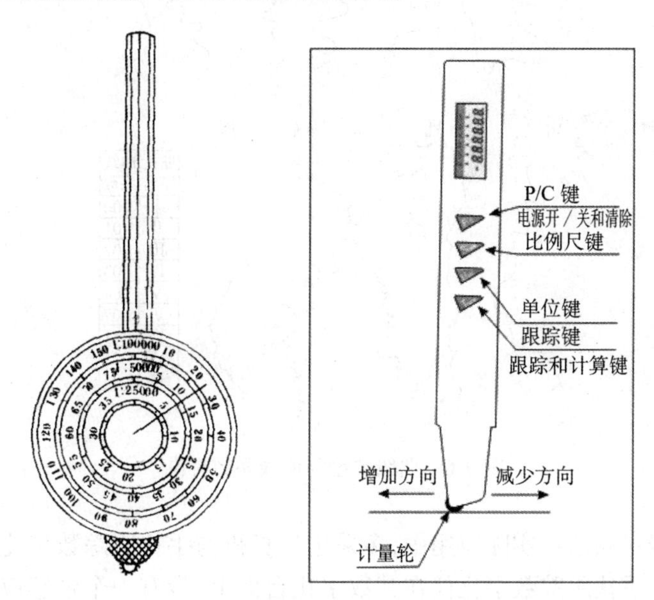

图 9.5　曲线计

曲线计在使用前应进行检查，方法是在图纸上画一条长约 20～30cm 的直线，或利用地形图的直线比例尺，用曲线计反复量测若干次，取平均值，以校正量测的距离是否正确。

曲线计一般适用于弯曲平缓的曲线，如公路里程的量测。

两脚规量算法。用弹簧小圆规按曲线的弯曲程度选用某种脚距(以毫米为单位)，沿某一曲线往返量测，取两脚规两次截取次数的平均值，按下式计算长度：

$$D = N_p dM \tag{9.7}$$

式中，D 为曲线长；Np 为往返量测次数的平均值；d 为两脚规脚距；M 为比例尺分母。用这种方法量算，两脚规脚距越小，量测精度越高。曲线弯曲程度大，一般脚距选用 2～4mm。

用该法量取的曲线长，一般会小于实际长度。为减少误差，可将量算结果乘以曲线弯曲系数 k 进行修正。k 的确定方法是将量测曲线与标准曲线类型(图 9.6)对照，选用其中一种；亦可将曲线分为几段分别量测，选用不同弯曲系数。

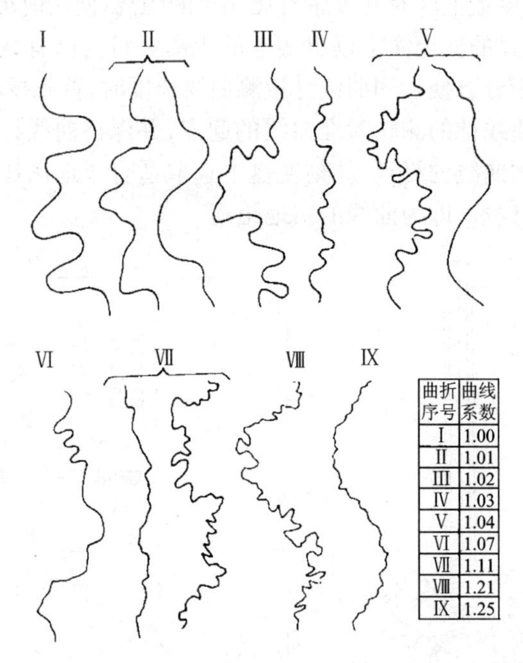

曲折序号	曲线系数
Ⅰ	1.00
Ⅱ	1.01
Ⅲ	1.02
Ⅳ	1.03
Ⅴ	1.04
Ⅵ	1.07
Ⅶ	1.11
Ⅷ	1.21
Ⅸ	1.25

图 9.6　曲线类型与曲线系数标准

数字曲线量测法在实际应用中，多采用计算机与手扶跟踪数字化仪相配合量算曲线长度。手扶跟踪数字化仪在其数字化台面上，带有一个带感应线圈的标示器，当操作员手扶标示器沿线状符号或轮廓线移动时，由于切割磁场而产生电信号，经电子线路放大后控制 X、Y 方向的伺服电机，使跟随器随之移动。通过电子计算机对这些数字信息进行处理，便可获得各种量测数据。用手扶跟踪数字化仪量算曲线长度的基本原理是将曲线当作近似折线，用缩短步距、加密转折点的方法逼近曲线，然后根据欲量测曲线上一系列有序的 x_i、y_i 坐标值，用下式计算曲线长：

$$L = \sum_{i=1}^{n} \sqrt{(x_{i+1} - x_i)^2 + (y_{i+1} - y_i)^2} \tag{9.8}$$

式中，x_i、y_i、x_{i+1}、y_{i+1}分别为曲线上相邻两点数字化后的坐标值。由式(9.8)可知，选用步距愈小,量算的精度愈高。

用数字化仪及计算机量算曲线长度的精度与数字化仪的最小分辨率、系统中其他部件可能产生的误差以及操作人员跟踪标准点、线的准确性、数字化特征点的多少密切相关。据试验,利用手扶跟踪数字化仪量算 1m 长的曲线,其相对误差约为 0.2%~0.4%。

6. 面积量算

(1)方格法

用毫米为单位的透明方格纸或透明方格片,蒙在所要量测的图形上(图 9.7),读出图形内完整的方格数;然后用目估法将不完整的方格凑成完整的方格数;二者相加即为总方格数。最后按下式计算图形面积:

$$S = a^2 M^2 N \tag{9.9}$$

式中,a 为方格边长;M 为比例尺分母;N 为总方格数。该法的缺点是边缘方格的凑整较麻烦,但其仍是目前量测图上面积 100cm^2 以内的一种较好方法。

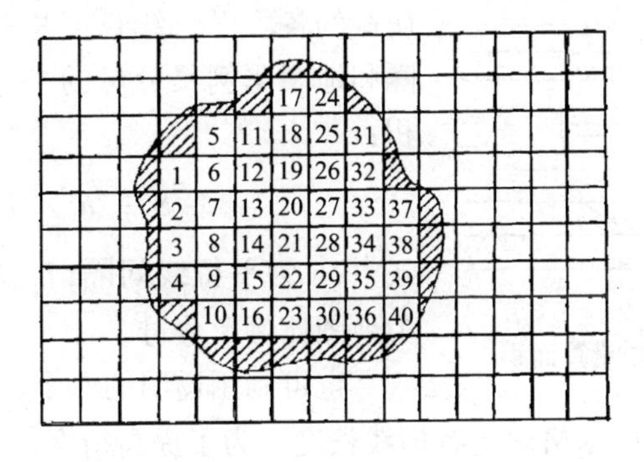

图 9.7　方格法量算面积

(2)网点模片法

如图 9.8 所示,在透明材料上印出行列等距的点子,通常两点间距为 1~2mm。然后将模片蒙在欲量测图形上,读取图形轮廓上的网点数 L,再读取图形内部网点数 N,则可由下列公式计算图形的面积 S,

$$S = [N + \frac{L}{2} - 1] M^2 d^2 \tag{9.10}$$

式中,M 为地图比例尺分母;d 为网点间距。

如图 9.9 所示,欲求四边形 ABCD 的面积,从图上得 $N = 12$, $L = 8$,代入式 9.10,其面积为 $15M^2 \times d^2$。用网点模片法量测面积时,应尽量避免图形轮廓线压盖在网点上。为提高量算精度,也必须进行两次以上量算,此时,网点模片应旋转 $180°/n$, n 为量算次数。

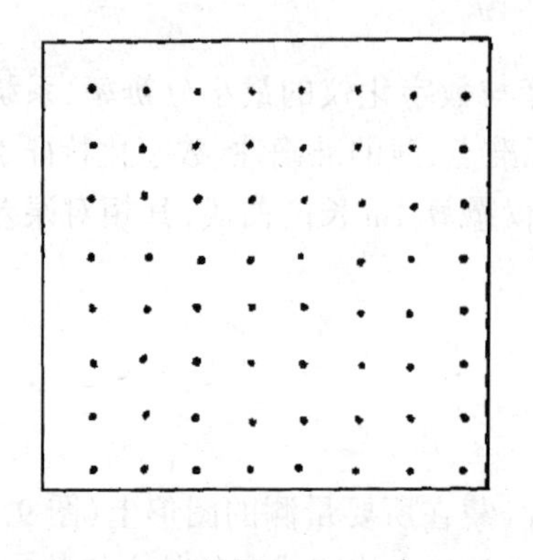
图 9.8　网点模片

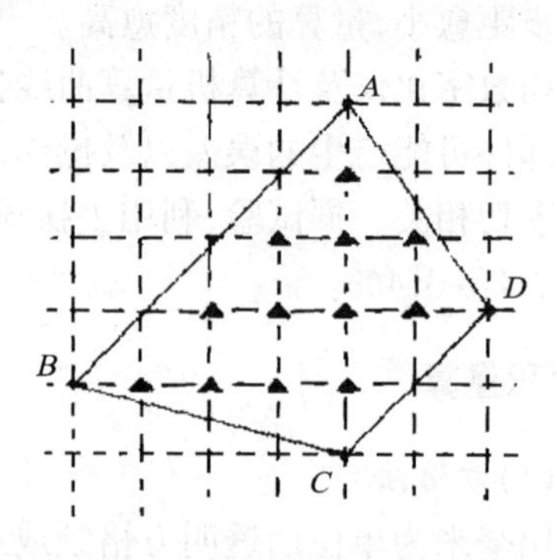

图 9.9　网点模片量算示例

(3)平行线法

将绘有一组间隔相等的平行线透明模片蒙在要量测的图形上,使图形的南北端位于二平行线中间(图 9.10);然后量取图形所截的各段平行线长度总和,再乘以平行线间隔和地图比例尺分母的平方,即得图形实地面积:

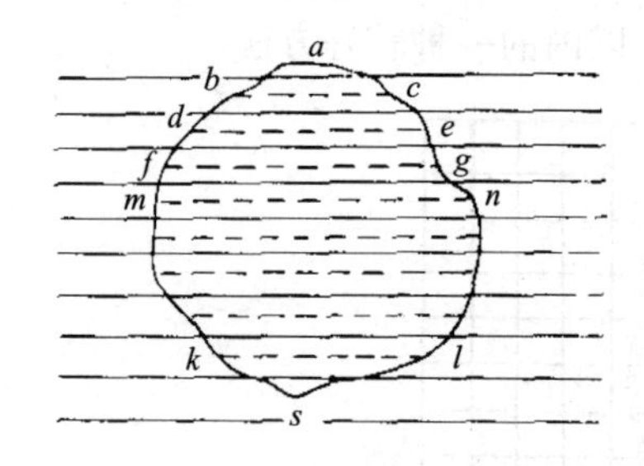

图 9.10　平行线法量算面积

$$S = h \sum L_i M^2 \qquad (9.11)$$

式中,h 为平行线间隔;L_i 为各段平行线长;M 为地图比例尺分母。

也可利用透明的厘米方格纸来代替平行线模片,根据横线上的厘米格确定各横线长度。为了提高精度,在作业时可变换平行线方向,进行重复量算,取平均值。平行线法适于量算狭长区域的面积。

(4)机械式定极求积仪法

它是测定面积的一种机械仪器,有几种类型,较为常见的是定极求积仪。

定极求积仪由极臂、航臂和计数器三部分组成(图 9.11),极臂和航臂各为一根金属的直尺,极臂的一端有重锤,重锤下端的短针靠重锤刺入图纸而固定不动,此为极点。极臂的另一端有短柄,使用时将它下端的小球插入接合套的球窝内(接合套在航臂上),这样就将极臂和航臂连接起来。极臂长度是指极点至短柄旋转轴的距离。

计数器由刻有分划的测轮、游标和读数盘三部分组成。当航臂移动时,测轮随着转动。测轮转动一周,读数盘转动一格。读数盘从 0～9 共分 10 格。测轮分为 10 等分,每一等分又分成 10 小格,测轮旁附有游标,可以直接读出测轮上 1 小格的 1/10 或 1/5(图 9.12)。

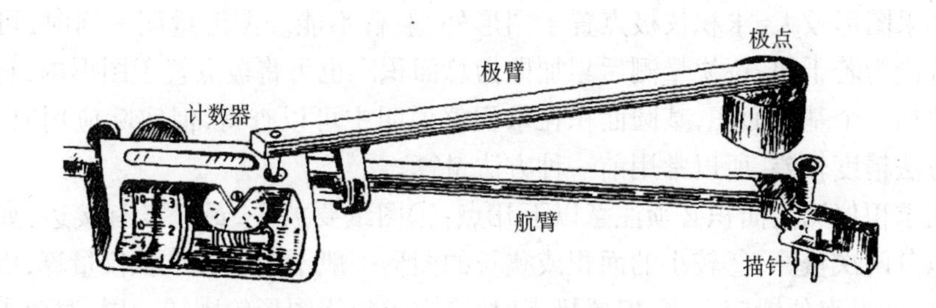

图 9.11　定极求积仪

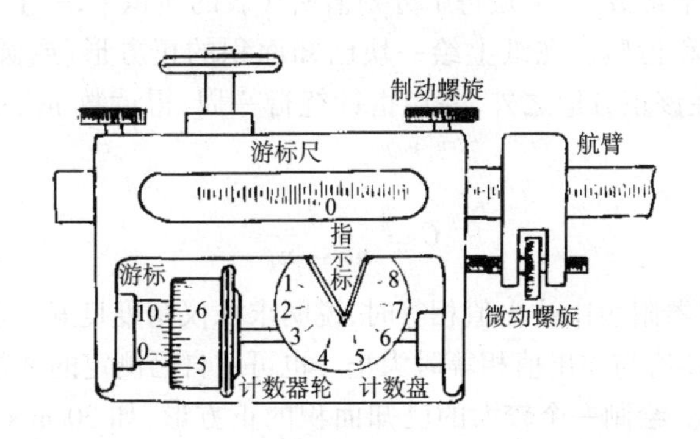

图 9.12　求积仪计数器

根据求积仪的计数器,可以读出 4 位数字。读数方法是:①在读数盘上根据指示标位置读出千位数,图 9.12 千位数为 4;②在测轮上读出百位数和十位数,其方法是看游标 0 分划线指在测轮的哪个分划值,图上百位、十位读数为 52;③按游标尺读取个位数,看游标尺上哪一条分划线与测轮的分划线重合,图上个位读数为 5。因此,上例的读数为 4525。

测定图形面积时,先将极臂和航臂连接,在图形轮廓线上选择一个起点,做出记号;在图形外选择一个定点作为极点,这时最优的位置是极臂与航臂接近直角。量测时将航臂上的指针对准起点,从计数器上读取起始读数 n_1;然后以均匀速度移动指针,按顺时针方向沿图形轮廓线绕行一周,回到起点,读取终止读数 n_2,则面积为

$$S = C(n_2 - n_1) \tag{9.12}$$

式中,C 为求积仪一个分划值代表的面积,对一定长度的航臂来说,它是一个常数,称为求积仪第一常数。不同的比例尺,对应于不同的 C 值。

用求积仪测定面积时,必须反复量测 2 次以上,当相对误差不超过规定的要求时,取其平均值。

如果图形较大，求积仪极点置于图形外，航臂不能绕图形量测一周时，可以把图形分割为若干块，逐块量测后累加即为总面积。也可将极点置于图形内，将所求得的值加一个基圆面积，基圆面积在求积仪说明中可以查得，但实际应用时，因后一种方法精度较差，所以常用前一种方法量算。

用求积仪测定面积必须注意以下几点：①图纸要放平，最好没有接边，如有接边可以分两次量算；②较小的面积或狭长的图形一般不用定极求积仪量算，因为精度较差；③极点位置应适当，安置极点时，应先大致绕图形轮廓转一周，避免求积仪绕行时两臂的交角过小或过大（不小于 30°，不大于 150°）。

求积仪有两个常数，一个是每个分划值所代表的面积 C，一个是基圆面积 Q。

C 值的测定和检验。在纸上绘一块已知面积的正方形（或圆形），如 10cm × 10cm，将极点放在该正方形之外，并用指针绕行一周，得读数 n_1、n_2。由于面积已知，因此

$$C = \frac{S}{n_2 - n_1} \tag{9.13}$$

当 C 值与仪器附表中注出值相等时，说明求积仪精度良好。若不等则需调整航臂长度，直至 C 值与注出值相等时为止。也可用自己测定的常数代替 C。

Q 值的测量。绘制一个较大的已知面积的正方形，如 30cm × 30cm，将极点放在图形内，用指针绕行一周得读数 n'_1、n'_2，则

$$Q = S - C(n'_2 - n'_1) \tag{9.14}$$

Q 值常注在求积仪检验尺上。用求积仪在图斑内量面积时，求算公式为

$$S = C(n_2 - n_1) + Q \tag{9.15}$$

(5)数字式求积仪法

目前使用的求积仪有机械式和数字式两类。数字式求积仪内贮有微型计算器，由于微型计算器具有演算的单位换算功能，省去了机械式求积仪的繁复操作，直接用数字显示测定面积值；用功能键能简单地对单位、比例尺进行设定；备有米制、英制、日制等面积单位，能方便地对测定面积的单位进行换算；亦有累加量算，平均值量算和累加平均值量算等多种功能，量算速度较快，精度在 ± 2/1000 脉冲以内，是一种性能优越、可靠性高的新型求积仪。

KP-90N 型是目前广为应用的数字求积仪。它采用测轮滚动，上下最大幅度 325mm，左右无限。

a. KP-90N 求积仪的部件

部件名称。KP-90N 求积仪由微型计算器、动极轴和跟踪臂组成，其各个部件的名称如图 9.13 所示。

功能键。在微型计算机面板上有以下各种功能键，各功能键的位置如图 9.14

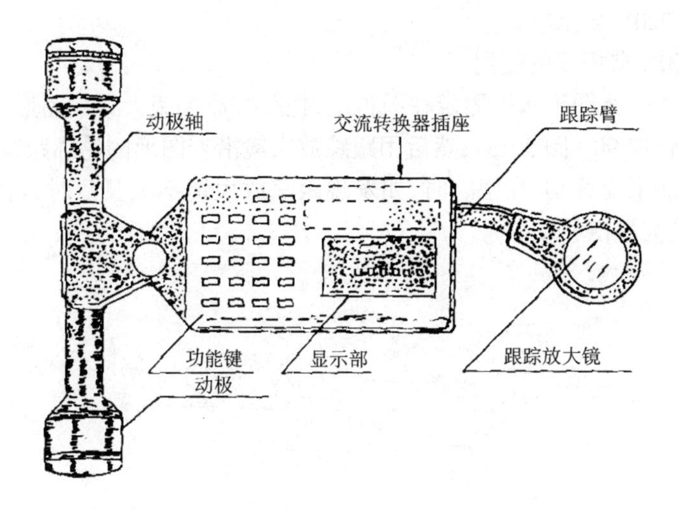

图 9.13 KP-90N 求积仪的部件

所示,各键功能如下:

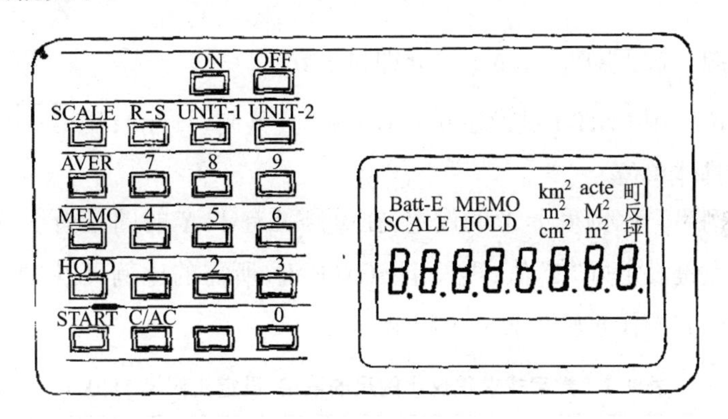

图 9.14 KP-90N 求积仪的功能键

ON 电源键(开), OFF 电源键(关); 0 ~ 9 数字键, . 小数点键; START 起动键,在量测开始及再起动时使用; HOLD 固定键,在累加量测及量测暂停时常用; MEMO 存储键,仅在按 START 键后才能工作; AVER 平均值、量测结束键; UNIT-1 单位键 1,是米制、英制、日制单位的设定键; UNIT-2 单位键 2,是同一单位制内具体单位的设定键; SCALE 比例尺键; R-S 比例尺确认键; C/AC 清除或全清除键。

电源。此求积仪可使用 D/C(电池式直流电)、A/C(交流电)两种电源。在主机底部内藏镍镉充电式电池,一般能连续使用 30h。利用专用交流转换器(附属品),

能直接使用 220V 交流电源。

b. KP-90N 求积仪的使用

准备工作。将图纸水平固定在图板上;把跟踪放大镜大致放图形中部,并使动极轴与跟踪臂成 90°(图 9.15);然后用跟踪放大镜沿着图形的轮廓跟踪 2~3 周,以检查其是否能平滑移动,在跟踪时,如发现跟踪放大镜不太灵活时,可调整动极轴的位置,使其能平滑移动。

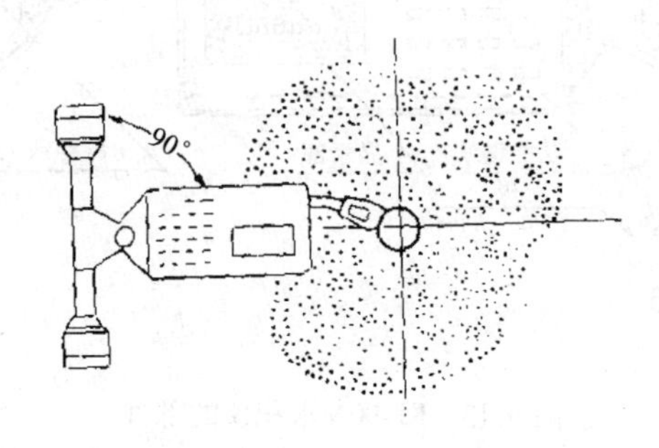

图 9.15 在起点动极轴与跟踪臂的关系位置

打开电源。按下 ON 键,显示窗立即显出 0。

设定单位。用 UNIT-1 键设定单位制(米制、英制、日制);用 UNIT-2 键设定同一单位制的具体单位。

设定比例尺。比例尺 1:X 的设定:在量测具有 1:X 的图形面积时,先利用数字键和小数点键设定好"X"值,再按下 SCALE 键,所需的比例尺以 x^2 形式被输入到存储器内。其操作步骤如表 9.1 所示。

表 9.1 数字式求积仪比例尺的设定(设定比例尺 1:100)

键操作	显示符号	操作内容
1 0 0	cm^2 100	对横比例尺进行置数 100
SCALE	SCALE cm^2 0.	设定比例尺 1:100
R-S	SCALE cm^2 10000.	100^2 = 10000,确认比例尺 1:100 已设定(最高可显示 8 位)
START	SCALE cm^2 0.	比例尺 1:100 设定完毕,可开始量测

跟踪图形。在图形的边界上任取一点,作为开始量测的起点,如图 9.16 所示,尽可能以左侧边界中心作为起点,并与跟踪镜放大中心重合。此时,按下 START 键,蜂鸣器发出音响,显示窗显示出 0。然后,使跟踪放大镜中心准确地沿着图形

的边界线按顺时针方向移动,一直回到起点为止。

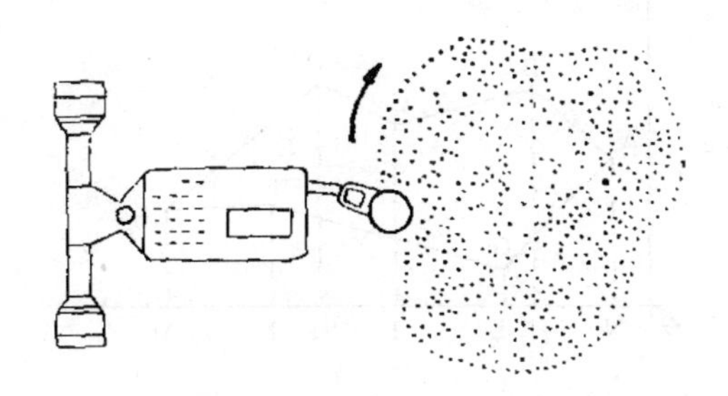

图 9.16 起点位置的选择

测定值的暂时固定。量测结束后,按下 HOLD 键,此时,显示符号“HOLD”,测定值被暂时固定。此后,即使移动主机,测定值也不会改变。若要解除固定状态,则再按 HOLD 键。

平均值量测。在用求积仪进行面积量测时,若对同一面积重复量测几次,然后求其平均值,可提高量测精度。重复量测(10 次内)时,每次结束后按一下 MEMO 键,最后按一下 AVER 键,则显示出重复量测的平均面积值。量测中,若发生错误操作,则将仪器对准起始点后按一下 C/AC 键,此时,数字显示变为 0,就可重新进行量测。

(6)用计算机量算面积

a. 用计算机量算面积的原理

目前多采用计算机与手扶跟踪数字化仪相配合量算面积,一般采用梯形法计算各种不规则图形的面积(图 9.17),其公式如下

$$S = \sum_{i=1}^{n} [(y_{i+1} - y_i)(x_{i+1} + x_i)]/2 \tag{9.16}$$

式中,S 为面积,$i = 1,2,3,\cdots,n$;x_{i+1},y_{i+1},x_i,y_i 分别为相邻两数字化点的坐标值;n 为多边形数字化点数。

计算机实际计算步骤如下:

首先,计算以平行 x 坐标轴的虚线为底的各梯形面积,图中即分别计算 S_{NABJ}、S_{JBCI}、S_{ICDH}、S_{HDEM}以及 S_{NAGL}、S_{LGFK}、S_{KFEM}的面积。

计算多边形图形面积,其计算公式为

$$S_{ABCDEFGA} = S_{NABCDEMN} - S_{NAGFEMN}$$

实际应用中,当标示器沿 y 值增加方向移动时,$y_{i+1} - y_i \geqslant 0$,因此每个梯形面

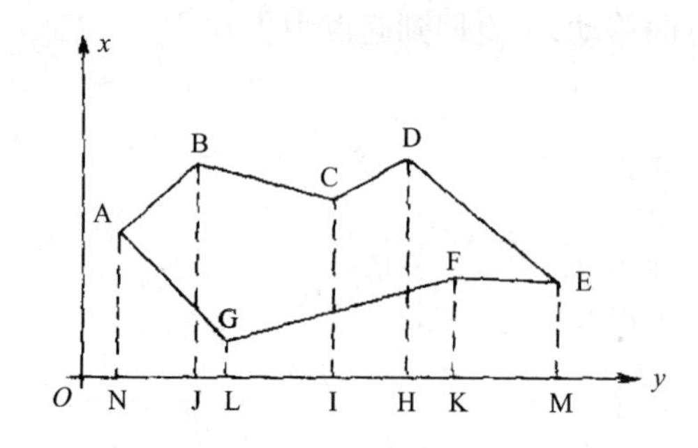

图 9.17 用梯形法求面积

积均为正，而当标示器向着 y 减少的方向移动时，$y_{i+1}-y_i<0$，因此每块梯形面积为负。计算机在量算过程中可自动将每个梯形累加，最后即得所求面积。

b. 用计算机量算面积的步骤和方法

先确定欲量测图形的量积线（即标准线）；再用清晰的细实线在聚酯薄膜上勾绘量积线，进行量算图斑分级、分类、分区编码；然后，用手扶跟踪数字化仪的标示器沿欲测图形轮廓线按一定点距顺时针方向记录每一点的坐标值 x、y，回到原点后检查 x、y 是否归零；最后，按下面积键，消除 y 轴显示的数据。再按面积显示微动开关，即可得到面积值。

在数字化过程中，由于人的视差和仪器的系统误差可能造成同一点两次数字化的坐标值不同，从而产生面积误差。

用上述方法量算面积，由于各图斑单独量算，将使相邻多边形之间产生空白或重复量算，从而使全幅地图面积与理论面积不符，影响量算精度。同时图形公用边界点坐标值多次重复量算，将占用计算机过多空间，影响其他信息存储。因此，人们采用拓扑法和直接索引编码法量算面积。详细编码方法参见张荣群(2002)。

7. 坡度量算

在地形图上可以读出任意两点的高差，也可量测任意两点的水平距离。根据高差与水平距离可以求出这两点的坡度：

$$i = \tan\alpha = \frac{h}{D} \tag{9.17}$$

式中，i 为坡度；h 为高差；D 为水平距离；α 为坡度角。

确定地面的起伏变化，一是根据高程的差异程度，二是根据地面的倾斜程度，即坡度。坡度和作物生长、水土流失、道路选线、行军和运输路线的选择都有密切关系。在大比例尺地形图的南图廓下面绘有坡度尺，可用它直接量取坡度。

如图 9.18 所示，在直角三角形 ABC 中，

$$\cot\alpha = \frac{D}{h} \quad 故\ D = h\cot\alpha$$

式中，D 为实地长度，要化为图上长度，须乘地图比例尺 $1/M$。

相邻两条等高线的水平距 D_2 为

$$D_2 = h\cot\alpha\,\frac{1}{M} \tag{9.18}$$

相邻 6 条等高线的水平距 D_6 为

$$D_6 = 5h\cot\alpha\,\frac{1}{M} \tag{9.19}$$

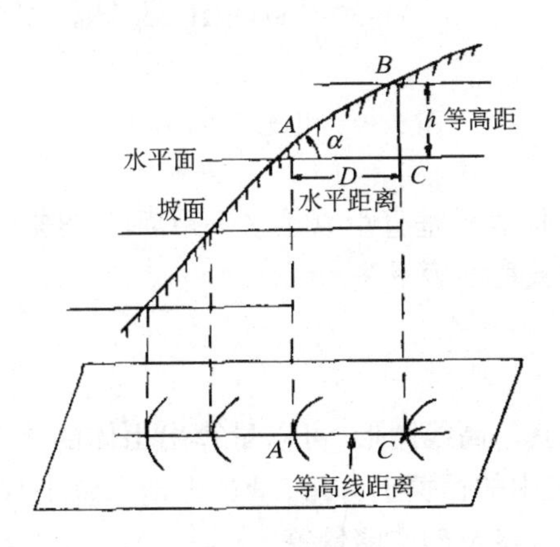

图 9.18　坡度与等高线关系

制作坡度尺的步骤如下：

1）设 $\alpha = 1°, 2°, 3°, \cdots, 30°$，用公式 9.18 计算 $D_1, D_2, D_3, \cdots, D_{30}$；

2）绘一条水平直线作为基线；

3）过各分点绘基线的垂线；

4）在各垂线上依次截取 $D_1, D_2, D_3, \cdots, D_{30}$；

5）将垂线各端点连成平滑曲线，就是坡度尺。

由于坡度愈大，水平距离愈小，亦即坡度曲线愈接近基线，因此，当坡度大于 5°时，可以在垂线上取 5 个单位长度（图 9.19），用以量取相邻 6 条等高线的坡度。也可用公式 9.19 计算，然后在各垂线上依次截取，并将垂线各端点联成平滑的曲线。图 9.19 是按基本等高距 10m，1∶50000 比例尺地形图而绘制的坡度尺。

利用坡度尺在图上量取坡度的方法是：首先用两脚规在图上沿某坡向量取两条首曲线（或计曲线）间的距离，然后将两脚规移至坡度尺上，顺坡度尺上的曲线找出相应的水平距离，在坡度尺基线上根据注记读出的度数，就是该地段的坡度角。如图 9.19 所示，坡度角为 5°。基线最下边有一排注记是百分数，这是坡度角的正

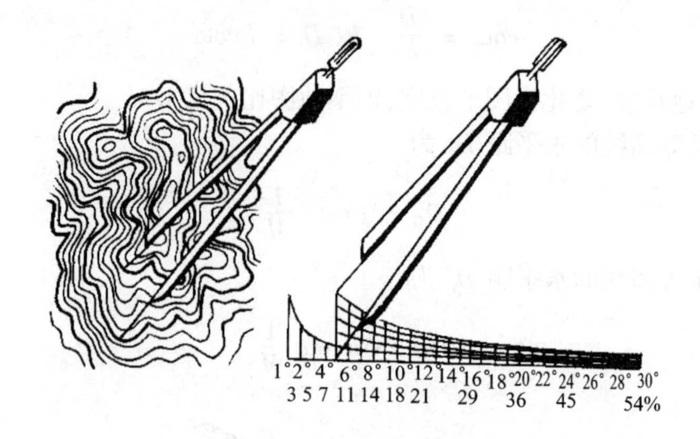

图 9.19 用坡度尺量坡度

切三角函数值,如 58%即表示垂直距离是水平距离的 58% 。在道路、水利等工程用图时,常用这种百分数坡度表示法。

8. 体积量算

在地形图上,根据其等高线图形,可以量算出山体的体积,量算路基、渠道、堤坝等带状延伸工程施工中的挖填土方量,量算土地平整工程中平整区域的挖、填、运的土方量,量算水库容量及矿产储量等。

(1) 利用横剖面法量算体积

基本原理是利用梯形体积来计算,其一般式为

$$V = \sum_{i=1}^{n} \frac{d_i}{2}(S_i + S_{i-1}) \tag{9.20}$$

式中,V 为体积量;S_i 为各横剖面面积;d_i 为各横剖面间的距离;n 为横剖面个数;i 为 $1,2,\cdots,n$ 。

(2) 用等高线法量算体积

在较小比例尺地形图上,体积计算的精度要求相对降低,因此可采用等高线法,用等高线法计算体积,其体积计算公式一般为

$$V = \frac{h}{2}(F_1 + 2F_2 + \cdots + 2F_{n-1} + F_n) + \frac{H - H_n}{3}F_n \tag{9.21}$$

式中,V 为总体积;h 为地形图的等高距;$F_1 \sim F_n$ 为从山脚至山顶各等高线层围成的面积;H 为山顶高程;H_n 为山体最高一条等高线高程;F_n 为高程 H_n 等高线所围成的面积。

三、图解分析法

依据地图绘制图形、图像或新的派生地图，更直观地揭示研究对象数量、质量特征的时空变化规律，显示研究对象与其他事物之间相互联系、相互制约关系的地图分析法称为图解分析法。常用的分析图表有剖面图、玫瑰图、块状图、三角形图表、相对位置图表和各种统计图表。如根据等高线图绘制坡度图、切割密度、切割深度图等。

1. 用剖面图增强地图信息

剖面图能直观地显示研究对象的垂直和水平变化规律。根据地图可绘制各种各样的剖面图。其中，最基本的是地形剖面图，其制图步骤是：①在地形图上选择剖面线；②确定剖面图的垂直比例尺和水平比例尺（水平比例尺通常与地形图比例尺相同，垂直比例尺则比水平比例尺大，常根据最大高差、剖面起伏特点及图解要求确定）；③在图纸上绘出剖面基线，按水平比例尺将剖面线与等高线交点转绘在剖面基线上；④在剖面基线的一端作垂线，并根据垂直比例尺绘制标尺，注明高程（一般以剖面线上最低高程附近的整数值作为剖面基线高程）；⑤过剖面基线上各交点作垂线，根据各点高程和垂直比例尺截取垂线端点；⑥参照等高线图形，用曲线连接各端点，即得剖面图（图 9.20）。

用地形剖面图，可以更直观地分析在某个方向上的地势起伏特征和坡度变化规律。剖面线可选择经线、纬线或任一方向线。图 9.21 为沿北纬 40°的中国地形剖面图，它直观地显示了我国地势由西到东成阶梯状下降的特点。

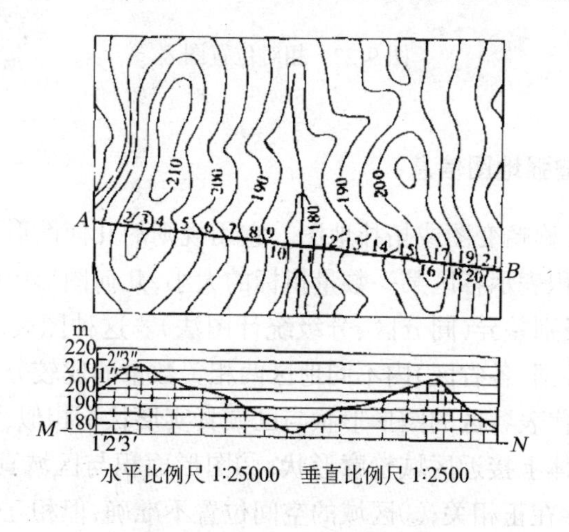

水平比例尺 1:25000　垂直比例尺 1:2500

图 9.20　地形剖面图的绘制

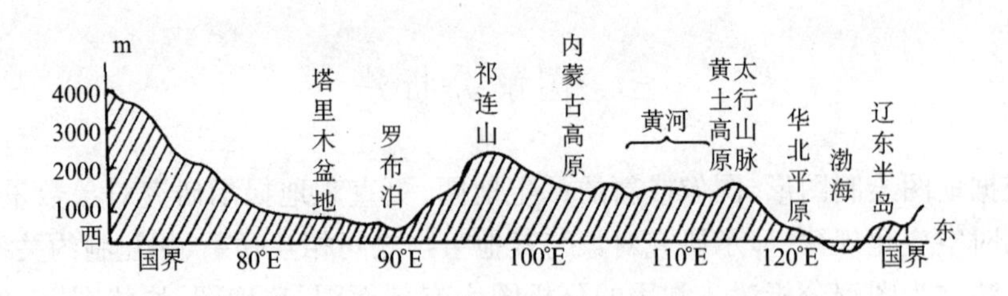

图 9.21　沿北纬 40°的中国地形剖面图

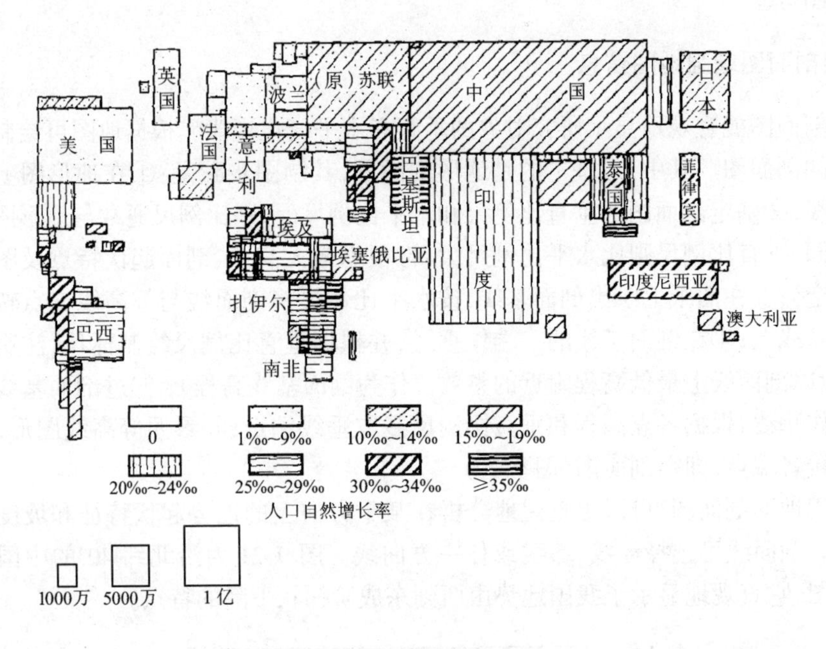

图 9.22　相对位置图表

2. 用相对位置图增强地图信息

相对位置图又称畸变图或拓扑地图。它用规则的几何图形构成相对位置关系图,几何图形的面积表示各区某一数量指标的大小,几何图形中的颜色或晕线结构表示另一数量的级别差异(同分区、分级统计图法)。这种图表多用于表示较大制图范围(如各洲、各国、各省区)内不同地区两相关数量的比较分析。相对位置图表具有以下特点:①代表各区的图形形状与区域真实形状不相似,它是用规则的几何形状组合而成,整体上接近区域轮廓形状;②图形面积与区域真实面积无关,只与它所代表的数量存在正相关;③区域的空间位置不准确,但相互关系位置正确。图 9.22 是用相对位置图表表示的世界人口数及人口的自然增长率,它比一般人口地图更直观地表明各国人口数的大小和自然增长率的高低,从图中可迅速确定人口基数大且人口自然增长率高的国家和地区,其有利于人口、资源与环境的深入研究。

第三节　地图分析应用

利用地图可分析地理要素的空间分布特征,时间序列变化,能够进行地理要素的相关分析、趋势分析、成因分析、评价分析和聚类分析。地图作为信息源,在地理研究中有着重要的作用。

一、地理要素的空间分布特征分析

地图上的点、线、面符号显示了地理要素的空间分布特征。地图分析的首要任务是在认识各类地图符号图形特点的基础上,揭示地理要素的空间分布特征。

1. 点状要素空间分布特征分析

在地图上,许多地理要素呈点状分布。如用定位符号表示的居民点、商业网点、公交站、交通枢纽站、道路及河流交叉点、旅游景点、污染源、高程点等。可用邻近指数判定点状现象的分布类型。邻近指数的计算公式是

$$a = \overline{D} / \overline{D_S} \qquad \overline{D_S} = 1/2\sqrt{\frac{N}{A}} \tag{9.22}$$

式中,a 为邻近指数;$\overline{D}$ 为各点至最近邻点距离的平均值;$\overline{D_S}$为随机分布时各点间的平均距离;N 为点数;A 为研究区 r 的面积。当 $a \geqslant 1.5$ 时,属均匀分布,$0.5 < a < 1.5$ 时,属随机分布,$a \leqslant 0.5$ 时属密集分布。邻近指数不仅可以判定分布类型,而且可以判定其接近某种类型的程度。

用邻近指数分析点状分布类型的步骤是:①建立直角坐标系,一般选研究区左下角为坐标原点,坐标轴与方里网平行;②量算各点坐标(x_i, y_i)和区域面积 A;③量算每点至最近邻点距离 D_i,求出 $\overline{D}$、$\overline{D_S}$;④求指数 a,确定分布类型。

用邻近指数分析点状要素的分布类型,边界的确定十分重要。通常应在目视分析的基础上,将具有不同分布类型的区域划归不同的研究区。其边界可视具体情况分别选择自然界线、交通线或行政界线,也可选择任意界线。

2. 线状要素空间分布特征分析

根据线状符号构成的图形特点,可分为简单路径、树状和网络等三种类型。无

结点的称为简单路径,如一段陡坎;有结点但未形成闭合环称为树状,如河系图案;有结点且构成闭合回路的称为网络图案,如各级交通线构成的交通网络(图9.23)。

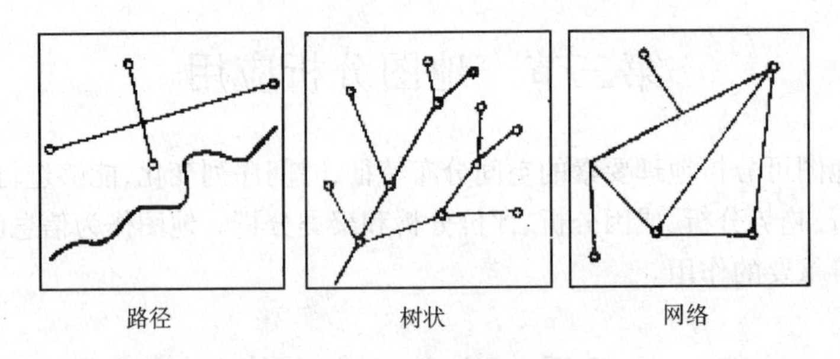

图 9.23　线状符号分布类型

(1) 路径分析

单独的线或路径是所有线状分布要素的最基本组成单元。通过地图量算可求得任一路径的长度和方向,然后分别计算路径曲率 W、路径分布密度 E 和路径分布频率 F,其计算式如下

$$\left.\begin{aligned} W &= \sum L_i/D \\ E &= \sum L_i/A \\ F &= n/A \end{aligned}\right\} \tag{9.23}$$

式中,L_i 为各路径长;D 为路径起、终点的直线距离;A 为区域面积;n 为路径数。

分布密度和分布频率共同反映区域内某要素的密集程度,路径曲率则可显示出某要素的曲折程度,进而分析该要素与其他要素的关系。如某区道路平均曲率大于另一区,则可推断出该区地貌切割程度、地面坡度要大于另一区。

(2) 树状图案分析

对树状图案,常用不同区域相邻两等级之间路径数量之比(交叉比)的对比来分析。以图 9.24 为例,其分析步骤是:①将各区树状图按指标分级,本例共划分 4 级;②统计各级路径数,计算交叉比;③比较交叉比,分析产生差异的原因。由表 9.2 可知,图 9.24 的 a 图中,一级河流多且短小,由此可知,地表切割破碎,水土流失严重。同时各交叉比之间差值大,这与地表植被覆盖较少,分布不均关系密切。由表 9.2 还可看出,图 9.24 的 b 图平均交叉比小于 a 图,一级河流数比 a 图少,由此可知,该区地表切割程度较 a 图小,水土流失也比 a 图小,地表植被覆盖比 a 图好,且分布较均匀。

表 9.2　河网路径等级的交叉比的比较分析

项目	各级河流数				交叉比			平均交叉比
数量	1 级	2 级	3 级	4 级	1/2	2/3	3/4	—
a 图	58	9	3	1	6.4	3.0	3.0	4.1
b 图	35	10	3	1	3.5	3.3	3.0	3.3

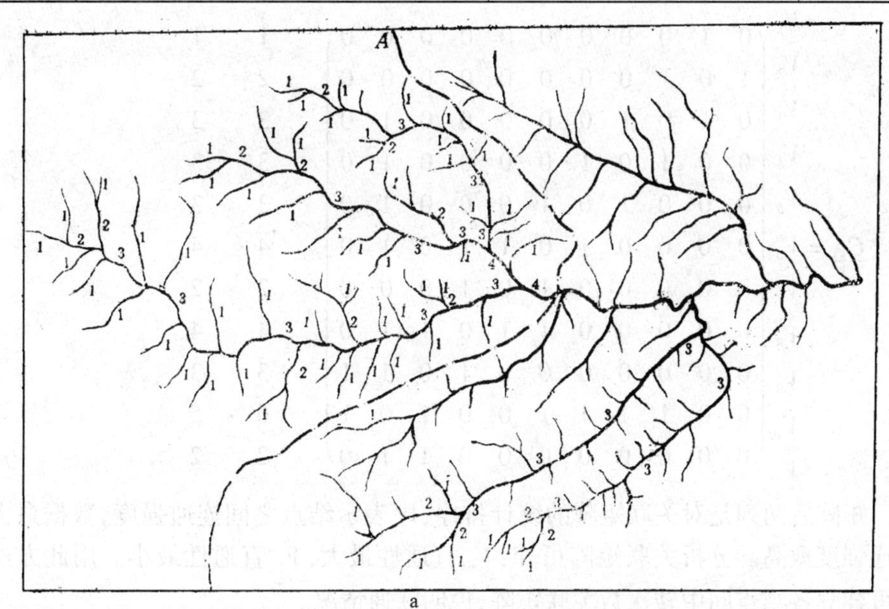

a

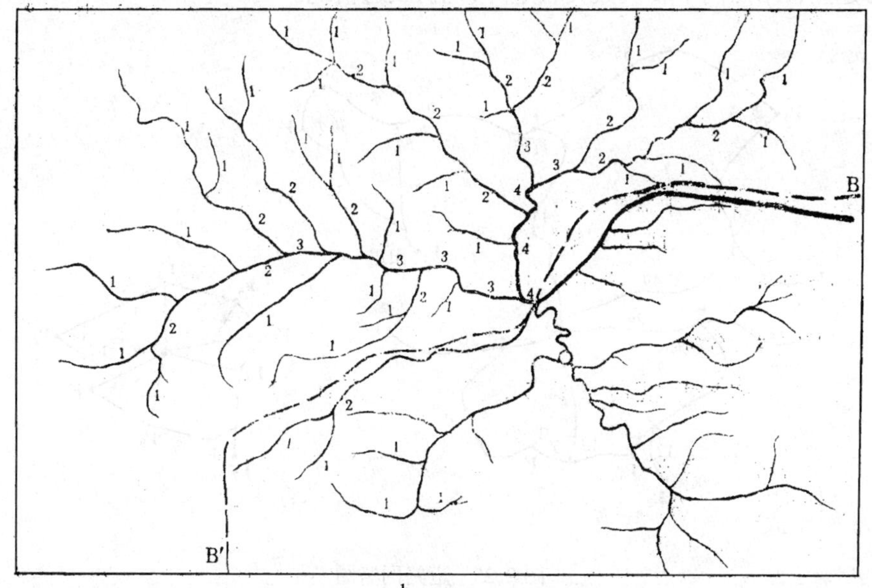

b

图 9.24　河网路径分级示例

(3) 网络分析

用关联矩阵可分析道路通达情况。关联矩阵用 $C_{通}$ 表示,各结点用 V_i 表示,当两结点有路径直接连接或可直达时取值 1,否则取值 0,如图 9.25 所示,根据有关资料,可建立以下关联矩阵:

$$
\begin{array}{c}
 \\ \\ \\ \\ \\ C_{通} = \\ \\ \\ \\ \\ \\
\end{array}
\begin{array}{c|ccccccccccc|cc}
 & V_1 & V_2 & V_3 & V_4 & V_5 & V_6 & V_7 & V_8 & V_9 & V_{10} & V_{11} & 总计 & 序 \\
V_1 & 0 & 1 & 0 & 0 & 0 & 0 & 0 & 0 & 0 & 0 & 0 & 1 & 1 \\
V_2 & 1 & 0 & 1 & 0 & 0 & 0 & 0 & 0 & 0 & 0 & 0 & 2 & 2 \\
V_3 & 0 & 1 & 0 & 1 & 0 & 0 & 0 & 0 & 0 & 1 & 0 & 3 & 3 \\
V_4 & 0 & 0 & 1 & 0 & 1 & 0 & 0 & 0 & 0 & 1 & 0 & 3 & 3 \\
V_5 & 0 & 0 & 0 & 1 & 0 & 1 & 0 & 0 & 0 & 1 & 0 & 3 & 3 \\
V_6 & 0 & 0 & 0 & 0 & 1 & 0 & 1 & 1 & 0 & 1 & 0 & 4 & 4 \\
V_7 & 0 & 0 & 0 & 0 & 0 & 1 & 0 & 1 & 0 & 0 & 0 & 2 & 2 \\
V_8 & 0 & 0 & 0 & 0 & 0 & 1 & 1 & 0 & 1 & 1 & 0 & 4 & 4 \\
V_9 & 0 & 0 & 0 & 0 & 0 & 0 & 0 & 1 & 0 & 1 & 1 & 3 & 3 \\
V_{10} & 0 & 0 & 1 & 1 & 1 & 1 & 0 & 0 & 1 & 0 & 1 & 6 & 5 \\
V_{11} & 0 & 0 & 0 & 0 & 0 & 0 & 0 & 0 & 1 & 1 & 0 & 2 & 2
\end{array}
$$

矩阵后两列是对关联矩阵的统计排序,序表示结点之间连通强度,数据愈大,联通强度愈高。分析关联矩阵可知:V_{10} 直通性最大,V_1 直通性最小。用此方法,也可建立各结点间中转次数关联矩阵,说明联通情况。

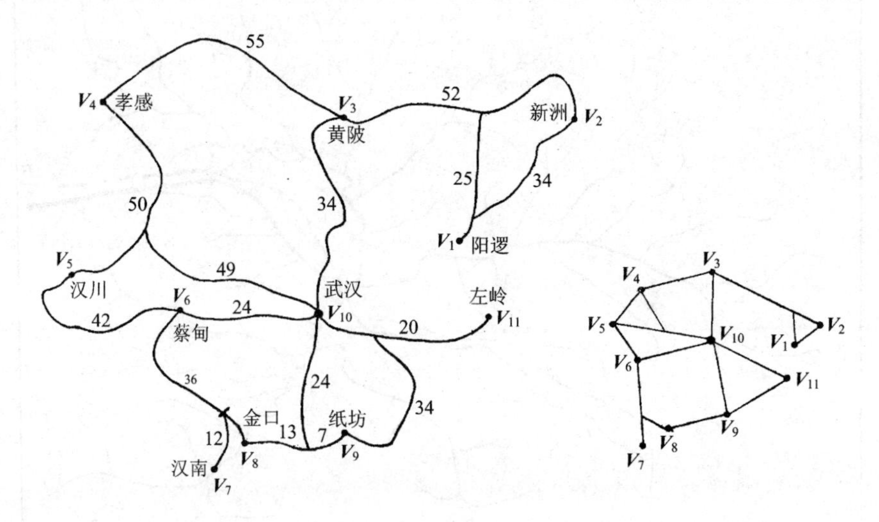

图 9.25　道路网略图

用关联矩阵亦可分析各结点最短道路里程,即最短运输距离,由图 9.25 建立的道路里程关联矩阵 $\boldsymbol{C}_{里}$ 如下

$$\boldsymbol{C}_{里}=\begin{array}{c}V_1\\V_2\\V_3\\V_4\\V_5\\V_6\\V_7\\V_8\\V_9\\V_{10}\\V_{11}\end{array}\overset{\begin{array}{ccccccccccc}V_1&V_2&V_3&V_4&V_5&V_6&V_7&V_8&V_9&V_{10}&V_{11}\end{array}}{\left(\begin{array}{ccccccccccc}
0&34&55&110&158&113&144&126&120&89&119\\
34&0&52&107&157&114&141&123&117&86&116\\
55&52&0&55&103&58&89&71&65&34&64\\
110&107&55&0&50&92&134&116&110&79&109\\
158&157&103&50&0&42&84&78&100&69&96\\
113&114&58&92&42&0&42&36&55&24&54\\
144&141&89&134&84&42&0&18&38&55&85\\
126&123&71&116&78&36&18&0&20&37&67\\
120&117&65&110&100&55&38&20&0&31&54\\
89&86&34&79&69&24&55&34&31&0&30\\
119&116&64&109&96&54&85&64&54&30&0
\end{array}\right)}\begin{array}{cc}C_{ij}&序\\1068&11\\1050&10\\646&3\\962&9\\937&8\\630&2\\830&7\\692&4\\710&5\\534&1\\794&6\end{array}$$

矩阵后两列是对关联矩阵的统计排序,序表示各结点连通的最短距离排序。由关联矩阵 $\boldsymbol{C}_{里}$ 可知,V_{10}距离最短,V_1 距离最长。

以上分析对生产布局有着重要作用。如要在研究区建立冷冻厂,使冷冻食品发往各城镇的费用最低,运输距离最短,其最佳选址是武汉。

3.面状要素的紧凑度分析

面状分布要素的紧凑度可用紧凑度 K 和紧凑度指数 C 表示,其计算公式是

$$\left.\begin{aligned}K &= P^2/4\pi A\\ C &= A/A_C\end{aligned}\right\}\tag{9.24}$$

式中,P 为区域周长;A 为区域面积;A_C 为最小外接圆面积。K、C 愈大,说明紧凑程度愈大,离散程度愈小。图 9.26 是上海市 1840～1949 年城区范围及相应的最小外接圆,经量算后,紧凑度指数计算结果见表 9.3。

表 9.3　上海市不同时期城区范围的紧凑度指数计算

年份	用地面积/cm²	外接圆面积/cm²	紧凑度指数
1840	206.76	283.53	0.729 3
1911	1 433.88	3 215.36	0.445 9
1937	3 823.69	10 201.86	0.374 8
1949	5 999.28	23 766.66	0.253 3
1955	3 718.29	11 304.00	0.328 9
1959	5 746.72	16 277.76	0.353 0
1982	7 024.66	16 277.76	0.431 5

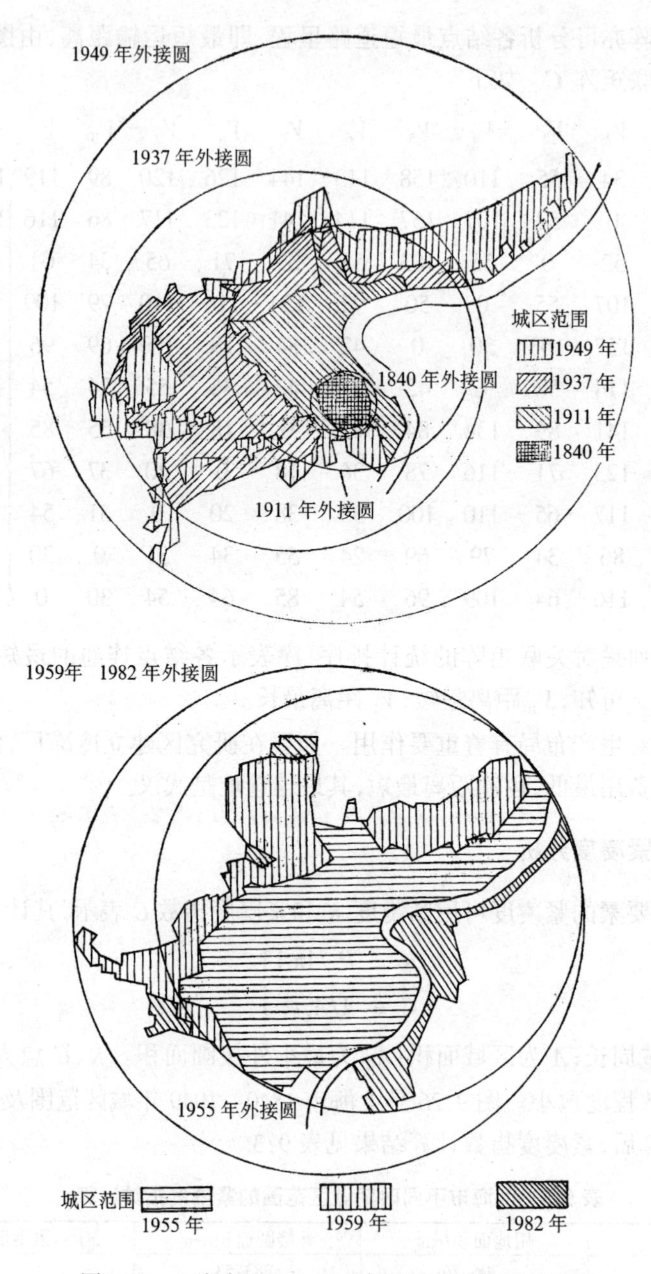

图 9.26　上海市 1840～1982 年的城区范围及外接圆
（据祝国端，1994）

由表 9.3 可知，上海市 1840 年紧凑度最高，1949 年紧凑度最低。1949 年以前，上海市的城市建设缺乏统一规划，盲目地、自发地扩张，使城市形态紧凑度指数逐年减小。1949年后,上海市区建设由分散逐渐发展到比较紧凑,城区土地利用率提高。

二、地理要素的时序变化分析

时序变化分析是指同一地理区域同一要素在不同时间的比较分析。通过时序比较分析,可以了解某一地理现象的发生、发展过程,推断相关要素的变化,预测其发展趋势。应用时序变化分析,既可分析缓慢变化的地理现象,如湖岸、海岸的

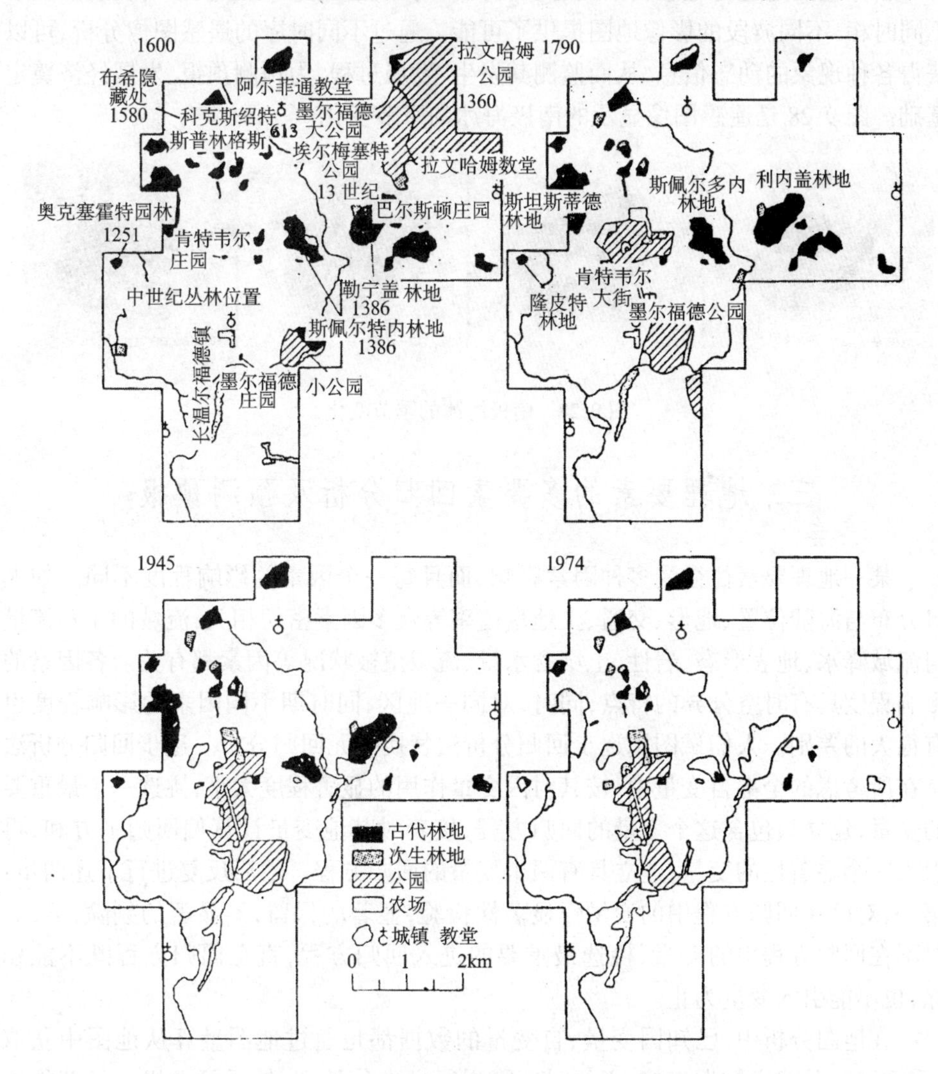

图9.27　英国某农业生态景观区的时序动态变化

变迁;也可分析快速变化的地理现象,如天气状况的快速变化;还可分析瞬间偶然变化,如洪水、地震、火灾等的成灾面积、灾害程度等。

图 9.27 显示英国某农业生态景观区从 1600 ~ 1974 年的变化。通过地图分析可知,该区古林地不断减少,耕作用地(农场)在扩大,公园绿地的空间分布 1974 年较 1600 年有了很大的变化,城镇用地自 1790 年以来基本稳定。如果进一步应用景观生态学及相关学科理论分析,则可揭示该区景观生态动态变化的合理性,生态环境的优劣等级,探讨生态环境保护的有效途径。

影像地图是进行地理要素动态变化分析的最佳图种。遥感技术的发展为获取不同时相、不同波段的影像地图提供了可能。通过不同时序的遥感图像分析,可以获得各种现象的动态信息,从而监测其发生、发展过程,为预测预报、发展经济奠定基础。图 9.28 是遥感图像显示的南极海冰的季节变化。

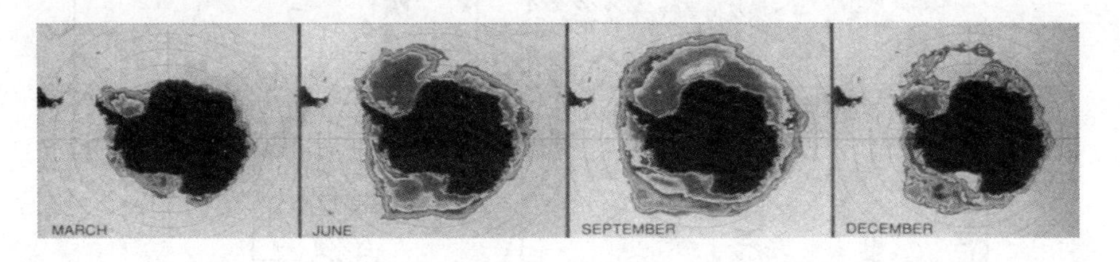

图 9.28 南极海冰的季节变化

三、地理要素的多要素回归分析及预测预报

某一地理要素往往受多种因素影响,而且每一个因素的影响程度不同。如人口分布与海陆位置、地形、交通、土地垦殖率等众多因素密切相关;流域的年径流量与流域降水、地表形态、岩性、土壤含水量、流域植被状况等因素都有关。各因素的影响程度具有时空分异的特点,同时,对同一地区、同时期不同因素的影响程度也有很大的差别。人们试图用逐步回归分析法替换多元回归分析。逐步回归分析法是在所考虑的全部自变量中,按其对因变量作用的显著程度大小,挑选一个最重要的变量,建立只包含这个变量的回归方程,接着对其他变量计算偏回归平方和,再引入一个显著性的变量,建立具有两个变量的回归方程。然后反复进行下述两步:第一,对已在回归方程中的变量作显著性检验,显著的保留,不显著的剔除;第二,对不在回归方程中的变量,挑选最重要的进入回归方程,直至回归方程既不能剔除,也不能引入变量为止。

在地图分析中,已知因变量、自变量的数据都是通过地图量算从地图中获取(采样)的,并建立数据表格,必要时还需进行标准化处理,然后可上机运行获得逐步回归方程。根据建立的逐步回归模型,就可结合实际情况进行地理解释和预测预报。下面以逐步回归分析法揭示影响福建省人口分布的主要因素为例,说明逐步回归分析在地图分析中的应用。

1. 利用目视分析法揭示影响福建人口分布的主要因素

首先在《福建人口密度图》上,通过目视观察分析,发现离海岸线近的沿海地带人口密度大,离海岸远的闽西一带人口密度小;接着用不同类型的地图进行目视比较分析,首先将福建省地形图与人口密度图比较,发现山区人口密度小,平原地区人口密度大;再将福建交通图与人口密度图比较,发现交通网稠密地区人口密度大,交通网稀疏地区人口密度小;最后用福建省耕地占土地面积百分比图与福建人口密度图比较,发现耕地比例大,垦殖率高的人口密度大,反之人口密度小。通过单幅图观察分析,多幅图比较分析可获得初步结论:福建人口分布与海陆位置、地势起伏、交通网密度及耕地所占比例(垦殖率)等有明显关系。

2. 利用地图量测获得采样点变量数据,建立数据表格

本例共选择了 103 个样点,采用传统方法进行量算,量算结果见表 9.4。

表 9.4　103 个采样点的量算数据

点号	离海岸距离 /km	地面高程 /m	主要交通网密度 /(m/km²)	耕地比例 /%	人口密度 /(人/km²)
1	0.1	0.1	121	15	296
2	23.5	800	121	15	296
3	72.5	450	117	7.5	137
4	0.1	0.1	126	15	273
5	29	550	126	15	273
6	78	500	117	7.5	137
7	176	300	97	15	108
8	0.1	0.1	98	15	276
9	2	50	98	15	276
10	51	1 200	97	7.5	139
⋮	⋮	⋮	⋮	⋮	⋮
98	30	300	102	15	285
99	79	300	90	15	193
100	128	400	107	15	165
101	281	300	92	7.5	110
102	0.1	0.1	180	15	850
103	25	500	108	15	369

3. 建立逐步回归数学模型,检验显著性

将以上数据输入计算机中,应用逐步回归程序计算,其回归方程为

$$y = -334.092\ 778 + 2.388\ 992\ 4x_3 + 26.290\ 581x_4$$

相关系数 $R = 0.899\ 318\ 422$；显著性检验值 $F = 211.470\ 206$；

标准差 $S = 124.658\ 803$；拟合百分比 $j = 57.3\%$。

由逐步回归模型知，福建人口正向交通发达、垦殖率高的东南沿海和河谷盆地聚集，其人口密度受交通条件、垦殖率影响较大。通过检验，回归效果较好。

4. 预测分析

应用逐步回归数学模型对 1 ~ 20 号点进行预测，其预测值与实际人口密度列入表 9.5。

表 9.5　逐步回归预测值与实际值比较(人/km²)

点号	预测值	实际值	点号	预测值	实际值
1	349	296	11	54	94
2	349	296	12	291	108
3	142	137	13	49	65
4	361	273	14	311	203
5	361	273	15	308	234
6	142	137	16	94	98
7	291	108	17	35	103
8	294	276	18	99	88
9	294	276	19	49	65
10	95	139	20	432	424

从表 9.5 可知，预测值的绝对数量与实际人口密度相差较大，但基本反映了实际各地人口分布的疏密对比，有助于分析人口分布规律及人口迁移趋势。实际预测时，可将预测值作适度调整。

表 9.6　多元回归、逐步回归预测值比较(人/km²)

点号	多元回归预测值	逐步回归预测值	实际值	A(多减实)	B(逐减实)
1	388	349	296	92	53
2	349	349	296	53	53
3	165	142	137	28	5
4	398	361	273	125	88
5	368	361	273	95	88
6	161	142	137	24	5
7	281	291	108	173	183
8	337	294	276	61	18
9	335	294	276	59	18
10	94	95	139	−45	44

为进一步检验上例中剔除的两要素是否合理,可用多元线性回归检验,经上机运算获得多元线性回归方程:

$y - 234.096\,765 - 0.231\,806\,223x_1 - 0.042\,331\,755x_2 + 2.197\,926\,95x_3 + 23.731\,987x_4$

$R = 0.902\,313\,03$; $F_1 = 107.340\,081$; $F_2 = 0.794\,100\,79$

$S = 124.135\,309$; $j = 56.3\%$

式中,F_1、F_2 分别为 x_1、x_2 系数的显著性检验值。

利用多元线性回归数学模型对前 10 个样点进行预测,将其与逐步回归模型预测值和实际值列表比较,从表 9.6 中可以看出,除第 7 号点外,逐步回归预测值均接近实际值,说明剔除 x_1、x_2 是完全正确的。

第四节　地形图阅读及野外应用

一、地形图阅读

地形图是特殊的图形语言——地形图符号系统建立的客观环境的模拟模型,是制图区域地理环境信息的载体。制图者将经过概括的信息用地形图图形语言——符号系统存储在地图上,用图者则通过对地形图符号的识别,分析各类图形符号的组合关系,获得地形图上七大基本要素的位置、分布、大小、形状、数量与质量特征的空间概念。

从地图上提取信息的丰度和深度取决于读图者的知识水平,取决于读图者所采用的地图分析方法。一般读图者主要应用视觉感受及大脑的思维活动,在识别符号的基础上解决"是什么? 在哪里?"的问题,获得图形直接传输的简单信息。而专业性读图者,则可结合专业要求充分利用地图与专业知识,采用各种地图分析法,将从图上获取的各类信息数量化、图形化、规律化,找出各类信息相互依存、相互制约的关系,并推断出在时间及空间上的变化规律及原因。地图阅读是地图分析的基础。

1. 地形图的选择

地形图在实际工作中应用十分广泛,为了选择一张满足工作需要的地形图,必须根据用图者对精度的要求,分析其比例尺、等高距、测图时间、成图方法及地物地貌的精度能否满足需要。

比例尺。比例尺大的地形图,每幅地形图包括的实地范围小,内容比较详细,精度比较高;比例尺较小的,每幅地形图所包括在实地范围大,内容概括性强,精度比较低。

等高距。基本等高距小,等高线密,地形表示得比较详细;基本等高距大,等高线稀,地形表示得比较概略。

测图时间。地形图图边注有测图(编图)时间,地形图测制时间越早,现势性越差,与实地不完全符合的可能性越大。使用时最好选择最新测制的地形图。

成图方法。地形图测制方法不同,精度也不同。一般来说,在我国,大于和等于1:5万比例尺地形图是实测的。小于或等于1:10万比例尺地形图是根据大比例尺地形图编绘的。由于比例尺缩小,地物、地形都有一定程度的综合。

地物、地形的精度。精度是指平面位置和高程的最大误差,测量(编图)规范均有规定。现在使用的地形图,地物与附近平面控制点的最大位置误差,在平地和丘陵地区是不超过图上1mm,在山地、荒漠地和高山地区不超过图上1.5mm。等高线与附近高程控制点的误差不超过等高距的一半。

2. 地形图阅读

阅读和应用地形图,是地学工作者所必须掌握的基本技能。读图前必须熟悉地形图图式符号,只有这样,才能了解图上各种符号的含义,进而分析和研究各种地理要素的分布和相互联系。

阅读地形图,一般按下述步骤进行。

1)图名、图号、邻图及其位置、图边注记,地形图的比例尺、基本等高距、测图时间、成图方法及地形图所包括的区域。

2)区域的地理位置(经、纬度)、行政辖区及四邻、图幅总面积等。

3)地形与水系。先从水系分布、密度,等高线的高程及其图形特征来判断地形的一般类型(平原、丘陵、山地等),进而研究每一种类型的地形分布地区和范围,山脉的走向、形状和大小,地面倾斜变化的情况,各山坡的坡形、坡度,绝对高程和相对高程的变化。在地形起伏变化比较复杂的地区,可以绘剖面图,作为分析地形的资料。要特别重视河流的研究,包括形状特征、水流速度及方向、从属关系及流域范围等。有海洋的地图,要注重海底要素,特别是海岸要素的阅读分析。

4)土质植被。读出植被的类型、分布、面积大小以及植被与其他要素的关系;了解森林的林种、树种、树高、树粗;在中、小比例尺地形图上还要分析植被的垂直变化规律。读出土质的类型、分布、面积以及与其他要素的关系。在此基础上,综合分析制图区土地利用类型、土地利用程度、土地利用特点、土地利用结构,找出影响土地利用的因素,指出存在的问题,提出合理利用和保护土地资源的建议。

5)居民地。读出居民地的类型(城镇或乡村),行政等级;分析不同区域的密度差异,分布特征;从平面图形特征,研究居民地外部轮廓特征、内部通行状况及其用地分区,主要的交通通信设施及各类公共服务设施。如车站、码头、电信局、邮局、学校、医院、厂矿、旅游景点及娱乐设施等;分析居民地与其他要素的关系。

6)道路与管线。读出道路的类型、等级、路面质量、路宽等;分析其分布特征及道路与居民点的联系,与水系、地貌的关系;分析道路网对制图区域交通的保证程度。读出各种管线的类型及其对制图区经济发展的影响。

7)工矿企业。读出工矿企业的类型、分布,分析其在制图区域中的经济地位和作用,提出进一步利用资源兴建工厂矿山的设想。

8)用文字写出区域地理概况。根据以上材料和读图目的,对区域地理概况进行综合描述。

二、地形图野外应用

1. 准备工作

确定对某一地区进行野外考察后,首先要根据考察地区的地理位置、范围,针对考察的要求选用适当的地形图,并向保管单位领取或购买地形图,其次是阅读地形图,了解考察区域的地理特点,然后制定野外工作计划,其主要内容有:①考察所需时间、经费、仪器装备及人员组成情况;②野外重点考察的地区和内容,读图中所遇到的疑难问题,以便实地验证解决;③野外工作路线,确定主要观察点和观察内容;④制定野外填图符号系统。

2. 地形图定向

利用罗盘仪定向。将罗盘刻度盘上北字指向北图廓,并使刻度盘上的南北线与磁子午线重合;然后将地形图和放在图面上的罗盘一起转动,使指北针指向罗盘仪上刻度的北(0°),这时地图的方向,即与实地一致(图2.29)。若罗盘仪的南、北线与真子午线重合,则指北针应指向度盘上磁偏角的刻度值;若南、北线与坐标纵线重合,则指北针应指向度盘上磁坐偏角的刻度值。

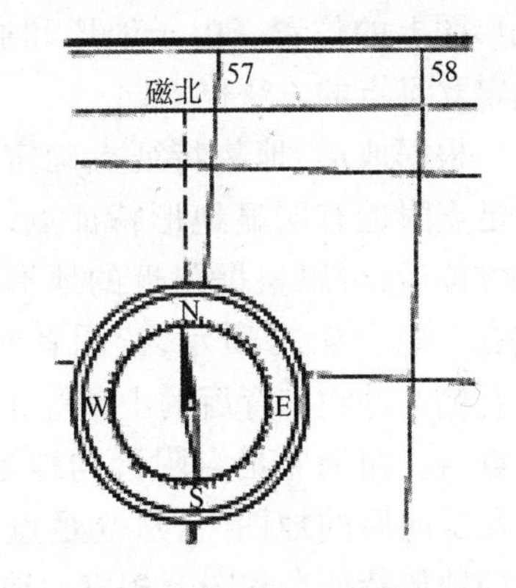

图 9.29　根据罗盘定向

根据地物定向。首先在地形图上找出能与实地对照的明显地物,如道路、河流、山顶、独立树、道路交叉口、小桥或其他方位物;然后在立足点转动地图,使图上地物符号与实地对应地物方向一致(图 9.30)。

太阳、手表定向。在野外,也可用手表的时针对准太阳来确定真子午线,方法是:用一根细针紧靠在手表的边缘,太阳照射细针时投射到手表面上有一条影子,

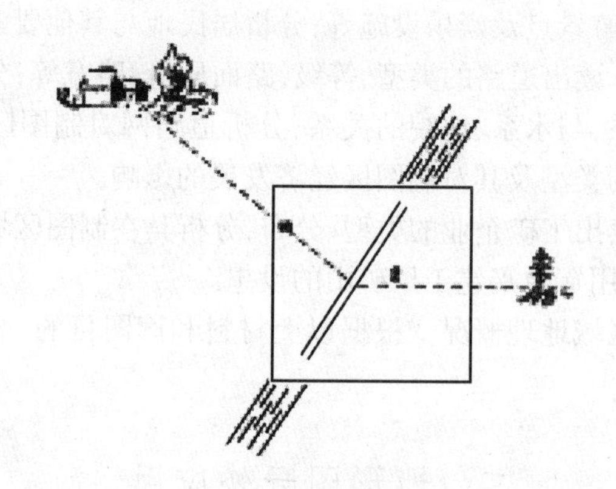

图 9.30　根据地物定向

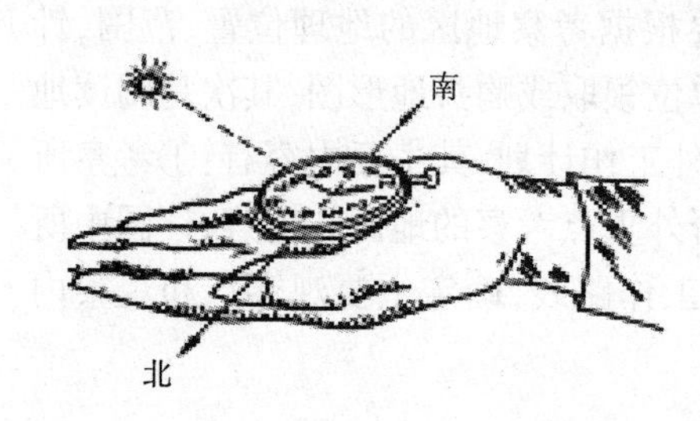

图 9.31　手表、太阳定真南北

转动手表使细针的影子与时针相重合,取时针与手表面上 12 时半径的分角线,即为真子午线的方向(图 9.31),其中,与时针构成的较小角的分角线指南,另一端指北。当实地南北向确定后,即可转动地形图,使其南北向与实地一致。

3. 在地形图上确定立足点

野外实地使用地形图,要确定立足点在地形图上的位置。由于地形和通视情况不同,确定立足点的方法也不同。

根据地形、地物特征点确定立足点。如果立足点附近有明显地形特征点,则在标定地形图方位后,可以根据附近的地形特征点确定立足点。如图 9.32 所示,读图者站在山脊,可根据右侧的冲沟和背后的山顶等相关位置确定立足点 *A*。如果立足点附近的地形特征不明显,可在定向后的地图上,从立足点到实地一个明显的地形特征点和图上相应的地形特征点瞄准方向线,然后目测立足点至该明显地形特征点的距离,依比例尺在方向线上确定立足点。

图 9.32　利用明显地形特征点确定立足点

后方交会法确定立足点。首先,标定地形图方向,然后将直尺靠在图上的一个地形特征点并瞄准实地相应地形特征点,在图上描绘其方向线。再用同样方法描绘另一个地形特征点的方向线。地形图上两条方向线的交点,就是立足点(图 9.33)。如果方向线的交角是相当小的锐角,则可用第三条方向线瞄准,由三条方向线组成小三角形,则三角形的中心点即为立足点。

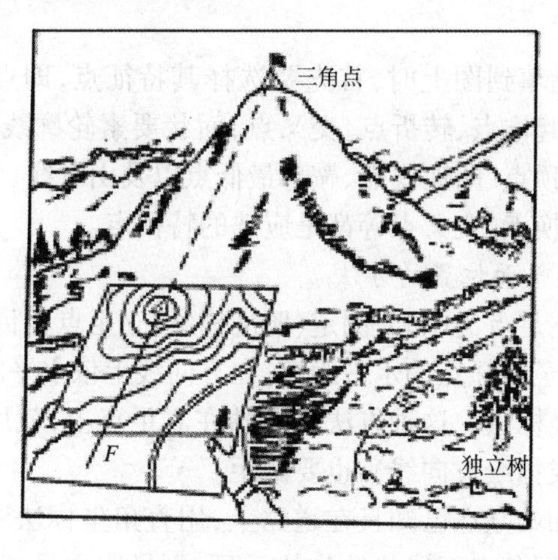

图 9.33 后方交会法确定立足点

截线法确定立足点。在线状地形地物(道路、土堤、山脊)上,可采用截线法确定立足点。首先进行地形图定向,然后在线状地形地物一侧找一个图上与实地都有的明显地形特征点,用直尺紧靠图上的点,转动直尺向实地地形特征点瞄准,并绘方向线,方向线与线状地形地物的交点,就是立足点(图 9.34)。

图 9.34 截线法确定立足点

4. 实地对照

确定了地形图的方向和立足点位置以后,就可根据图上立足点周围的地形、地物,找出实地对应的地形、地物,或者观察实地地形、地物来识别其在地形图上的位置。进行地形图和实地对照工作,一般采用目估法,由右至左,由近至远,分要素、分区域判别,先识别主要和明显的地形、地物,再按相关位置识别其他地形、地物。

通过地形图和实地对照，了解和熟识地形、地物的实际分布情况和特征，并比较地形图内容与地形、地物的变化，确定需要删除和补充、修正的内容。

5. 确定特征点的位置和高程

(1) 选择特征点

当要把新增地物填到图上时，首先要选择其特征点，即点状分布要素的定位点，线状分布要素的起讫点、转折点、交叉点，面状要素轮廓线的转折点，地形要素的地形特征点，如山顶点、凹地底点、鞍部最低点以及山脊线、山谷线、山麓线、谷缘线的转折点、坡度变换点、交叉点等都是应选的特征点。

(2) 确定特征点平面位置的方法

极坐标法。以立足点为中心，测定(照准描绘)立足点至目标点的方位角，描绘方向线，量取立足点至特征点的水平距离，在方向线上依水平距按比例尺缩小截取点位的方法称为极坐标法。这种方法只需站在立足点上，就可测定能通视点的平面位置，但要测角(或描绘方向线)，也要测距。

直角坐标法。如站立点已知且在道路上，用直角坐标法测定一房屋角点的平面位置，可先目测房屋角点至线状地物的垂足；再量取立足点至垂足的距离，并在图上截取垂足点；量取垂足至目标点的实地距离；在图上由垂足作线状地物的垂线，在垂线上按比例截取补测点即可。

交会法。可分为距离交会法和测角交会法。

1) 距离交会法。如图 9.35 所示，量取目标点到已知点的实地距离 MB、NB；在地形图上以已知点 m、n 为圆心，以 MB、NB 的图上长为半径画弧，两段圆弧的交点就是实测的特征点。

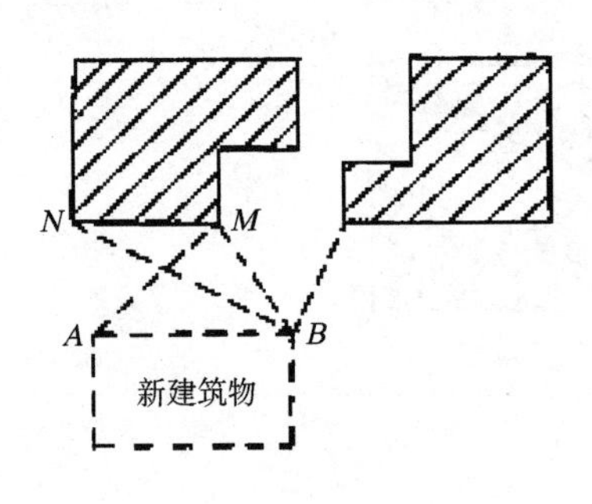

图 9.35 距离交会法定点

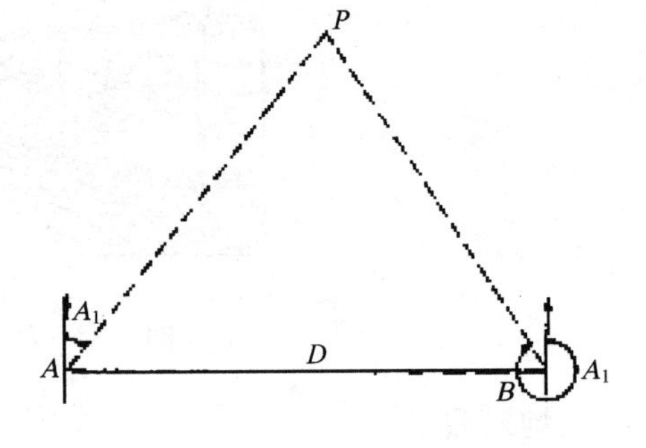

图 9.36 前方交会法定点

2) 测角交会法。测角交会法不需量距，可依两个以上的已知点到待测点的方向线交会得到。可用前方交会法：即在图上从两个已知的立足点，分别向待测点测定方位角(或描绘方向线)，以两条方向线交点来确定待定点位置(图 9.36)。亦可用后方交会法：即在图上从未知的站立点，分别向两个以上的已知地物点测定方位角（或描绘方向线），利用两方向线交点来确定待定的点位，其作业步骤类似于前方交会法。两者的区别是立足点已知和未知的差别。

（3）简易测距、测角的方法

a．简易测距

步测法。当目标点可以到达，且距立足点较近时，可用步测法测定距离。方法如下：

首先，确定步长。在 100～200m 的直线上，按平常步子多次往返行走，求出每一复步的长度。亦可按照经验公式 9.25 算出平均步长。

$$L = P/4 + 37(\mathrm{cm}) \tag{9.25}$$

式中，L 为平均步长；P 为身高（cm）。

然后实地步测。在立足点和目标点之间，按正常步子行走，并记录步数。距离较远时可使用步数计（图 9.37）。每走一步其指针跳动一格。步数计一般有千步、百步、十步、一步 4 个刻度，到达终点时，可直接读出步数。

最后计算距离。在平坦地区，只需将步数乘步长即得距离。若遇上、下坡或沙地、草地，一般步长都会缩短，缩短的比例视实际情况不同，可作相应的改正。

臂长法。当目标点高度已知时，可用臂长法确定立足点到目标点的距离。臂长法测距的原理是相似三角形的对应边成比例。

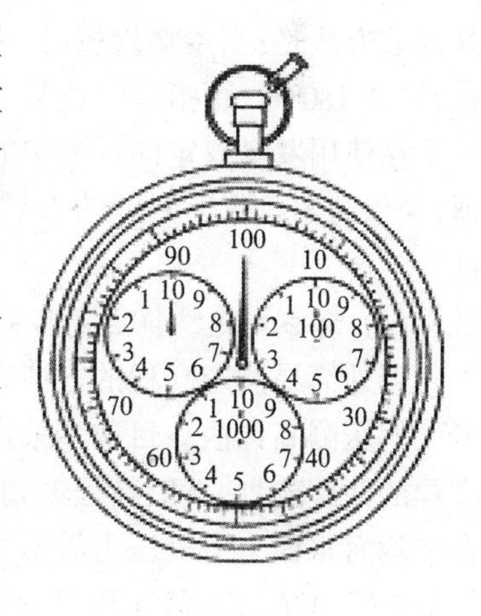

图 9.37　步数计

b．简易测方向

在野外应用地形图时，标定已知点到待测点的方向线，最简单的方法是地形图定向后，用三棱尺（或直尺）切准图上已知立足点，然后转动尺子照准实地目标描绘方向线即可。如果地形起伏较大，可先测定磁方位角，然后依磁方位角描绘方向线。测定磁方位角的简单仪器是罗盘仪。

罗盘仪的构造。便携式地质罗盘仪由度盘、磁针、瞄准设备及用于整平的水准气泡构成。度盘上按逆时针方向，每隔 1°间隔有一刻划，每隔 10°标出角度值。按逆时针方向刻度的，称方位罗盘，按象限角刻度的称象限罗盘。磁针在罗盘中心，当罗盘放置水平时，磁针在顶针上自由转动，当指向磁南北时静止。瞄准设备用来瞄准目标，不同形式的罗盘其瞄准设备的形式也不同。地质罗盘有三套照准设备，分别用于不同情况。

第一，由长照准合页（觇板）和短照准合页（或准星）构成，用这套照准设备来瞄准较为方便,但看不见度盘及度盘上的水准气泡,不便于读数与整平。

第二,由透明孔、标线构成的照准设备,适用于目标点较低的俯角照准。

第三,长照准合页、反光镜及其标线,适用于目标高于视线及视线俯角小于15°的瞄准。

罗盘上的圆水准器用来调整罗盘仪的水平,当圆水准气泡居中时,仪器水平。此外,罗盘仪底盘上附有测斜手水准,用于测量地面点的高差。

测定方位角。首先照准目标,此时应根据视线的仰角、俯角大小选择合适的照准方法。

然后通过手的左右前后倾斜度的调整,使圆水准气泡居中,一般气泡向偏高方向移动。

最后读数,当圆水准气泡居中,目标同时照准后,即可按下按钮固定磁针读数。其读数方法是:当接物觇板(物镜)对准0°(或N)时,用指北针读数;当接物觇板(物镜)对准180°时,用指南针读数。所读角度即为方位角(或象限角)。

在使用罗盘仪定向或测定方位角时,周围不能有任何铁器或铁矿石。在北半球,为保持罗盘仪上磁针的水平,在指南针上缠有铜丝,没缠铜丝的一端就是指北针。

(4) 简易测定特征点高程的方法

野外简易测定高程的方法有:

气压测高计法。目前多采用补偿式气压测高计,它呈圆形,其度盘上有气压和高程的两圈刻划,一般高程刻划圈在外,可自由转动;气压刻划圈在内,不能转动。在平均海水面上大气压力等于760mmHg,其地面高程为零,地面高程每上升100m,气温下降0.6°,其大气压随之下降。当把气压测高计高程刻划圈的零线对准760mm气压读数时,其指针所指高度即为某点地面高程。由于大气压受温度影响很大,一般测量结果都要加温度订正,而补偿式气压测高计能自动进行温度订正,使用很方便。

手水准法。手水准构造如图9.38所示。在镜筒上安装有水准管,靠反光镜观察,水准管气泡和照准横丝可同时在镜筒内看到。观测时,以右手持手水准,提到眼高,通过接目孔,使水准气泡为横丝平分,观察横丝切地面点的位置。然后测量者移动到这个位置,依同法测高,一直到达目标点。以测量次数乘眼高,即为两点的高差。

测斜手水准法。在手水准上装垂直度盘(图9.39),以右手持测斜手水准,提到眼高,通过接目孔,以横丝瞄准目标,左手转动游标旋钮,使水准管气泡被横丝平分,然后读取垂直角。根据垂直角 a 和水平距 L,可用下式计算两点的高差 h。

$$h = L \tan a \tag{9.26}$$

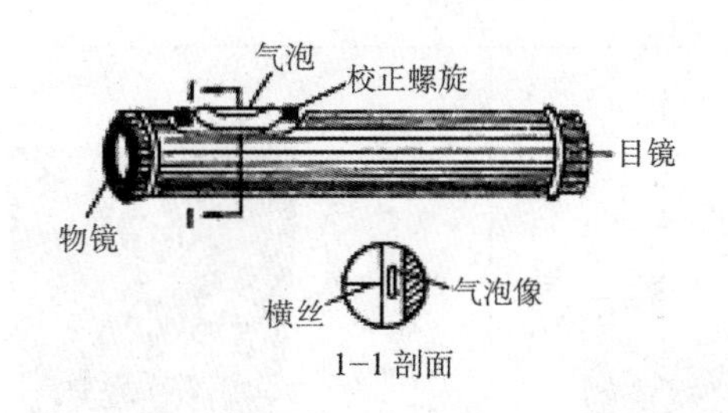

图 9.38　手水准

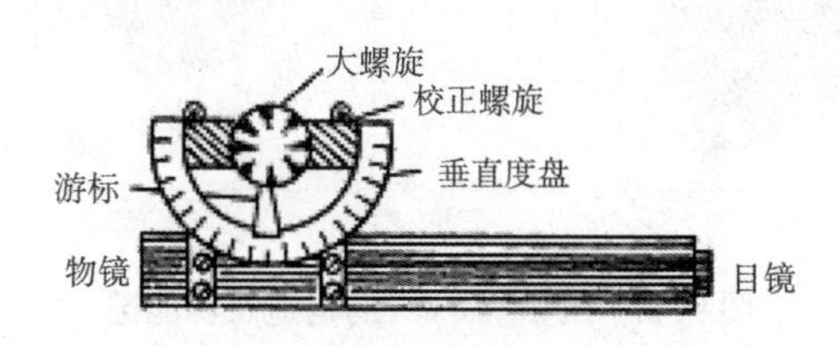

图 9.39　测斜手水准

6. 填图

填图即根据野外需补测地物、地貌的类型,选用设计好的符号,在野外勘测的基础上,按规定在图上绘制出符号,并书写注记。填图时必须保证实测点位的相对准确。点状地物,其定位点要在实测点上,线状地物的定位线要通过实测的特征点,面状地物的轮廓界线要通过实测特征点。填图的方法可采用上述简易测距、测角 、测高程和测定立足点方法进行。确定了特征点的位置,就可按地图符号形式填绘在已有地图上。地形图修测、补测和上述方法相同。

7. 现代便携式测量仪器

(1) 手持激光测距仪

激光测距是利用激光反射的时间间接推算距离,它可以替代传统的钢(皮)尺量距。手持激光测距仪特别适用于小范围大比例尺的施工测量,尤其适用于房地产测量。下面以 Disto Classic[4] 型手持激光测距仪为例,介绍它的性能及应用。

该仪器由显示屏、底座、微电脑、操作键、电源、聚光镜构成。其外观和功能键的布局见图 9.40,共有 9 个功能键。

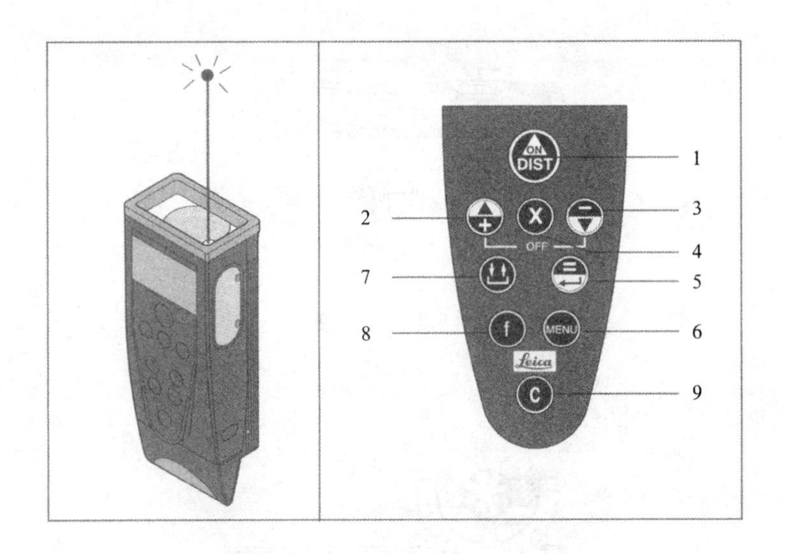

图 9.40 Disto Classic⁴ 的构造及功能键

1.开关,按下此键,可启动仪器、启动激光;2.菜单向前,加法运算符;3.菜单后退,减法运算符;4.自动测量,乘法运算符;5.回车确认,等号;6.功能选择,可分别选择单位制及具体单位、选择测量基准边、选择调整性、选择蜂鸣声等;7.存档;8.功能选择,可供选择的功能有测距、测最短距离、测最长距离、测高;9.清除。

a. 测距

用 Disto Classic[4] 测距的操作步骤见表 9.7。

并不是每次测距都要设置测量基准边,选择单位、调整值、蜂鸣声,当仪器这几项都满足要求时,即可一直使用,不必重新调整。若某一项没有满足要求,只需调整该项。若需持续测距,必须按住 1 号键,直到出现"trc1*"为止。

b. 测量矩形面积

在完成单位选择、基准边设置、调整值选择后,按以下步骤操作:

$\overset{\text{ON}}{\text{DIST}} \rightarrow \overset{\text{ON}}{\text{DIST}} \rightarrow \text{X} \rightarrow \overset{\text{ON}}{\text{DIST}} \rightarrow \overset{\text{ON}}{\text{DIST}} \rightarrow$ ↵,显示屏直接显示面积值

c. 测量体积

在完成单位选择、基准边选择、调整值选择后,按以下步骤操作:

$\overset{\text{ON}}{\text{DIST}} \rightarrow \overset{\text{ON}}{\text{DIST}} \rightarrow \text{X} \rightarrow \overset{\text{ON}}{\text{DIST}} \rightarrow \overset{\text{ON}}{\text{DIST}} \rightarrow \text{X} \rightarrow \overset{\text{ON}}{\text{DIST}} \rightarrow \overset{\text{ON}}{\text{DIST}} \rightarrow$ ↵。显示屏则可直接显示被测地物的体积。

d. 确定最大测量值

在完成单位、基准边、调整值的选择后,按以下操作步骤进行:

表 9.7　用 Disto Classic[4] 测距的操作步骤

操作键	显示符	功　能	操作键	显示符	功　能
ON DIST	✳↑ ◁)) ——— m	启动仪器	↵	停止跳动	确认选择的单位
ON DIST	↑ 0.400m	启动激光	MENU	1△[二] 0.000 m	选择调整
MENU	↑ [二] 同上，左图闪烁	选择测量基准边	↵	同上 |△ 闪烁	确认功能选择
↵	同上，箭号跳动	确认选择	+或−	调整值变换到满意为止	选择具体调整值
+或−	同上，箭号停止跳动，出现距离值	调整基准边达到要求为止	↵	出现测量值	确认调整值
↵	[二] 0.000 m	确认选择的基准边	照准目标		
MENU		选择单位	ON DIST	✳↑ ——— m	启动激光
↵	0.000m闪烁	确认功能选择	ON DIST	↑ 1.364m	测距
+或−	在单位制及具体单位中跳动	选择单位　到需要为止			

→f→▲+(−▼)(直到出现 Fnc2 |---|→↵→用 DISTO 在角落左、右瞄准→ON DIST→DISTO 向左、右扫过对角线→ON DIST→C 或↵，显示屏即可显示左、右持续测量的最大值。

e. 确定最小测量值

在完成单位、起始边、调整值选择后，按以下步骤操作，即可测出上、下持续测量的最小值。

→f→▲+(−▼)(直到出现 Fnc3 |−|)→↵→用 DISTO 粗略瞄准目标→ON DIST→DISTO

大范围在目标周围晃动→$\dfrac{\text{ON}}{\text{DIST}}$或 C 或 ↵。

f. 用两个测量值测高差

如图 9.41 所示，欲测 1、2 两点的高差。其操作步骤是，首先设置好单位、基准边，然后按下列步骤操作：

→f→ ▲/+（－/▼）（直到出现 Fn4 ◿）→ ↵ 瞄准 1 点→$\dfrac{\text{ON}}{\text{DIST}}$→ ↵ →瞄准 2 点（DISTO 与 2 基本水平）→$\dfrac{\text{ON}}{\text{DIST}}$（长时间按下，进行跟踪测量最小值）→$\dfrac{\text{ON}}{\text{DIST}}$→用 DISTO 大范围在目标周围晃动→$\dfrac{\text{ON}}{\text{DIST}}$或 C 或 ↵ → ↵（显示欲测高差）。

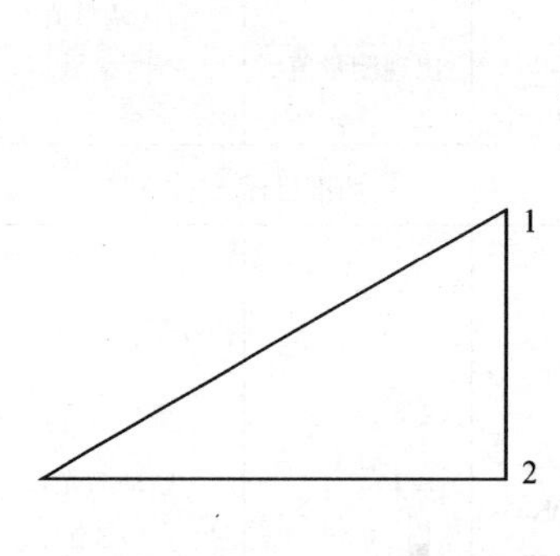

图 9.41　用两个测量值测高差

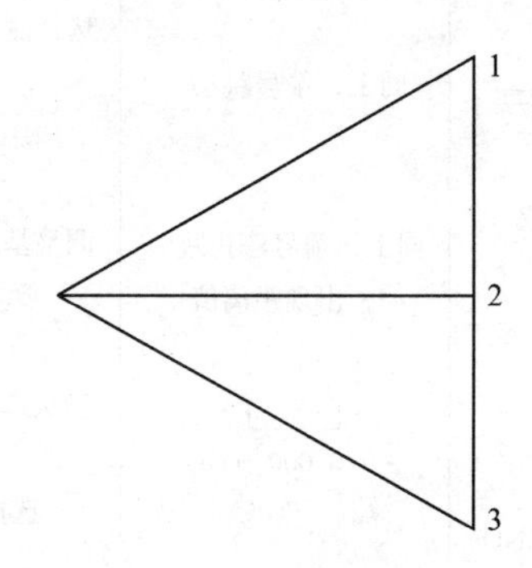

图 9.42　用 3 个测量值测高差

g. 用 3 个测量值测高差

如图 9.42 所示，如果要测量 1～3 的高度，前面各操作步骤与用两个测量值测高一样，但其最后一步的键不要按，接着瞄准第三点→$\dfrac{\text{ON}}{\text{DIST}}$→ ↵（显示高度值）。

使用手持激光测距仪应注意：不要直接瞄准太阳及强光源，以免烧坏仪器；不能直视激光束，禁用激光束瞄准他人眼睛，更不能通过光学镜片直视激光束；不要用望远镜瞄准镜类物体的表面；手指不要触摸镜头，擦拭要用清洁柔软的布；注意防潮；使用前要检测，检测方法是测量 10 个点，与标准值对照，计算误差值。若在限差内可使用，超限则需检修。

(2) 手持 GPS(global positioning system)

GPS 的基本原理是依据接收卫星发射的信号，自动推算点的坐标和高程。手持 GPS 特别适用于地学的野外调查填图。下面以 Etrex Summit GPS 为例，介绍其性能及其应用。

该仪器是美国 Garmin 公司 2000 年底推出的一款新型手持 GPS，其主要功能是：

电子罗盘功能。电子罗盘是GPS罗盘与磁力线罗盘结合的产物，它利用磁力线导航原理，使人们在室内室外都能轻松辨别方向。

气压测高结合GPS测高。将气压测高和GPS测高相结合，经校正后，可使50km内的测高精度稳定在±2.5m之内，从而使手持GPS的测高精度超过了水平精度。

显示高程画面。以往的手持GPS，只有水平、罗盘及公路三种导航方式，Summit新增加了高程显示画面，可清楚地显示运动路径的高程变化；还可任意查询单位时间或距离内任一点的高程。

罗盘指示方向，适时偏航显示。电子罗盘不但可灵敏指示方向，还能随时提醒人们偏离航线的距离，使野外考察更为顺利。

确定目标点位置。不必亲自到达目标点，只要使用电子罗盘锁定方位角，再输入距离，Summit可直接显示目标点的坐标值。亦可直接计算多边形面积。

进行坐标系转换。Summit为用户提供了包括1954年北京坐标系、WGS84国际通用坐标系在内的104种标准坐标系格式，可轻松实现各坐标系统间的相互转换，极大方便了用户的需求。

Summit的功能键布局见图9.43。

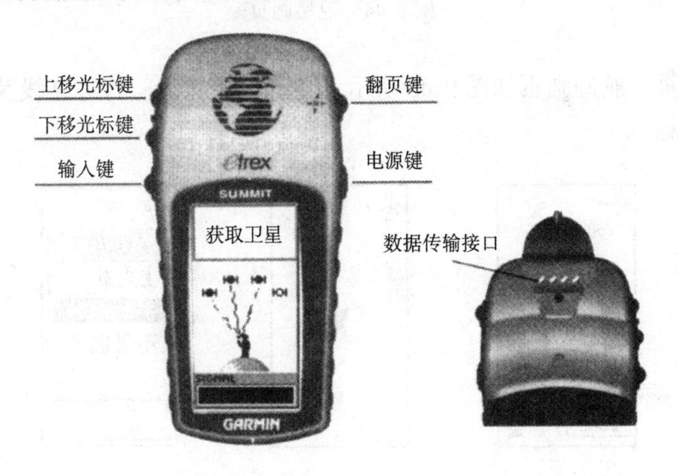

图9.43　Etrex Summit的功能键

上、下移光标键的主要功能是：在各画页或菜单中用于功能选择；在“卫星状态页”调整显示屏对比度；在“航迹画页”和“高程画页”中用于缩放比例尺；在“罗盘导航页”中查看各种数据。

↵输入键(ENTER)。主要功能是：长时间按住此键，可直接进入存点画页；

按此键可在各主画页中调出下一级画面；对所进行的操作予以确认。

翻页键(PAGE)。主要功能是：顺序循环显示各画页；由下级菜单退回上一级菜单。

电源键(PWR)。功能是用于开机、关机和控制屏幕背景光的强度。

Etrex Summit 的主画页有五类：

卫星画页。该画页有两种卫星显示方式可供选择，一为一般表示，如图 9.44a 所示；另一为详细表示，如图 9.44b 所示。详细表示时可从画面上获得卫星状况、星号、星空位置、信号强度、估计误差等数据。

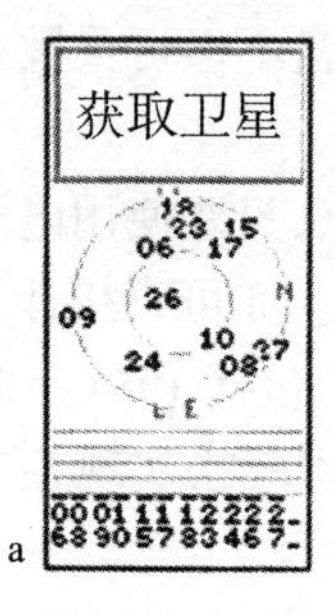

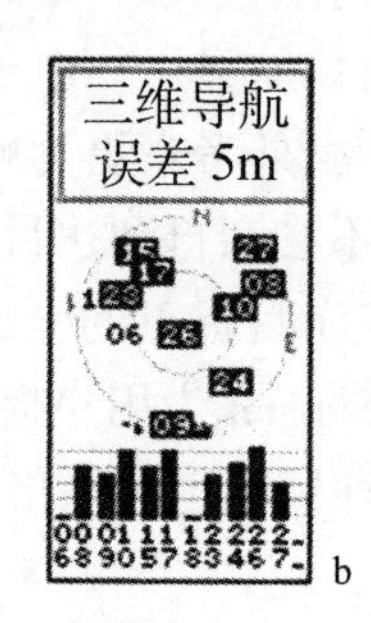

图 9.44　卫星画页

航迹画页。航迹画页如图 9.45 所示，可查询运动轨迹、行进路线及有关航点、方位角等信息。

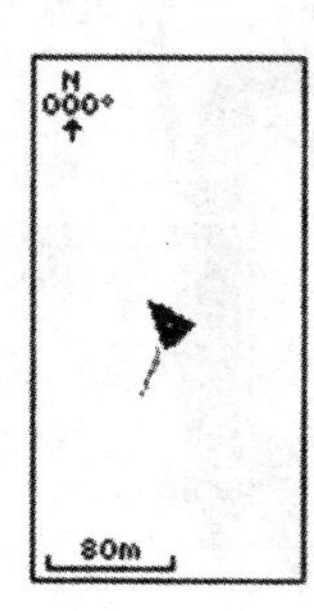

图 9.45　航迹画页

罗盘画页。从罗盘画页(图 9.46)可以获得航向、航速、航程、高度、偏航距、均速、目标点固定角等数据，并可实现目测导航等。

高程画页。从高程画页(图 9.47)可以查看高度的变化曲线、气压变化、单位时间或距离的高度变化，上升下降距离、最大高度、最小高度等。

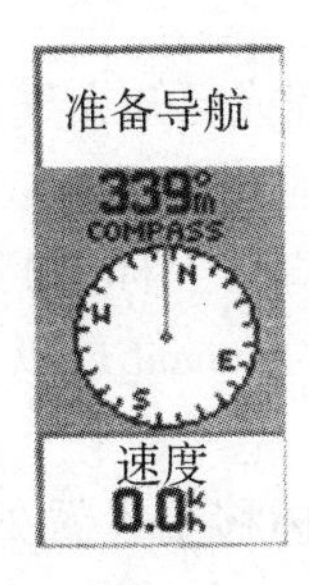

图 9.46　罗盘画页

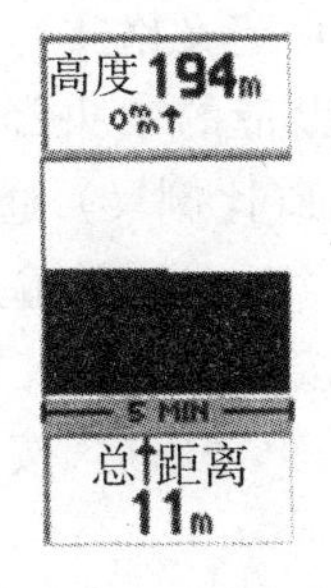

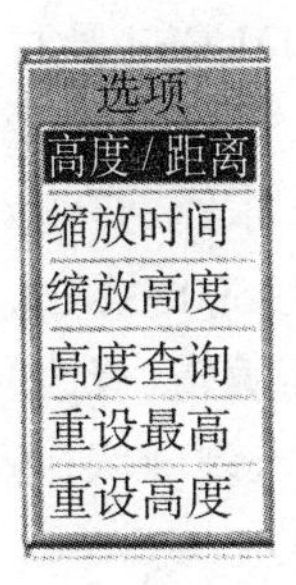

图 9.47　高程画页

菜单画页。从菜单画页(图 9.48)。可以查询有关航点、航迹、航线的所有储存资料,并可校准罗盘、高度,设置单位、接口、坐标系统、时间及显示屏的明暗度。

a. Etrex Summit 的功能设置

罗盘校准。罗盘校准的操作步骤是按翻页键到菜单画页,按上(下)键将光标移到校准处,按输入键进入校准过程画页;在校准过程画页中,按上(下)键到罗盘处,按输入键进入校准过程画页;再按输入键,开始校准,方法是将手持机水平放置,朝同一方向匀速旋转两周。若画页提示"正好",则校正完毕,按输入键确定,即返回菜单画页。若画页提示"太快"或"太慢"时需重新开始校正。

图 9.48　菜单画页

高程校准。高程校准的操作步骤是按上(下)键到高度处,按输入键进入高程校准过程画页,按输入键确认,即进入高度校准过程画页;在高程校准过程画页中,按上(下)键旋转是或否,若选择是,则按输入键确认,即进入数字编辑画页;若选择否,手持机会问你是否知道当前的气压,按输入键即可进入气压校准画页;按上(下)键将光标移到需要编辑的位置,按输入键确认,再按上(下)键选择需要的数字,然后按输入键确认。

进行高程校准,必须在一个已知海拔高程或已知大气压的点位上进行。

坐标系转换及参数输入。目前,国际上通用的是 WGS84 坐标系统,显示的是地理坐标,实际应用时常需获得不同投影的直角坐标,如我国先后采用的 1954 北京坐标系和 1980 西安坐标系,使用 GPS Etrex Summit 可以方便地进行不同坐标系统的转换,其操作方法是:

按翻页键至菜单画页,按上(下)键将光标移至设置处,按输入键进入设置画页;按上(下)键将光标移至"单位处";按输入键进入单位画页;按上(下)键将光标移至"位置距离"处;按输入键进入编辑画页;按上(下)键将光标移至"位置格式";按输入键进入位置格式选择栏;按上(下)键将光标移至"User Grid"(用户自定义)处;按输入键进入 User UTM Grid 画页(用户自定义格式)。在该画页中,用户要输入"LONGITODE ORIGIN",即当地所在的投影带的中央经线的经度,第一位要用"W"或"E"分别表示西经、东经,要输入 SCALE(比例尺),通常输入 1.0000000;要输入"FALSE E(mt)",通常为 500000.00,FALSE N(mt)通常输入 0.0;数字编辑方式是按上下键将光标移到所需编辑(修改)位置,按输入键进入数字选择栏,然后按上下键选到所需数字,即按输入键确认;各数字编辑完成后,按上下键将光标移至存储处,按输入键完成编辑。

以上各步就完成了位置格式的设置。如要获得 1954 北京坐标或 1980 西安坐标,必须在完成位置格式设置的同时,对"地图基准"的五个参数进行校正,其中 $DA = -108$, $DF = 0.000\,000\,5$, DX、DY、DZ 在不同地区有不同数值,使用者可在当地测绘部门获取标准点的 1954 北京坐标、1980 西安坐标及 WGS84 坐标,代入公式计算后获得直角坐标,然后计算 DX、DY、DZ。

由大地坐标计算直角坐标的公式是:

$$\left.\begin{array}{ll} X = (N + H)\cos B\cos L & e^2 = \dfrac{a^2 - b^2}{a^2} \\ Y = (N + H)\cos B\sin L & N = \dfrac{a^2}{(a^2\cos^2\varphi + b^2\sin^2\varphi)1/2} \\ Z = [N(1 - e^2) + H]\sin B & \end{array}\right\} \tag{9.27}$$

式中,B 为大地纬度;L 为大地经度;H 为大地高程;N 为卯酉圈曲率半径;e 为地球椭球体的第一偏心率;a、b 分别为地球椭球体的长、短半轴。5 个参数获得后即可输入手持 GPS,其操作步骤是:

按上下键将光标移到单位处;按输入键确认进入单位画页;按上下键将光标移至位置距离处;按输入键进入单位编辑画页;按上下键将光标移至"User"处;按输入键进入"WGS84-LQCAL"画页;按下键到 DX 处;按输入键确认进入编辑数字画页;按上下键将光标移至所要编辑的位置;按输入键进入数字选择栏;按上下键选

择需要的数字;按输入键确认;按以上方法输入 *DY*、*DZ*、*DA*、*DF*。

单位设置。使用手持 GPS,可以对距离、速度、高程、气压及角度的单位根据需要进行选择。现以距离单位选择为例说明其选择步骤:

按翻页键到菜单画页;按上下键将光标移至设置处;按输入键确认进入设置画页;按上下键将光标移至单位处;按输入键进入单位画页;按上下键移至位置、距离处;按输入键进入单位设置画页;按上下键将光标移到距离/速度处;按输入键进入选择栏,通常选择公制;按输入键完成。高程、气压、角度的单位选择方法与距离相同,只需在设置画页时选择你需要的选项即可。

时区设定。我国采用的是北京地方时,即东 8 区,与格林尼治时间相差 8h,为了使 GPS 显示出北京时间,必须进行时区设定,操作步骤是:

按翻页键到菜单画页;按上下键将光标移到位置处;按输入键进入设置画页;将光标移至时间处;按输入键进入时间设定画页,在该页你可以对时间格式及时差进行设定,其中时间格式可分别选择 12h 或 24h,通常选 24h。时偏差处按输入键,在我国应移动光标选择 + 8:00,然后按输入键确认。

水平显示比例尺设置。水平比例尺的设置即屏幕显示范围的确定,方法是按翻页键到航迹显示画页;按上下键调节屏幕显示范围。Summit 的显示范围为 50 ~ 1200km。

显示设置。可用三种方式对显示屏的明暗度进行调节:

1) 在卫星画页长时间按住上下键,按上键变暗,按下键变亮。

2) 在卫星画页按输入键进入选择栏,按上下键将光标移至显示设置处;按下键将光标移至明暗条处;按输入键确认;再按上下键对明暗度进行调节。

3) 按翻页键到菜单画页,按上下键将光标移至设置处;按输入键确认进入设置画页;按上下键将光标移至显示处;按输入键进入显示设置画页,以后的操作同方法二。

b. Etrex Summit 的应用

确定地面点的位置、高程。在卫星画页选择详细表示,长时间按住输入键,画面自动转为存点画页,画页即可显示出站立点的坐标、高程,接着按输入键予以确认。该航点坐标、高程即可存入 GPS 机内。

实测点的编辑、修改与删除。要对已测 GPS 点进行编辑、修改或删除,首先要按翻页键进入菜单画页;接着按上下键将光标移至航点处;按输入键确认即进入航点画页(图 9.49a);然后按上下键选择航点名首字母所在的航点分类栏;按输入键调出该栏所有航点;按上下键选择所要航点;按输入键进入航点查看画页(图 9.49b),在该画页,可以完成查找、编辑、修改、删除功能。

修改符号。按上下键将光标移至原符号处;按输入键进入图标选择画页;按上下键选择所要符号;按输入键予以确认。

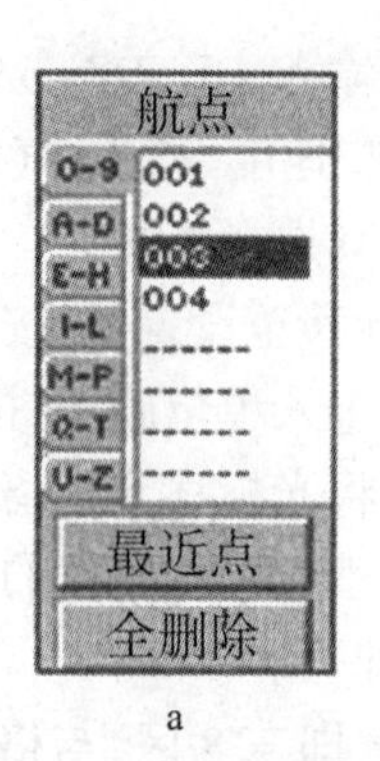

a

b

图 9.49　航点画页及航点查看画页

修改实测点名或点号。在航点查看画页;按上下键将光标移至航点名处;按输入键进入编辑航点(测点)名画页;按上下键将光标移至需编辑(修改)处;按输入键进入数字字母选择栏;按上下键选定所需的数字或字母;按输入键确定。当一位修改(设置)完后,再编辑其他位数字或字母。测点名编辑完毕后,将光标移至确定处,按输入键确定。

坐标与高程修改。在航点查看画页,按上下键将光标移至画页底部需修改坐标或高程处,按输入键进入编辑位置画页;按上下键将光标移至所需编辑的数字;按输入键进入数字选择;按上下键将光标移到所选数字;按输入键确认。所有数字修改完后,将光标移至确定处,按输入键确定。

删除测点。在航点查看画页,按上下键将光标移至删除处;按输入键确认;将光标移至"是"处,按输入键确认。画面即显示下一航点,若需删除,操作步骤同上。

查看实测点。在航点查看画页,按上下键将光标移至地图处;按输入键进入地图画页,在该页可查阅所测点周围测点和航迹情况。若继续按上下键,可调节显示范围,显示范围可在 50～1200km 间选择。

实测区域面积。在测区起点位置开机,按翻页键进入菜单画页;接上下键选中航迹;按输入键即出现求面积画页,将光标移至面积处,按输入键;这时会出现面积数据及单位的文本框。上方为"面积"二字;中间是具体数字和单位;下方为"确定"二字。

设定面积单位。按上下键选中"SQ··(面积单位)"处,按输入键出现面积单位选择栏,通常选择 SQMT(m^2)或 SQKM(km^2)。

实测面积。求面积前,必须删除以前的航迹,使面积数值归零。从起点开始行走,走完一闭合轨迹后,选中"确定",按输入键即可显示测定的面积。

注意事项:为提高测量精度,要多次测量并取平均值;绕区域轮廓行走时,尽量保持较慢的均匀速度。

采用累加方式测量面积提高精度。具体操作方式是:在行走过程中,每遇到拐弯处,可多停留一段时间,待坐标位置显示末位数停止变动后,设一个点,再继续行走,直到回到出发点。如走一个正方形,在沿途的3个直角处可设3个点,最后回到起点,再按确定,即得结果。

此外,手持GPS还可用于方位角测定、目标点坐标测定,具体操作请参看使用手册。

复习参考题

1. 何谓地图分析?何谓地图应用?各有什么实践价值?
2. 地图分析包括哪些内容?
3. 在地形图上进行面积量算主要有哪些方法?其主要优缺点是什么?
4. 在地形图上如何确定点的空间坐标?如何量算河流长度?
5. 在地形图上如何进行体积量算?
6. 在地形图上如何进行角度量算?
7. 在地形图上如何进行坡度量算?
8. 在地形图上如何进行高程量算?
9. 利用地图如何进行地理要素的空间分布特征分析?
10. 利用地图如何进行地理要素的时间序列分析?
11. 野外工作时,怎样对地形图进行修测、补测?
12. 手持式GPS有哪些用途?怎样使用?

主要参考文献

蔡孟裔,毛赞猷,田德森等.2000.新编地图学实习教程.北京:高等教育出版社
陈逢珍,黄天瑞,戴文远.1995.实用地图学.福州:福建省地图出版社
李满春,徐雪仁.1997.应用地图学纲要—地图分析、解释与应用.北京:高等教育出版社
廖克.2003.现代地图学.北京:科学出版社
陆漱芬,陈由基,王近仁等.1987.地图学基础.北京:高等教育出版社
马永立.2000.地图学教程.南京:南京大学出版社
王家耀,邹建华.1992.地图制图数据处理和模型方法.北京:解放军出版社
尹贡白,王家耀,田德森等.1991.地图概论.北京:测绘出版社
张奠坤,杨凯元.1992.地图学教程.西安:西安地图出版社
张荣群.2002.地图学基础.西安:西安地图出版社
张克权,郭仁忠.1991.专题制图数学模型.北京:测绘出版社
祝国瑞,张根寿.1994.地图分析.北京:测绘出版社

图　　版

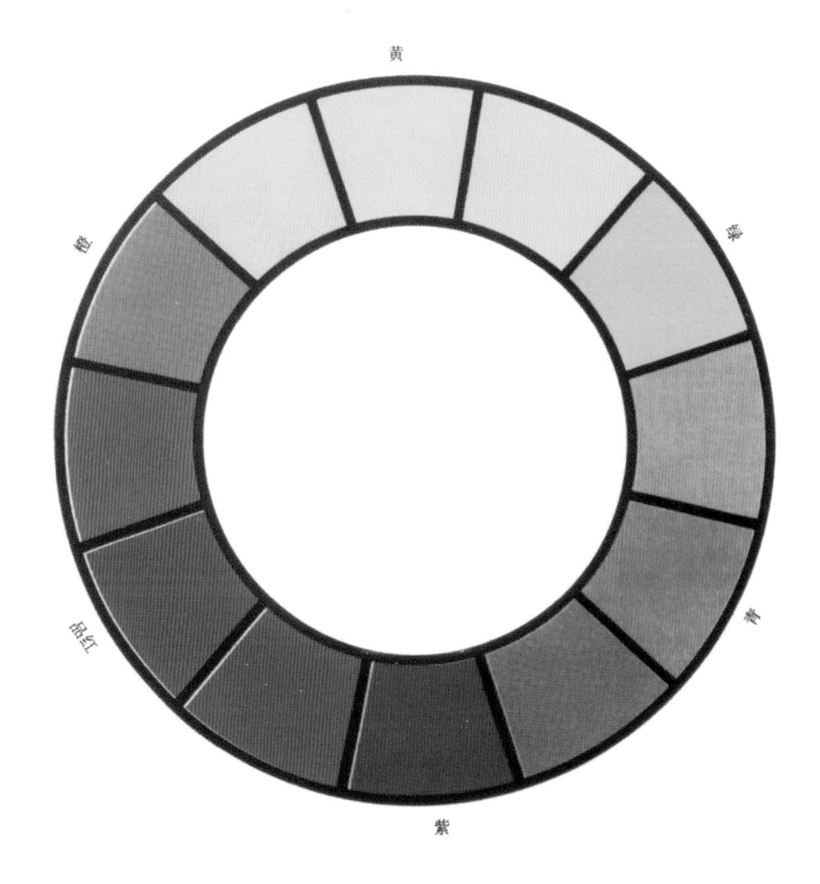

彩图1　颜料色混合所得色环

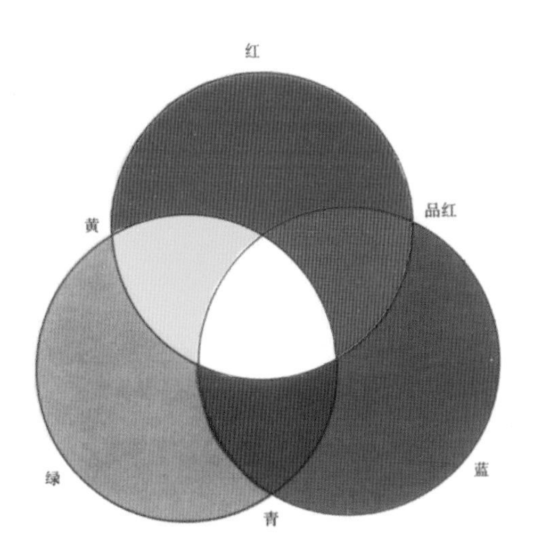

彩图2　加色法混合

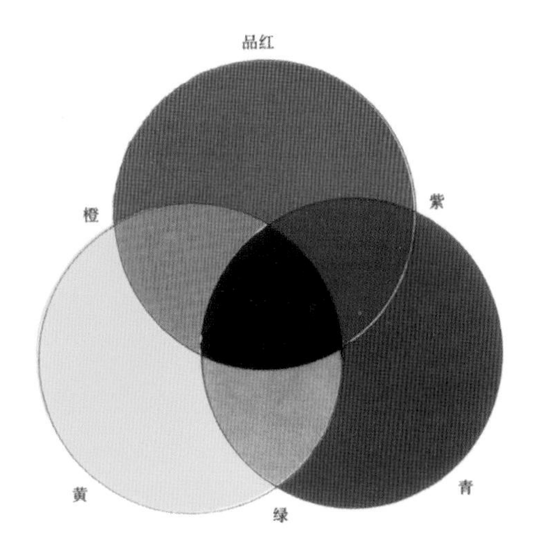

彩图3　减色法混合

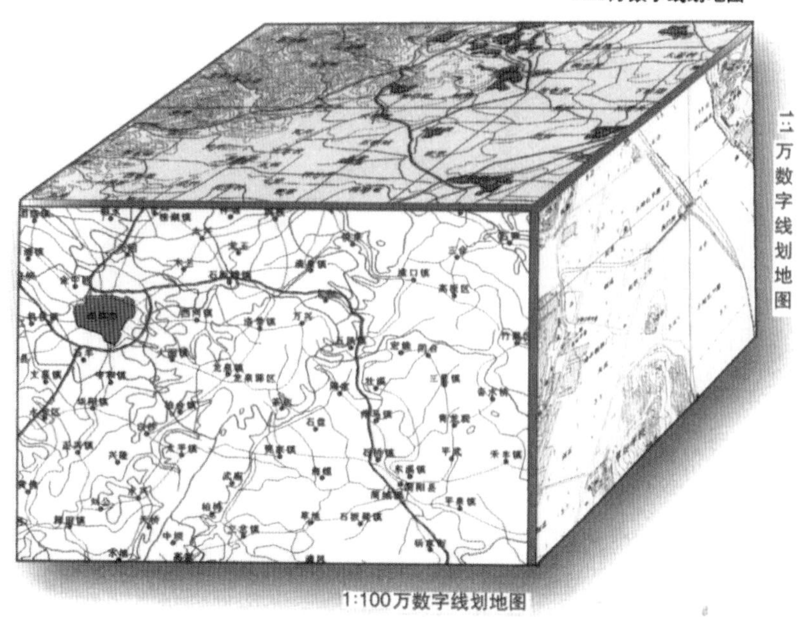

彩图 4　数字线划地图(DLG)

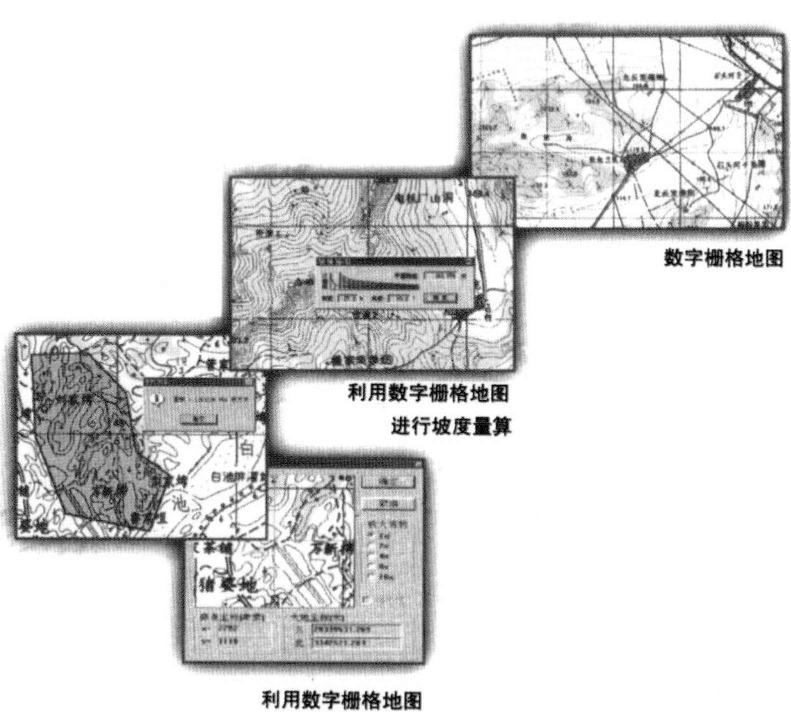

彩图 5　数字栅格地图(DRG)

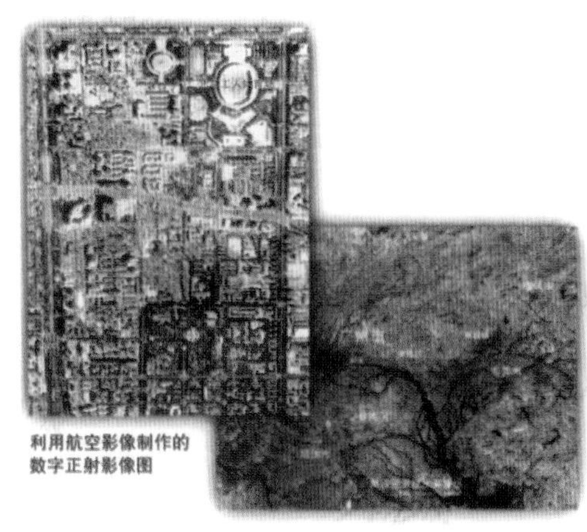

彩图 6　数字正射影像图(DOM)

彩图 7　数字高程模型(DEM)

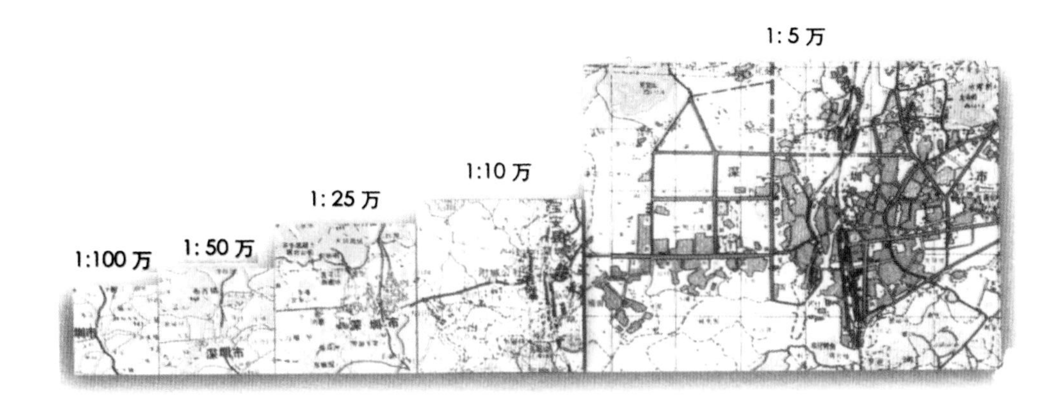

彩图8　我国几种比例尺地形图示例

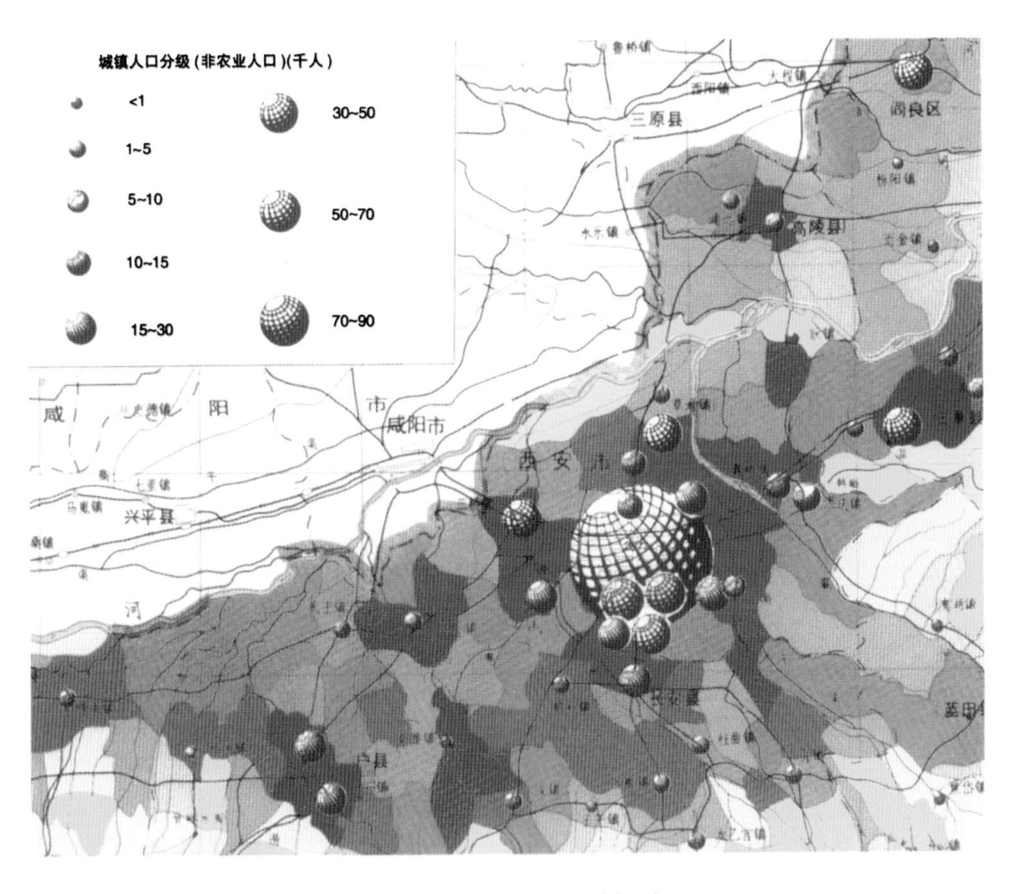

彩图9　定点符号法示例(人口)

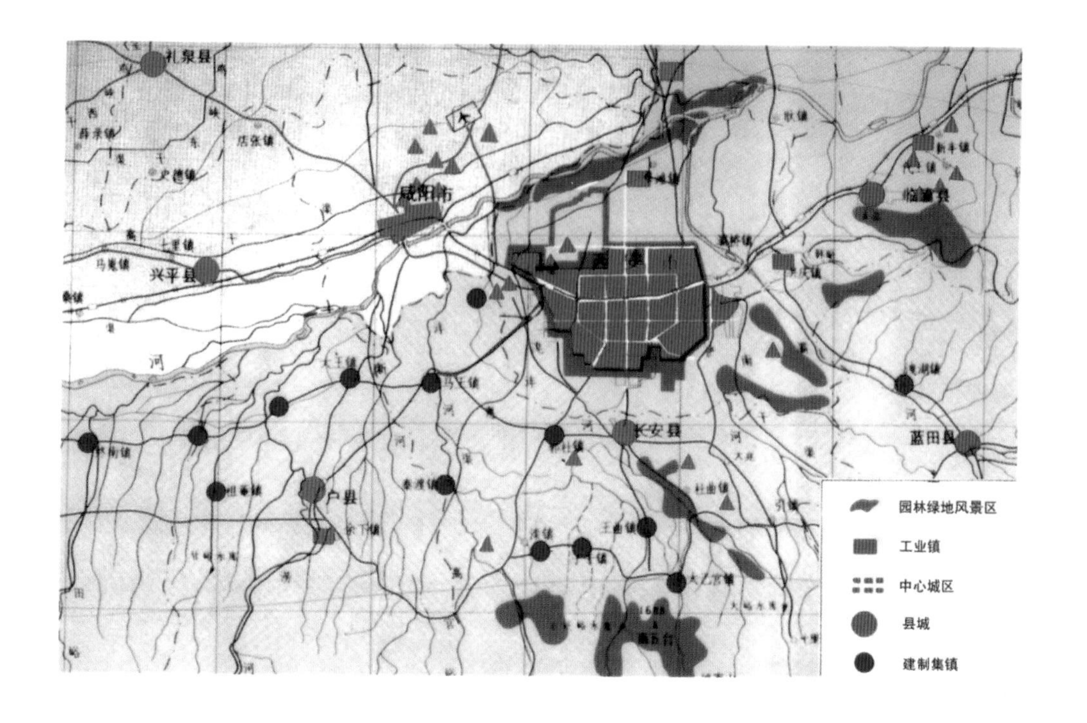

彩图 10　定点符号法示例(城镇布局)

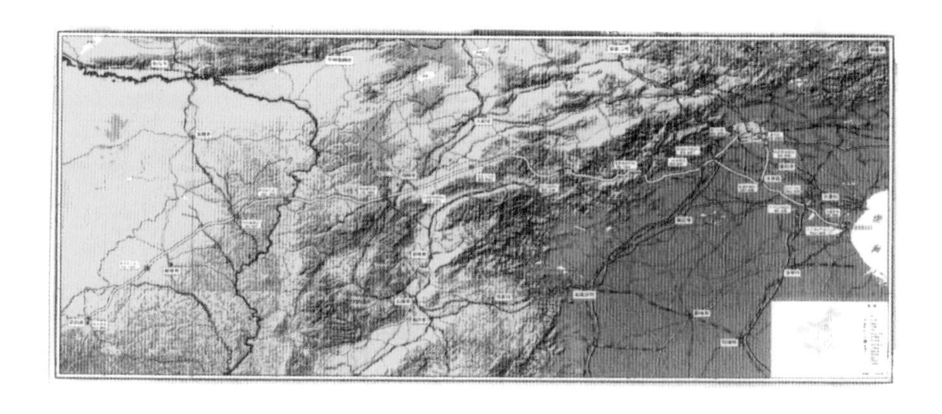

彩图 11　定点符号法、线状符号法示例(西气东输工程局部图)

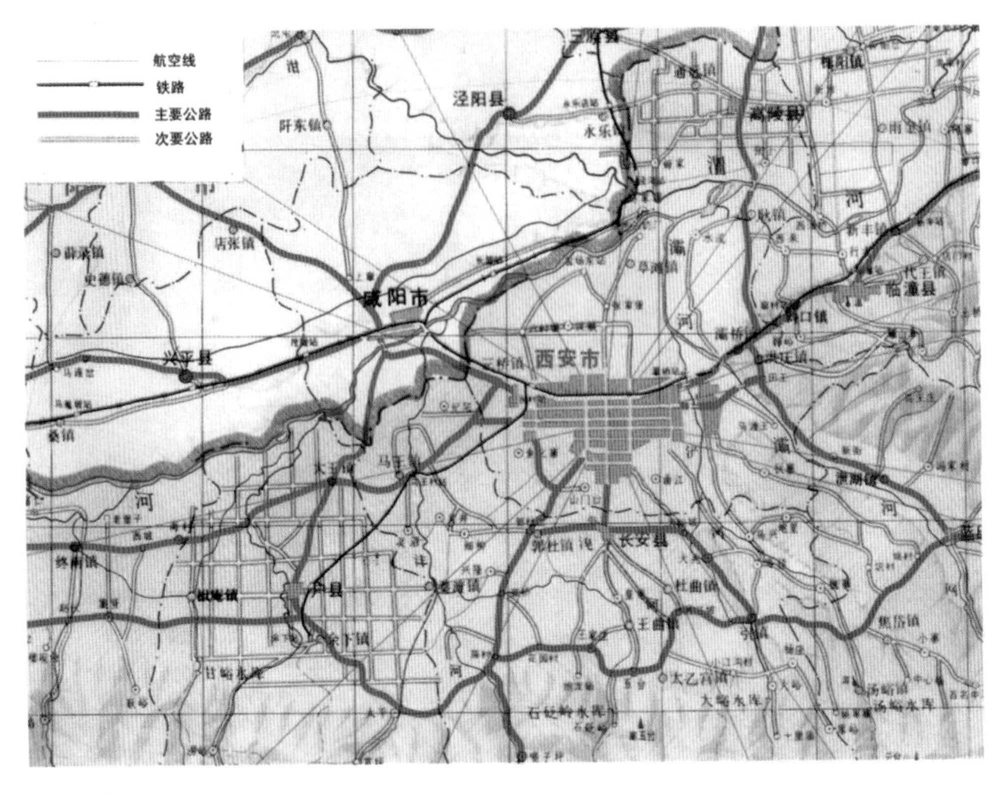

彩图12　线状符号法示例

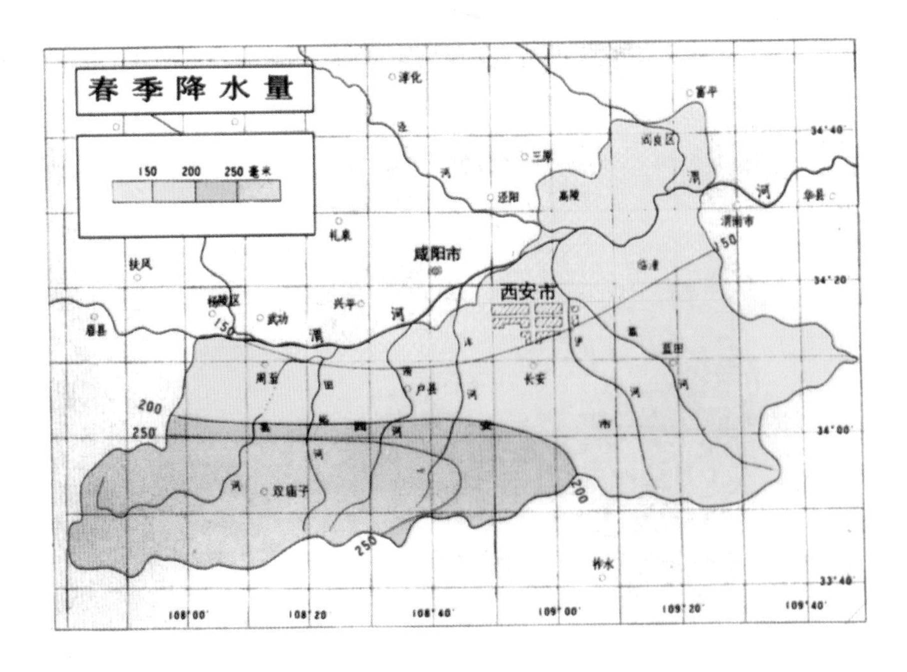

彩图13　等值线示例

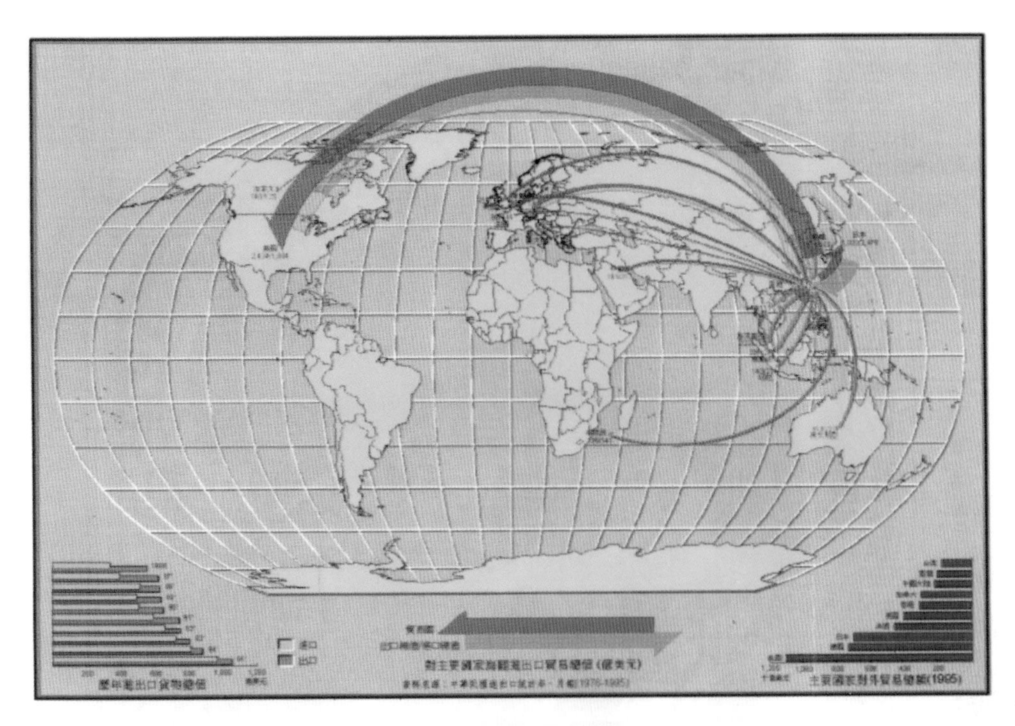

彩图 14　动线法示例

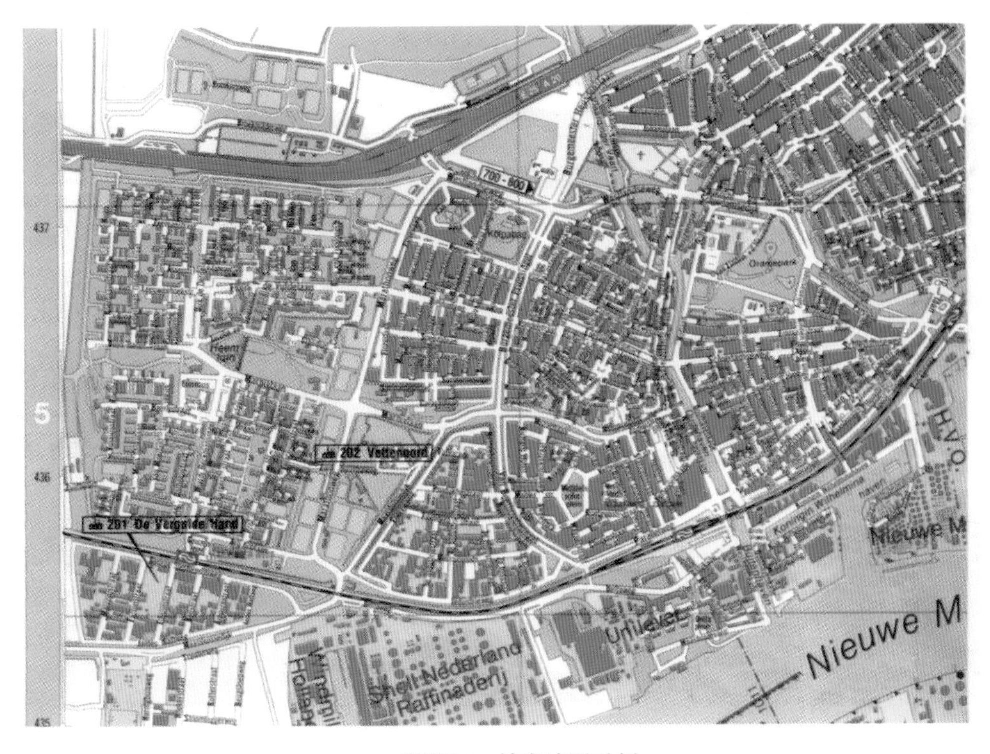

彩图 15　城市地图示例

彩图16　规划图示例

彩图17　三维立体图示例

彩图18　几种不同类型航空摄影照片

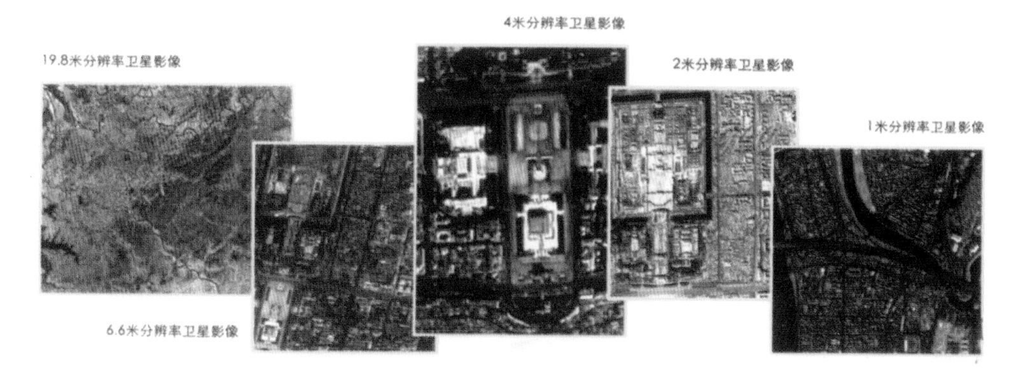

彩图19　不同分辨率卫星影像

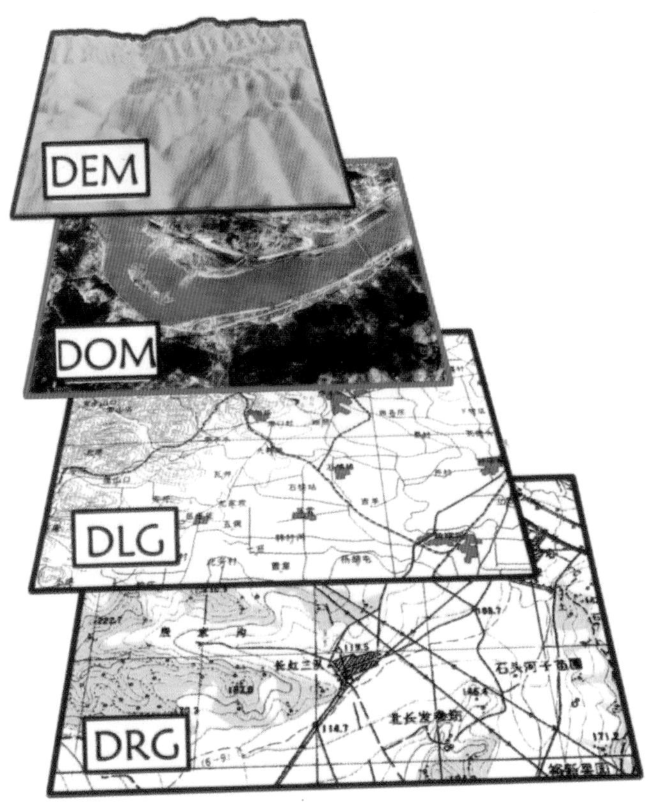

彩图 20　“4D”地图产品比较

彩图 21　ArcGIS的几个模块